冲压加工技能培训与操作实践

彭建声　编著

机 械 工 业 出 版 社

本书专为冲压加工企业生产一线技术工人编写，是有关冲压基础理论知识及操作技能训练的专业培训用书。书中详细介绍了冲压加工内容及类型、冲压工工作范围及职能、冲压工必备基础理论知识和基本操作技能、冲压用原材料性能及剪切方法、冲裁及冲裁工艺方法、成形及成形工艺方法、冲压用冲模设计与制造、冲压用压力设备的选用与生产自动化、冲压生产作业操作方法、冲压过程中的故障检修，以及冲压企业生产经营管理及职级考核培训等内容。读者通过对本书的学习，不仅能尽快提高自身的专业知识及技能操作水平，而且对备战专业职级晋级考核、取得相应级别职业证书，尽快成为理论与实践结合以及适应现代科学进步、经济发展及市场需求的复合型高技能人才大有帮助。

本书简明实用、通俗易懂，是一本技术性、专业性、实用性较强的科技读物。本书适合从事冲压行业的技工学习，可作为企业职级考核培训的教材，也可供相关专业的高、中级职业院校师生在教学和学习时参考。

图书在版编目（CIP）数据

冲压加工技能培训与操作实践/彭建声编著. —北京：机械工业出版社，2020.6

ISBN 978-7-111-65709-5

Ⅰ.①冲… Ⅱ.①彭… Ⅲ.①冲压-生产工艺 Ⅳ.①TG38

中国版本图书馆 CIP 数据核字（2020）第 090979 号

机械工业出版社（北京市百万庄大街 22 号　邮政编码 100037）
策划编辑：孔　劲　责任编辑：孔　劲　章承林
责任校对：刘雅娜　封面设计：马精明
责任印制：李　昂
北京机工印刷厂印刷
2021 年 2 月第 1 版第 1 次印刷
184mm×260mm · 22 印张 · 541 千字
0001—1900 册
标准书号：ISBN 978-7-111-65709-5
定价：75.00 元

电话服务　　　　　　　　　网络服务
客服电话：010-88361066　　机　工　官　网：www.cmpbook.com
　　　　　010-88379833　　机　工　官　博：weibo.com/cmp1952
　　　　　010-68326294　　金　书　网：www.golden-book.com
封底无防伪标均为盗版　机工教育服务网：www.cmpedu.com

前　言

冲压加工用于生产各种金属和非金属制品，是板料成形的基本方法之一，也是在工业企业中应用最为广泛的一种成形加工工艺。采用冲压加工工艺生产零件制品，具有生产率高，产品质量好，成本低廉，易于实现生产机械化、自动化等优点。冲压加工在现代航空航天、汽车制造、农业机械、电工电器、仪器仪表、日常生活用品以及国防工业等各个领域中都占有十分重要的地位，并发挥着重要作用。随着科学技术的飞速发展和进步，各类新产品、新技术不断涌现，对冲压加工的品种、数量及质量也提出了更高的要求。鉴于目前板料冲压加工的从业人员越来越多，各冲压加工企业亟须培养一批既有扎实的冲压基础理论知识又熟练掌握操作技能的复合型高技能人才，以提高企业产品质量、增加经济效益、促进企业发展与进步。

为适应当前冲压加工企业这一需要，在有关企业的鼓励及支持下，结合本人多年来企业培训实践，学习、参考各地冲压企业培训经验，广泛收集资料，编写了《冲压加工技能培训与操作实践》讲稿。经培训实践，收到了理想的效果。现将其整理成册，出版发行。本书编写的目的是使读者在经过学习和培训后，能迅速提高自身的专业技术理论水平及技能操作实践能力，并通过国家职业标准考核，早日成为既有专业理论又有丰富实践经验，适应科技进步、经济发展和市场需要的新型高技能人才。

本书编写主要依据《中华人民共和国职业教育法》及国家职业标准的规定要求，重点突出了技能培训、操作实践和动手创新能力的培养，提出了冲压各职级培训及自学基础理论和操作实践考核要点与方法，本着"简明实用"的原则本书还介绍了冲压新技术、新知识、新工艺、新方法，体现了科学性、实用性和先进性。本书内容详细介绍了冲压生产的完整过程，便于广大读者在生产及学习中应用与参考。

在本书编写过程中，许多企业及职业院校提供了丰富宝贵的经验及技术资料，在此深表谢意！同时，杨淑敏、秦晓刚同志在校对等方面付出了辛勤的劳动，在此，谨致以诚挚的感谢！但由于编者技术水平有限，知识面及经验不足，书中难免会存在疏漏及不足之处，恳请广大读者及专业同仁给予批评指正！

编　者

目　　录

第1章 冲压生产作业内容及操作职能

1.1 冲压加工内容及类型

1.1.1 冲压及冲压的作用

冲压加工又称板料冲压或冷冲压。它是指，在室温条件下，借助压力机（又称冲床）所提供的压力，将金属板料或非金属板料，通过事先安装在压力机上的冲压模具（又称冷冲模）使其发生塑性变形或分离，生产出所需要的具有一定形状、尺寸的制品零件的一种加工工艺方法。

冲压加工是一种生产率较高，少甚至无切屑的先进加工方法之一。它同切削、铸造、焊接、电加工等加工方法一样，广泛地用于机械制造行业。由于冲压有其独特的优点，它在各工业生产领域中占有极其重要的地位并发挥着极大的作用。仅汽车、拖拉机、航空航天、电器仪表及家用电子产品中，几乎 60%～70% 的零件都是通过冲压加工的方法生产来的。因此，研究和发展冲压生产技术，学习掌握冲压生产技能，加强冲压生产过程中的质量控制，及时解决和排除冲压生产过程中所出现的故障，做一名优秀的冲压工人，对加速工业生产建设及国民经济的发展具有十分重要的意义和作用。

1.1.2 冲压加工的优点

冲压加工在目前的工业生产中是一种较先进的加工方法。它与机械切削、铸造、焊接、电加工等其他加工方法相比，无论在技术上或是在经济效益上，都具有很多优点。其主要表现如下：

1）冲压加工是一种高效、低耗的加工方法。它不仅适用于较大批量制品零件的生产，便于实现机械化与自动化，有较高的生产率，而且还能做到少废料及无废料生产；即使在某些情况下出现边角余料，也可以充分利用，加工同材质的其他零件，使之不会造成材料的浪费；从而提高了材料的利用率，降低了制品零件的成本。

2）冲压加工工艺操作简单，便于组织生产。在压力机简单的冲击作用下，一次即可完成由其他加工方法不能和难以完成的较复杂形状零件的加工。

3）冲压加工所制作的零件，一般重量较轻、厚度薄、刚度好，并且质量稳定，有良好的互换性，一般不需要再经其他机械加工即可使用。其制品具有完整的形状，尺寸精度和表面质量好，为后续的表面处理如电镀、喷漆等提供了方便的加工条件。

4）冲压加工对操作人员的技术要求不高。当生产需要时，采用短期的职业技术培训即可上岗操作，企业不易操作人力不足的问题。

在工业生产中，尽管采用冲压加工具有上述很多优点，但冲压生产也有一定的局限性。这是由于冲压加工所使用主要工艺装备——冷冲模的制造成本较高，且制模的技术要求较高，故对一般单件及少批量生产的零件制品并不适合采用冲压加工方法加工。但目前，有关企业及科研单位，正积极研制和开发小批量及试制性产品零件的简易及通用型冲模结构，并开发新的冲压工艺，这为扩大冲压加工的应用和加快试制性新产品的投产速度开辟了一条崭新的途径。

1.1.3 冲压加工的基本生产要素

由前述可知，冲压加工是将板料放在安装在压力机上的冲模工作刃口上，操作者开启压力机，板料在冲模工作刃口的作用下分离或产生塑性变形，最终得到相应形状与尺寸的制品零件的一种加工方法。冲压原材料、冲压模具、冲压设备是冲压生产的基本要素。其中，冲压材料主要包括板材、管材及其他型材。在冲压加工中，要求这些被加工的材料应具有较高的塑性和韧性、较低的屈强比和时效敏感性；冲压模具是冲压加工的主要工艺装备，冲压制品零件的表面质量、尺寸精度、生产率及成本与模具本身的结构、使用寿命均有很大关系；冲压设备则是提供材料塑性变形的主要原动力，它主要有机械压力机和液压压力机两种类型。在大批量生产时，一般采用高速压力机和多工位自动压力机；小批量生产时，尤其是大型厚板料冲压件的生产中，多采用液压压力机。

综合上述，冲压加工的主要内容应包括：冲压原材料的选用与检测，按工艺规程对原材料进行剪切及备制；冲压模具在压力机上的安装调试、使用和维护；冲压设备的选用、操作与保养；冲压工艺操作及冲压过程中出现故障临时性修理及排除等。

1.1.4 冲压加工的主要生产类型

冲压加工按其冲压方法的不同主要分为分离工序及成形工序两大类。分离工序是指在冲压过程中将冲压件与板料按一定的轮廓线进行切割分离。它主要包括落料、冲孔、切口、修边等。而成形工序主要是使冲压毛坯在不破坏其完整性的条件下产生塑性变形，并通过模具转化成产品所要求的尺寸与形状。成形工序又可分为弯曲、拉深、翻边、翻孔、胀形、扩孔、缩孔和旋压等。冲压加工生产类型见表1-1。

表1-1 冲压加工生产类型

类别	工序名称		图示	生产特征
分离工序	剪切(切断)			将板料以敞开的轮廓分离以得到平整的制品零件
	冲裁	落料		用冲模沿封闭的轮廓将板料冲切，冲切下来的部位为零件制品，剩余为废料
		冲孔		用冲模沿封闭线冲切板料使其分离，所冲下部分为废料，剩余部位为制品零件
		切口		在坯件上沿不封闭线冲切出切口，切口部位发生弯曲而不落下
		修边(切边)		将成形零件的边缘用冲模通过压力机压力修整齐或切成一定形状

2

（续）

类别		工序名称	图示	生产特征
成形工序	弯曲	压弯		将平整的坯件利用冲模压成一定角度形状的制品零件
		卷边	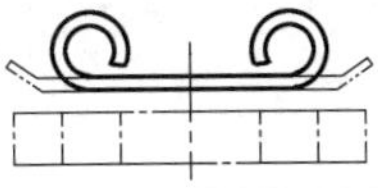	将坯料的边缘沿指定的半径弯卷成一定形状的圆弧零件
		扭弯	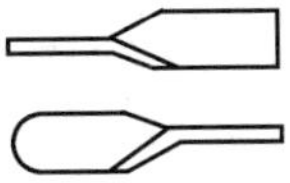	将平面坯料的一部分与另一部分通过模具相对扭转一个角度变成曲线形
	拉深	拉深	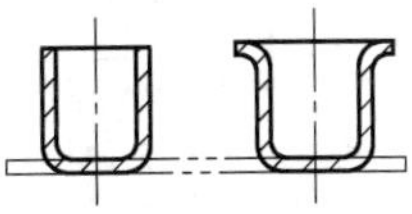	将坯料通过模具压成任意形状的筒形零件或将其直径尺寸缩小
		双动拉深	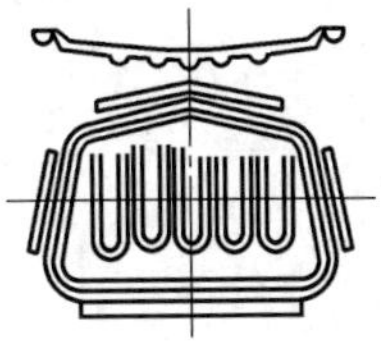	将毛坯平放在双动压力机上采用模具拉深而得到大型的曲面形空心零件
	成形	整形	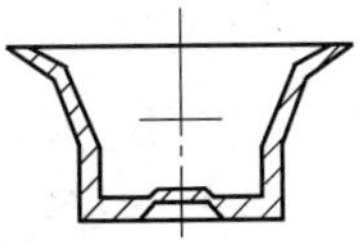	将弯曲与拉深后的坯件,利用模具压挤成正确形状和尺寸的制品零件
		翻边	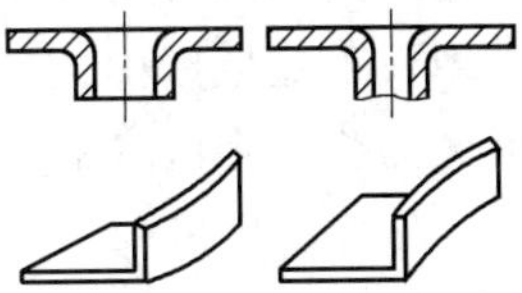	沿坯件的孔边,采用拉深的办法,使坯件形成所要求的内、外边缘
		胀形	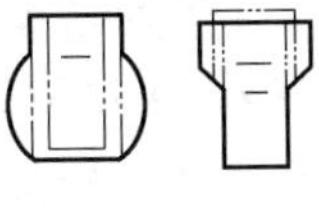	将空心或管状坯件,从里向外加以扩张而形成鼓胀形零件
		缩口	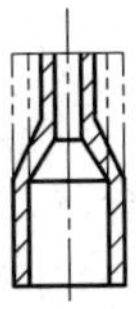	将空形或管状坯件的端部由外向内压缩成所需要形状的零件
		校平	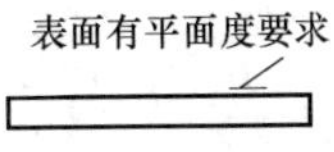 表面有平面度要求	将坯件不平的表面,通过校平模借助压力机将其压平

（续）

类别		工序名称	图示	生产特征
成形工序	立体成形	冷镦	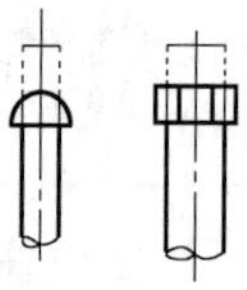	使金属毛坯材料在压力机压力作用下，并借助模具重新分配及转移，变粗或变细而形成零件
		压印	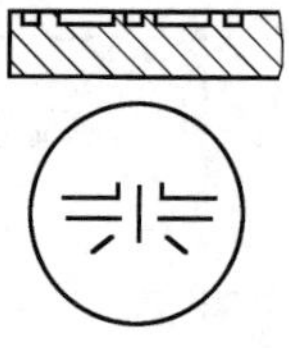	采用将金属材料利用模具局部挤进的办法在坯件表面形成花纹字样及图案
		冷挤压	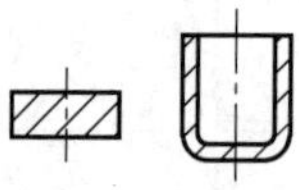	将金属坯料采用模具冲挤到凸、凹模之间发生塑性变形，挤压成所需的零件

1.2 冲压加工所用工装及设备

1.2.1 冲压加工专用模具

冲压加工所用的模具简称冲模，它是实现冲压生产的主要工艺装备。一般来说，冲压制品零件的表面质量、尺寸公差、生产率以及企业的经济效益等都取决于冲模的结构和质量。利用冲模进行各种材料的冲压成形，可实现高速、高效的大批量生产，并在大批量生产条件下能保证制品的质量稳定和互换性。因此，在现代工业生产中，冲模的应用日益广泛，模具的生产水平和发展状况已被认为是衡量一个地区乃至一个国家的工业水平的重要标志之一。

1. 冲模的类型及基本结构

在冷冲压生产中，冲模的类型很多。按冲压工序分，冲模可分为冲裁模、弯曲模、拉深模、成形模及冷挤压模等；按冲压组合工序方式分，冲模又可分为单工序冲模、多工序连续模（又称级进模、跳步模）、多工序复合模等；按冲件精度分，冲模可分为普通冲模及精密冲模等。但无论何类冲模，除工作刃口形状不同外，其结构都大同小异，都由工作零件、结构零件、导向零件、定位零件、卸退料零件等组成。图1-1所示为单工序导柱导向冲裁模。该模具由上模与下模两部分组成。上模由上模座1与凸模2通过内六角螺钉、圆柱销紧固组成；下模由卸料板6、导尺9、凹模4、下模座5及定位销7组成。上、下模通过固定在上模座的导套8与下模座的导柱3以 H6/h5 或 H6/h7 配合形成定向定位连接，以保证下、上模的正确位置；工作时不受压力机滑块精度的影响组成整体模具。

在图1-1所示落料冲裁模中，凸模2、凹模4组成模具的工作零件，主要用于对制品零件的成形，它是模具的核心零件，其质量精度要求较高；上模座1、下模座5组成模具的支承零件，主要是起连接、固定模具的工作零件、定位零件与卸料零件作用，是模具的主体零件；导柱3、导套8是连接上、下模的导向零件，并使上、下模连成一体，成为整体模具；

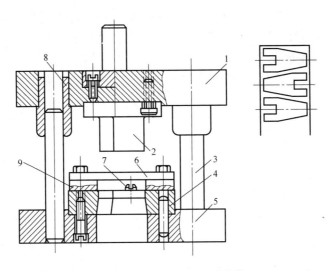

图 1-1　单工序导柱导向冲裁模

1—上模座　2—凸模　3—导柱　4—凹模　5—下模座　6—卸料板　7—定位销　8—导套　9—导尺

卸料板 6 为模具的卸退料零件，主要是使零件冲压后，将条料恢复原位。此模具是一个硬性卸料机构，又称刮料板，主要适用于厚度 $t \geq 1mm$ 材料的冲裁，如级进模经常采用。而对于冲裁 $t < 1mm$ 的板料，应采用弹性卸料板，并以弹簧及橡皮做弹性元件。如图 1-2 所示，卸料板 4 为卸料零件，而顶件器 2、打料杆 3 则为领件零件。图 1-1 中导尺 9 和定位销 7 组成模具的定位零件，主要使条料送进过程能有一个准确位置。图示中的螺钉及圆柱销称为紧固零件，主要是把模具各部件连接固定在一起而成为整体模具，而圆柱销又兼起定位作用。

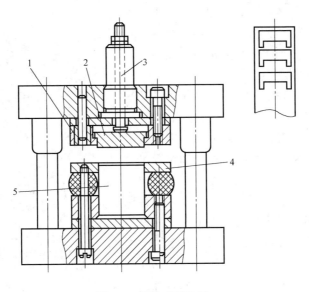

图 1-2　倒装式落料模

1—凹模　2—顶件器　3—打料杆　4—卸料板　5—凸模

图 1-1 所示模具在工作时，条料送进采用左右导尺导向并由定位销定位。当压力机滑块下降时，带动模具中的凸模 2 与凹模 4 将板料通过刃口沿封闭周边切断而冲下制品零件，并

从凹模漏料口落下；待凸模随滑块回升时，包括凸模上的条料由卸料板放下回到原位完成整个冲裁过程。待材料继续送进可进行第二次冲裁，从而进行批量生产。

2. 冲压加工对冲模的要求

冲模是冲压生产必不可少的主要工艺装备。因此，冲模的结构及性能必须满足冲压生产的下述要求：

1）必须能冲压出合格的制品零件。

2）必须使用方便、操作安全可靠。

3）必须能适应批量生产的要求。

4）必须坚固耐用、使用寿命长。

5）必须容易制造、方便维修。

6）必须成本低廉。

冲压加工使用的冲模类型及结构很多，这在本书的后续章节里还要做专门介绍，作为一名冲压工在上岗之前，必须首先要了解所使用的冲模基本结构及动作原理，才能更好地对其进行使用，以冲出合格的制品，并能更好地发挥其作用、降低成本和提高经济效益。

1.2.2 冲压加工专用压力设备

冲压加工使用的压力设备又称压力机，它是冲压生产中主要加工设备。即在加工中，用它所提供的压力作用于安装在其工作台面上的冲模使板料受压发生塑性变形，冲压出所需形状和尺寸的零件。

1. 压力机的类型及应用范围

在冲压加工中，为了适应不同的冲压工作需要，多采用各种不同类型的压力机。目前，压力机的种类很多，按传动方式不同，主要可分为机械压力机和液压压力机两大类。其中，机械压力机应用最为广泛。其工作主要是靠机械传动增加的压力带动冲模冲压板料。

（1）开式曲柄压力机 开式曲柄压力机是通用型冲压设备。它主要可用于落料、冲孔、切边、浅拉深或成形等工序。开式曲柄压力机按连杆数目可分为单点压力机和双点压力机；按曲轴位置可分为纵放式压力机和横放式压力机；按工作台机构可分为固定台式压力机、升降台式压力机和可倾式压力机；按公称压力可分为小型曲柄式压力机（公称压力小于 1MN）、中型曲柄式压力机（公称压力 1~3MN）大型曲柄式压力机（公称压力大于 3MN）三种类型。其床身多为 C 形，工作台三面敞开，便于左右、前后操作。

如图 1-3 所示，开式曲柄压力机主要由机身 2、滑块 10 及传动系统、踏板系统 12、制动系统等组成。压力机在工作时飞轮 3 由电动机通过减速齿轮

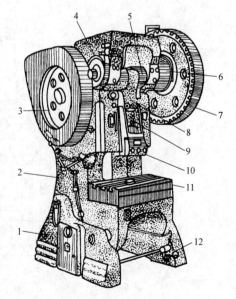

图 1-3 开式曲柄压力机

1—机座 2—机身 3—飞轮 4—制动器
5—曲轴 6—离合器 7—大齿轮 8—连杆
9—调节螺钉 10—滑块 11—工作台 12—踏板系统

传动，并通过与踏板系统 12 连接的离合器 6 操纵与曲轴 5 的脱离与接合。当离合器接合时，曲柄与飞轮 3 一起转动，位于曲轴前端的连杆 8 也被带动。而连杆又与滑块 10 连接，由于连杆运动，滑块则随之做上下往复运动，即带动装在滑块上的凸模进入/退出装在工作台 11 上的凹模，实现整个冲压过程。当离合器 6 在踏板系统 12 的操纵下脱离曲轴时，曲轴即停止运动，并在制动器 4 的作用下，使其停止在上死点位置，可准备第二次冲压。依此操作下去，即可实现连续批量生产。

（2）闭式曲柄压力机　闭式曲柄压力机多为大中型冲压机床。它与前述小型开式曲柄压力机的结构特征、公称压力大小虽有不同，但它们的基本构成相同。如工作机构（曲柄机构）、传动机构（电动机、带轮、传动轴、齿轮、离合器、制动器及飞轮等）。这种压力机多采用多级传动，分单点、双点和四点式压力机及上传动和下传动式压力机。其床身由横梁、左右立柱和底座组成，用螺栓拉紧。其刚性好，受力均匀。床身两侧为封闭状态，只有前后敞开，如图 1-4 所示。因此，其工作安全可靠、平稳，一般设有气垫装置，可用于卸料及拉深中的压边。闭式曲柄压力机主要用于冲孔、落料、切边、弯曲、拉深、成形等工序，是冲压加工通用设备，应用比较广泛。

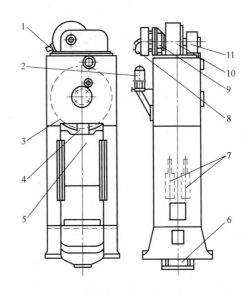

图 1-4　闭式曲柄压力机

1—飞轮制动器　2—液压泵　3—偏心轮　4—连杆
5—滑块　6—气垫　7—平衡器　8—油雾器
9—制动器　10—飞轮及离合器　11—轴承座

（3）闭式拉深压力机　闭式拉深压力机主要有单动、双动和三动，单点、双点和四点，上传动与下传动等多种结构形式。与上述曲柄压力机相比，这类压力机有可靠的压边装置，滑块行程较大，滑块运动过程中速度较慢、运动比较平稳，主要用于大、中型件及覆盖件的拉深、成形，是一种专用拉深机械。

（4）摩擦压力机　摩擦压力机与曲柄压力机一样具有增力的飞轮机构。它主要以螺纹传动机构来增力和改变运动方向，本身没有固定的上、下死点，但结构简单。摩擦压力机如图 1-5 所示。摩擦压力机主要用于切边、校平、弯曲等工序。

（5）液压压力机　液压压力机简称液压机。如图 1-6 所示，液压机主要以液体的静压力传动进行工作。即将高压液体压入液压缸内，借助于活塞推动滑块运行实现冲压过程。其动作平稳可靠，适用于冷挤压和复杂零件的拉深、成形。

随着现代冲压技术的发展，目前一些新型压力机不断涌现，如多工位自动压力机、精冲高速、冲模回转头等压力机的投入使用，为冲压生产提供了极大的方便。

2. 冲压加工对压力设备的要求

压力设备是冲压加工最主要的加工设备。在选用及使用压力设备时，对其应有如下要求：

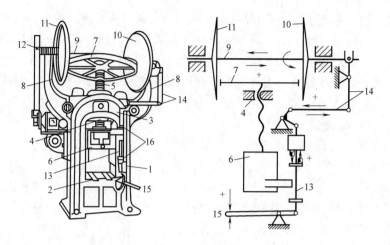

图 1-5 摩擦压力机

1—机身 2—工作台 3—支架 4—螺母 5—螺杆 6—滑块 7—飞轮 8—支撑 9—轴

10、11—摩擦盘 12—带轮 13、14—连杆 15—手柄

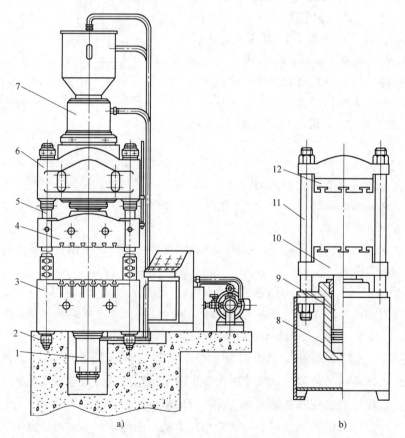

a)   b)

图 1-6 液压机

a) 上压式液压机   b) 下压式液压机

1—顶出缸 2—锁紧螺母 3—下横梁 4、10—活动横梁 5、11—立柱 6、12—上横梁 7、8—工作缸 9—活塞杆

1）冲压用的压力机，必须要与所完成的冲压工序性质、生产批量大小、冲压件的几何

尺寸及精度相适应。

2）压力设备的精度与刚度，必须要满足冲压件的需求，以便获得较高的冲件尺寸精度。

3）压力设备的许用压力必须高于制品冲压全过程的变形及卸料力。

4）压力机的滑块行程应能保证坯料的顺利放进和制品零件的方便取出。

5）压力设备的功率必须要与所使用的冲模所需总功率大小相适应。

6）压力设备的装模高度必须要与使用的冲模高度相匹配。即冲压完成时，模具的高度应略小于压力机连杆调节到最小距离时由压力机垫板上平面到滑块底平面的距离。

7）压力设备应使用安全、可靠。

1.2.3　冲压加工常用的夹具

冲压加工在生产中常用的夹具主要有模柄衬套、压板、T形螺栓、六角螺栓、垫块等，主要用于冲模在压力机上的紧固。

1. 上模紧固用夹具

上模的装固主要采用两种方法。第一种方法是采用螺母直接压紧压力机上夹块将模柄直接固定在压力机滑块内。但当模柄直径小于滑块内孔时，必须借助图 1-7a 所示半圆开口衬套紧固。其内径相当于模柄直径，外径相当于压力机滑块分口直径，一般采用 45 钢加工而成。紧固连接方法如图 1-7b 所示。第二种方法是对于大中型模具可直接采用备用的螺钉、螺母紧固。

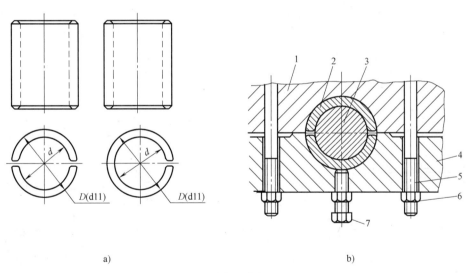

a)　　　　　　　　　　　　　　　b)

图 1-7　衬套及其紧固方法
1—滑块　2—衬套　3—模柄　4—压块　5—螺栓　6—螺母　7—紧固螺钉

2. 下模紧固用夹具

在压力机台面上固定下模主要有三种方法：①对于较大型模具可采用备用螺钉直接固定；②采用备用螺栓及螺母，借助于压力机工作台上的槽孔（T形槽）直接压固；③对于小型模具，可借助备用的夹具——压板或垫铁紧固，如图 1-8 所示，压板与垫块一般都用钢制成。为使用方便，冲压车间可备以多种类型、大小的垫块、压板，以便不同类型的模具安装使用。如图 1-9 所示，阶梯式垫铁适用于模座厚度不同的冲模的安装，安装时可根据模座厚度的大小，固定在不同高度的台阶上。

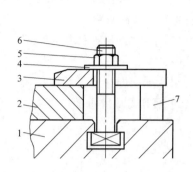

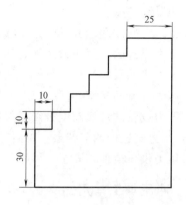

图 1-8　用压板及垫铁紧固下模

1—模座　2—下模　3—压板　4—垫圈

5—螺母　6—螺钉　7—垫块

图 1-9　阶梯式垫铁

1.2.4　冲压用手工工具

在冲压加工过程中，特别是冲压中、小型工件时，冲压工常采用各种手工工具来代替双手进行送退料及取件工作，以避免操作者的手直接伸入冲模的上、下模之间而发生人身伤害事故。这类手工工具一般是根据不同的坯料形状和重量加工制成的。但无论何种结构的手工工具都应具有结构简单、重量轻、使用灵活、送退料及取件可靠等特点。

目前，在生产中常用的冲压手工工具主要有以下几种：

1. 弹簧夹钳和铁钩

弹簧夹钳及铁钩是一种简单的手工工具，如图 1-10 所示，主要用于取放小型坯料或工件。

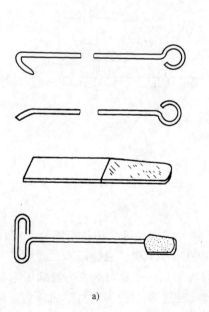

a)

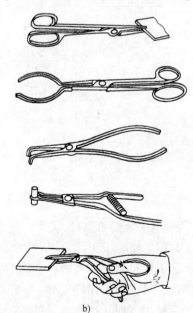

b)

图 1-10　各种弹簧夹钳及铁钩

a）铁钩　b）夹钳

2. 气动夹钳

气动夹钳是一种利用压缩空气作为动力的手工工具，主要用来夹取中型尺寸工件，如图 1-11 所示。

图 1-11　各类气动夹钳

3. 真空吸盘

真空吸盘是一种利用真空吸力来取送工件及余料的手工工具，主要用于取送平板类工件，如图 1-12 所示。

4. 电磁吸盘

电磁吸盘是一种电磁式手工工具，其头部为一直流电磁铁。当按动电气开关 2 时，使电路接通，产生电磁吸力，将工件或废料吸住取下，主要用来取送大型工件，如图 1-13 所示。

图 1-12　真空吸盘

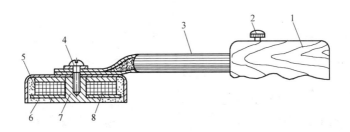

图 1-13　电磁吸盘

1—手把　2—电气开关　3—连接管　4—螺钉　5—防护罩　6—绝缘板　7—铁心　8—线圈

在上述的冲压加工手工工具中，电磁吸盘应用起来比其他手工工具更方便可靠，但其制作比较复杂，适用于批量、大型工件冲压。

1.3　冲压工操作职能及工作守则

1.3.1　冲压工工作范围及职能

冲压工是利用对冲压设备开启后所产生的冲击力作用于安装在冲压设备上的冲模，将事先放在冲模上的板料冲压出所需要的制品零件的专业技术工种。在工业生产中，冲压工和其他工种一样，占有相当重要地位。

冲压工的工作多以手工送料、脚踏设备开关开启冲压设备为主。其工作内容主要包括根据零件的冲压工艺规程，检测与剪切原材料、选择冲压设备、在冲压设备上安装与调整冲模、手工或自动送退料、操控机床设备、临时性处理或检修冲压过程中出现的故障、修整冲压后的成品，以及维护与保养机床设备、模具、夹具等。因此，作为冲压工，只有熟悉和熟练掌握上述工作内容，才能冲压出合格的冲压制品，更好地为经济建设服务。

在工业生产中，依据生产规模和企业的具体条件，冲压工可分为冲压操作工和冲压调整工两个工种。其中，冲压调整工主要是将冲模安装到压力机上并调整、试压，直到能批量冲压出合格制品，再交由冲压操作工进行加工操作并对其进行必要的指导。而对于一般中小企业，从模具安装、调试及冲压操作成批生产多由一人完成，故统称为冲压工。冲压工的主要操作职能为：

1）根据制品零件的冲压工艺规程或工艺卡片选用冲压设备，并熟悉其型号规格、使用性能、主要结构以及设备的操作方法和使用要求。

2）熟悉掌握所用冲模的结构、动作过程、冲压原理以及使用方法。

3）熟练地将冲模安装到所选用的压力设备上，并能准确地调整压力设备和冲模，使其冲压出合格的制品。

4）能正确检查冲压所使用的原材料，并在冲压过程中按工艺规程所规定的操作工艺方法熟练地将条料、坯件进行送进或退出，并能安全地将冲压出的制品或废料排出工作区域。

5）在冲压生产作业期间，除按工艺操作规程正确操作外，还应仔细观察压力机及冲模的动作情况，保证各部位的良好润滑，定时自检所冲压出的制品，若发现故障或产品质量缺陷应及时停机检查，进行随机分析处理或请专业人员进行检修，直到故障排除后，再进行开机冲压。

6）要认真做好交接班工作。开机冲压前应查看交接班记录，了解上一班时设备及冲模的运转及制品质量状况。若上一班次运转及工作正常，则应按设备操作规程的要求加润滑油，再经试运转正常后方可开机正式批量生产。同时，要做好本班次关于设备、冲模及制品质量状况的记录，以备下一班次参考。

7）在冲压过程中，要保管好冲压好的制品零件，将废料堆放整齐。

8）冲压结束后，要清理工作场地，使设备、冲模台面整洁无杂物，以便于下一班的工作。

1.3.2 冲压工工作守则

冲压加工是板料成形的基本方法之一，也是在工业企业中应用最广泛的一种成形加工工艺，并用以生产各种金属及非金属制品零件。在工业生产中，冲压加工占有极其重要的地位。因此，作为从事冲压生产的人员，不仅要热爱本职工作，树立服务社会、奉献社会的劳动态度，更要忠于职守、努力工作。在生产加工中，冲压工遵守如下工作守则：

1）努力养成良好的职业道德，要以主人翁的劳动态度，热爱并做好本职工作。对工作要认真负责，发扬爱岗敬业、诚实守信的精神。

2）自觉地遵守劳动纪律，维护生产秩序。认真遵守劳动时间，听从指挥，一丝不苟、严格按技术工艺规程、技术要求和安全操作规程进行生产作业，把好质量关，按时、按质、按量完成生产任务。

3）在生产中要树立高度责任感，发挥自己的主观能动性。充分挖潜，降低原材料的消耗，提高设备的利用率，增收节支，发扬团队精神，与同事团结合作，努力提高企业经济效益。

4）在上岗工作前，要做到"三通、二查、一清理"。"三通"是指通读制品零件、模具及工艺文件图样；弄懂、弄通所冲压的制品技术要求；弄通关键、重要尺寸及其精度，模具的结构、动作成形原理，以及工艺文件的要求、操作方法和注意事项等，以做好开机工作准备，做到心中有数。"二查"是指查压力设备的运转是否正常，查模具是否完好及其工作刃口的工作状况。"一清理"是指清条料或坯料，按工艺规程清查尺寸是否合适，并且要擦拭干净，保证无污物。

5）在安装和调试模具时，要按工艺规程的要求进行。模具一定要固紧，经检查无误后再开机调试，直到冲压出合格的制品并能进行连续批量生产后，方能开机生产。

6）在冲压过程中要严格按工艺文件要求合理送、退料及取件。冲压的首件必须要经检查合格后方可继续冲压。同时，坚决杜绝材料重叠和脚踏板连冲现象。若发现压力机重复冲击、制品出现质量问题或模具发生故障，应马上停机检查。

7）在冲压过程中一定要按工艺规程及时给以设备及模具或坯料适当润滑，以防设备及模具的快速磨损、带故障运转；同时，不要用手在工作危险区（如凸、凹模间）取件、送料；工作时要戴工作帽、手套及穿好工作服，做到安全生产、不出人身事故，并要将制品、废料放在指定位置，不得乱扔乱放，以保持工作区域的整洁、卫生。

8）工作完毕后，首先要关好电源开关。对于有缓冲器的压力设备，要放出缓冲器中的空气，擦拭干净机床和冲模，并在工作部位涂上防护油，填写好交接班记录；若临时离开岗位，要关掉压力机电动机。

1.4　冲压工必备技能及考核

1.4.1　冲压工必备的技能

冲压工在工业生产中属于一种熟练的技术工种。操作者在日常工作中不仅要遵守职业道德，做到爱岗敬业，认真操作，而且还应努力学习冲压专业基础知识，掌握如下基础理论知识、基本技能，积极研究和发展冲压新技术、新工艺，为发展国民经济及加速工业现代化建设做出积极的贡献。

1. 必知的基础理论知识
1）熟读机械图样。
2）机械加工常用数学计算。
3）产品质量标准。
4）热处理与表面处理知识。
5）生产安全用电常识。
6）生产经营管理常识。
2. 必会的基本技艺技能
1）划线与划线方法。
2）钳工锯割与錾削。
3）零件的校正与弯曲。
4）零件的锉削。

5）钻孔、攻螺纹与套螺纹。

6）零件的研磨与抛光。

7）零件的研配与压印加工。

8）常用量具的使用与保养。

3. 必备的冲压专业基础知识

1）冲压加工工序成形原理。

2）冲压原材料性能及检测。

3）冲压模具的安装、使用与维护。

4）冲压设备的操控与检修。

5）冲压加工工艺的操作。

6）冲压质量的检测及故障处理。

1.4.2　冲压工级别考核及注册

冲压工属于在机械加工中的技能工种。根据所掌握的专业理论知识及基本技能、专业操作能力和技术，通常将冲压工的级别分为学徒工、初级工、中级工、高级工、技师和高级技师等级别（按原机械工业部的《工人技术等级标准》规定，冲压工分 1~6 级工），各级别都规定了各自应知应会的技能标准和操作实践要求，并要求通过国家注册考核和考试，经合格后可取得相应的等级证书，以作为企业聘用和支付劳动报酬的依据。随着级别的提升，冲压工的价值也得到相应提高。因此，作为一名冲压工，在企业中工作，不仅要正确树立主人翁的劳动态度，热爱本职工作，对工作认真负责，遵守劳动纪律，加强职业道德修养，更要努力钻研技术，练就一身过硬的本领，充分发挥个人的智慧与才能，不断进取，争取早日达到高级工及技师的水平，成为国家及冲压生产行业急需的人才，为冲压技术的发展做出自己的贡献。

冲压工要想达到高级工及技师的标准，除了要掌握《工人等级技术标准》所规定的内容及技艺外，还应具备如下的技术能力：

1）冲压过程设计能力。

2）改进冲压产品设计能力。

3）冲压模具设计、制造能力。

4）冲压加工工装夹具设计、制造能力。

5）维修冲压设备及模具能力。

6）解决冲压生产技术难点能力。

7）改进产品加工工艺及创新能力。

8）企业经营协调管理能力。

1.5　冲压生产安全操作规程

冷冲压生产作业属于劳动强度大、极易发生伤残事故的工种。为维护劳动者权益，保障财产和劳动者安全，国家制定了 GB 8176—2012《冲压车间安全生产通则》。各生产企业应按该标准并结合企业实际，制定冲压生产安全操作规程，为安全生产提供有利保证，其内容大致如下：

1）冲压工必须了解使用冲压设备的型号、规格、性能及主要构造，熟悉该设备的使用要求。

2）冲压工开机前应认真检查所使用的设备，设备应维护良好，安全防护装置应齐全有效，离合器、制动器及控制装置应灵敏可靠，各紧固件不应松动，电器的接地保护良好，电器脚踏开关要灵敏。

3）操作冲压前，操作者应配备好个人的安全防护用品，穿好工作服，戴上工作帽、工作鞋及手套，女工发辫不应露于工作帽之外，扣紧袖口；所用机床周围及模具工作台面要清理干净，材料坯料要摆放整齐、平稳，并应使手工工具准备齐全、使用方便可靠，严禁在压力机台面及模具上放置工具、量具及其他物品。

4）在冲压工作时，要按工艺规程技术要求严格操作，严禁手或手指伸入冲模内放置坯件或取出工件，应使用手工工具；规定的单件的生产作业，绝不能用连续冲压；单冲时，每冲压一次，踏一次脚踏板并随即松开脚踏板；在送料时，坚决杜绝在双层模外进料。

5）操作时，一定要聚精会神。操作者禁止闲谈，严禁使用手机、听音乐、吸烟、喝水和吃食物；当一台设备由多人操作时，必须采用多人操作按钮进行工作，每个人要分工明确、配合协调，避免动作失误；同时，要定时清理冲下的制品并摆放在制品箱内。

6）在生产作业期间，当设备、模具和其他有关装置发生如下情况时，应马上关掉电源，停止工作，并请专门人员进行维修。

① 冲压设备滑块停位不准或停止后自动下滑。

② 设备或模具发生异常声响。

③ 冲压件出现不正常飞边或其他质量问题。

④ 冲压件或废料滞留在模具内不易排出模外。

⑤ 设备的控制装置及操作系统失灵。

7）要认真做好交接班工作。在上岗开机前，应查看交接班记录。了解上一班的设备与模具运转及末次产品的模具状况，若上一班次末次冲压状况正常，则应按设备操作规程的要求，对设备及模具进行润滑，试运转正常后方可进行批量生产。

8）工艺完毕后，首先要切断设备电源，然后清理设备及模具台面，去除杂物，加好润滑剂，填好工作交接班记录，并整理好制品及废料，做好工作场地的环境卫生方能离开现场。

企业"安全生产规程"一旦制定，即成了企业法规性文件，故冲压从业人员，为保障企业财产不受损及自身的人身安全，必须严格遵守、坚决执行，绝不能马虎大意。

第2章 冲压工基础理论知识

2.1 冲压常用数学计算

2.1.1 常用数学符号

按 GB 3102.11—1993《物理科学和技术中使用的数学符号》，常用数学符号见表2-1。

表 2-1 常用数学符号

符号	代表意义	符号	代表意义
+	加;正号	%	百分率
−	减;负号	∠	平面角
×或·	乘	⊥	垂直
÷或 $\frac{a}{b}$	除;a 除以 b	//	平行
=	等于	△	三角形
≠	不等于	▱	平行四边形
≡	恒等于	⊙	圆
>	大于	∽	相似
<	小于	≅	全等
≥	大于或等于	π	圆周率($\pi \approx 3.1416$)
≤	小于或等于	max	最大
a/b	a 比 b	min	最小
a^n	a 的 n 次方	$\sin x$	x 的正弦
$\sqrt{a}$	a 的平方根	$\cos x$	x 的余弦
$\sqrt[n]{a}$	a 的 n 次方根	$\tan x$	x 的正切
∞	无穷大	$\cot x$	x 的余切
Σ	总和	$\log_a x$	以 a 为底的 x 的对数
( )	圆括号	$\lg x$	x 的常用对数
[ ]	方括号	e	自然对数的底 e = 2.7182

2.1.2 常用数学运算

1. 分数运算

$$\frac{a}{b} \pm \frac{c}{b} = \frac{a \pm c}{b};$$

$$\frac{a}{b} \pm \frac{c}{d} = \frac{ad \pm bc}{bd};$$

$$\frac{a}{b} \times \frac{c}{d} = \frac{ac}{bd};$$

$$\frac{a}{b} \div \frac{c}{d} = \frac{a}{b} \times \frac{d}{c} = \frac{ad}{bc} \text{。}$$

2. 对数运算

若 $a^x = m$，则 $\log_a m = x$（$a > 0$，$a \neq 1$）；

1 的对数为 0，$\log_a 1 = 0$；

底的对数为 1，$\log_a a = 1$；

$\log_a(MN) = \log_a M + \log_a N$；

$\log_a\left(\dfrac{M}{N}\right) = \log_a M - \log_a N$；

$\log_a(M^n) = n\log_a M$；

$\log_a \sqrt[n]{M} = \dfrac{1}{n}\log_a M$。

3. 开方与乘方的运算

（1）开方与乘方的关系

$a^2 = A$，则 $\sqrt{A} = a$；

$b^3 = B$，则 $\sqrt[3]{B} = b$；

$d^n = D$，则 $\sqrt[n]{D} = d$。

（2）乘方的运算

$a^m a^n = a^{m+n}$；

$a^m \div a^n = a^{m-n}$；

$(a^m)^n = a^{mn}$。

（3）常用平方根数值

$\sqrt{2} = 1.414$；

$\sqrt{3} = 1.732$。

4. 比例计算

设 $\dfrac{a}{b} = \dfrac{c}{d}$ 或 $a : b = c : d$，则

$ad = bc$，$b : a = d : c$，$a : c = b : d$；

$\dfrac{a+b}{b} = \dfrac{c+d}{d}$（合比）；

$\dfrac{a-b}{b} = \dfrac{c-d}{d}$（分比）；

$\dfrac{a+b}{a-b} = \dfrac{c+d}{c-d}$（合分比）。

5. 乘法及因式分解

$(x+a)(x+b) = x^2 + (a+b)x + ab$；

$(a \pm b)^2 = a^2 \pm 2ab + b^2$；

$(a \pm b)^3 = a^3 \pm 3a^2 b + 3ab^2 \pm b^3$；

$(a+b+c)^2 = a^2 + b^2 + c^2 + 2ab + 2bc + 2ca$；

$a^2 - b^2 = (a+b)(a-b)$；

$$(a+b+c)^3 = a^3+b^3+c^3+3a^2b+3ab^2+3bc^2+3b^2c+3a^2c+3ac^2+6abc。$$

2.1.3 常用三角函数

1. 三角函数计算

在图 2-1 所示的直角三角形中：

正弦：$\sin\alpha = a/c$；

余弦：$\cos\alpha = b/c$；

正切：$\tan\alpha = a/b$；

余切：$\cot\alpha = b/a$；

正割：$\sec\alpha = c/b$；

余割：$\csc\alpha = c/a$。

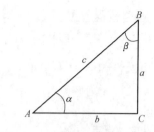

图 2-1 三角函数中各参数的定义

其中，直角三角形各边关系（勾股定理）为

$$c^2 = a^2+b^2$$

计算公式为：

$$\sin^2\alpha+\cos^2\alpha = 1；\quad \tan\alpha = \sin\alpha/\cos\alpha$$

$$\cot\alpha = \cos\alpha/\sin\alpha；\quad \tan\alpha\cot\alpha = 1$$

2. 正弦与余弦定律

任意三角形正、余弦定理如图 2-2 所示。

正弦定理：

$$a/\sin A = b/\sin B = c/\sin C = 2R$$

式中　R——外接圆半径。

余弦定理：

$$\cos A = (b^2+c^2-a^2)/2bc$$
$$\cos B = (c^2+a^2-b^2)/2ca$$
$$\cos C = (a^2+b^2-c^2)/2ab$$

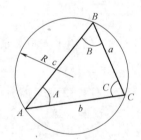

图 2-2 正、余弦定理

3. 冲压常用三角函数数值

常用角度的三角函数数值见表 2-2。

表 2-2 常用角度的三角函数数值

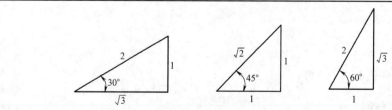

角度 α	$\sin\alpha$	$\cos\alpha$	$\tan\alpha$	$\cot\alpha$
0°	0	1	0	∞
30°	$1/2 = 0.5$	$\sqrt{3}/2 = 0.866$	$1/\sqrt{3} = 0.577$	$\sqrt{3} = 1.732$
45°	$1/\sqrt{2} = 0.707$	$1/\sqrt{2} = 0.707$	1	1
60°	$\sqrt{3}/2 = 0.866$	$1/2 = 0.5$	$\sqrt{3} = 1.732$	$1/\sqrt{3} = 0.577$
90°	1	0	∞	0

注：其中 0°~90°之间的各三角函数数值可从有关的数学手册中查取。

2.1.4 各种几何图形的面积计算

常用各种几何图形的面积计算见表 2-3。

表 2-3 常用各种几何图形的面积计算

序号	名称	图形	计算公式
1	等边三角形	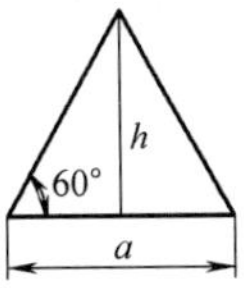	底边 $a = 1.15h$ 高 $h = 0.866a$ 面积 $A = ah/2$ $\quad\quad = 0.433a^2 = 0.577h^2$
2	直角三角形	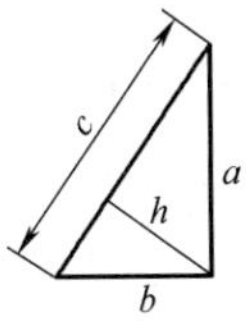	斜边 $c = \sqrt{a^2 + b^2}$ 斜边高 $h = ab/c$ 面积 $A = ab/2$
3	平行四边形、矩形	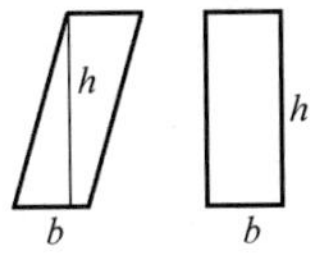	面积 $A = bh$
4	正方形	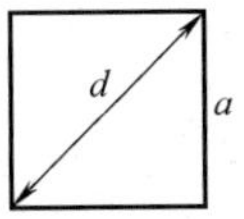	边 $a = 0.707d$ 对角线 $d = 1.414a$ 面积 $A = a^2$
5	菱形	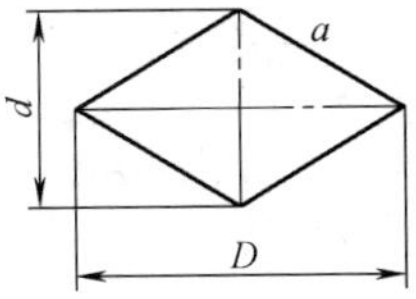	边 $a = \sqrt{D^2 + d^2}/2$ 面积 $A = Dd/2$
6	梯形	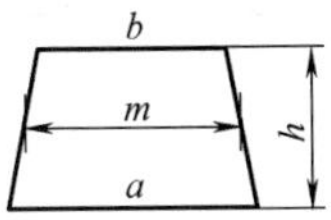	中线 $m = (a + b)/2$ 面积 $A = (a + b)h/2$ $\quad\quad = mh$
7	圆	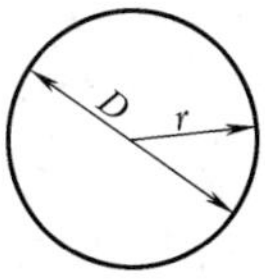	面积 $A = \dfrac{\pi D^2}{4} = 0.785D^2$ 或 $A = \pi r^2 = 3.14r^2$
8	椭圆	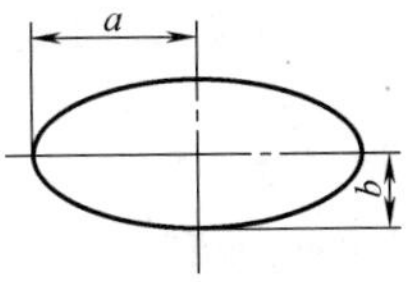	面积 $A = $ 长轴半径×短轴半径×$\pi = \pi ab$

（续）

序号	名称	图形	计算公式
9	圆环	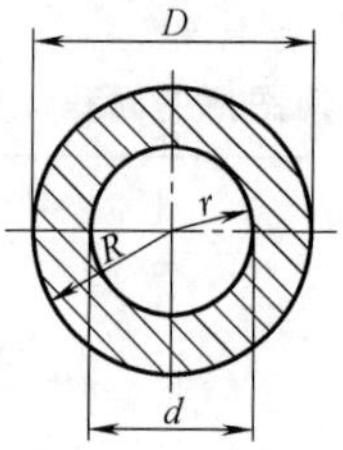	面积 $A = \dfrac{\pi(D^2 - d^2)}{4}$ $= \pi(R^2 - r^2)$
10	弓形	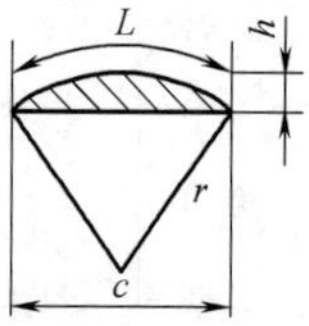	面积 $A = \dfrac{Lr}{2} - \dfrac{c(r-h)}{2}$
11	扇形	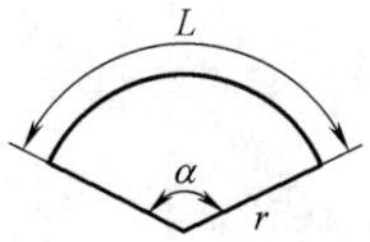	面积 $A = \alpha\pi r^2/360°$ 或 $A = rL/2$ 式中,L—弧长
12	抛物线弓形	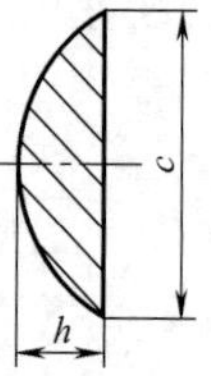	面积 $A = 2hc/3$
13	角橡	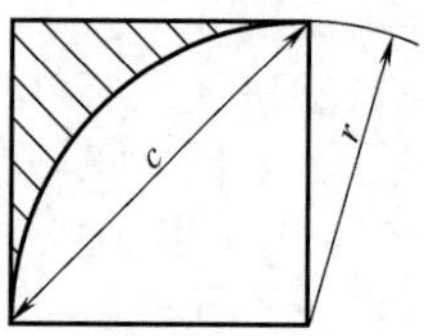	面积 $A = r^2 - \dfrac{\pi r^2}{4} = 0.215r^2$ 或 $A = 0.1705c^2$

2.1.5 多边形计算

正多边形计算方法见表 2-4。

表 2-4 正多边形计算方法

图示	计算公式
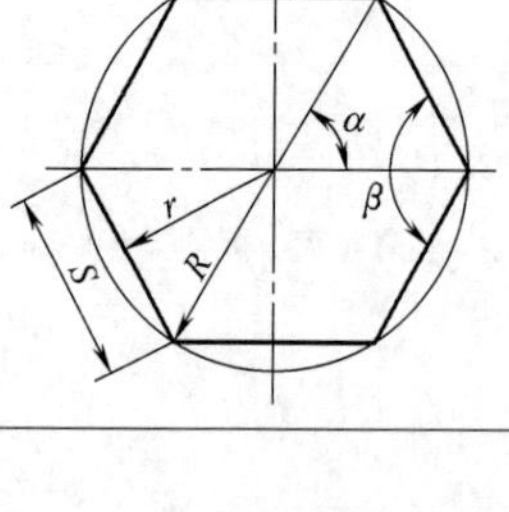	圆心角 $\alpha = 360°/n$ 顶角 $\beta = 180° - \alpha$ 外接圆半径 $R = \sqrt{r^2 + \dfrac{S^2}{4}}$ 面积 $A = \dfrac{1}{2}nSr$ 式中,n—边数

（续）

n	S	R	r	A
3	1.732R	0.577S	0.289S	1.290R^2
4	1.414R	0.707S	0.502S	2.000R^2
5	1.176R	0.851S	0.688S	2.379R^2
6	1.000R	1.000S	0.866S	2.598R^2
8	0.765R	1.307S	1.207S	2.825R^2

2.1.6 弓形尺寸计算

弓形尺寸计算见表2-5。

表2-5 弓形尺寸计算

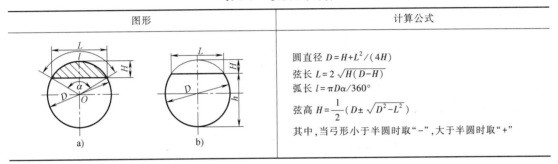

图形	计算公式
	圆直径 $D=H+L^2/(4H)$ 弦长 $L=2\sqrt{H(D-H)}$ 弧长 $l=\pi D\alpha/360°$ 弦高 $H=\dfrac{1}{2}(D\pm\sqrt{D^2-L^2})$ 其中，当弓形小于半圆时取"–"，大于半圆时取"+"

2.1.7 表面积和体积计算

各种几何形体的表面积和体积的计算方法见表2-6。

表2-6 各种几何形体的表面积和体积的计算方法

序号	名称	图形	计算公式
1	圆柱体	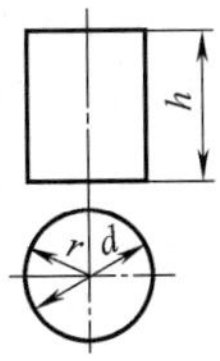	侧表面积 $A_{侧}=\pi dh=2\pi rh$ 体积 $V=\dfrac{1}{4}\pi d^2h=\pi r^2h$
2	正方体	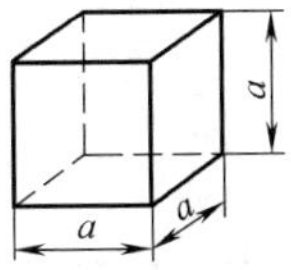	表面积 $A_{表}=6a^2$ 体积 $V=a^3$
3	长方体	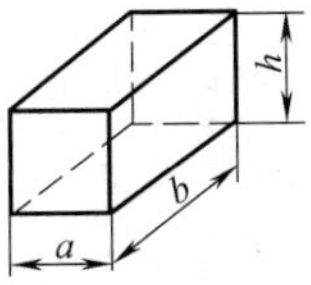	表面积 $A_{表}=2(ah+bh+ab)$ 体积 $V=abh$

（续）

序号	名称	图形	计算公式
4	球体		表面积 $A_{表} = 4\pi r^2 = \pi d^2$ 体积 $V = \dfrac{4}{3}\pi r^3 = 4.1888 r^3$ 或 $V = \pi d^3/6 = 0.5236 d^3$
5	圆锥体	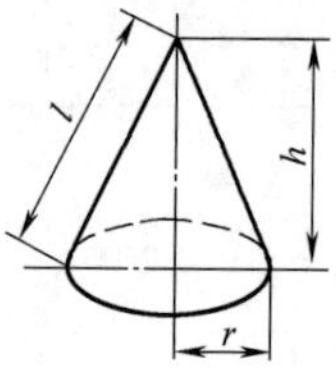	侧表面积 $A_{侧} = \pi r l$ 或 $A_{侧} = \pi r \sqrt{r^2 + h^2}$ 体积 $V = \dfrac{1}{3}\pi r^2 h$
6	平截角锥体	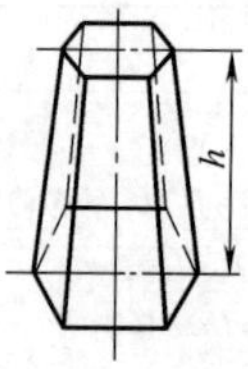	表面积为各梯形面积的总和+底面积 A_1+顶面积 A_2 体积 $V = \dfrac{1}{3} h(A_1 + A_2 + \sqrt{A_1 A_2})$
7	平截圆锥体	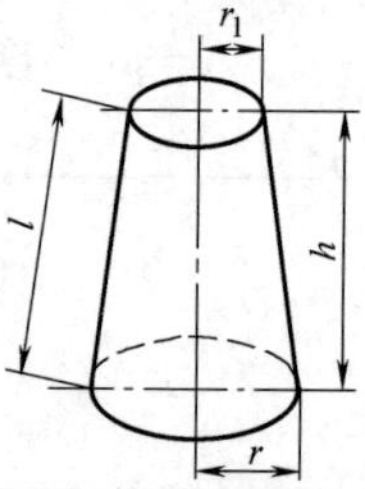	侧表面积 $A_{侧} = \pi l(r + r_1)$ 体积 $V = \pi(r^2 + r_1^2 + r r_1)h/3$
8	球缺	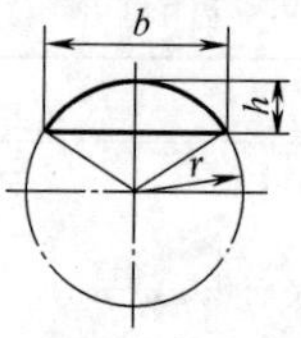	表面积 $A_{表} = 2\pi r h$ $\qquad\qquad = \pi(b^2/4 + h^2)$ 体积 $V = \pi h^2(r - h/3)$ 或 $V = \pi h(b^2/8 + h^2/6)$
9	圆管	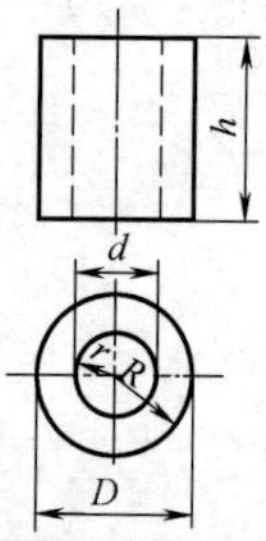	表面积 $A_{表} = 2\pi(R + r)(R - r + h)$ 体积 $V = \pi h(R^2 - r^2)$ 或 $V = \pi h(D^2 - d^2)/4$

2.1.8 常用计量单位换算

常用计量单位换算包括长度、面积、体积、平面角等，见表2-7。

为使工业企业与国际接轨，进口材料常以英制单位计量。英制的长度基本单位为英尺（ft）和英寸（in），它们与米制单位的关系为

1ft = 12in；1ft = 0.3048m；1in = 0.0254m。

表 2-7　常用计量单位及换算

名称	单位	符号	换算关系
长度	米	m	1m
	分米	dm	= 10dm
	厘米	cm	= 100cm
	毫米	mm	= 1000mm
	微米	μm	= 10^6μm
	纳米	nm	= 10^9nm
面积	平方米	m^2	$1m^2$
	平方分米	dm^2	= $100dm^2$
	平方厘米	cm^2	= 10^4cm^2
	平方毫米	mm^2	= 10^6mm^2
体积	立方米	m^3	$1m^3$
	立方厘米	cm^3	= 10^6cm^3
平面角	度	(°)	1°
	分	(′)	= 60′
	秒	(″)	= 3600″

2.2　机械图的识读

在机械加工中，准确地表达制品形状、尺寸大小及其技术要求的图样称为机械图。机械图是工程界的语言，是制造工程零件、设备的重要依据。在冷冲压生产中，主要使用的机械图有冲压产品零件图、模具及压力设备装配图。作为一名冲压加工技术工人，必须要有读懂这些图样的能力，才能准确、高效地生产出制品。

2.2.1　机械图识读基本知识

1. 图样图线的类型

机械图样是由各种类型的图线组成的。GB/T 4457.4—2002《机械制图　图样画法　图线》，规定了各种图线的表达方式及用途举例，见表 2-8。

表 2-8　图线的表达方式及用途举例

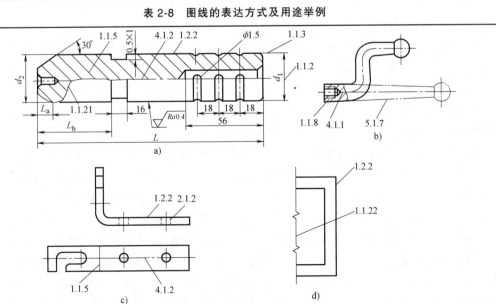

(续)

图线名称	图线形式	图线宽度	应用	图示代号
粗实线	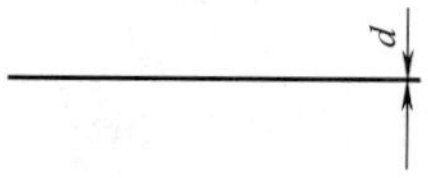	$d = 0.5 \sim 2mm$	可见轮廓线	1.2.2
细实线		约 $d/2$	尺寸线、尺寸界线、 螺纹牙底线、剖面线、弯折线	1.1.2、1.1.3 1.1.8、1.1.5
波浪线		$d/3 \sim d/2$	视图与剖视图的分界线	1.1.21
双折线		$d/3 \sim d/2$	断裂处边界线	1.1.22
虚线		约 $d/2$	不可见轮廓线	2.1.2
细点画线		$d/3 \sim d/2$	轴线、对称中心线	4.1.1、4.1.2
双点画线		$d/3 \sim d/2$	毛坯及模具图 制件轮廓线	5.1.7

2. 基本视图识读

在机械图中，多数是采用三视图的表达形式，如图 2-3 所示。所谓视图即是把人的视线构想成相互平行且垂直投影面的一组射线，将制品放在三投影体系中，然后从三个方向观察，在三个投影面上即得到三个视图。如图 2-3a 所示的零件，将其放置在三视图投影体系中（图 2-3b），然后从上向下、从左向右、从前向后三个方向直射观察，则在三个投影面上可观察到三个视图，最后得到如图 2-3c 所示的该零件的机械图形。

GB/T 4458.1—2002《机械制图　图样画法　视图》中规定：在三面投影体系中，正面投影为主视图；水平面投影为俯视图；侧面投影为左（右）视图。由于零件复杂程度不同，为表达清楚，也可以从左向右看，增加一个右视图。这三个视图间的规律是：主、俯视图长对正，主、左视图高平齐，俯、左视图宽相等，如图 2-3c 所示。

在视图中，一般只画出机件的可见部分（用粗实线），必要时才用虚线画出不可见部位。视图主要用于表达机件的外部结构形状。在机械图样中，视图可分为基本视图、局部视图、斜视图和旋转视图。基本视图是指把机件置于三个（或六个）互相垂直交于一点的投影体系中在各面所得到的视图（图 2-3）；局部视图是将机件的某一局部向基本投影面投射

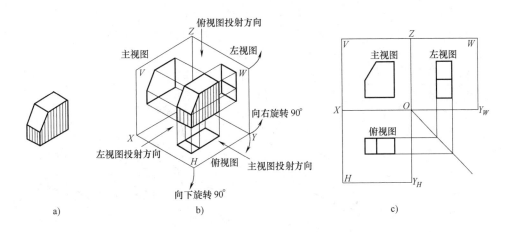

图 2-3　图样的画法
a）制品零件　b）三视图的获得　c）三视图的图形

所得的视图。

实际上，对于每一个机件不可能是单一的几何体，而是由几个几何体所组合而成的。故在识读基本视图（投影视图）时，必须将几个视图联系起来才能想象出机件的整个形状。同时还要熟悉各基本体的投影特征以及弄清视图中图线和线框的含义。

如图 2-4 所示的机件图，其识读的方法可参考如下所述：

第一步：面对图样，想象整体。

面对图 2-4 所示的三视图，通过分析，在主视图中可较明显地反映出该机件可划分为Ⅰ、Ⅱ、Ⅲ三部分，再配合俯视图可以反映出Ⅰ、Ⅱ两部分的特征形状，配合左视图想象出Ⅲ部分的形状特征。

第二步：对准投影线、面，想象各部分形状。

根据视图想象各单元体形状，如图 2-5 所示。

第三步：结合起来想象整体形状。

由各部分的位置关系、组合方式、表面连接形式搞清面与面的相对位置，最后想出机件的整体形状。如图 2-4 所示，根据Ⅱ在Ⅰ的右边后上方且Ⅱ的右方与Ⅰ的右面对齐；Ⅲ在Ⅰ的上方与Ⅱ的前面正中对齐，起加强Ⅰ、Ⅱ连接的作用。从而即可想象出机件的整体形状，如图 2-6 所示即为图 2-4 所示机件图的立体结构。

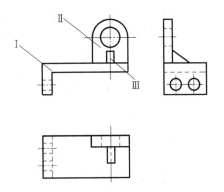

图 2-4　机件图

3. 剖视图的识读

在机械图样中，除了基本视图（三视图）外，还常会见到剖视图。剖视图就是用假想的剖切平面将机件剖开并移去剖切平面和观察者之间的部分，将剩余的部位向各投影面投射所得到的视图，如图 2-7 所示制件基本视图的 B 面。采用剖视图的目的主要是为了更进一步将制品内部孔、凸、凹等部位在图样中表达清楚。

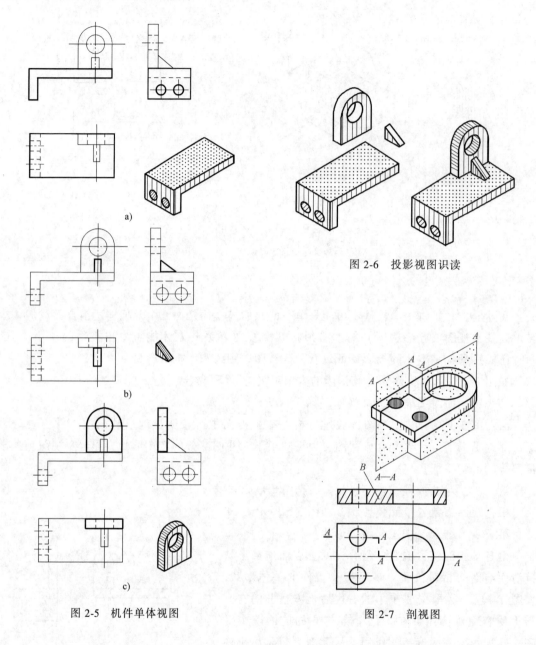

a)

b)

c)

图 2-5　机件单体视图

图 2-6　投影视图识读

图 2-7　剖视图

剖视图分全剖、半剖和局部剖切三种类型。

在识读剖视图时，可参照下述方法：

第一步，找剖切位置。

在图样中，先根据剖切符号找到剖切位置。剖切符号两端的箭头表示剖切面投射方向，当剖视图按投影关系配置，中间又无其他图形隔开时，可省略箭头。表示剖视图的符号一般用大写英文字母。剖切符号用粗短线表示，通常通过机件的对称面和轴线。

第二步，看剖面线。

金属材料剖面采用 45°间距相等的细实线表示。画剖面线的部位即表示剖切面剖到实体的部位，如图 2-7 中的 B 面。

4. 图样中尺寸识读

机件的大小，在图样上一般是通过长、宽、高三个方向的尺寸数值来表示的，如图 2-8 所示。

尺寸数值的单位为 mm，一般在图样中不写出。图样中的尺寸标注由尺寸线、尺寸界线、尺寸数字构成。尺寸线与尺寸界线表示尺寸标注的范围，一般用细实线绘制；尺寸线与尺寸界线处画有箭头、45°斜线或圆点，但通常都用箭头，如图 2-8 所示。

在识读尺寸时，应注意 R、φ 等符号。看图时，水平方向的尺寸数字字头朝上，垂直方向数字字头朝左、倾斜的数字字头永远有朝上的趋势，以区分带 6、9 的数字。

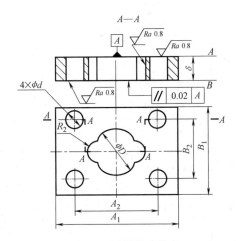

图 2-8　图样尺寸数字

5. 图样中技术要求识读

在图样中，为保证机件的制造及装配精度，都标有特定的要求，俗称技术要求，主要包括：机件各表面的表面粗糙度；机件的主要尺寸公差、几何公差；机件的热处理、表面处理要求；机件的特殊加工、检验、表面装饰说明等。这些内容有的可以用国标代号直接标注在图形尺寸上，无规定的代号一般用文字说明。故在识图时，首先要弄懂各代号的含义及其所代表的数值大小，然后进行加工制作。

6. 标题栏与明细栏识读

在机械图样中，每张图样的右下角均设有标题栏，装配及组件图中在标题栏上方还有明细栏，标有各零件的名称、件数、材料及热处理要求等。在识读时，一定要掌握栏目中规定的比例大小、了解零件的材料、热处理要求，以便做到加工及装配时心中有数，生产出合格制品。

2.2.2　零件图的识读

在机械图中，表示单一机件的结构、大小和技术要求的图样称为零件图。它是生产中制造加工、检测的依据，是组织机械生产的主要技术文件之一。它主要包括机件的视图图形、机件的尺寸大小、技术要求及标题栏等。零件图的结构形式如图 2-9 所示。其识读的方法与步骤如下：

第一步，读标题栏。

从标题栏中可以首先了解到该零件的名称、材料和图样所采用的比例、数量及热处理要求，以便对零件有一个初步认识。如图 2-9 中的零件，由标题栏可知这是一个称为凹模的板类零件，材料为 T10A，制造数量为 1 个，比例为 1∶1，热处理硬度要求为 58~62HRC。

第二步，纵览全图。

在开始看图时，先找到主视图，并找出各视图间的相互关系，弄清弄懂所表达的内容。如在图 2-9 中，凹模采用主、俯两个视图表示，而主视图采用了剖视图的形式，展示了机件内的螺孔和销孔；再看俯视图，即可知螺孔和销孔的位置和数量，从而可想象出该凹模的内外形状。

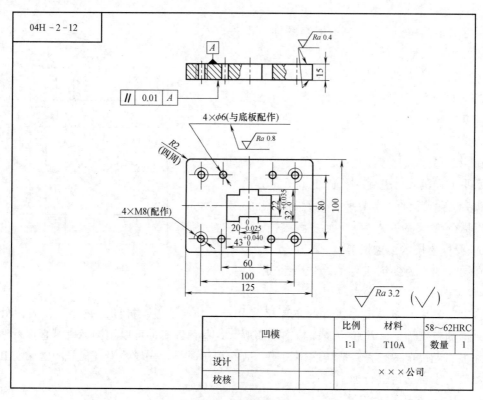

图 2-9　凹模零件图

第三步，详看视图。

在查看各视图时，要对其进行整体结构分析，搞清投影关系并初步想象出零件的外观形状。如图 2-9 所示，在查看时，结合主视图和俯视图，可以看出凹模的外形为一长 125mm、宽 100mm、高 15mm 的长方体，内部有一个凹模刃口、四个螺孔及四个圆柱销孔，并由俯视图可看出各孔形状大小及其所处的位置。

第四步，分析尺寸。

在图中，首先找出各组成部分尺寸并了解各尺寸的作用，再确定零件的总体尺寸。如在图 2-9 中，属于定形尺寸的为 125、100、15、43、32、22、20、4×M8、4×φ6；属于定位尺寸的为 100、60、80。从而可确定零件外形为 125mm×100mm×15mm 的长方体，而凹模内孔大致为 43mm×22mm，并含有 4 个 φ6 销孔和 4 个 M8 螺孔。其各孔位置也基本明确。

第五步，了解技术要求。

分析图样中的技术要求，掌握零件结构特点，从而可确定零件加工要求及确定加工方法。如图 2-9 所示的凹模刃口尺寸标有公差，如 $43^{+0.040}_{0}$、$32^{+0.035}_{0}$ 表示要求精度较高，在加工时必须采用机、电精加工方法；而凹模底面又标有 $\boxed{/\!/ \ | \ 0.01 \ | \ A}$ 符号，这就要求在加工时，

要采取措施，以保证上、下平面平行，其平行度公差不能超过 0.01mm；同时，在标题栏上

方标有 $\sqrt{Ra\,3.2}$ （∨），这就表明，除在加工时标有表面粗糙度的地方（如上、下平面标

$\sqrt{Ra\,0.4}$ 外，其余表面的表面粗糙度 Ra 值应小于或等于 $3.2\mu m$）；同时，根据标题栏中的硬

度要求，在零件加工后应热处理，淬硬到 $58\sim62HRC$。

第六步，归纳总结，想出实体形状。

在观看视图、分析尺寸、了解技术要求的基础上，进行归纳、总结，深刻理解全图，按获得的综合技术信息，想象出零件的实体形状和加工要求。如图 2-10 所示的凹模即为图 2-9 所示机械图样的实体形状。

总之，在冲压加工中，操作者学会识读机械零件图的目的就是要弄懂、弄清要冲压零件及所使用模具各结构零件所表达的各项内容。既一方面要看懂视图，想象出零件的结构形状；另一方面还要看懂尺寸及其技术要求，以便于零件在制作及修理过程中的加工和检测达到图样上所有的设计要求，制造出优质合格的零件制品来。为了达到这个目的，在识读零件图时，一定要按前述的识读方法和步骤，要多看、勤想，每一个环节步骤都不能孤立进行，而要相互联系、边看边分析，以便对所制

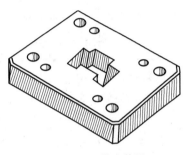

图 2-10　凹模实体图

造的零件结构、尺寸、技术要求综合考虑。最后想象出零件的整体形状，并了解加工方法、加工精度及加工注意事项。这也是作为一名合格的冲压工的基本功之一。

2.2.3　装配图的识读

冲压加工常使用的装配图是冲压模具装配图。在图中，主要表示所使用的冲模整体结构以及组成模具各零件的位置、连接装配关系。学会识读模具装配图的目的主要是为了在掌握模具结构组成特点的基础上，能分析出其动作及成形制品的原理和过程，以便更好地使用和维护模具，生产出优质合格的冲压零件。

在识读装配图时，一是要了解模具结构的组成方式；二是要找出各组成零件的所在位置及作用；三是要了解各零件间的装配关系；四是要想象出模具的功用、动作原理和主要技术要求；五是要了解模具的装配高度及所使用的设备；六是要分析、掌握模具在工作中容易产生磨损的零件及部位，以便做到心中有数。

1. 识读方法与步骤

装配图的识读可按下述方法与步骤进行：

1）查看图样的标题栏及明细栏，了解装配体的产品名称，从而可分析出其性能及功用。在明细栏中，可初步掌握组成机体的各零件的名称、所用材料、数量及热处理要求。

2）观察图样中的各视图及其各视图的表达方法并找出各视图投影的对应关系，明确各视图所表达的内容。

3）深入了解各零件在装配体中的位置、作用及配合关系。其方法是：

① 从主视图开始，对着零件明细栏或零件图，找出其与各视图的关系。

② 由各零件剖面线的不同方向和间隙，分清各零件的轮廓范围。

③ 从装配图上所标注的代号，了解各零件间的配合关系。

④ 根据零件序号，对照明细栏，了解零件的名称并找出零件所处位置、数量，并通过零件图来识别零件，想象出立体形状。

⑤ 分析各零件的作用，进而想出其工作及动作原理。

⑥ 明确各零件间的连接关系及方法。

4）弄清主要工作零件（如冲模的凸模、凹模、定位零件）的位置、连接装配方法、相互作用以及与其他辅助零件的相互关系，并明确各辅助零件的用途及相互装配连接方式。

5）归纳总结、想象出总体结构的形状及机体工作原理。即在前述查看视图、分析的基础上，还要对图中的技术要求及标注尺寸做进一步研究、分析，归纳总结以进一步了解想象出机体的整体结构，进而得知其功用及动作机理。

2. 装配图的识读示例

在对装配图进行识读时，要按识读方法及步骤进行综合考虑，不能孤立进行。尽管装配图看起来要比零件图复杂，但只要勤看、勤想，必要时与其他物、图对照，反复钻研、学习，一定会很快学会识读。现以图 2-11 所示的极片落料模装配图为例，进一步说明装配图的识读过程，供学习参考。

第一步，查标题栏、明细栏及整个图面。

1）通过查标题栏及明细栏，了解到该模具的名称为极片落料模，共有 16 个零件组成。

2）看整个图面，发现模具主要由上模、下模两大部分组成，长 150mm、宽 120mm，闭合高度为 120mm。

3）在明细栏中找到每个零件序号，并与整个图面的标注序号对照，找出各零件在模体中的相对位置，如凹模 9 位于下模，凸模 15 安装在上模中。

第二步，详查各视图，分析其各投影视图关系，了解模具的组成机构。

1）从图面中可发现，该模采用了两个视图。其主视图将模具所有两件画出，采用了阶梯剖视并处于闭合状态。俯视图只画出了下模俯视部分，表达了模架采用了对角导柱模架，送料方式为由前向后推进。

2）从主视图中明显查到凸模 15 和凹模 9 的形状及上模部分由卸料板 8、凸模 15、上模座 3、垫板 4、凸模固定板 5 由内六角螺钉及销钉连接；下模则是由底座 10、凹模 9 和定位销等组成，仍以螺钉、圆柱销紧固。

第三步，深入了解各零部件的配合关系，分析模具的动作过程及成形原理。

1）深入查看分析主、俯视图可知：模具工作时，将坯料由前向后退进，上模在压力机滑块带动下行时，其卸料板 8 首先与坯料接触，并在弹簧 14 的作用下将其压紧。待上模继续下降，凸模则深入凹模刃口内，相互作用下进行落料冲裁，将制件与条料分离，而制件从凹模漏料孔中漏下；冲裁后，待上模随压力机滑块回升时，卸料板在弹簧作用下将紧箍在凸模上的条料刮下恢复原位，即完成整个冲裁过程。继续向后送料并由定位销钉定位，可进行下一次冲裁。

2）借助零件图分别与装配图相对照，进一步分析各部件间的配合关系。如卸料板与凸模、卸料板与卸料弹簧之间、凸模与凹模之间的相互配合形式。

第四步，对照装配图及零件图，详细了解各零件在模内作用。

如凸、凹模是模具中的主要工作零件，借助零件图可想象出它们的整体形状。然后分析

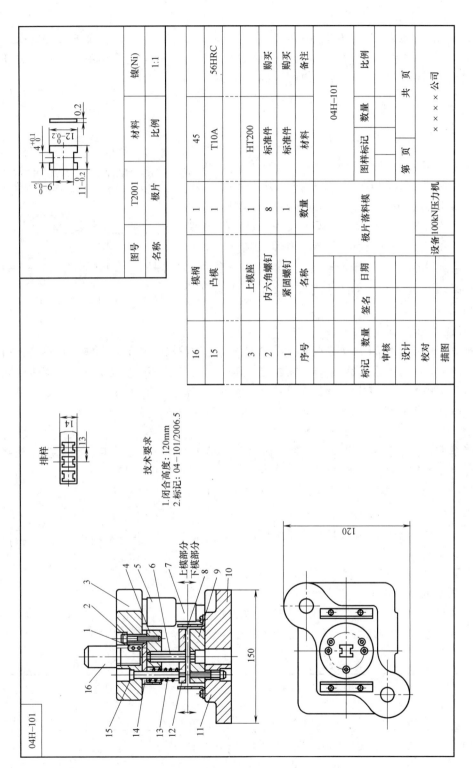

图 2-11　极片落料模装配图

其他结构零件形状、在模内安装固定方法及在模内所起的作用。

第五步，归纳总结，想象出模具实体结构。

在对各部件实体形状及模具整体结构分析的基础上，进一步了解图面中规定的技术要求，如在图 2-11 的技术要求中，模具的闭合高度为 120mm，则据此可选用压力机；并从机构组成及视图投影关系中，综合想象出模具的实体结构，如图 2-12 所示。

2.2.4 工艺文件的识读

冲压工艺文件是指工艺设计人员按所要冲压的制品零件图样，在加工之前根据本企业的技术能力及生产条件，所编制的能指导整个零件加工的生产全过程工艺性文件。在冷冲压企业中，一般分工艺过程（又称工艺规程）卡、工艺卡、工序卡、检验卡等形式。工艺文件一旦经过编制、审核、审定、批准会签下发后，即成为企业内部的生产法规性文件，各工序、各部门都要遵循执行。因此，作为一名冲压工，必须要熟读工艺文件的主要内容，按此冲压出合格的制品零件。

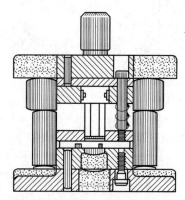

图 2-12 极片落料模实体结构

1. 工艺过程卡

工艺过程卡是以工序为单位简要说明零件加工工艺过程的一种工艺文件。它主要包括零件制品的加工顺序，列出整个制件加工经过的工艺路线（包括坯料准备、加工及辅助加工）内容，标有工序内容、工装模具及设备型号等。它是生产准备、编制生产作业计划和组织生产的依据，一般掌握在生产管理、技术、工艺、车间等部门中。

2. 工序卡

工序卡是按工艺过程卡中某一个工序所编制的一种工艺文件，是为某一个工序详细制订的生产过程，主要用于指导操作者进行生产的一种工艺文件。在工序卡中，列有该工序的草图、技术要求、工艺简图、工艺要求及工时定额等。一般除掌握在车间管理、工艺质检人员手中外，还应发放到该工序的操作工手中，以便按此操作加工。

冲压所使用的工艺文件形式，由于各企业的生产组织形式和习惯不同，具体的工艺文件格式也不尽一样。如图 2-13 所示的电能表框片，其冲压工艺过程卡及各工序卡，可参见某企业使用的表 2-9~表 2-12 所示的内容。

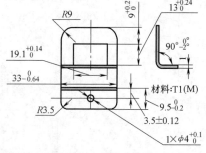

图 2-13 电能表框片

表 2-9 框片冲压工艺过程卡

××公司 冲压车间		冲压工艺过程卡				产品型号		DD10
						产品名称		单相电能表
	零件图号	D10-T13	零件名称		框片	材料		T1/厚度 1mm
工序号	工种	施工说明		使用设备	模具	工时定额/min	操作者	检验
C1	备料(剪切)	将厚 1mm 的纯铜板剪切成宽为 $41_{-0.5}^{0}$ mm 的条料		剪板机				

（续）

工序号	工种	施工说明	使用设备	模具	工时定额/min	操作者	检验
C2	冲压(落料)	将条料送进框片落料模冲压成坯件	压力机	框片落料级进模			
C3	修整(去飞边)	将落料的坯件去除飞边并整平	人工修整				
C4	冲压(弯曲)	将修整后的落料坯件压弯成形		框片弯曲模			
C5	检验	按图样检查各部位尺寸	卡尺				

编制	(签字)	年　月　日	审定	(签字)	年　月　日
审核	(签字)	年　月　日	批准	(签字)	年　月　日

表 2-10　框片冲压工序卡（一）

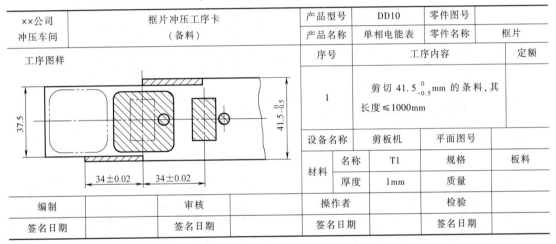

××公司冲压车间	框片冲压工序卡（备料）		产品型号	DD10	零件图号	
			产品名称	单相电能表	零件名称	框片
工序图样			序号	工序内容		定额
			1	剪切 $41.5_{-0.5}^{0}$ mm 的条料，其长度≤1000mm		
			设备名称	剪板机	平面图号	
			材料	名称	T1	规格	板料
				厚度	1mm	质量	
编制		审核		操作者		检验	
签名日期		签名日期		签名日期		签名日期	

表 2-11　框片冲压工序卡（二）

××公司冲压车间	框片冲压工序卡（落料）		产品型号	DD10	零件图号	
			产品名称	单相电能表	零件名称	框片
工序图样			序号	工序内容		定额
			1	采用落料级进模冲压,进行第一次冲压		
			设备名称	630kN 压力机	平面图号	
			模具名称	框片落料模	图号	
			材料	名称	T1	规格	剪切后的条料
				厚度	1mm	质量	
编制		审核		操作者		检验	
签名日期		签名日期		签名日期		签名日期	

表 2-12　框片冲压工序卡（三）

×× 公司 冲压车间	框片冲压工序卡 （弯曲）		产品型号	DD10	零件图号	
			产品名称	单相电能表	零件名称	框片
工序图样			序号	工序内容		定额
			1	采用框片弯曲模弯曲成形,进行 第二次冲压		
			设备名称	450kN 压力机	平面图号	
			模具名称	框片弯曲模	图号	
			材料	名称	T1	规格	第二次冲压 落料坯料
				厚度	1mm	质量	
编制		审定	操作者		检验	
签名日期		签名日期	签名日期		签名日期	

2.3　加工精度与表面质量

2.3.1　加工精度与误差的基本概念

1. 零件的加工精度

零件的加工精度是指零件在加工后，零件的实际几何参数（尺寸、形状、方向、位置和跳动）对理想几何参数的符合程度。其主要包括两方面内容：一是尺寸精度；二是几何精度，包括形状、方向、位置和跳动。这两方面之间是相互关联和互为补偿的。

一般情况下，零件的加工精度要求越高，则零件的加工难度及成本也越高，生产率相应也越低。因此，零件的加工精度应根据零件在机体中的功用设置，不能无止境地提高精度要求，要尽量合理规定。如在冷冲压生产中，模具的制造精度，主要体现在冲模的凸、凹模等工作零件及相应的各零件间的配合精度。故在模具制作时，根据冲件的要求应相应注重模具工作零件的精度等级。

2. 零件的加工误差

零件的加工误差是指零件加工后的实际几何参数对理想的几何参数的偏离程度。即在加工时，无论是单件或批量加工，其加工后会发现可能有许多零件在尺寸、形状、方向、位置和跳动方面与理想零件有所不同，它们之间的差值分别称为尺寸误差、形状误差、方向误差、位置误差和跳动误差。

在实际生产中，零件加工后产生的误差主要是由加工设备、刀具、夹具、工装模具、量具和工件所组成的工艺系统以及人为操作等造成的。故为减少零件误差，提高制造精度和质量，除必须减少工艺系统原有误差外，还应注意操作者本身的工作质量，以生产出优质、合格的零件。

2.3.2　零件的极限尺寸与配合公差

机械零件在批量生产加工过程中，为提高劳动生产率，并不是要求操作者加工制造出绝对一模一样的尺寸和形状的零件，而是在加工时将零件的尺寸限制在一个合理的范围内变动，以满足不同的使用要求及零件的互换性，由此产生了机械加工"极限与配合"制度，从而大大方便了加工。"极限与配合"所规定的变动范围，即为常用的公差。

1. 尺寸的类型及定义

在机械加工的视图中，尺寸是用特定单位（mm）表示长度值的数字。其长度值主要包括零件的长度、直径、半径、宽度、高度及中心距等。视图中标注的尺寸主要有以下几种类型：

（1）公称尺寸　公称尺寸是设计给定的尺寸，它是根据零件的使用要求，通过必要的计算而确定的。图样上一般按标准尺寸在图样上标出。如图 2-14a 中标注的尺寸 $\phi16$，表示圆垫圈的直径，其公称尺寸为 16mm。

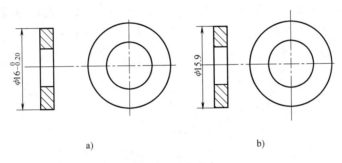

图 2-14　尺寸含义

a）设计要求尺寸　b）加工后实际尺寸

（2）实际尺寸　实际尺寸是指零件在经冲压加工后实际测量的尺寸。如图 2-14b 中的尺寸 $\phi15.9$。

（3）极限尺寸　极限尺寸是指在加工中允许尺寸变化的两个界限值。其中，最大的允许尺寸称为上极限尺寸，如图 2-14a 中的上极限尺寸为 $\phi16$；而最小的允许尺寸称为下极限尺寸，如图 2-14a 中的下极限尺寸为 $\phi15.8$。

（4）尺寸偏差　偏差是指极限尺寸与公称尺寸的代数差值。偏差分上极限偏差和下极限偏差。

$$上极限偏差 = 上极限尺寸 - 公称尺寸$$

$$下极限偏差 = 下极限尺寸 - 公称尺寸$$

偏差的图样标注法如图 2-14a 中的 $\phi16_{-0.20}^{0}$，图中：上极限偏差 $= 16\text{mm} - 16\text{mm} = 0\text{mm}$，下极限偏差 $= 15.8\text{mm} - 16\text{mm} = -0.20\text{mm}$。

（5）尺寸公差　公差是指上极限尺寸减去下极限尺寸或上极限偏差减去下极限偏差所得的差值。公差是允许尺寸的变动量。如图 2-14 中：

$$16\text{mm} - 15.8\text{mm} = 0.2\text{mm}；0\text{mm} - (-0.20\text{mm}) = 0.20\text{mm}$$

0.2mm 即为直径的公差值。

在实际生产中，公差值越大，尺寸精度越低，越容易加工，效率越高，成本就越低；而公差值越小，则表明尺寸精度越高，越难以加工。

（6）公差带及基本偏差 公差带是指把公称尺寸、上极限偏差、下极限偏差、公差之间的关系画成简图，如图 2-15 所示，在这个图形中代表上、下极限偏差的两条直线所限定的一个区域。而确定上、下极限偏差位置的一条基准直线称为零线。零线表示公称尺寸。

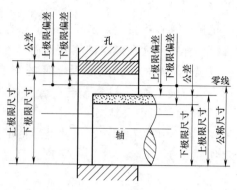

图 2-15　尺寸图解及公差带

由图 2-15 可知：公差带包括"公差带的大小"和"公差带的位置"，而标准公差确定公差带的大小，基本偏差确定公差带的位置。

在实际运用中，为了确定公差带的相对位置，将上、下极限偏差的某一偏差规定为基本偏差，一般为靠近零线的那个偏差。当公差带位于零线上方时，基本偏差为下极限偏差；反之，则为上极限偏差。在国家标准中，对孔和轴分别规定了 28 种基本偏差，其代号用拉丁字母表示。其中，孔用大写字母，轴用小写字母，统一构成基本偏差系列，如图 2-16 所示。

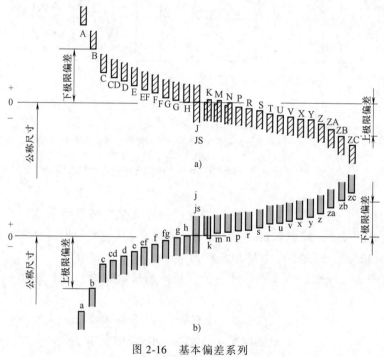

图 2-16　基本偏差系列
a）孔　b）轴

从图 2-16 中可以看出，图中各公差带表示了其所在位置，即为基本偏差。另一端是开口，由相应的标准公差确定。孔、轴的公差带代号由基本偏差代号（孔 A~H、轴 a~h）和公差等级代号组成。如公差带代号 h7、F8 的"h"和"F"代表基本偏差，7 和 8 则为公差等级代号。在图样标注 ϕ50f8 的字样，则表示轴直径公称尺寸为 50mm，基本偏差代号为 f，公差等级为 8 级，其大小可在国家标准中查取。

2. 公差等级标准

在公差与配合相关国家标准（GB/T 1800.1—2009）中，将标准公差共分为 20 个等级。各级标准公差的代号由 IT 和公差等级组成，即 IT01、IT0、IT1、IT2、…、IT18。从 IT01 至 IT18，数值越大则公差值越大，其精度也就越低。在冲压加工中，常用尺寸标准公差数值见表 2-13，供制造加工冲模时参考。

表 2-13　冲模制造常用尺寸标准公差数值（IT4～IT14）

公称尺寸/mm	公差等级										
	IT4	IT5	IT6	IT7	IT8	IT9	IT10	IT11	IT12	IT13	IT14
	μm								mm		
≤3	3	4	5	10	14	25	40	60	0.10	0.14	0.25
>3~6	4	5	8	12	18	30	48	75	0.12	0.18	0.30
>6~10	4	6	9	15	22	36	58	90	0.15	0.22	0.36
>10~18	5	8	11	18	27	48	70	110	0.18	0.27	0.43
>18~30	6	9	13	21	33	52	84	130	0.21	0.33	0.52
>30~50	7	11	16	25	39	62	100	160	0.25	0.39	0.62
>50~80	8	13	19	30	45	74	120	190	0.30	0.46	0.74
>80~120	10	15	22	35	54	87	140	220	0.35	0.54	0.87
>120~180	12	18	25	40	63	100	160	250	0.40	0.63	1.00
>180~250	14	20	29	45	72	115	185	290	0.45	0.72	1.15
>250~315	16	23	32	52	81	130	210	320	0.52	0.81	1.30
>315~400	18	25	36	57	89	140	230	360	0.57	0.89	1.40
>400~500	20	27	46	63	97	155	250	400	0.65	0.97	1.55

3. 配合的类型与定义

在机械加工中，配合是指公称尺寸相同的并且相互结合的孔和轴公差带之间的关系。即孔和轴公差带相对位置不同，在配合时将有松紧不同的配合性质，在配合后即有大小不同的间隙或过盈，从而可满足不同的使用要求。

（1）配合的种类及用途　在实际应用中，配合大致有如下几种类型：

1）间隙配合。间隙配合是指在孔与轴的相互配合中，如果孔的下极限尺寸大于或等于轴的上极限尺寸，配合后孔与轴之间具有间隙的一种配合形式。间隙配合主要适用于工作中有相对运动或虽无相对运动却要求能经常拆装的零件，如冲模中导柱、导套的配合。

2）过盈配合。过盈配合是指在孔与轴配合中，孔的上极限尺寸小于或等于轴的下极限尺寸的一种配合形式。它主要适用于靠过盈保证孔轴间相对静止或传递负荷的零件，如冲模中导柱与导套在模座上固定时的配合。

3）过渡配合。过渡配合是指在孔与轴配合中可能存有间隙和过盈的配合形式。其间隙及过盈量比较小。它主要适用在配合时，既要对准中心，又要求拆装方便的孔轴零件，如在冲模中凸模、凹模与凸模、凹模固定板间的固定与配合。

（2）配合制度　按国家标准，孔、轴配合时有两种配合制度，即基孔制和基轴制。在一般情况下，优先选用基孔制。如在冲压模具加工中，一般多以基孔制为优先配合。

1）基孔制配合。基孔制配合是指，孔的基本偏差保持一定，以改变轴的基本偏差来得到各种不同的配合的一种制度，如图 2-17 所示。基孔制的孔称为基准孔，其下极限偏差为 0，基本偏差代号为 H。

从图 2-16 中的基本偏差系列和图 2-17 可以看出，在基孔制的条件下，轴的基本偏差从 a 到 h 为间隙配合，从 j 到 n 为过渡配合，从 p 到 zc 为过盈配合。其中，n、p、r 可能为过渡配合也可能为过盈配合。基孔制配合常用的配合有 59 种，优先配合为 13 种，可从标准中查到。

2）基轴制配合。基轴制配合是指，在配合时，轴的基本偏差保持一定，以改变孔的基本偏差来得到各种不同配合形式的一种制度，如图 2-18 所示。基轴制的轴为基准轴，其上极限偏差为 0，基本偏差代号为 h。

从图 2-16 所示的基本偏差系列和图 2-18 可以看出，在基轴制的条件下，从 A 到 H 为间隙配合，从 J 到 N 为过渡配合，从 P 到 ZC 为过盈配合。其中，N 可能为过渡配合，也可能为过盈配合。

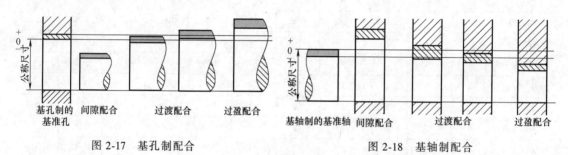

图 2-17 基孔制配合 　　　　　　　　　　　图 2-18 基轴制配合

（3）极限与配合识读方法　　极限与配合在图样上的标注方法如图 2-19 所示。其中图 2-19d 所示为装配图上的标注。如 $\phi50H7/p6$ 以及 $\phi40F8/h7$。即在公称尺寸后面用分式表示，分子是孔的公差带代号，分母是轴的公差带代号，其数值可从标准中查取。

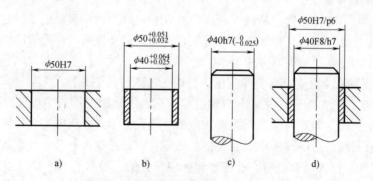

图 2-19 极限与配合在图样上的标注方法

图 2-19a、b、c 所示是零件图中的标注方法。其中，图 2-19a、c 标注用公差带代号标注，而图 2-19b 直接标注出极限偏差值，识读起来比较方便。

在识读时，可以采用下述方法进行：假设图样上标注的 $\phi55H8/f7$，可通过查表确定孔、轴的极限偏差，再计算出孔、轴的公差，并判断配合制度与类别，画出公差带。经查得，孔的尺寸为 $\phi55^{+0.046}_{0}$，公差为 0.046；轴为 $\phi55^{-0.030}_{-0.060}$，公差为 0.030，基本可判断为基孔制间隙配合形式。

2.3.3　零件表面几何公差的含义与识读

零件的形状和位置发生变化所产生的公差称为几何公差。它是指零件的实际形状、方向、位置和跳动相对于理想的设计所允许的变动量。如果零件存在严重的形状、方向、位置和跳动偏差，将影响到零件的使用和装配精度。因此，在机械加工中，对于机件不仅要求尺寸公差外，还应使几何公差达到允许值。

1. 几何公差项目与符号

几何公差项目与符号见表 2-14。

表 2-14　几何公差项目与符号

类别	项目	符号	类别	项目	符号
形状公差	直线度	一	方向公差	平行度	//
				垂直度	⊥
	平面度	▱		倾斜度	∠
				线轮廓度	⌒
				面轮廓度	⌓
	圆度	○	位置公差	同轴度	◎
				同心度	◎
	圆柱度	⌭		对称度	⚌
				位置度	⊕
	线轮廓度	⌒		线轮廓度	⌒
				面轮廓度	⌓
	面轮廓度	⌓	跳动公差	圆跳动	↗
				全跳动	⌰

2. 几何公差的识读

几何公差在图样上的标注形式如图 2-20 所示，多数以方格形式表示。其识读方法是：先找出指引线的箭头与被测要素的位置以及基本符号与基准要素的位置，然后分析与识别其所代表的意义、几何公差类别及公差的大小。几何公差的识读见表 2-15。

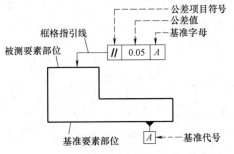

图 2-20　几何公差在图样上标注形式

表 2-15　几何公差的识读

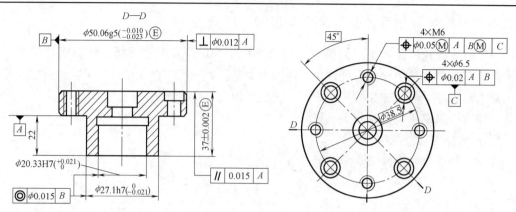

序号	图样标注形式	识读说明
1	37±0.002Ⓔ	在尺寸公差后加注Ⓔ表示尺寸为37的上下两端面平行度误差不超过尺寸公差
2	φ50.06g5Ⓔ	1. φ表示直径,50.06为公称尺寸,g为基本偏差代号,5为公差等级 2. Ⓔ表示φ50.06g5的形状误差不得超过尺寸公差值,实际圆柱面必须位于直径为最大实体尺寸的理想圆柱面内
3	⊥ φ0.012 A	表示φ50.06g5Ⓔ圆柱面的轴线对基准面A的垂直度公差为0.012mm,即加工时垂直度误差不能超过0.012mm
4	∥ 0.015 A ◎ φ0.015 B	1. 表示上端面对基准面A的平行度公差为0.015mm,即在加工时不能超出 2. 表示φ20.33H7和φ27.1h7圆柱面轴线分别对基准面B(φ50.06g5圆柱面轴线)的同轴度公差为φ0.015mm,加工时不能超过
5	⊕ φ0.02 A B	表示φ6.5的四个孔的实际轴线对由基准A、B所确定的4孔理想位置轴线的位置度,加工后应不超过φ0.02mm

2.3.4　零件的表面质量与表面粗糙度

在机械加工过程中,零件的表面质量主要表现在零件表面光滑程度及有无明显的裂痕及损伤。其表面光滑程度以表面粗糙度等级来评定,根据所制零件的功能应具有不同的表面粗糙度等级标准。

1. 表面粗糙度的基本概念

在工业生产过程中,经过加工的零件其表面多少都存在大小不同的峰、谷组成高低不平的痕迹。这种痕迹就是表面的微观几何形状误差即称为零件表面粗糙度。表面粗糙度对零件间的配合程度、耐磨性、密封性有着很大影响,甚至会影响到使用。因此,在机械加工中,表面粗糙度的评定是制件表面的一个主要的工艺参数。

2. 表面粗糙度的评定参数

国家标准规定:表面粗糙度的评定参数应从轮廓算术平均偏差 Ra 和轮廓最大高度 Rz 中选取,常用的数值(单位为 μm)主要有 25、12.5、6.3、3.2、1.6、0.8、…、0.025 等。其中,0.025～6.3μm 为 Ra 的常用参数。Ra 数值越大,表面就越粗糙;反之,Ra 数值越小,表面就越光洁,精度也就越高。

3. 表面粗糙度符号及识读

表面粗糙度以代号形式在零件图上标注，其代号由符号和参数组成。其意义及识读说明见表 2-16。

表 2-16 表面粗糙度符号意义及识读说明

符号	意义及识读说明	符号	意义及识读说明
$\checkmark$	基本符号,表示零件表面可以用任意方法获得	$\sqrt{}\,Ra\,3.2$	表示表面可以用任意方法加工,其 Ra 上限值为 $3.2\mu m$
$\checkmark$	表示表面是用去除材料的方法(如车、铣、刨、磨、钻等)获得,又称加工符号	$\sqrt{}\,{U\,Ra\,1.6 \atop L\,Ra\,0.8}$	表示表面是用去除材料方法获得的,表面粗糙度 Ra 的上限值为 $1.6\mu m$,下限值为 $0.8\mu m$
$\sqrt{\circ}$	表示表面是用不去除材料方法(如铸、锻)获得,又称毛坯符号	$\sqrt{\circ}\,Ra\,6.3$	表示表面是用不去除材料方法获得的,Ra 上限值为 $6.3\mu m$

4. 表面粗糙度标注

表面粗糙度代号一般标注在图样可见轮廓线、尺寸线、尺寸界线或它们的延长线上。其符号从材料外指向并接触表面。因此，在识读时，一定要给以注意。如图 2-21 所示，其中，图 2-21a 表示表面处于不同位置时的标注示意图；而图 2-21b 所示为应用示例。

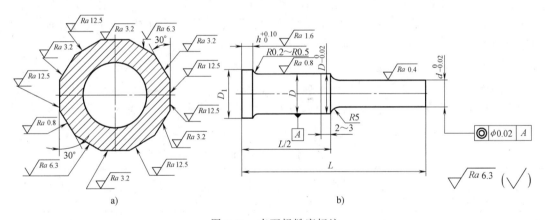

图 2-21 表面粗糙度标注

2.4 零件热处理基本知识

在冲压生产过程中，为提高冲模的制造质量，增强其耐用度、延长使用寿命，以及在冲压弯曲、拉深成形过程中便于材料的成形，减少成形次数，故多采用热处理工艺技术以达到提高效率、降低成本的目的。为此，作为一名冲压技术工人，必须掌握这方面知识，以便于技术操作及冲模的维护。

2.4.1 热处理的目的及作用

热处理是指将金属材料制成的零件，采用适当的方式进行加热、保温和冷却以获得所需要的内部组织结构与性能的一种工艺方法。如在冲压生产中使用的冲裁模凸、凹模的刃口部分，在使用时要求锋利坚硬，则必须在使用前先加热到一定温度并在这个温度下停留一段时间，然后把它放在水、盐水或油中迅速冷却到室温，刀口才能达到所要求的锋利和坚硬程度。又如在拉深高盒形零件时，为了防止拉深件的拉裂及变薄，则必须在拉深中间增加坯件的退火工序，以减少拉深次数及拉深过程的变形及裂纹。

零件通过热处理后，可以有规律地改变零件的内部组织，从而可使其提高韧性和硬度，以及达到所需的力学性能。故在制作冲压模具时，为提高模具质量及服役性能，除正确选择材料、精细加工外，关键是必须合理制订热处理工艺。一般来说，冲模质量的好坏及使用寿命长短在很大程度上取决于热处理质量。由此看来，热处理工艺对冷冲压的质量、工作效率及成本有着直接影响。

2.4.2 热处理方法

零件热处理主要过程包括加热、保温和冷却三个阶段。在冷冲压生产中，主要采用以下几种热处理方法。

1. 零件及坯件的退火

零件的退火是指将材料加热到某一温度范围，保温一定时间，然后再缓慢而均匀地冷却到室温的一种操作工艺过程。

在生产中，根据不同的目的，退火规范也不同，因此，退火又分为去应力退火、完全退火等。对冲压作业来说，给冲压材料退火的目的主要是降低材料的硬度及强度，提高塑性，便于材料塑性变形以及消除由于加工而残留在金属内部的应力。这种应力如果不采用退火的方法消除，则冲压件在使用或存放时，会产生开裂或变形，进而影响冲压质量。

钢的去应力退火又称低温退火，其加热温度一般为500~650℃，保温适当时间后缓慢进行冷却。拉深件的中间退火实质就属于去应力退火或再结晶退火。常用材料的退火规范参见表2-17。

表 2-17　常用材料的退火规范

材　料	加热温度/℃	冷　却　方　法
钢（08、10、15、20）	600~650	空气中冷却
纯铜	400~450	空气中冷却
黄铜	500~540	空气中冷却
纯铝	200~250	保温40~45min后，空气中冷却
硬铝（2A12）	350~400	保温30min后，炉中冷却至250℃，空气中冷却
不锈钢（06Cr18Ni11Ti）	1050~1100	保温5~15min后，空气中冷却

钢的完全退火又称重结晶退火，即加热温度比去应力退火温度要高，当达到或超过结晶的起始温度，经适当的保温后再缓慢冷却。完全退火常作为一些不重要的钢件的最终处理或作为某些重要零件在加工前的预备热处理。

2. 零件的淬火与回火

零件的淬火是指将其加热到某一温度范围保温一段时间后，再以较快的速度冷却到室温的一种操作工艺过程。淬火的目的：对于高碳钢，淬火是为了能获得高硬度和高耐磨性；对于中碳钢，淬火是为了使其强度及韧性得到较好的改善后获得更好的综合力学性能；对于某些特殊钢种，淬火是为了能获得高耐磨性及高耐蚀性等某些特种力学性能；对硬铝等金属材料，淬火后会使其软化，便于冲压成形。

在实际应用时，淬火与回火往往是前后相依的。对轴来说，回火就是把淬火后的零件再加热到一定温度范围内进行保温，然后在空气中或油中冷却的工艺操作过程，其目的就是消除内应力，获得良好的综合力学性能。如冲模中的凸、凹模，为获得高硬度及高韧性、高耐磨性，在经机-电加工后都应经过淬火与回火处理。

一般来说，钢的回火分两种：加热温度在 150~250℃ 范围内的回火属于低速回火，主要用于制造模具及工具中要求高硬度、高耐磨性及保持适当韧性的高碳钢零件；而加热到 400~650℃ 范围内的回火属于高温回火，高温回火在淬火后进行，这一过程又称调质处理，主要用来使中碳钢制成的零件获得较好的韧性、硬度和强度等较好的综合力学性能。

3. 零件的时效处理

时效处理也是热处理方法的一种。它的作用是使零件经过处理后达到最高的机械强度。例如，经冲压后的硬铝零件，经时效处理后，其机械强度可以大大改善。

时效处理工艺比较简单，主要分自然时效和人工时效两种。

自然时效是在室温条件下，将淬火后的零件放置一定时间。如淬火后零件材料为 2A12 的硬铝零件，在室温下若放置四昼夜，抗拉强度可由淬火状态的 310MPa 提高到 420MPa。

人工时效是在较高温度下（100~200℃）把淬火零件保持几小时或更长时间，使其机械强度提高。

在实际生产中，对于硬铝冲压件，通常将淬火-时效处理作为最后的工序，使冲压件的力学性能可达到最好的程度。

除了上述的退火、淬火、回火及时效处理外，热处理工艺还有正火、渗碳、渗氮、碳氮共渗等多种方法，在使用时可根据不同的要求采用不同的方法。

2.5　冲压用电基本常识

电能现已成为人们日常生产、生活必不可缺的能源之一，它不但给生活提供了莫大的福利，而且也是极危险的隐患。故在冲压生产作业中，安全用电、防止触电和压力机用电、照明用电的使用与维护，作为一名冲压操作者，必须给以充分了解，以保障生产的正常进行，达到安全文明生产的目的。

2.5.1　用电基本计量参数

在电力工程中，用电基本计量参数主要有电流、电压、电阻、电能等，其相互关系如下所述：

众所周知，电能从发电厂发出后，是通过导线（俗称电线）向外传出并送到各用户的。其中，在传输的过程中，电荷在导线中移动时而形成电流。电流的单位为安培，简称安（A），通常以字母 I 表示；电流在导线中流动形成的压力称为电压，它的单位为伏特，简称伏（V），用 U 表示；电流通过导线会遇到阻力而形成电阻，它的单位为欧姆，简称欧（Ω），一般用 R 表示。

在传输过程中，电阻取决于导线的长度、截面面积和材料的导电性能。电压、电阻和电

流三者之间的关系可用欧姆定律来表述，即

$$I(电流) = \frac{U(电压)}{R(电阻)}$$

电在实际运用中，都是以电能来计量的。如家用的照明灯泡，即是电路中的负载。这是因为灯泡本身的灯丝具有一定的电阻，从而可以消耗一定的电能。通常规定，在单位时间内消耗的电能或所做的功，称为电功率，用 P 表示。电功率 P 与电压 U、电流 I 的关系是

$$P = IU$$

式中，如果电压 U 的单位为伏，电流的单位为安，则经计算得出的功率的单位为瓦特，简称瓦（W）。在实际应用中，瓦是较小的单位，为了方便，一般都以千瓦（kW）为单位。

电能通常都用千瓦小时来表示。例如，10 个 500W 的灯泡，每使用 1h，其消耗的电能为 $500W \times 10 \times 1h = 5kW \cdot h$。

按电流的特征，又分为直流电和交流电两大类。在日常生活中及企业用电，都是以交流电为主。直流电的大小与方向不随时间的变化而改变，而交流电的大小和方向则随时间做周期性的变化。交流电每秒钟交变的次数称为频率。目前，我国工业和民用的交流电频率（简称工频）为 50 次/s，或称 50Hz。故在用电时，频率也是电的主要参数，特别是进口设备，一定要注意其所标的用电频率，必须要与使用的用电频率相吻合。

2.5.2 冲压车间用电概述

冲压车间通常采用 380V 或 220V 的交流电。一般从变压器引出四根导线布置在车间里，再分别引向各用电装置。这四根导线中有三根相线和一根接地零线。车间的冲压设备用三根相线供电，照明则用三根相线中的一根和一根零线供电。故在车间里，一般都将四根导线引入配电箱后，用一个三相四线刀开关及一个单相刀开关，并以熔断器（熔丝）保护送入各用电设备及照明灯具中，即设备线路采用 380V，照明线路一般采用 220V 电压或通过变压器变压后采用 36V 安全电压照明，如压力机上照明用的电灯。

在冲压工作中，与冲压工有关的电器装置除照明用电外，还有压力设备及其他自动控制装置中的各种电动机和电器。其中，冲压中用作冲压动力源的常常是笼型异步电动机。这种电动机构造简单、价格低廉、工作可靠。只有在深拉深时才采用高转差率的笼型异步电动机。有的大型压力机则采用双笼型异步电动机作为动力。

在压力机中常用的电器主要有磁力起动器、熔断器、开关、按钮、变压器、电磁铁等。在小型压力机中，常采用电磁铁拉动离合器控制装置，以操纵压力机进行工作；变压器则用以将 220V 电压或 380V 电压转变成 36V 安全电压，用于机床照明；磁力起动器、熔断器、变压器等电器一般安装在机床内的电器箱内或安装在机床附近的电气控制柜内。

磁力起动器适用于 75kW 以下的笼型异步电动机的起动保护。过载时，磁力起动器的热继电器动作，将电源切断，主要起超载保护作用，并能防止在电源切断后再重新合闸时自起动现象。而熔断器则用来防止电路短路，起到自动保护的作用。为了达到短路保护的目的，通常选用熔丝（片）的容量应为电路额定电流的 1.5~2 倍。

2.5.3 冲压安全用电常识

冲压车间安全用电主要包括两方面内容：一是对冲压设备用电安全保护，二是预防电对

人体的伤害。

由前述可知：车间动力用电主要是三相四线制 380V 交流电，而照明线路则用单相 220V 交流电或通过变压器变压后的 36V 安全电压。无论是三相电或单相电，其相线对零（对地）具有较高的电压，而零线通常接地，所以零线对地并无电压。如果零线没有接地，尽管对地也产生低电压，此时即使人接触零线，人有点触电感觉，不会有什么危险，但人绝不能接触相线，一旦接触会造成触电的危险。

车间内绝大部分的触电事故都是由电击造成的。电击伤人的实质是电流对人的伤害，其严重程度与通过人体电流的大小、持续时间和途径等因素有关。一般来说，10mA 以下的工频交流电人还可以自动摆脱电流，但若大于 10mA（直流 50mA）就会发生危险。

通过人体的电流取决于外加电压和人体电阻。而人体电阻与人体表皮的角质情况、潮湿程度、带有导电粉尘情况关系很大，人体电阻可达 800~1000Ω。因此，在冲压过程中，人绝不可以接触裸露的相线，并且手、脚在洗后一定要擦拭干净，以防触电。

同时，在冲压工作中，一定先要观察各冲压设备，如电动机是否接地良好，导线走向是否合理、有无裸露现象，各机床电路及电器工作是否正常，一旦发现有发热（如电动机）、导线接触不良而打火花现象以及电气开关失灵，一定要马上停机，找电工等专业人员修复后再使用，且勿带故障运转，以保障设备及人身的用电安全。

第3章 冲压工基本操作技能训练

3.1 钳工基本操作技能训练

在《工人技术等级标准》中规定，作为一名冲压工，必须应学会和熟练钳工的有关基本操作技术，以便更好地完成冲压作业任务。钳工的基本操作主要有划线、錾削、锉削、锯削、弯曲、校正、钻孔、攻螺纹和研磨等作业内容。这些工艺操作，不是一日之功，而是要经过长期反复习练，才能熟中生巧，成为一名优秀的技工。

3.1.1 坯件的划线

在待加工的毛坯上，按设计图样划出零件所要加工的图形轮廓线以及孔的轴线等操作称为划线。划线是冲压工最基本的技能，它主要用于原材料的制备及维修冲模时制作破损的冲模零件。

1. 划线的作用

坯件通过划线后，主要有如下作用：

1）表示出加工位置、加工余量和加工时找正零件的基准。

2）用划线可检查毛坯外形尺寸是否合乎要求。

3）通过划线时对加工余量的合理分配（俗称借料）挽救可能报废的毛坯。

2. 划线工具

常用的划线工具主要有：

（1）划线平板　划线平板（图3-1）用铸铁制成，其表面经精刨或刮削加工，可作为划线及检测的基准。

（2）划针　划针是划线的基本工具。常用的划针（图3-2）是用 $\phi3\sim\phi6mm$ 的弹簧钢丝或高速钢丝制成。其顶端磨成 $15°\sim20°$ 的尖角并经热处理淬硬，其硬度可达到 $55\sim60HRC$。有的划针还在尖部镶有硬质合金，以使其保持长期锋利。划针的作用主要是在金属坯料上划出零件加工的较扁线束。

图3-1 划线平板

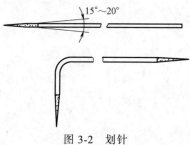

图3-2 划针

（3）直角尺、三角尺与钢直尺　直角尺（图3-3a）主要作为划平行线、垂直线的导向工具；三角尺（图3-3b）用于量取量值及划角度线；钢直尺（图3-3c）则用于连接直线和度量尺寸。

（4）划规　划规（图 3-4）主要用于划圆及圆弧、等分角度及量取尺寸等。常用的划规主要有普通划规（图 3-4a）、扁形划规（图 3-4b）、弹簧划规（图 3-4c）及划大尺寸的大尺寸划规（图 3-4d）等。

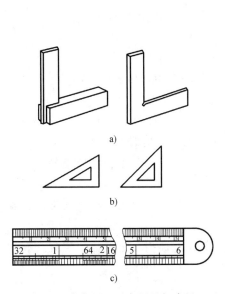

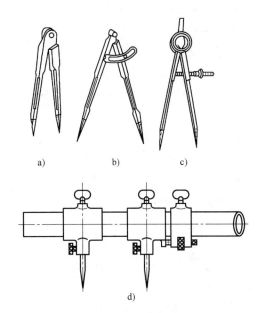

图 3-3　直角尺、三角尺及钢直尺

a）直角尺　b）三角尺　c）钢直尺

图 3-4　划规

a）普通划规　b）扁形划规　c）弹簧划规　d）大尺寸划规

（5）划线盘　划线盘是用来在坯件划线时找正位置并划线。其直头用于划线，而弯头用于找正工件位置，如图 3-5 所示。

（6）游标高度卡尺　游标高度卡尺主要用于精密划线和测量尺寸，在使用时一定要保护刀刃，以免损坏，如图 3-6 所示。

（7）样冲　样冲（图 3-7）用工具钢制成，其尖部淬硬（50~60HRC）并磨成 60°尖角，

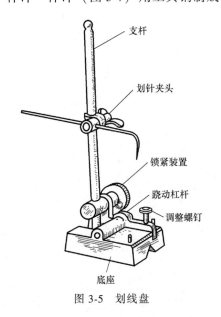

支杆

划针夹头

锁紧装置

跷动杠杆

调整螺钉

底座

图 3-5　划线盘

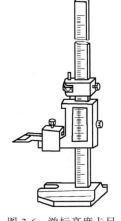

图 3-6　游标高度卡尺

47

也可以用刀具改制。样冲主要用于锤击样冲孔，以保证划线清晰，便于加工。

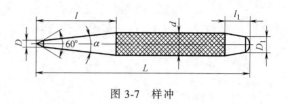

图 3-7 样冲

上述所叙为冲压工常用的划线工具。在划复杂形体线时还需要方箱、千斤顶、V形铁及分度头等工具。

3. 划线基本程序

（1）划线前的准备

1）准备划线工具。根据工件的大小和需划线线条准备好划线用工具，如划线平台、划针、划规、钢直尺等。

2）选择划线基准面或划线基准。根据设计图样，先选择划线基准以作为划线根据，坯件上的划线基准尽量与图样设计基准相吻合，以减少量取及换算的时间。

3）清理坯料。检查被划线的坯料尺寸是否合适，确定在划线时是否需要借料，并且要清除氧化皮、飞边并擦拭干净。

（2）在划线表面涂料 涂料时，对于大型坯件应涂石灰水，小型坯件特别是平板类零件可涂硫酸铜等涂料。其涂层一定要薄而均匀。

（3）定位与找正 选用适当的工具支承坯料，使被划线的平面处于合适位置，并加以固定后找正。

（4）进行划线并连接成形

1）先划基准线，再以其为基准划出各垂直线、平行线、圆弧及斜线。

2）将划好的各线条连接成为封闭的图形线。

（5）检查 对照设计图样检查坯件划线的正确性，检查是否有漏划及错划，并检查是否留有加工余量及所划的线是否能保证加工的工艺性。

（6）打样冲眼 在线的中间或线与线的交叉处以及表面孔的中心位置，用样冲打样冲眼，以使划线清晰。打样冲眼时，对于下道工序，若是粗加工可打深一些，若是精加工要打浅一些，以方便加工为准。

4. 划线示例

划线是一项基本功，现以冲压常用的平面划线为例，进一步说明划线方法。平面单型孔划线方法见表 3-1。

表 3-1 平面单型孔划线方法

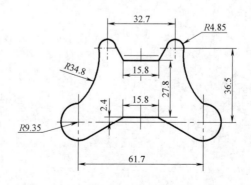

（续）

划线程序	图　示	划线说明
1	坯料准备	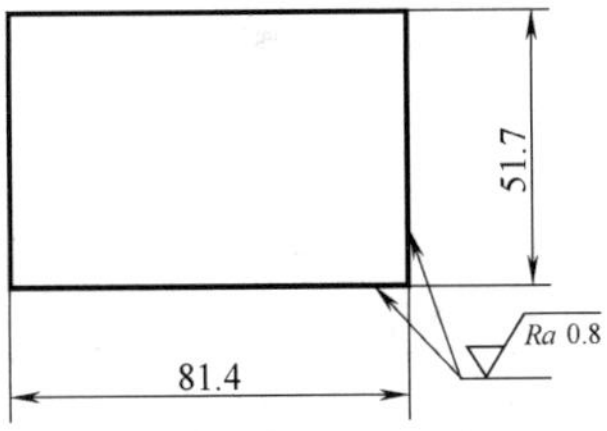 1. 将坯料刨成六面体，每边留加工余量 0.3～0.5mm 2. 将所要划的平面与相邻面磨成互为垂直直角 3. 去飞边，划线平面要去油、去锈后涂硫酸铜
2	划直线（一）	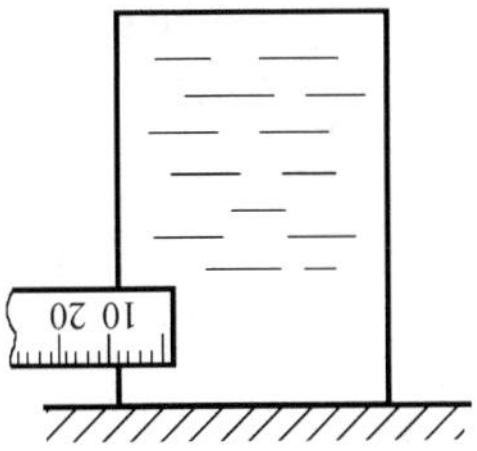 1. 将基准面平放在划线平台上 2. 用游标高度卡尺测实际高度 A 3. 以 $A/2$ 划中心线 4. 计算圆弧各中心线位置并划中心线，划线时用钢直尺确定划线横向位置
3	划直线（二）	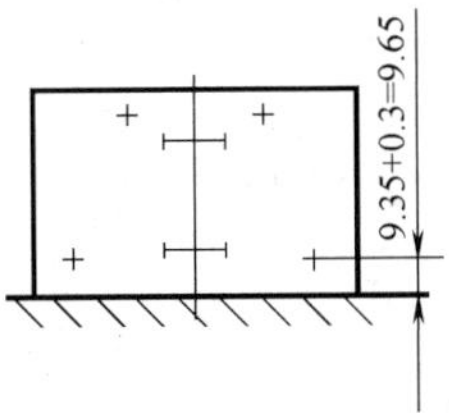 1. 将另一基准面放在划线平台上 2. 划 $R9.35$ 和 $R4.85$ 的中心线并加放 0.3mm 余量 3. 计算其他划线尺寸并划出
4	划圆弧	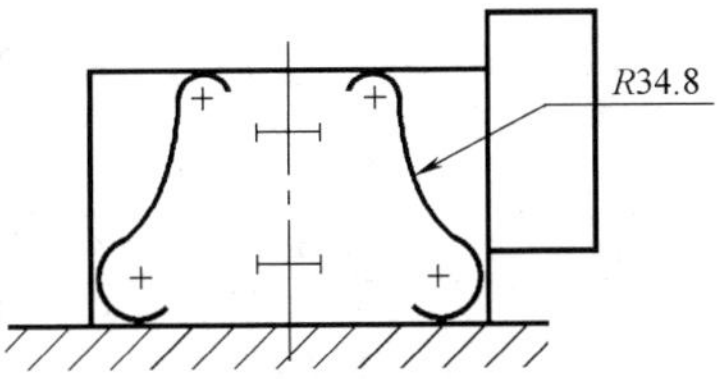 1. 在圆弧十字线中心打样冲眼 2. 用圆规划圆弧线 3. $R34.8$ 圆弧中心在坯料之外，取一辅助平板，用台虎钳夹紧在工作侧面，找出圆心划线
5	连接斜线并打样冲眼	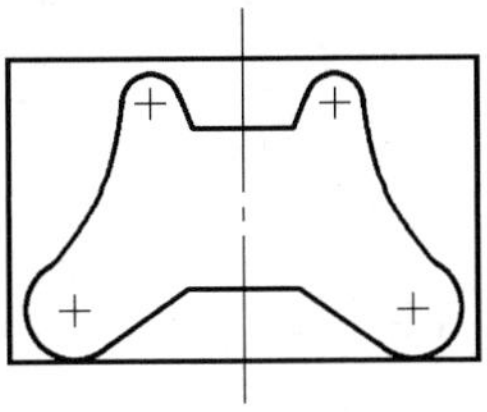 用钢直尺、划针连接各圆弧线，并打样冲眼

3.1.2 零件的锯削

在冲压生产中，经常见到用手锯把板料锯切成条或在维修模具时，用手锯锯切材料后将其制成模具零件。锯削的工艺方法如下所述：

1. 锯削用手锯

锯削用手锯如图 3-8 所示。手锯很简单，主要由锯弓 1 及锯条 2 组成。而锯条一般用渗碳钢冷轧而成并经热处理淬硬，分粗齿（14 齿/25mm）、中齿（22 齿/25mm）及细齿（32 齿/25mm）三种类型。市面销售的锯条以两端安装孔的中心矩长短作为锯条长度，一般长 300mm、宽 12mm、厚 0.65mm 的比较常用。

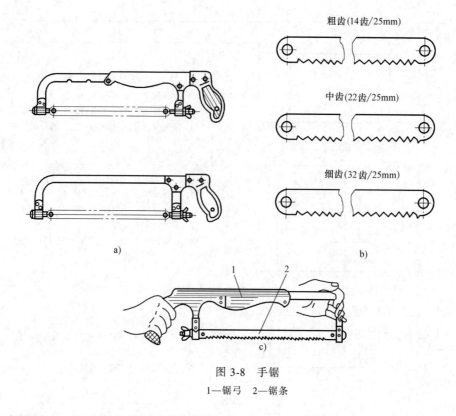

图 3-8　手锯
1—锯弓　2—锯条

在锯削时，选用锯条的方法是：锯削软钢时一般选用粗齿，锯削中硬钢选用中齿，硬钢及小而薄的材料选用细齿锯条为宜。

2. 锯削方法

（1）锯条的安装

1）安装时，锯齿必须向前方。

2）锯条安装后必须松、紧合适，否则容易折断。

3）若锯缝超过锯条高度时，应将锯弓与锯条调成 90°后使用。

（2）工件的夹持

1）将工件夹紧在台虎钳钳口中，但伸出台虎钳钳口不应过长，以防锯削时产生振动。

2）锯割线应与钳口垂直并在台虎钳的左边，以方便操作。

3）夹持圆钢与圆管工件时，应借助 V 形块夹紧。

4）工件一定要夹紧，避免在锯削时产生振动而影响锯削的质量或出现工伤事故。

（3）手锯握法

1）锯削时，右手握住手柄，左手在锯弓前上部稳稳地握住锯弓，如图 3-8c 所示。

2）操作时，操作者一定要站稳。

（4）起锯方法

1）起锯时，左手拇指靠住锯条，右手平稳推拉手柄进行推拉，如图 3-9 所示。

2）锯削时来回行程要短，用力不要太大，速度要缓慢，不要过急过猛。

3）起锯的角度要小（约 15°），否则锯条会卡住棱角折断。

4）工件太小时，可用三角锉起锯。

（5）锯削基本要领　锯削方法如图 3-10 所示，其基本要领如下：

1）锯削时，操作者的两腿、两臂及上身动作要协调，两臂稍弯曲并用力推进。

2）手锯退回时不要用力压。

3）锯条往返应走直线，并用锯条全长进行锯削。

4）锯削时的速度和压力应根据材料性质、锯削截面大小而定。

5）当材料要锯断时，压力要轻、速度要慢、行程也要减少，并要用手扶住工件，以免落下伤人。

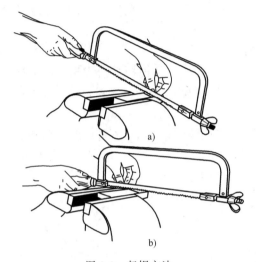

图 3-9　起锯方法

图 3-10　锯削方法

3.1.3　零件的錾削

錾削是指操作者用锤子打击錾子对金属工件进行切削的加工方法，如图 3-11 所示。尽管錾削是一种传统的切削方式，但在冷冲压加工中，仍然在某些方面采用。如錾板料、去除大型飞边以及在冲模维修中去除凹模孔中的余料，一般均采用錾削。

1. 錾削工具及使用

錾削工具主要有錾子、锤子及台虎钳三种工具。錾子（图 3-11 中件 2）一般用 50、60 钢及 T7、T8 碳素工具钢经淬火后制作而成。淬火后刃口硬度应为 52~57HRC，锤击部位为 32~40HRC。

錾子在使用前必须要经过刃磨。其刃磨是在砂轮机上进行的。刃磨时，应双手握住錾身，将其放在旋转的轮缘上，但必须高于砂轮的中心线以上，并在砂轮全宽方向做左、右移动。同时，要控制刃磨的方向和位置，磨出所需的楔角。锋口的两面要交替刃磨，以保证同等宽度使锋口两面相交成一条直线。

图 3-11　錾削

1—锤子　2—錾子　3—台虎钳　4—工件

磨刃口时,一般使刃口向上与砂轮要斜交成一定的角度。在刃磨时,其压力不应太大,并应做左、右移动和随时用水冷却。

在使用錾子时,要注意手的握法:手握錾子时,錾子要在手中自如而松动地握着。其方法是用左手的中指、无名指和小指握持,而大拇指与食指自然接触。錾子握好后,其锤击头部最好伸出手部 20mm 左右为宜。

锤子主要是给力的锤击工具。在操作时,应用右手握锤,即用右手的食指、中指、无名指和小指紧握锤柄,柄尾最好露出 15~20mm。大拇指紧贴在食指之上,在挥锤及反击时应不变。当熟练时,也可以松握,要自行掌握。

台虎钳主要为夹持工件而用。工件在夹持后一定要牢固,不得松动,以防发生安全事故。

2. 錾削的应用及方法

在冲压生产中,錾削的应用及方法主要有以下几种:

(1)錾削板料 錾削板料或去除大型飞边时,应把工件夹持在台虎钳上,使錾削线与台虎钳钳口上平面保持高度平行。用扁錾对准板料呈 30°~45°角,沿钳口自右向左进行挥锤依次錾削,如图 3-12 所示。

(2)錾槽或花纹 錾槽或花纹时,錾子的倾角要灵活掌握,锤击力要均匀适宜,不要用力过锰,细心錾削,如图 3-13 所示。

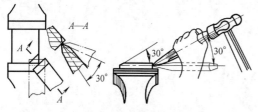

图 3-12 板料錾削

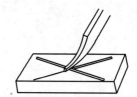

图 3-13 錾槽或花纹

(3)钻孔錾削 錾削工件的中心孔(如维修制作损坏凹模孔)时,在錾削前应沿线钻孔去除废料后,再用錾子錾削去除余料。钻孔的孔间距一般应为 0.5~1mm,而靠近划线尺寸处应留 0.2~0.5mm 余量,用扁錾去除余料后即可加工或采用电火花穿孔成形,如图 3-14 所示。

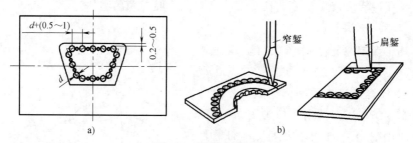

图 3-14 钻孔錾削法

3.1.4 零件的校正与弯曲

1. 零件的校正

在冲压加工中,用手工来消除材料及冲压后大型零件的不直、不平和翘曲以及零件热处理后的变形称为校正。

　　校正所用工具主要有铁砧及平板，用来在校正时对工件的支承及作为校正时的基准面；铜锤及木椎用来作为给力工具；平尺、钢直尺及角尺用于校正后的检验。

　　校正的方法主要有以下几种：

　　（1）扭转校正　扭转校正是将发生变形的工件或坯料夹持在台虎钳上，用特制的扳手将其扭转到条束的形状，如图 3-15 所示。在操作时，左手扶住扳手的上部，右手握住扳手的末端并施以外力，直到平直为止。一次不行要反复多次，主要用于薄板条料制品零件。

　　（2）弯曲校正　弯曲校正分两种情况。其一，若零件（窄直板料）在厚度方向上产生弯曲，可把弯曲的部位夹持在台虎钳钳口中，然后在其末端用扳手用力扳动，使其调直，如图 3-16a 所示。其二，若零件窄而小，可将弯曲变形的部位夹持在台虎钳钳口内，利用台虎钳的压力把其初步压平，如图 3-16b 所示，然后放在铁砧或平板上，用锤子继续敲打，直到校平为止。

　　（3）锤击校正　对于中间凸起的板类零件，可将其放在平板上（图 3-16c），左手扶着零件，右手挥锤，先锤击板料边缘，再逐渐向凸起部位锤击，而且速度要尽量快，越接近凸起部位越要加快，使其逐渐平直，直到合适为止。

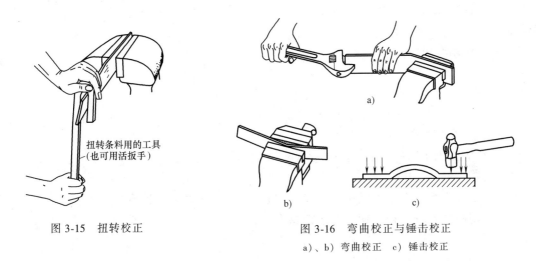

图 3-15　扭转校正

图 3-16　弯曲校正与锤击校正
a)、b) 弯曲校正　c) 锤击校正

2. 零件的弯曲

　　在冲压作业中，将直板料或棒料弯成一定角度而制成零件的方法称为弯曲。弯曲方法主要有以下几种：

　　（1）垫块锤击弯曲法　在弯曲部位先划好线，然后夹持在台虎钳上并使线与钳口面平齐，用锤子敲打根部或用垫铁放在根部用锤子敲打垫块，即可弯曲成形，如图 3-17a 所示。

　　（2）角铁夹持弯曲法　若台虎钳钳口比零件短或深度不够时，可采用角铁辅助夹持零件，直接锤击使其弯曲成形，如图 3-17b 所示。

　　（3）垫块弓形弯曲法　假如弯曲弓形件，可直接采用垫块作为胎具直接锤击弯曲成形，如图 3-17c 所示。

　　（4）管子弯曲法　管子弯曲法如图 3-18 所示。采用这种弯曲法弯管时，对于直径比较小的可直接采用冷弯成形，直径比较大时应采用加热成形。但为了在弯曲处不产生凹形，应事先将管内灌入砂子后并用木塞将口堵住，但木塞要有通气孔。管子直径较小时可直接用手弯曲，但直径较大时只能采用图 3-18 所示特制的弯管器弯曲成形。

3.1.5 零件的锉削

锉削是指用锉刀从金属坯件表面锉去多余部分的金属而获得能符合图样要求的形状及尺寸精度、表面质量的零件的一种手工加工方法。锉削是每个机械工人必备的基本功。这是因为，机械零件无论经何种精加工及电加工，其最后都离不开钳工的锉削修整，故作为一名冲压工人，必须掌握锉削工艺技术。

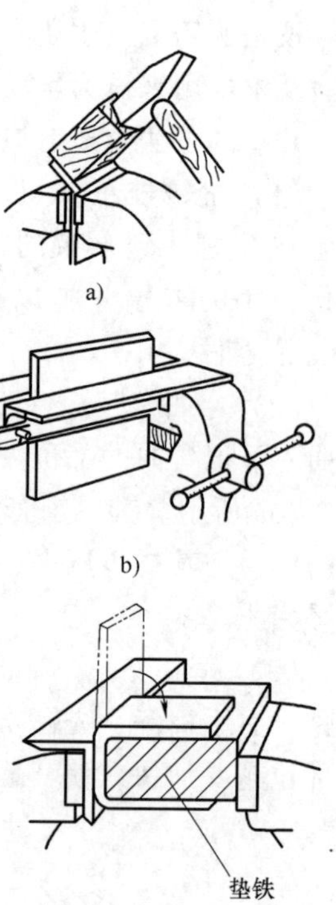

1. 手工锉削常用的工具

手工锉削常用的设备主要有钳工工作台、台虎钳，而工具主要是锉刀。根据锉刀的形状及材料不同，锉刀主要有钳工锉、异形锉、整形锉三大类型。锉刀多数是用碳素工具钢 T12 或金刚石制成的，其硬度大都在 62HRC 以上。操作者可根据需要在市场上买到。

2. 手工锉削方法

（1）坯件的夹持　在锉削时，应将坯件夹持在台虎钳的正中间。夹持要紧固，不能松动，但也不能过紧以防变形。工件伸出钳口不能过高，以免在锉削时产生振动而影响质量。在夹持不规则的工件时，钳口应加衬垫，对于精密工件，最好加铝、铜等软垫为宜。

（2）手握锉刀的方法　根据锉刀的大小，其手握方法也略有不同。

图 3-19a 所示为大锉刀的握法：将锉刀握在右手中心，大拇指放在锉刀柄上面，其余四指握住锉刀柄，左手拇指根部压住锉刀前沿，中指和无名指抓住锉刀尖即可推进锉削。

图 3-19b 所示为中锉刀的握法：右手握锉法与大锉刀相似，左手拇指、中指和食指握住锉刀尖部。

图 3-19c 所示为小锉刀的握法：右手握法与大锉刀相同，左手的四指在锉削时均应压在锉刀的中央，或用中指、食指握住锉刀尖，拇指放在锉刀中间。

图 3-19d 所示为整形锉的握法：由于锉刀较小，可用一只手握住锉刀，用大拇指和中指握住两侧，食指伸直，其余手指握住锉柄即可作业。

（3）锉削动作要领　在锉削时，操作者站在工作台前，其右腿要伸直，左腿稍微弯曲，身体稍向前倾，将身体重心落在右脚，两手握锉刀并放在坯件上面，左臂弯曲，右小臂与坯件表面始终保持水平，但要自然，如图 3-20a 所示。

锉刀开始向前推进时，身体要一同向前，当推进锉刀长度的 2/3 时，身体停止向前，用两臂将锉推到头，如图 3-20b、c 所示。

a)

b)

垫铁

c)

图 3-17　板料弯曲锤击法

图 3-18　管子弯曲法

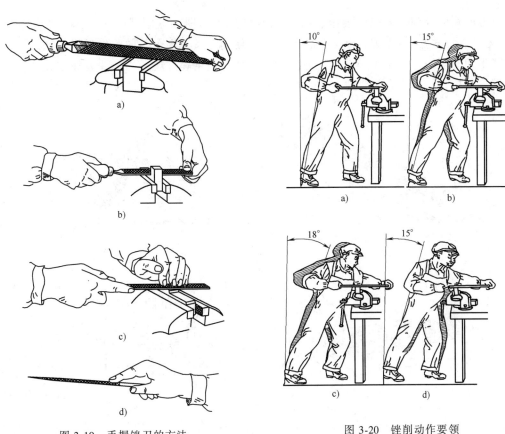

图 3-19　手握锉刀的方法
a）大锉刀的握法　b）中锉刀的握法　c）小锉
刀的握法　d）整形锉的握法

图 3-20　锉削动作要领

锉刀回程时，身体要复位，两手不要再加压力并将锉刀收回，如图 3-20d 所示。如此反复运动，使坯件锉削成形。在锉削时，要注意以下要领：①锉削时，要始终保持锉刀做平直运动；②锉削压力不要太大也不能太小，在向前推锉时，手上能感觉有一定韧性为好；③收锉回程时，不要给锉刀任何压力；④锉削速度不要太快，以 30～40 次/min 为宜。

（4）零件的锉削方法　零件的锉削主要是平面锉削和圆弧锉削两种形式。在锉削平面时，分下面几种锉法，如图 3-21 所示。

1）普通锉削法，即在锉削时，使锉刀的运动方向为单向锉削，并沿坯件的横向表面进行，如图 3-21a 所示。

2）交叉锉削法，即在锉削时，使锉刀运动方向互相交叉，如图 3-21b 所示。此法多用于平面锉平前的修整。

3）顺向锉削法，如图 3-21c 所示，主要用于交叉锉后用于零件表面抛光。

4）推锉锉削法，即用两手推锉平面，如图 3-21d 所示，主要用于以顺直锉纹修平平面，以减小表面粗糙度值。

总之，在锉削平面时，只有采用上述四种锉削方法联合进行，才能收到较好的锉削效果。

坯件的圆弧锉削主要采用滚锉法，如图 3-22 所示，即在锉削开始时，锉刀头向下，右手抬高，左手压低，使锉刀紧贴工件，然后推锉使锉刀头逐渐由下向前做弧形运动。在操作时，两手动作要协调，给予锉刀的压力要均匀平稳，进给速度要适中；并要仔细操作，边锉削边用样板检查，直到合格为止。

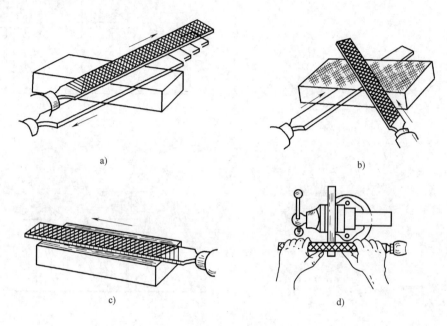

图 3-21　平面锉削
a）普通锉削法　b）交叉锉削法　c）顺向锉削法　d）推锉锉削法

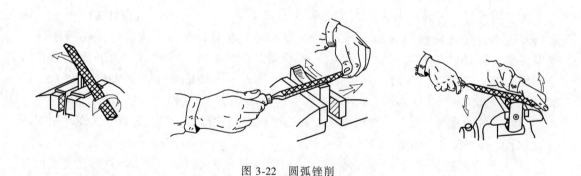

图 3-22　圆弧锉削

3.1.6　零件的抛光

在冲压加工过程中，对于所冲制的某些大型零件需要进行表面抛光，以提高表面质量。而对于某些拉深、成形的凸、凹模，在使用一段时间后由于磨损造成划痕，影响制品质量，也需对其进行抛光。抛光的主要目的是使零件表面光洁，减小表面粗糙度值，提高产品质量及精度。

1. 抛光前对零件的要求

1）预抛光件其表面粗糙度 Ra 值应小于 $3.2\mu m$。

2）零件在抛光前应留有 $0.1\sim0.15mm$ 的抛光余量。

2. 抛光用工具及材料

（1）抛光用工具　抛光所用工具主要有抛光机、砂轮机、布轮、镊子、尼绸布和磨石等。

（2）抛光用材料　抛光用抛光剂主要是金刚砂、研磨膏（Cr_2O_3）。抛光用抛光液为煤油、润滑油与煤油的混合液和乙醇等。

3. 抛光方法

在冲压生产过程，对于厚度大于 $2mm$ 的小型金属制件，为了去除冲压后产生的飞边及提高表面光亮度，一般都采用滚筒滚动抛光，主要靠零件自身在滚动中相互撞击摩擦而进行自身打光。维修模具零件时，可采用下述方法进行抛光：

1）先粗加工工件表面，用细锉进行交叉锉削或用刮刀刮平，锉削或刮削后表面不应有明显的锉纹或刀痕。

2）用细织布进行表面磨光。

3）用金刚砂或用毡布、毛尼布蘸煤油与润滑油的混合物在抛光表面上摩擦。

4）在用金刚砂抛磨时，先用粒度比较大的粗金刚砂，再依次换用中细及细金刚砂研磨。

5）经研磨后的表面，用毛尼布蘸取细粒度的金刚砂再进行一次干抛，以获取光洁的表面。

6）干抛后用细丝绸布擦拭干净。

4. 手工抛光注意事项

1）采用手工抛光时，其运动方向应经常变换，否则会有纹路出现。

2）前一道抛光工序完成后，必须清除杂物后再进行下一道工序抛光。

3）复杂的抛光表面最好采用乙醇作为抛光液。

4）对于抛光的模具零件，在热处理淬硬前后均应抛光，其效果会更好。

前述是采用手工抛光方法。对于大中型零件需要抛光时，可在砂轮机上安装布轮，采用抛光膏（Cr_2O_3），在布轮旋转的情况下，用手将零件贴靠布轮进行抛光。

3.1.7　钻孔、锪孔与铰孔

1. 孔加工类型与工具

在冲压加工中，常用孔加工类型主要是钻孔、锪孔及铰孔，如图 3-23 所示。其中，图 3-23a 所示为钻孔，主要是在实心工件上用钻头钻孔；图 3-23b 所示为铰孔，主要是用铰刀对孔进行精加工，使其表面光泽；图 3-23c 所示为锪孔，主要是用锪孔钻头对孔再次加工，使孔扩大或在孔的顶部加工所需孔的形状。

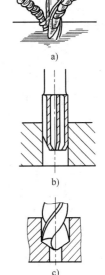

图 3-23　孔的加工
a）钻孔　b）铰孔
c）锪孔

在操作中，钻孔、铰孔或锪孔一般都是工件固定不动，通过钻头或铰刀的旋转和进给完成加工的。

在加工孔时，一般所用的加工设备主要有台式钻床、立式钻床和摇臂钻床三种类型，其中用得最多的是台式钻床。加工孔使用的工具：钻孔用麻花钻（分直柄及锥柄两大类）、群钻及硬质合金钻头；铰孔主要用整体式圆柱机用铰刀、手用铰刀及可调节手铰刀（活络铰刀和螺旋槽铰刀）；锪孔则用柱形锪钻、锥形锪钻及端面锪钻。操作者根据不同的需要可在市场上购置。

2. 钻孔

（1）钻头的刃磨　钻孔开始前，操作者要根据钻孔材料，将钻头在砂轮机上磨出不同的角度，以便于钻削加工。根据不同的钻孔材料，钻头应磨出不同大小的顶角、后角、横刃斜角及螺旋槽斜角。钻头刃磨角度及几何形状与加工材料的关系见表3-2。

表 3-2　钻头刃磨角度及几何形状与加工材料的关系

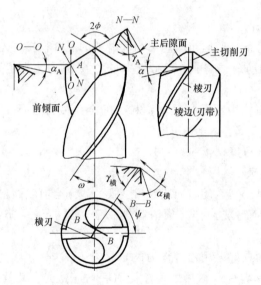

被加工材料	顶角 $2\phi/(°)$	后角 $\alpha/(°)$	横刃斜角 $\psi/(°)$	螺旋槽斜角 $\omega/(°)$
铸铁	118~135	5~7	25~35	20~32
铸钢	118~120	12~15	35~45	20~32
钢	118~125	12~15	35~45	20~33
高速钢	135	5~7	25~35	20~32
铝及铝合金	90~120	12	35~45	17~20
铜及铜合金	110~130	10~15	35~45	30~40
硬橡胶	60~90	12~15	35~45	10~20
木材	70	12	35~45	30~40

注：表中数据只供参考。

在刃磨时，一般用手工在砂轮机上刃磨，其顶角、后角及横刃斜角应一起磨出，其磨削方法如下：

1）在刃磨时，一手握住钻身靠在砂轮的搁架上作为支点，另一手握住钻柄使钻身处于水平位置，如图 3-24a 所示。使钻头中心线与砂轮面互成 ψ 角（图 3-24b）。然后再将刃口平行地接触砂轮面（不低于砂轮中心），逐步加工刃磨。

2）在刃磨过程中，将钻头沿钻头轴线顺时针旋转 35°～45°，钻柄向下摆动约等于后角角度（见表 3-2 及图 3-24a）。

3）按上述方法反复磨 2～3 次后，再磨另一面，并同时磨出顶角、后角和横刃斜角。

钻孔钻头的刃磨是一项细致、繁杂的操作。操作者必须随磨、随检查，不合适时继续刃磨，直到认为合适为止。刃磨时，检查方法可用目测自查，也可以用样板检查。在用目测自查时，将钻头竖起立在眼前，两目平视观看刃口，但背景要清晰。因为两刃一前一后，观察时可能会产生视差。因此，在观察时往往会感到左刃（前刃）高于右刃（后刃）。这时，可将钻头沿轴线旋转 180°，再进行观察。反复几次，若结果一样，则表明前、后刃一致，钻头已磨好，即可上机使用。否则，可重新刃磨，直到自认为合适为止。对于大中型钻头，可采用标准样板检测各角度，若差距较大可再次刃磨，直到和样板角度一致。

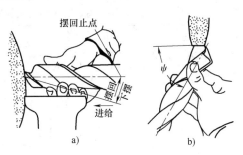

图 3-24　钻头的刃磨

（2）钻孔方法

1）钻孔前的准备。零件在钻孔前，对于小孔要在钻孔部位中心打样冲眼；而大中型孔要先划好线，并在中心打样冲眼。同时，要检查好钻床运行状态是否良好，并将事先磨好的钻头紧固在钻床上，并使其与台面垂直，然后再空转试车，并要进行润滑。

2）工件的夹持。对于 $\phi 6$mm 以下的孔，最好用手钳将工件夹紧再钻孔。而对于 $\phi 6$mm 以上的孔要夹持在台虎钳上，绝不能用手夹持工件钻孔，以免发生危险。

3）切削用量的确定。在钻孔时，主要应先确定以下几个切削量：

① 背吃刀量。背吃刀量是指每个切削刃的钻削长度。在选用时，一般小于 $\phi 30$mm 的孔，通常要一次钻出，背吃刀量是钻头的半径；大于 $\phi 30$mm 的孔，要分两次钻出，背吃刀量要分两次计算。

② 进给量。进给量是指钻头每旋转一圈，钻头沿其轴线方向的位移量。在钻孔时，进给量随钻头直径的加大而加大；当孔的精度要求较高或表面粗糙度 Ra 值要求较小时，应取较小的进给量；孔的深度较深或钻头较长时，应采用更小的进给量。

③ 切削速度。切削速度 v 是指钻头在转动时，切削刃上离钻头中心最近的一点在每分钟内走过的路程，其计算方法是：

$$v = \pi Dn/1000$$

式中　v——切削速度（m/min）；

　　　D——钻头直径（mm）；

　　　n——钻头转速（r/min）。

在钻孔时，选择切削用量的顺序是：在保证刀具使用寿命及降低消耗的情况下，应该按背吃刀量→进给量→切削速度的顺序。根据经验，用小钻头钻孔，进给量应取小些，切削速度选大些；而钻头较大、钻大孔时，则恰恰相反。在软材料上钻孔时，进给量要取大些，切削速度也应相应加大；对硬材料钻孔，进给量应取小些，切削速度也应相应减小。表3-3列出了用高速钢钻头在碳素钢上钻孔时的切削用量，供钻孔时参考。

表3-3 高速钢钻头在碳素钢上钻孔时的切削用量

进给量/（mm/r）	钻头直径/mm						
	2	4	6	14	16	20	24
0.05	46	—	—	—	—	—	—
0.10	26	32	40	—	—	—	—
0.15	—	31	36	38	—	—	—
0.20	—	—	28	33	38	—	—
0.25	—	—	—	30	34	35	37
0.30	—	—	—	27	31	31	34
0.35	—	—	—	—	28	29	31
0.40	—	—	—	—	26	27	29
0.50	—	—	—	—	—	—	26

注：表中数据只供参考。

4）切削液的选用。钻孔时，为降低切削速度，提高钻头使用寿命，要有足够的切削液能不断输入切削孔中，以提高钻孔质量。

在钻孔时，不同的材料应采用不同的切削液。各种材料钻孔时选用的切削液见表3-4。

表3-4 各种材料钻孔时选用的切削液

材料	切削液（体积分数）
钢（各类结构钢）	3%～5%乳化液，7%碳化乳化液
不锈钢、耐热钢	3%肥皂液+2%亚麻油水溶液，或硫化切削液
铸铁	不用切削液，或用5%～8%乳化液，煤油
铜及铜合金	不用切削液，或用5%～8%乳化液
铝及铝合金	一般不用切削液

5）钻孔操作要领。在开始钻孔前，要对准样冲眼先试钻浅坑，然后检查一下所钻的浅坑是否对准样冲眼中心或划线孔，若偏离时可按图3-25所示方法修正。

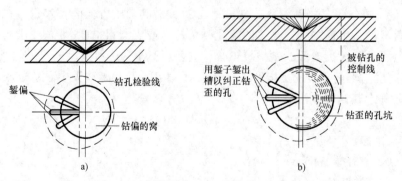

图3-25 钻孔中心的修正

检查无误后，开始钻孔。在钻孔时，应经常将钻头退出，以便及时排除切屑，并随时添加切削液。待孔将要钻透时，要减少进给量。但在清理切屑时，操作者不要离钻头太近，更不能用手或棉纱清理切屑，最好使用毛刷清除。

3. 铰孔

铰孔是在钻孔的基础上为提高孔的精度而进行的。钻孔经铰孔后，其孔的尺寸公差等级可达 IT4～IT2。表面粗糙度 Ra 值一般能达到 $3.2～0.2\mu m$。

（1）铰孔切削余量的选择　零件孔需要铰孔时，在钻孔后要留铰削余量，可按孔大小选择。

对于钢材、黄铜、硬铝等材料其预留铰削余量见表 3-5。

表 3-5　零件精铰前预留余量　　　　　　　　（单位：mm）

铰孔直径	加工余量	铰孔直径	加工余量
<5	0.1～0.2	21～32	0.3
5～20	0.2～0.3	33～50	0.5

其中，铰削铸铁材料时，可取较大一些的铰削余量。

（2）铰孔切削液的选择　在铰孔时，不同材料可选用不同的切削液。例如：对于铸铁，一般不用切削液；对于钢材，采用 10%～20% 的乳化液，若精度要求较高时，也可以采用 30% 的菜籽油和 70% 的肥皂水；对于铝材，采用煤油；对于铜材，应采用乳化液。

（3）铰孔的操作方法　在生产作业中，铰孔主要分手铰和机铰两种方法。无论采用何种方法，在铰孔前首先要检查铰刀外径尺寸及锋利情况，若铰刀切削刃不锋利，应用磨石进行刃磨。同时，还应将工件夹紧在台虎钳上或专用的夹具上，一定要夹持牢固，不能松动或变形。

1）手工铰圆柱孔。用手工铰孔时，首先要把检查好的铰刀固夹在铰杠上。在铰削时，铰刀的轴线必须与预留孔的中心线重合并垂直于孔的上平面。铰刀进孔后，两手要用力均匀并按顺时针转动铰刀。任何时候，铰刀均不能倒转，否则铰孔不圆，影响铰孔质量。在铰孔过程中，如果铰刀转不动，不要硬转硬扳，要小心地抽出铰刀检查一下是否因为切屑问题，待清除切屑后再继续铰削。铰孔时，进给量要大小适中且均匀，要不断注入切削液。待孔铰完后，要细心将铰刀退出。

2）机铰圆柱孔。在采用钻床对零件进行铰孔时，必须保证钻床主轴、铰刀轴线和工件孔三者同轴。当孔要求精度较高时，最好要采用浮动式铰刀夹头装夹铰刀，以便于调整铰刀的轴线位置；在开始铰削时，先采用手动进给，当铰刀进入孔后，再改用机床自动进给；在铰孔的过程中，要不断清除切屑，供给切削液以降低铰削温度；待铰孔完毕后，在不停机的状态下，将铰刀退出。

4. 锪孔

锪孔是对已加工好的孔孔口部分的最后加工，如倒角、划窝等，主要用于容纳圆柱头、圆锥头螺钉尾部的柱体及锥头，使其不露出连接体的表面。在冲压加工中，冲模制造与维修中应用较广，如内六角螺钉与模座的连接孔，几乎全部采用在已钻好的螺孔中锪孔，以使柱体不露出模座的表面。

锪孔的类型、工艺要求及应用要求主要有以下几种，其加工要领与钻孔相同，只是使用的锪孔钻头形式不同而已。

（1）锪孔的形式

1）锥形锪孔。锥形锪孔如图 3-26a 所示。锥形锪孔时，锪钻的顶角有 60°、90°、75°、120°等不同形式，其切削刃数量一般为 6~12 个，主要用于划窝及锪铆钉与沉头螺钉的锥形头的沉孔。

2）柱形锪孔。柱形锪孔时，一般在锪钻的切削部位带有导向部分，使原孔与锪后的沉孔能保持同轴，方便使用。柱形锪孔主要用于锪柱形沉孔，如内六角螺钉的底部柱形孔，如图 3-26b 所示。

3）表面锪孔。表面锪孔的钻头表面上有切削刃，主要用于锪与原孔垂直的平面，如图 3-26c 所示。

（2）锪孔加工工艺要求

1）锪孔的钻削速度不要太快，一般为钻孔的 1/3~1/2。

2）锪孔时一般为手动进给。

3）锪孔的加工预留量为：锪孔前直径为 15~24mm，余量为 1.0mm；锪孔前直径为 24~35mm，余量为 1.5mm；锪孔前直径为 35~45mm，余量为 2.0mm。

4）锪孔深度可用游标卡尺测量。

3.1.8　零件的攻螺纹与套螺纹

1. 螺纹的基本常识

在机械零件中，螺纹的种类主要有普通螺纹（三角螺纹）、梯形螺纹、圆柱管螺纹、圆锥管制螺纹及寸制螺纹等。但在冲压加工中，常用的还是普通螺纹，主要用于连接模具及机器的各零件，如内六角螺钉及螺母等。

（1）普通螺纹的形状和尺寸　在生产中，常用普通螺纹的形状、尺寸及标记见表 3-6。

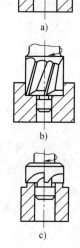

图 3-26　锪孔类型及工艺方法

a）锥形锪孔　b）柱形锪孔　c）表面锪孔

表 3-6　普通螺纹形状、尺寸及标记

螺纹形状	各部位名称	尺寸计算公式	标记示例
	1. 大径 d—螺纹最大直径 2. 小径 d_1—螺纹最小直径 3. 中径 d_2—螺纹平均直径 4. 螺距 P—相邻两牙对应点间轴向距离 5. 工作高度 H—螺纹顶点到根部垂直距离 6. 螺纹剖面角 β—在螺纹剖面上两侧面的夹角，一般为 60°	$H = 0.866P$ $d_2 = d - 0.6495P$ $d_1 = d - 1.0825P$	粗牙普通螺纹，d = 24mm，P = 3mm，公差带代号为 6H，标记为 M24-6H 细牙普通螺纹，d = 24mm，P = 2mm，公差带代号为 6H，标记为 M24×2-6H

（2）普通螺纹直径与螺距　普通螺纹的直径 d 与螺距 P 见表 3-7。

2. 攻螺纹方法

（1）攻螺纹所需工具　攻螺纹所需工具主要有丝锥及铰杠。图 3-27 所示为丝锥示意图。

表 3-7　普通螺纹的直径与螺距　　　　　　　　　　　（单位：mm）

公称直径	螺距 P		公称直径	螺距 P	
d	粗牙	细牙	d	粗牙	细牙
3	0.5	0.35	10	1.5	1.25、1、0.75
4	0.7	0.5	12	1.75	1.5、1.25、1
5	0.8	0.5	16	2	1.5、1
6	1	0.75	20	2.5	2、1.5、1
8	1.25	1、0.75	24	3	2、1.5、1

在 GB/T 3464.1—2007 中，丝锥主要分手用丝锥和机用丝锥两种，主要供加工螺母和机件上的内螺纹用。手用丝锥主要规格为 M6、M8、M10~M35、M36，机用丝锥主要规格为 M3、M4~M24 多种型号，使用时，也分粗牙及细牙两种规格。

铰杠是用来夹持不同规格丝锥的。其中固定铰杠（图 3-28a）只能装夹 M5 以下的一种丝锥。活铰杠（图 3-28b）可夹持不同规格丝锥。图 3-28c、d 所示为丁字铰杠，适用于攻制带有台阶的螺纹孔或攻制机体内部位置比较深的螺纹孔。图 3-29 所示为一机用保险夹头，主要是在钻床上攻 M6 以上的螺纹用。

图 3-27　丝锥示意图

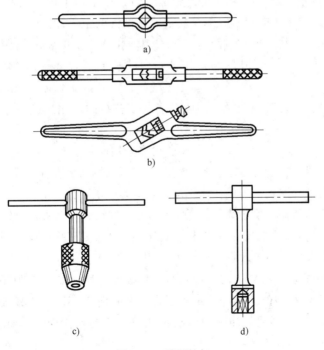

a)

b)

c)　　　　　　　d)

图 3-28　手用铰杠

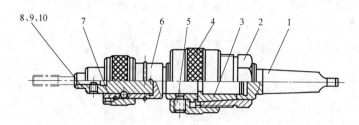

图 3-29　机用保险夹头

1—夹头体　2—螺套　3—摩擦片　4—螺母　5—螺钉

6—轴　7—离合套　8、9、10—可换夹头

（2）攻螺纹前底孔直径　攻螺纹前所需钻孔直径见表 3-8。

表 3-8　攻螺纹前所需钻孔直径　　　　　　　　　　　　　　（单位：mm）

螺纹标注	攻螺纹前钻孔用钻头直径	
	粗牙普通螺纹	细牙普通螺纹
M3	2.5	
M4	3.3	
M6	5	
M8	6.7	7.2（M8×0.75）；7（M8×1）
M10	8.5	9.2（M10×0.75）；9（M10×1）
M12	10.2	11（M12×1）；10.7（M12×1.25）
M16	13.9	15（M16×1）；14.5（M16×1.5）
M20	17.4	19（M20×1）；18.5（M20×1.5）

（3）攻螺纹所需切削液　在攻螺纹或套螺纹时，可根据不同的材料选用不同的切削液作为润滑及冷却剂，以保证攻制的效率及质量。切削液的主要选择方法是：

1）在攻制钢材时，精度要求一般时，可选用乳化液；精度要求较高时，可选用菜籽油或硫化油。对于不锈钢，可选用黑色硫化油；对于铸铁，可不用切削液，必要时可选用煤油。

2）在攻制纯铜、铝及铝合金时，一般选用浓度较高的乳化液；对于黄铜、青铜，可不用切削液。

（4）攻螺纹的基本方法　在生产中，攻螺纹多采用两种方法：在单件或批量不大的情况下，一般采用手工攻螺纹；而在批量较大的情况下，可采用钻床进行攻螺纹。无论采用何种方法，在攻螺纹前，都应做好加工前准备：①准备好攻螺纹工具；②检查一下所用丝锥的切削刃锋利状况，若有损坏应用砂轮磨出锋刃；③按表 3-8 选好钻底孔钻头进行钻底孔并划窝，同时要将工件夹持牢固；④将丝锥安装在铰杠或钻床上，清理好工作台面，即可攻制。

1）手工攻螺纹方法。手工攻螺纹方法及步骤是：

第一步：将装好的丝锥攻入孔内，使其与工作表面垂直，如图 3-30 所示。

第二步：右手握铰杠中间，加以适当的压力，并顺时针转动（左螺旋时逆时针转），待切削部位深入 1~2 圈时，再用目测或用直角尺找正丝锥与孔端面的垂直度。不合适时要进行调整，确保其垂直，如图 3-30a 所示。

第三步：找正垂直后，两手握住铰杠，两手平稳地继续旋转，不加压力地向下攻制，如

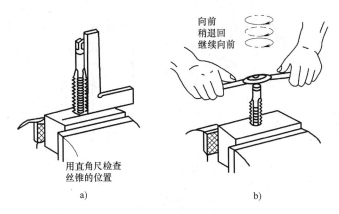

向前
稍退回
继续向前

用直角尺检查
丝锥的位置

a)   b)

图 3-30 手工攻螺纹方法

图 3-30b 所示。

第四步：为了避免切屑过长而咬住丝锥，在攻制时要不时地将丝锥向相反方向转动 1/4 圈以割断丝屑及时排除，并要不断注入切削液。

第五步：初锥攻完后将其卸下，再安装中锥或底锥用上述同样的方法继续攻制。

2）机攻攻螺纹方法。机攻攻螺纹方法主要在台钻上进行。其方法及步骤是：

第一步：将丝锥装夹在钻床的保险夹头内，并牢固地将工件装夹在台虎钳上，放在台钻的平台上。

第二步：按所攻制的工件材料选用合适的切削速度，如对钢材为 6~15m/min；对较硬钢为 5~10m/min，对不锈钢为 2~7m/min，对铸铁为 8~10m/min。

第三步：开机将丝锥伸入孔内，并要高度保证孔与丝锥的同轴度，必要时借助直角尺进行调整。

第四步：开机后，起始的 1~2 圈要施以压力。当切削部位全部切入后要停止加压力，靠丝锥本身的旋转自行攻制。

第五步：机攻通孔螺纹时，丝锥的校准部位不能全部露出，否则在开倒车推出时使螺纹损坏（乱扣），影响质量。

（5）攻螺纹注意事项

1）被攻零件两面孔端均应倒角。

2）用丝锥在攻制螺纹时，要随时检查与孔保持同轴并与孔面确保垂直，不得产生任何歪斜。

3）丝锥旋转速度要均匀、平稳，以防崩刃。

4）在攻制过程中要不断注入切削液，以及时降温、冷却。

5）攻制时要及时排屑，以防丝锥被折断。

3. 套螺纹方法

在生产中，用板牙在圆柱及管子上切螺纹称为套螺纹。套螺纹在修理模具中会经常使用。

套螺纹时，套杆（管）的直径一般要小于所套螺纹直径 0.2~0.4mm。

（1）套螺纹所用工具 套螺纹所用工具主要有板牙（图 3-31a）及板牙架（图 3-31b）。板牙主要用来套螺纹。按 GB/T 970.1—2008，粗牙普通螺纹用板牙的规格为 M1~M68；细牙普通螺纹用板牙的规格为 M1×0.2~M56×4 多种型号。板牙架用来安装固定板牙，其规格

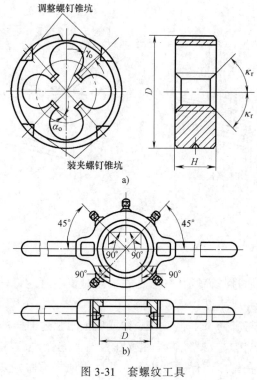

图 3-31　套螺纹工具

a）板牙　b）板牙架

用 D 表示，大小为 16~120mm。

（2）套螺纹前准备工作

1）将要套螺纹的圆柱头倒成 15°~45° 倒角，以便于起屑。

2）将工件夹在台虎钳上，最好用软钳口（铜或铝板），要夹持牢固，不能松动与变形。

3）将板牙夹紧在板牙架上。

（3）套螺纹操作步骤

1）将装在板牙架上的板牙套在已倒角的圆杆上，并使板牙端面与圆杆保持垂直。

2）右手握住板牙架中间，顺时针转动（左旋螺纹逆时针）并给以一定的压力，如图 3-32 所示。

3）在板牙切入圆杆 1~2 扣时，用直角尺或目测检查板牙端面与圆杆是否垂直，若有偏斜，在慢慢往下套扣时应给以及时纠正，此时不能给以压力，仅靠板牙旋转套螺纹。

4）套螺纹时要时常转动板牙，使切屑切断及时排除，然后继续套，直到套完后将板牙反向轻轻取下。

（4）套螺纹注意事项

1）套螺纹时，要始终保证板牙端面与工件圆杆的垂直度，否则会一面深、一面浅，出现乱牙，影响质量。

2）每次套螺纹前，都要清洗板牙，排除牙内

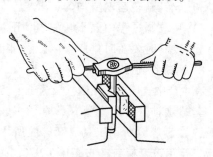

图 3-32　套螺纹方法

异物。

3）对于 M12 以上螺纹要分 2 次或 3 次套成。

4）套螺纹时要注入切削液（切削液的使用与攻螺纹相同）以便及时降温，确保板牙使用寿命。

3.2　冲压常用量具的使用与保养

在冲压生产中，常用检测器具主要有通用测量器具、样板与样架等。其中，通用测量器具简称量具，它主要用来测量冲压制品的长、宽、高、沟槽尺寸、圆弧半径、孔径等线性实际尺寸，并与图样规定的尺寸公差相比较来确定冲压产品合格与否。因此，量具是保证标准量值的准确和保障产品质量的重要检测工具。冲压用量具主要有直尺、卡钳、直角尺、游标卡尺、千分尺及千分表等。在冲压过程中，根据不同的零件，应使用不同的量具进行随时测量，以监控产品质量，故操作者必须熟练地掌握其使用及测量方法，以确保生产的正常进行。

3.2.1　钢直尺

钢直尺是一种常用的测量工具，它可以直接用来检测工件各线性长度尺寸，图 3-33 所示。钢直尺的标称长度主要有 150mm、300mm、500mm 等。钢直尺主要用来测量大中型零件的长、宽、高，测量精度较低。在使用时应注意：

1）钢直尺各部位应无损伤，端边与零线必须吻合，并与长边垂直。

2）测量时应使钢直尺的零线与工件边缘重合。

图 3-33　钢直尺

3.2.2　卡钳

卡钳是一种间接测量量具，分内卡钳和外卡钳两种，如图 3-34 所示。内卡钳用以测量内径及凹槽尺寸，而外卡钳则用以测量零件外尺寸和平行面的平行度。在使用时，卡钳本身不能显示尺寸，必须在钢直尺的配合下读取测量数值，其测量精度较低，一般用于大孔径零件的测量。

3.2.3　直角尺

如图 3-35 所示，直角尺是用来检查和测量工件内外直角用的，并可测量零件相邻边垂直度及零件装配后与安装表面的垂直状况。在使用时，应使短边紧靠零件的基准面，而长边向工件另一面靠拢，用目测观察长边与工件的贴合程度以及透光是否均匀来判断工件两相邻面的垂直状况。

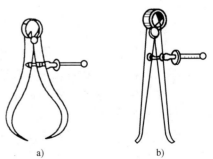

图 3-34　卡钳

a）弹簧外卡钳　b）弹簧内卡钳

3.2.4 游标卡尺

游标卡尺（图3-36）是冲压生产作业中经常使用的通用量具之一。它主要用来测量零件的外形尺寸（长、宽、高）及圆柱直径（图中Ⅱ）、孔径（图中Ⅰ）、孔深（图中Ⅲ）等线性尺寸。

图 3-35 直角尺

其分度值主要有 0.02mm、0.05mm、0.10mm，测量尺寸公差等级分别可达到 IT11~IT10、IT12~IT16、IT16。

在用游标卡尺测量时，应注意以下几点：

1）在使用卡尺时，卡尺表面不能有锈斑、撞伤和其他缺陷，尺身划线要精晰、均匀无断线，并要擦拭干净。

2）游标在尺身上要滑动自如，不允许有卡死或松动，在移动时要松紧均匀。

3）制动螺钉要紧固可靠，微动装置不能超过1/2转。

4）两量爪在并拢时，不应有不均匀的间隙存在。

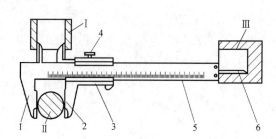

图 3-36 游标卡尺
1—固定卡脚 2—活动卡脚 3—游标
4—制动螺钉 5—尺身 6—深度尺

5）用游标卡尺测量时，为减少检测误差，应在同一位置同时测3~5次，然后取其测量数据的平均值，与图样规定的尺寸公差相比较来确定零件尺寸合格与否。

6）游标卡尺在使用一段时间后，要做定期检定，以确保量值的准确。其示值误差可用量块检定，校验的点数一般不应少于尺身长度的三点。

3.2.5 千分尺

千分尺是一种精密的测量工具，它主要用于测量制品的外形（长、宽、高）、孔径、深度、高度及螺纹尺寸。千分尺主要分内径千分尺、外径千分尺（图3-37）、深度千分尺和螺纹千分尺等几种类型。其规格型号分0级、1级、2级，测量尺寸公差等级分别可达到 IT6~IT8、IT8~IT9、IT9~IT11，是一种通用量具。在使用时应注意：

1）在使用千分尺时，其外表不能有锈迹、碰伤与划痕；其刻度要清晰、均匀、整齐；测砧与测微螺杆在各方向上的错位不应大于 0.01mm。

2）千分尺的微分筒内径与固定套筒的间隙要均匀一致。

3）测微螺杆在隔热装置导孔中不应有手能感觉到的径向摆动，其轴向圆跳动和径向圆跳动公差不能超过 0.01mm。

4）测微螺杆在全部行程中，不应有松紧不

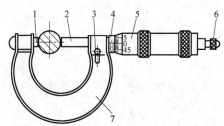

图 3-37 外径千分尺
1—测砧 2—测微螺杆 3—锁紧装置
4—固定套筒 5—微分筒 6—测力装置
7—隔热装置

一和轴向窜动。

5）千分尺的测量面的平面度，对于 0 级千分尺不应大于 0.6μm，1 级不应大于 1μm。

6）千分尺在测量时，要在被测零件同一位置及两种不同角度测 3~5 次，并取其平均值作为测量结果与图样规定的尺寸公差比较来确定制品尺寸合格与否。

7）千分尺在使用一段时间后，要到计量部门做定期检定与校验，以保证千分尺量值的准确性。

3.2.6　百分表与千分表

百分表与千分表（图 3-38）主要用于测量零件的几何形状偏差和位置偏差。如零件的轴向和径向圆跳动，也可以用来做比较测量，它主要分外径、内径、杠杆三种类型。其中百分表又有 0 级、1 级之分，测量尺寸公差等级可分别达到 IT6 ~ IT8、IT8 ~ IT10；千分表分

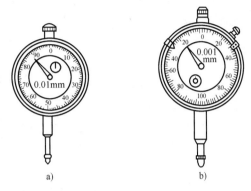

图 3-38　百分表与千分表
a）百分表　b）千分表

0.002 级、0.001 级，尺寸公差等级可达到 IT5 ~ IT8、IT5 ~ IT7；杠杆千分表分 0.001 级及 0.002 级，尺寸公差等级能达到 IT5 左右。

在使用百分表及千分表测量时，应注意：

1）百分表与千分表的表盘玻璃要清晰、透明、洁净，分度线刻度要清晰、准确、整齐。其每条刻线均应通过指针的回转中心。

2）测杆上下移动时应灵活平稳，不能有卡住及阻塞现象。

3）指针与表盘间应无摩擦，表盘无晃动，指针无跳动。

4）在使用百分表及千分表测量时，先把其安装在特制的表架上，如图 3-39 所示。在测量时，通过量取被测量零件对于标准量具（量块）的偏差来确定零件尺寸合格与否。其检测方法是：测量开始时，先把表针调至零位，然后测量零件尺寸，其表针偏移值即为该部位的偏差值。

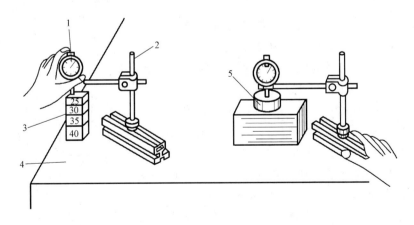

图 3-39　百分表、千分表测量方法
1—百分表　2—支架　3—标准量具（量块）　4—平台　5—被测零件

5）百分表、千分表在使用一段时间后，要到标准计量部门进行检定，以保证量值的准确性。

6）千分表、百分表使用时，测力应不大于 1.5N。

3.2.7　游标量角器与塞尺

1. 游标量角器的使用

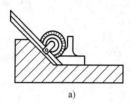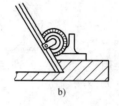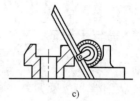

图 3-40　游标量角器

图 3-40 所示为游标量角器示意图。它主要用来测量零件斜面的角度。在测量时，先把其中间螺母放松，使量角器固定尺紧贴在被测零件的表面上。然后，再将圆盘转动，使两直尺与工件表面接触，不漏缝隙，即可通过量角器直接读取斜面角度大小。

2. 塞尺的使用

塞尺（图 3-41）是由一组厚度不同的淬硬薄钢片组成的。每一薄钢片都标有标准厚度量值。它主要用于对冲压模具凸、凹模间隙大小的检测。在使用时，可根据间隙的大小，选出一片或数片（不超过三片）叠加在一起，塞入间隙内，以钢片在其内既能活动自如又有摩擦力之感为准，其叠加片厚度即为间隙值大小。

图 3-41　塞尺

3.2.8　样板或样架

在冲压生产中，常以样板或样架检测冲压件形状是否合适。图 3-42a、b 所示分别为螺纹样板及半径样板，分别用来直接测量螺纹及圆弧的形状及尺寸。图 3-42c 所示自制的工件样板，主要用来检测及控制被加工零件的形状及尺寸。在测量时，必须使样板检测面与工件被检面紧密贴合，通过透光缝隙确定其合格程度。

在冲压大型覆盖件时，如汽车车棚，一般都通过试先制作的样架进行检测。样架又称立体样板，主要用于复杂形状三维曲面的检测。即在大形覆盖曲面拉深成形后用此检测，但样架的形状尺寸必须与制品图样的要求相符。

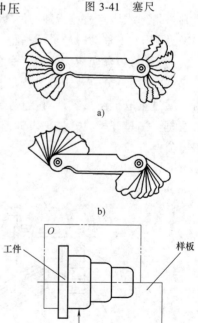

图 3-42　样板的使用

a）螺纹样板　b）半径样板　c）工件样板

3.3　冲压安全装置的正确使用

由前述可知：冲压生产作业尽管操作工艺简单，但却是容易出现伤残事故的极危险工种。因此，为保护操作者的自身安全，各冲压企业都为操作者提供了安全装置，即只要工作状态能够允许安装和使用的安全装置，都应设法进行安装使用。故操作者为保障身心不受损害，必须在工作时要精心维护及使用。

3.3.1　压力机安全防护装置

压力机安全防护装置主要有安全保护装置和安全保护控制装置两种类型。

1. 安全保护装置

安全保护装置一般为冲压设备外部增添的设施，主要保护在设备使用过程中防止操作者误入危险区而受到伤害。其中包括：

1）压力机的飞轮、齿轮、带轮、轴端等旋转运动部件，必须采用防护罩，以防止人体任何部位在操作中不致误入而受到伤害。

2）压力机可能发生断裂、松动、脱落的轴、螺栓、弹簧等零件，必须采用防护罩（套）或防松装置等措施，以确保人身安全。

3）对于工作危险区，应采用专门措施（如活动栅栏、遮挡）或装置以防止人进入危险区。

① 防护栏式保护装置。在压力机上加防护栏进行安全保护是一种常用的方法。即在操作者和危险区之间设一套栅栏，这套栅栏随压力机的滑块运动。当滑块下行时，栅栏也随之下行，隔开操作者双手及冲模，从而起到安全保护的作用。

图 3-43a 所示为扇形网状固定保护罩，图 3-43b 所示为折叠式保护罩，图 3-43c 所示为锥形弹簧构成的保护罩。

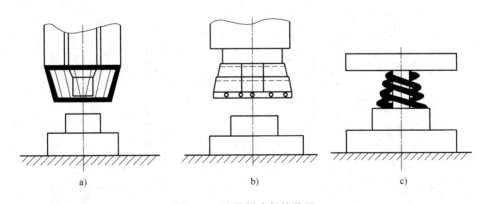

a)　　　　　　　　　　　b)　　　　　　　　　　　c)

图 3-43　防护栏式保护装置

图 3-44 所示为内外摆动式防护栏。当滑块向下运动时，栅栏在铰链作用下由内向外移动将危险区遮住或将操作手推出。而当滑块冲压后回升时，栅栏又由外向内移动，让开工作区后方可开始取件、送料，保证了安全。

② 拨手及拉手式保护装置。拨手及拉手式安全保护装置可在冲压过程中将操作手强制

性拨开或拉出危险工作区。图 3-45 所示为转板式拨手器。当滑块下行时，安装在滑块上的齿条下行，驱动齿轮 2 逆时针方向转动。齿轮 2 带动防护转板 4 旋转 90°，扫过模具前端即将操作者手拨出，起到安全保护作用。

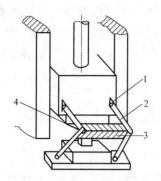

图 3-44　内外摆动式防护栏

1—固定铰链　2—支杆　3—防护栅栏　4—活动铰链

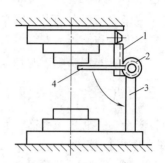

图 3-45　转板式拨手器

1—齿条　2—齿轮　3—支座　4—防护转板（有机玻璃）

图 3-46 所示为拨杆式拨手器。拨杆 4 上的套筒 1 装在压力机右侧立柱上的轴 3 上，在滑块的右上方装有轴 7 并套有套筒 5。在压力机左侧立柱上安装有拉簧座 9，由拉簧 8 与拨杆 4 连接起来，拨杆呈弯曲状。拨手外套 10 一般由橡胶制成。当压力机滑块下行时，套筒 5 压迫拨杆向右方移动即将操作者手拨出危险区。当滑块回升时，拨杆又在拉簧 8 的作用下，让开工作区，恢复原位，从而保障了操作者的安全。

图 3-47 所示为拉手式安全防护装置。它由拉杆 1、杠杆 2、尼龙绳 3 和手腕带环 4 等零件组成。工作时，操作者的双手套在带环上。当滑块下行时，通过拉杆 1 及杠杆 2 的作用，牵动尼龙绳 3 强制将操作者的双手拉出模外，离开危险区，从而起到安全保护作用。

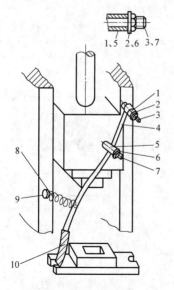

图 3-46　拨杆式拨手器

1、5—套筒　2、6—挡圈　3、7—轴　4—拨杆

8—拉簧　9—拉簧座　10—拨手外套

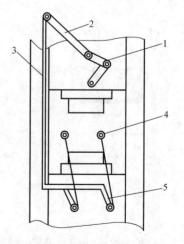

图 3-47　拉手式安全防护装置

1—拉杆　2—杠杆　3—尼龙绳

4—手腕带环　5—臂杆

4）压力机除应提供可靠安全的操纵、监控与制动系统外，还应装上红色紧急停止按钮，可在发生紧急状态下立即停车使用。

2. 安全保护控制装置

安全保护控制装置主要包括双手操作式和非接触式等形式。它通过发出信号达到控制保护的目的。

（1）双手操作式　双手操作式常用的有双手操作按钮式和双手操作杠杆、双手柄结合装置、手柄与脚踏板联锁结合装置等。其中以双手按钮式的应用最多。双手操作按钮式具有同步性功能，一般用于大型压力机，但在使用时决不能使用脚踏操作。

（2）非接触式　非接触式保护装置主要有光电、红外及传感器等控制方式。它是通过光束、光幕或感应等方式形成保护区，其保护区边长最大可达 400mm。当装置进入保温状态时，操作者任何部位进入保护区时，在光电感应下，冲压设备的滑块都立即停止下行，起到了安全控制保护作用。图 3-48 所示为简易手推式安全防护装置，在使用时将其安装在下模的正前方。在送料时，操作者的手臂将控制板（透明有机玻璃）推下，这时开关释放，如果压力机滑块下行到危险区；手仍未抽回，则压力机会自动停车、停止运行；若手提前抽回，则控制板由于弹簧的作用恢复直立状态，即将开关压合，压力机正常工作。

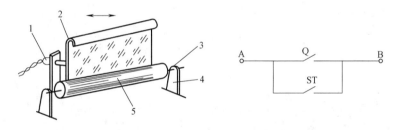

图 3-48　手推式安全防护装置
1—开关　2—控制器　3—轴　4—支柱　5—滚筒

图 3-49 所示为光电控制安全装置。在冲压过程中，在操作者与危险区（上、下模）之间有可见光通过，若操作者的手伸入危险区挡住光线时，则光信号立刻通过光电管转变成电信号，使压力机开关停止，即立刻停机不能运转，从而预防了事故的发生。

随着科学技术的进步，目前已实现了很多安全保护控制装置，这为冲压安全生产提供了极有力的保证。操作者可根据设备说明书学习、使用，以保障自身的安全。

3.3.2　冲模安全防护装置

在冲压生产中，为保证安全生产，除在压力机上采取必要的防护安全装置外，在设计、制造、使用冲模时，也应采取一些必要的措施：

1）在工件精度允许及批量生产的条件下，应尽量采用连续模和自动冲模结构，使操作者的双手尽可能在冲压时不伸入模具工作危险区。

2）整个模具的外露部分，尽量倒成圆角以防使用时刮伤手臂，如图 3-50 所示。

3）在条件允许的情况下，尽量采用冲模安全罩，如图 3-51 所示。该安全罩装在下模座上使冲模工作区封闭，以保证生产的安全。

4）冲压模具的活动卸料板四周应设有防护板，以防手或异物误入底部，如图 3-52 所示的模具结构。对于装在下模的弹性卸料板，其下底面与下模板的上平面空间不应小于15mm；装在上模的凹模外部应倒角；装在下模的弹压板，其外形尺寸不能过多地超过下模凹模尺寸。

5）连续模的导板或刚性卸料板与凸模固定板之间的距离一般不应小于15mm，如图3-53所示。

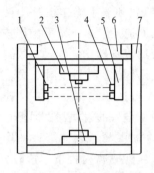

图 3-49　光电控制安全装置
1—发光源　2—上模　3—下模　4—接收头
5—支架　6—滑块　7—机身

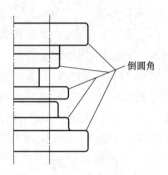

图 3-50　冲模处露尖
角应倒成圆角

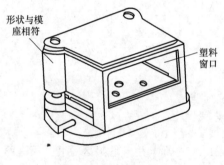

图 3-51　冲模安全罩

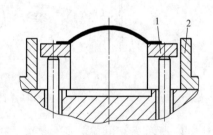

图 3-52　防护板
1—卸料板　2—防护板

6）采用无弹性卸料板的冲模，应加装限位装置，如连续模。

3.3.3　人身伤残事故的防范

操作者在冲压生产作业中，为减少伤残事故，应采取如下防范措施：

1）严格执行企业规定的冲压生产安全操作规程，参见本书第1章。

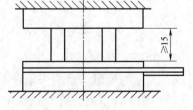

图 3-53　导板与固定板之间的距离

2）操作者在开始工作前必须认真检查设备与模具防护器具是否齐全完整、安全可靠，绝不可为方便拆除防护设备。

3）要认真检查压力机运转是否正常，如果在运行过程中发现操作失控或有连车重复冲压时，应立即停车检修，严禁设备带故障运转。

4）在冲压过程中，要防止手伸入危险区，并严禁对放进冲模的材料及坯件用手调整，取件、送料要用手工工具。

5）压力机在工作过程中，严禁对其及冲模进行清理和润滑。滑块每次冲击后，应把脚立刻离开操纵踏板或把手离开操纵杆，以免取件时发生危险。

6）停止工作时，应立即关好电开关，停止电动机运转。

3.4　桥式起重机的使用与吊装

在冲压生产作业中，为吊运大、中型模具、材料、毛坯及成品冲压件，常常使用起重设备。冲压车间最常用的起重设备是桥式起重机。桥式起重机一般分两部分组成，即大车和小车。其中，大车包括桥梁、走行机架和驾驶室，可在车间纵向运行；小车包括起重机构和走行机构，可在车间横向运行。

桥式起重机的主要技术参数是起重量和起升高度。起重量是允许吊运物体的最大质量；起升高度是指吊钩最低位置到最高位置的距离。这些参数值在桥式起重机上都有标注，在使用时均不能超过起重量及起升高度，否则超载运行会发生事故。

冲压工在使用桥式起重机起重吊运物体时，应按下述方法操作：

1. 起重前检查

1）检查所吊运物件（模具或材料）的质量不准超过桥式起重机规定的起重量。

2）桥式起重机的大车和小车的走行部分以及制动器、限位装置，必须灵敏可靠。

2. 物体的捆缚

1）捆缚的物体有尖锐棱边时，必须要用衬垫加以保护，防止损坏绳索。

2）捆扎时要掌握好物体的重心，并要捆扎牢固。

3）散装物件在吊运前要装在坚固的容器里，如冲压后的制品，装载要稳妥，不宜过满，以防止吊运时，物件散落。

4）捆缚后多余的绳头不能悬挂在外面，以免在吊运时伤人及损伤其他物体。

5）捆缚物体必须考虑到吊运时绳子与水平面之间的倾斜角，倾斜角越小，绳子受力越大。所使用的绳子一般以钢丝绳或棕绳为宜。

6）在捆缚模具时，必须要保证模具在吊运和装卸过程中不发生吊脱事故，通常用绳索经过下模板捆缚牢固。较大的模具要连住模具上的吊装孔或起吊用的栓柄及吊钩、螺栓方可吊运，如图 3-54 和图 3-55 所示。

3. 物体的吊挂

捆扎好的物体，钢丝绳的两端要编好索套（俗称鼻子扣），用它挂在桥式起重机的吊钩上。在挂钩时，应将手握持在索套的尾部，而不应握住扣圈部分直接挂钩，以免手被扣圈与钩子夹住。此外，所用钢丝绳不应太短，以免绳子倾斜角太小，不仅会加大绳子的拉力，还会使索套在吊运过程中滑出吊钩而发生危险。

4. 物体的吊运

1）吊运前应先试吊，当确认物体挂牢及稳定后才能正式起吊。

2）起吊时，开始起吊要慢，制动要平稳并避免物体来回左右晃动。

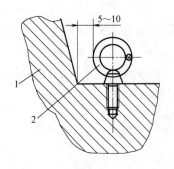

图 3-54　模具起吊用吊钩

1—模具零件　2—吊环螺钉

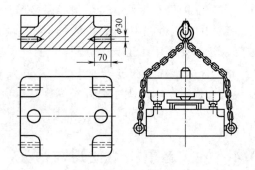

图 3-55　模具的捆缚

3）运吊时，必须通过车间吊运通道，不能在人及设备头顶上越过，更不能在空中停留较长时间。

4）放置物体时要缓慢并放稳后方可摘掉挂钩。

5）起吊时，绝不许倾斜起吊物件，更不能用桥式起重机做拖拉、牵引工作。

第4章　冲压用原材料及剪切方法

在冲压生产中，使用的原材料大多采用金属或非金属板材。其中，金属材料分为黑色金属及有色金属两大类。黑色金属是钢和生铁，有色金属是指钢、铁以外的其他金属，如铜、铬、金、银、钼、钛等。在工程材料中，纯金属应用得很少，大量应用的是合金。合金是由一种金属元素与另外一种或几种金属元素（或非金属）组成的。如钢和生铁都是铁、碳合金，黄铜则是铜与锌组成的合金材料。而非金属原材料多以工程塑料、橡胶板料及纸胶板和布胶板、云母片为主。在冲压生产中，了解这些材料的力学性能和冲压成形特点，对提高冲压产品质量及工作效率是极为重要的。

4.1　冲压材料的性能指标

在机械产品的设计与制造过程中，如何选择和使用原材料是一项十分重要的工作。在使用时，既要求材料的力学性能适应零件的工作条件，使零件经久耐用，又要求材料有较好的加工工艺性和经济性，使零件容易制造，成本和消耗低。

材料的力学性能是指材料在外力作用下表现出来的特性，如强度、弹性、塑性、硬度、韧性和抗疲劳性等。现简要介绍如下：

4.1.1　强度极限

材料的强度极限是金属材料在外力作用下抵抗变形和断裂的能力。常用的强度极限有：

（1）屈服强度　屈服强度是指金属材料在外力的作用下发生塑性变形的应力。

（2）抗拉强度　抗拉强度是指金属材料在外力作用下发生拉断时的应力。

（3）抗剪强度　抗剪强度是指金属材料在受剪切状态力的作用下不致被破坏的最大应力。

材料的屈服强度又分为上屈服强度和下屈服强度。其中，下屈服强度是金属材料发生塑性变形的标志。在冲压生产中，要使材料产生形状改变，所需加的压力必须超过材料的下屈服强度 R_{eL}，如在拉深过程中，R_{eL} 越小，成形工艺的稳定性越高，越不容易出现废品。在弯曲时，小的 R_{eL} 值，在卸载时材料回弹变形过小，有利于提高弯曲件的精度；而抗拉强度 R_m 则是材料抵抗被破坏时的最大能力；在冲压加工过程中，若材料要产生分离，所施加的外力必须使材料的应力大于抗拉强度 R_m；若材料只产生形状变化（拉深与弯曲等成形工序）而不使其断裂，则施加的压力必须使材料的应力小于抗拉强度 R_m，否则会产生断裂，形成废品。一般说来，材料的抗拉强度 R_m 与下屈服强度 R_{eL} 决定了材料的基本特性。R_{eL} 与 R_m 越高则冲压时的变形抗力也越高，材料的内应力就越大，在冲压后因弹性变形所导致的冲件形状及尺寸的弹性回复也就越大。因此，冲压材料的强度极限对冷冲压生产能否冲出合格件有着极其重要的影响。

4.1.2　塑性

材料的塑性是指材料在外力作用下发生永久变形后，在外力消失的情况下仍然能保持变形后形状和尺寸精度而不致引起破坏的性能。常用的塑性指标有：

1. 断后伸长率 A

断后伸长率是指材料受拉力被拉断后，原始标距的伸长与原始标距之比的百分率。即

$$A = \frac{L_u - L_o}{L_o} \times 100\%$$

式中　　A——材料的断后伸长率；

L_u——拉断后的标距长度（mm）；

L_o——拉伸前的标距长度（mm）。

2. 断面收缩率 Z

断面收缩率是指材料在受拉力作用而断裂时，试样横截面面积的最大缩减量与原始横截面面积之比的百分率。即

$$Z = \frac{S_o - S_u}{S_o} \times 100\%$$

式中　　Z——材料的断面收缩率；

S_o——原始横截面面积（mm^2）；

S_u——拉断后的横截面面积（mm^2）。

3. 冲压深度

冲压深度（又称杯突值）是指在杯突试验机上用标准球头凸模匀速下压材料试样后，在材料上面出现一个凹痕，直到能出现一条能透光的裂纹为止的凹痕深度。

材料的塑性是关系到冷冲压能否冲出合格零件的重要性能。对于冲压成形类工序如弯曲、拉深、成形等，材料的塑性要求一般较高。一般来说，在一定的强度下，塑性越好的材料，则允许材料的变形程度越大，其冲压工艺性也越好。它不但能减少拉深成形次数，而且还能减少中间热处理工序。而对于分离工序冲裁来说，则要求材料塑性不是很高。若冲裁材料塑性太高，则材料太软，冲裁后的尺寸精度及飞边高度，都很难达到规定的要求。但冲裁时的材料塑性也不能太差，这样材料太硬，使材料变脆，反而会使模具易损坏。因此，对于不同工序的冲压，应选用不同塑性的材料，才能使冲压工作发挥极好的效果。

4.1.3　弹性

材料的弹性是指材料在受外力作用下产生变形，而在外力去除之后，仍能恢复原来形状的一种特性。

材料的弹性是用保持弹性变形的最大应力（单位面积上的抵抗力），用 σ_e 来表示，俗称材料的弹性极限，即

$$\sigma_e = \frac{F_e}{S_o}$$

式中　　σ_e——材料的弹性极限（MPa）；

F_e——弹性极限负荷（N）；

S_o——试件的截面面积（mm^2）。

材料的弹性对零件本身是一种很有价值的特性。但对于冲压成形工序来说是极为不利的。例如弯曲后的制品，如果材料弹性过大，则零件就会产生回弹现象，不仅影响制品质量，而且需增加整形工序或者采取中间热处理辅助工序，同时也给模具制造带来不必要的困难。而对于冲裁工序，采用弹性较好、塑性较小的材料，反而对冲压加工有利。这是因为弹性较好的材料，流动性好，可以得到较好的零件断面质量。

4.1.4　硬度

材料的硬度是指金属在外力作用下，能抵抗压入物压陷能力大小的一种性能。在工业生产中，金属材料的硬度可通过布氏硬度、洛氏硬度等试验方法得出。

金属硬度是直接决定金属冲压性能的因素之一。对于硬度较高的金属材料，对冲压成形工序是极为不利的，金属硬度越高，强度也越高，但塑性较差。故在一般情况下，弯曲、拉深、成形等工序，适宜选用硬度较低的材料。

4.2　冲压常用材料的牌号及冲压特点

4.2.1　黑色金属材料

由前述可知：黑色金属主要是指钢铁材料。冷冲压常用的钢铁材料主要包括以下几种：

1. 普通碳素结构钢

普通碳素结构钢一般用 Q 表示，其后面的数字表示材料的上屈服强度 R_{eH} 值，并用 A、B、C、D 表示四个质量等级。F 表示沸腾钢，而镇静钢不用符号标注。如 Q215AF 表示普通碳素结构钢，上屈服强度 $R_{eH}=215MPa$，A 级沸腾钢种。

表 4-1 列出了普通碳素结构钢的主要化学成分及性能特征，供选用时参考。

表 4-1　普通碳素结构钢的主要化学成分及性能特征

材料牌号	等级	主要化学成分(质量分数,%)			力学性能			特　性
		C	Si	Mn	R_m/MPa	R_{eH}/MPa	A(%)	
Q195	—	0.12	0.30	0.50	315~430	195	33	伸长率较高,具有良好的焊接性及韧性
Q215	A	0.15		1.20	335~450	215	26~31	
	B							
Q235	A	0.22	0.35	1.40	370~500	235	21~26	有一定的伸长率和强度、韧性较好,适于冲压和焊接
	B	0.20						
	C	0.17						
	D							
Q275	A	0.24		1.50	410~540	275	17~22	硬度高、切削性及塑性好,焊接性能较好,可用于强度不高的零件
	B	0.21						
	C	0.22						
	D	0.20						

普通碳素结构钢主要适用于一般结构冲压件。如 Q235 钢，它具有一定的伸长率和强度、韧性较好，很适于冲压成形。

2. 优质碳素结构钢

优质碳素结构钢是冲压生产大量使用的原材料。其表示方法：如 08F 表示碳的质量分数为 0.08% 的优质碳素结构钢；45 表示碳的质量分数为 0.45% 的优质碳素结构钢。优质碳素结构钢的性能指标见表 4-2。

表 4-2　优质碳素结构钢性能指标

材料牌号	冲击吸收能量 KU_2/J	抗拉强度 R_m/MPa	下屈服强度 R_{eL}/MPa	断后伸长率 $A(\%)$	断面收缩率 $Z(\%)$	交货状态硬度 （HBW≤）
08	—	325	195	33	60	131
10	—	335	205	31	55	137
20	—	410	245	25	55	156
30	63	490	295	21	50	179
45	39	600	355	16	40	229
50	31	630	375	14	40	241
65	—	695	410	10	30	255
15Mn		410	245	26	25	163
65Mn	—	735	430	9	30	285

为适应冲压加工的需要，各钢厂目前专门生产出各种规格的碳素结构钢冷轧钢板及韧带。其等级分为最深拉深级"Z"、深拉深级"S"、普通拉深级"P"等。其性能指标见表 4-3。

表 4-3　拉深用优质碳素结构钢板材的性能指标

材料牌号	Z	S、P	Z	S	P
	R_m/MPa		$A(\%)≥$		
08	275~390	275~410	32	30	28
10	295~410	295~430	30	29	28
15	335~450	335~470	27	26	25
20	355~490	355~500	26	25	24

在供货时，除了性能指标外，板材还规定了表面质量等级，即Ⅰ级为高级精整平面，Ⅱ级为较高级精整平面，Ⅲ级为普通级精整平面，可根据需要进行选用。其供货规格尺寸可参见表 4-4。

表 4-4　冷轧钢板及钢带规格尺寸　　　　（单位：mm）

公称厚度	按下列宽度的最小和最大长度						
	600	800	1000	1250	1500	1800	2000
0.2、0.3、0.4	1200 2500	1500 2500	1500 3000	—	—	—	—
0.6				1500~3000	—	—	—
1.0			1500 3500	1500 4000	2000 4000	—	—
1.2						2000 4000	—
1.5	1200 3000	1500 3000		1500 6000		2500 6000	—
2.0			1500 4000		2000 6000		—
2.5				2000 6000			—
3.0						2500 2700	2500 7000

（续）

公 称 厚 度	按下列宽度的最小和最大长度						
	600	800	1000	1250	1500	1800	2000
4.0	—	—	—	2000	2000	1500 2500	1500 2500
5.0	—	—	—	4500	4500	1500 2300	1500 2300

3. 碳素工具钢

碳素工具钢一般用 "T" +数字表示，后面的阿拉伯数字为以名义千分数表示的碳的质量分数。优质碳素工具钢在尾部加 "A"。例如 T8 表示碳素工具钢，碳的质量分数为 0.8%；T10A 表示优质碳素工具钢，碳的质量分数为 1.0%。在冲压生产中，碳素工具钢常用于冲模的凸、凹模，其主要性能指标参见表 4-5。

表 4-5　常用碳素工具钢的主要性能

材料牌号	主要化学成分(质量分数,%)		退火状态		试样淬火	
	C	Mn	HBW ≤	压痕直径/mm ≥	淬火温度,淬火剂	HRC ≥
T7	0.65~0.74	≤0.40	187	4.4	800~820℃ ,水	62
T8	0.75~0.84		187	4.4	780~800℃ ,水	
T10	0.95~1.04		197	4.3	760~780℃ ,水	
T12	1.15~1.24		207	4.2		

4. 合金工具钢

合金工具钢是指在钢中除了含硅、锰、磷、硫以外，为使其具有一定的性能，在冶炼时专门加入铬、钼、钨、钒、钛等某些元素的特种钢材，又称合金钢。它的表示方法是以平均万分数表示碳的质量分数并放在开头，合金元素的含量标在该元素符号之后并以百分数表示。如 12Cr2Ni4，表示含 C0.12%、Cr2%、Ni4%。

在冲压生产中，常采用合金工具钢 Cr12、9CrSi、Cr12MoV、9Mn2V、CrWMn 来作为模具工作零件材料；而电工用合金钢 D21、D31、D81、D48 等硅钢，主要作为冲压原材料，其供应的材料通过冲模冲压后作为电动机、电器、电子工业的转子、定子以及变压器等零件，是冷冲压生产常遇到的特殊钢材；此外，20Cr13、10Cr15、06Cr18Ni11Ti 等不锈钢材也在冲压加工中常常遇到，但对于这种不锈钢板材，在冲压时，应注意以下几点：

1) 在冲压时为了能获得好的塑性，应使材料处于软态下作业。如对于马氏体型钢的不锈钢 12Cr13、20Cr13、40Cr13 等应进行退火后冲压成形；而对于奥氏体镍铬不锈钢 12Cr18Ni9、06Cr18Ni11Ti 应进行淬火等软化处理后再冲压，即可大大提高冲压的工艺性。

2) 不锈钢经过热处理软化后，其力学性能均具有较好的冲压工艺性，便于变形工序的冲压加工，但与碳素钢相比，不锈钢的冷作硬化现象显得更为强烈，拉深时极易产生折皱。因此不锈钢在每次拉深后都要经过再次中间退火工序，以再次软化后继续冲压。

3) 不锈钢冲压变形时，所需变形力较大而且弹性回复也较大，故为保证冲压精度，冲压弯曲、拉深成形后，一定要增加一道整形及校正工序。

4）大多数不锈钢的强度及韧性都比较高，在冲压时，材料极易黏附在模具上。因此在制作和修理加工不锈钢用冲模时，模具的凸、凹模表面尽量要保持光洁，成形模要抛光，而冲裁模刃口要锋利。在冲压时其冲压速度要低（低于碳素钢的1/3），并采用黏度较大、质量较好的润滑油润滑。

4.2.2 有色金属材料

1. 铜及铜合金

在工业生产中，铜主要用作导体材料及配制铜合金。纯铜有良好的导电、导热性，但力学性能较差，主要牌号有 T1、T2、T3 等。铜和锌的合金称为黄铜，有较高的耐磨性及力学性能，可用来制作强度要求较高的仪器仪表、机械等零件，主要牌号有 H62、H68 等；铜和锡的合金为锡青铜；铜和铝、硅的合金为无锡青铜。锡青铜和无锡青铜统称为青铜，它有较好的耐蚀性与耐磨性，强度较高，常用来作为耐磨零件。

铜及铜合金在冲压中应用得较多，通过模具可冲压出各种零件。铜及铜合金的力学性能见表 4-6。

表 4-6 铜及铜合金的力学性能

材料名称	牌　号	材料状态	力　学　性　能			
			抗剪强度 /MPa	抗拉强度 /MPa	屈服强度 /MPa	伸长率 （%）
纯铜	T1 T2 T3	软 硬	160 240	200 300	70 380	30 3
黄铜	H62	软 半硬 硬	260 300 360	300 380 400	200 380 400	35 20 10
	H68	软 半硬 硬	240 280 400	200 350 400	100 — 250	40 25 15
铅黄铜	HPb59-1	软 硬	300 400	350 450	145 420	25 5
锡磷青铜 锡锌青铜	QSn6.5-0.4 QSn4-3	软 硬 特硬	260 480 500	300 550 600	140 — 550	38 3~5 1~2

在铜及铜合金中，纯铜和黄铜的冲压性较好。但黄铜中 H62 比 H68 的冷作硬化现象更强烈。而青铜比黄铜的工艺性差，其冷作硬化现象更为强烈。因此，在冲压时需根据不同铜种，进行频繁的中间退火后方能冲压出合格的零件。但要注意，青铜与黄铜一般要在冷态下冲压，不宜在热态下冲压。

2. 铝及铝合金

用于冲压用的铝及铝合金板料主要有纯铝、防锈铝、锻铝、硬铝等。其中，纯铝的机械强度很低，但导电性能强，一般用于冲压小型的电子零件；防锈铝主要是铝锰合金和铝硅合金，主要是通过冷作硬化来提高强度，它具有优良的塑性和耐蚀性；锻铝是铝、镁、硅合金，在热状态下强度较高，经退火后有很好的塑性，非常适于冲压加工；硬铝是铝、铜、镁合金，强度较高，热处理强化效果较好，抗拉强度可达 500~600MPa，相当于低合金钢的强度。

常用的铝及铝合金的力学性能见表 4-7。

表 4-7　铝及铝合金的力学性能

材料名称	牌号	状态	力学性能			
			抗剪强度/MPa	抗拉强度/MPa	屈服强度/MPa	伸长率(%)
铝	1060、1050A、1200	已退火	50	75~110	50~80	25
		冷作硬化	100	120~150	120~140	4
铝锰合金	3A21	已退火	70~100	110~145	50	19
		冷作硬化	100~140	155~200	130	13
铝镁合金	5A02	已退火	130~160	180~230	100	—
		冷作硬化	160~200	230~280	210	—
铝镁铜合金	7A04	已退火	170	250	—	—
		淬硬	150	500	460	—
硬铝	2A12	退火	105~150	150~215	—	12
		淬硬	280~310	400~440	370	15
		冷作硬化	280~320	400~460	340	10

铝及铝合金冲压时的技术特点如下所述：

1）热处理能使铝及铝合金获得最大的塑性。如纯铝和防锈铝可用退火的工艺方法获得最大的塑性；硬铝或锻铝既可用退火也可用淬火的方法来获得最大的塑性及对冲压非常有利的力学性能。

2）采用中间退火来消除冲压过程中的冷作硬化现象。在深拉深时，除每次拉深需中间退火外，还应在成形后进行消除内应力的最终退火工艺，才能保证冲压精度。

3）对硬铝及锻铝采用淬火工艺获得最好的力学性能时，要严格控制淬火温度，不能过烧，否则会恶化材料的冲压工艺性。

4）铝及铝合金采用温热冲压可以改善冲压工艺性。如冷作硬化的铝材在冲压时，若将毛坯加热到150℃，可大大提高弯曲件的尺寸精度，并可把弯曲半径减小到（2~2.5）t（t 为材料厚度），并可大大减少材料的回弹。

3. 钛及钛合金

钛及钛合金耐蚀性较好，故在飞机、船舶和化学工业应用较多，其零件大部分用冲压的方法制成。常用的钛合金主要有 TA2、TA3、TC1 等。TC1 的屈服极限可达 800~980MPa，抗拉强度可达 800~850MPa，伸长率可达15%左右。

在利用钛合金板材冲压零件时，应注意以下要点：

1）变形不大的钛及钛合金零件，一般需冷冲成形，而变形量较大的零件需经过热冲压成形，其温度一般在 300~700℃，但因材料牌号不同而不同，若加热温度过高，则会使材料变脆、不利于冲压。

2）在冲压钛合金及钛零件时，应尽量采用较低的冲压速度。

4.2.3　非金属材料

冲压常用的非金属材料主要有纸胶板、布胶板、石棉板、橡胶板等。其抗剪强度见表4-8。

表4-8　冲压常用非金属材料的抗剪强度　（单位：MPa）

材料名称	抗剪强度	材料名称	抗剪强度
纸胶板	11~20	石棉板	4
布胶板	12~18	橡胶板	2~8
玻璃布胶板	16~18.5	云母片（厚0.5mm）	6~10
玻璃纤维丝胶板	14~16	黄板纸板	3~6
有机玻璃板	9~10	绝缘纸板	6~10

4.3　冲压材料质量要求及检测

4.3.1　冲压材料质量要求

在冲压生产中，一般都是根据冲压件本身的使用要求，从保证冲压性能及产品质量，方便生产，易于提高生产率，降低产品成本及原材料消耗等方面出发，经产品设计者合理选用原材料。冲压操作者根据工艺规程及图样选用原材料进行剪切及冲压成形，但在使用前，还要注重材料本身的质量，以适应冲压生产的工艺性要求。

冲压加工对使用的原材料，应有以下几方面要求：

1）材料应具有良好的力学性能，即塑性要好，有较高的伸长率和断面收缩率，较低的屈服极限和较高的抗拉强度。这样，在冲压变形工序中，其允许的变形量及变形程度就会较大，施加的变形压力也越小；同时，可以减少变形工序以及中间退火等次数，或者根本不需要中间退火，有利于冲压工艺的稳定性和变形的均匀性，提高制品的成形精度及模具使用寿命，降低了冲件的成本。表4-9列出了各种类型冲压件对材料的力学性能要求，供选用材料时参考。

表4-9　各种类型冲压件对材料的力学性能要求

冲压件类型	抗拉强度/MPa	伸长率（%）	硬度HBW
平板类零件冲裁	≤650	1~5	84~96
冲裁较大圆角（$r \geqslant 2t$）及直角弯曲	≤500	4~14	75~85
浅拉深成形：以圆角半径（$r \geqslant 0.5t$）做180°垂直于轧制方向的弯曲或做90°平行于轧制方向的弯曲	≤420	13~27	64~74
较深拉深成形：以圆角半径（$r<0.5t$）做任何方向的180°弯曲	≤370	24~36	64~64
深拉深成形	≤330	33~45	48~52

注：r—圆角半径；t—材料厚度。

2）材料应具有光洁平整无缺陷损伤的表面状态。这是因为，表面状态好的材料，冲压加工时不易破裂，不容易擦伤模具，所制成的成品冲压件表面状态好。

3）材料厚度的公差应符合国家规定的标准。因为一定的模具间隙仅适于一定厚度的材料。材料的厚度公差大不仅会影响制品质量，还会导致产生废品及损坏模具。表4-10列出了冷轧钢板和钢带的厚度允许偏差，供使用时参考。

表 4-10 冷轧钢板及钢带的厚度允许偏差　　　　　　　　（单位：mm）

厚　　　度	宽度			
	A 级精度		B 级精度	
	≤1500	>1500~2000	≤1500	>1500~2000
0.20~0.50	±0.04	—	±0.05	—
>0.50~0.65	±0.05	—	±0.06	—
>0.65~0.90	±0.06	—	±0.07	—
>0.90~1.10	±0.07	±0.09	±0.09	±0.11
>1.10~1.20	±0.09	±0.10	±0.10	±0.12
1.5	±0.11	±0.13	±0.12	±0.15
1.8	±0.12	±0.14	±0.14	±0.16
2.0	±0.13	±0.15	±0.15	±0.17
2.5	±0.14	±0.17	±0.16	±0.18
3.0	±0.16	±0.19	±0.18	±0.20
3.5	±0.18	±0.20	±0.20	±0.21
4.0	±0.19	±0.21	±0.22	±0.24
4.5~5.0	±0.20	±0.22	±0.23	±0.25

4）材料应对冲压后的继续加工如焊接、电镀、抛光等工序有良好的适应性。同时，所选用的材料的内部金相组织状况、化学成分含量都应达到相应的标准，以确保良好的冲压工艺性。

4.3.2　冲压材料进厂检查

在冲压行业中，企业一般都是根据所需要的材料牌号、规格型号按合同成批量地从材料生产厂家或市场采购进厂。在有条件的企业，对于进厂的冲压板材及卷料，一般都按国家标准及合同规定，对其力学性能、化学成分、金相组织、表面质量及尺寸公差和其他特殊性能要求等进行检测。但操作者在使用冲压材料之前，必须掌握目测材料的表面质量，能直接识别材料的缺陷，以有利于冲压作业的正常进行，冲压出合格的制品零件及延长模具的使用寿命。目测主要包括如下几方面：

1）材料的表面要光洁，平整度要高，不能有任何弯曲不平及表面粗糙不平现象。

2）材料表面应洁净，绝不能在表面有氧化皮、分层、气泡、锈蚀等缺陷。

3）材料表面不能有明显裂纹、划痕、凹陷等缺陷。

4）检测板料与卷料的厚度，其厚度偏差要符合合同标准要求（参见表4-10）。

5）板料及卷料硬度一定要符合规定的要求，必要时可取样用硬度计进行检测。

4.3.3　火花识别钢材的方法

在冲压生产过程中，常遇到在修理冲模或冲压零件时对某些材质无法辨认。这时，可以将其在砂轮机上打几下火花，通过火花的花形及颜色来识别钢材，如图4-1所示。

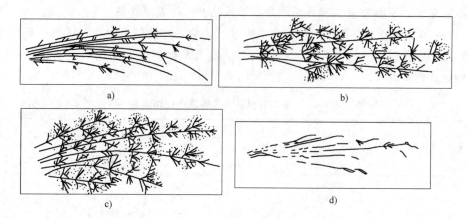

图 4-1 钢材的火花鉴别

a) 低碳钢火花 b) 中碳钢火花 c) 高碳钢火花 d) 高速钢 W18Cr4V 火花

图 4-1a 所示为低碳钢火花。整个火束呈草黄带红，发光适中，流线稍多，长度较长，自根部起逐渐膨胀粗大，至尾部又逐渐收缩，尾部下垂成半弧形，色稍暗，时有枪尖尾花，花量不多，爆花为四根分叉一次花，呈星形，芒线较粗。在流线上的爆花，只有一次爆裂的芒线称一次花。一次花是碳的质量分数在 0.25% 以下的火花特征。

图 4-1b 所示为中碳钢火花。火束呈黄色，发光明亮，流线多而细长，尾部垂直，尖端分叉。爆花为多根分叉二次花，附有节点，芒线清晰有较多的小花和花粉产生，并开始出现不完全的两层复花，火花盛开，射力较大，花量较多，占整个火束的 3/5 以上。

图 4-1c 所示为高碳钢火花。火束呈黄色，光束根部暗、中部明亮、尾部次之。流线多而细、长度较短、形度直、射力强。爆花为多根分叉二次、三次爆裂三层复花，花量较多，占整个火花束的 3/4 以上。

铬钢的火花与高碳钢的火花相似。铬的含量越高，产生的爆花越多，火花为二次、三次爆裂复花，花形较大、花量多而拥挤，但火花束比高碳钢明亮，颜色为黄色且带白光。流线短且稍粗，多为大型爆花，枝状爆花不显著。

图 4-1d 所示为高速钢 W18Cr4V 的火花。其火束细长，呈赤橙色，发光极暗弱，几乎无火花爆裂。

4.4 冲压板料与卷料的剪切

4.4.1 剪切的作用

剪切是指将板料或卷料通过专门的剪切设备使其沿直线或曲线相互分离的一种冷冲压工序。在冷冲压生产中，剪切工序是冲压首要也是最主要的工序之一。这是因为，冷冲压的冲裁、弯曲、拉深、成形等工序使用的原材料多数是以大张的板料或成卷的卷料供应的，这就要求在冲压前，必须将这些原材料设法按设计图样或工艺规程的规定，先剪切成合乎尺寸要求的条料或块料，才能上机通过模具在冲压设备的压力作用下冲压成形。剪切后的条料质量直接影响到冷冲压生产的正常运行以及冲压产品的质量、产品成本及工作效率。故在有冷冲压工序的企业中，一般都设有专门的冲压备料车间或工段，把剪切工作集中进行，以便于生产的管理和材料的合理使用。

4.4.2 剪切常用设备

剪切的工艺过程是：将板料或卷料放在两剪刃之间，借助外力（人工、电力或液压力）带动两剪刃做相对运动并对板料施以压力，最后使板料沿口断开。根据这一工作机理，目前常用的剪切设备主要有手剪或台式剪床、机械式或液压式剪板机、滚动式剪切机、振动式冲剪机等多种形式。

1. 台式剪床

图 4-2 所示为台式剪床的结构。其床台 1 及床柱 2 由铸铁制成，直线形刀刃的刀片固定在床台上，而运动的上刀片 4 具有弓形刀刃安装在刀把 3 上。配重器 7 及减振器 6 主要起安全保护作用。

台式剪床只适用于沿直线剪切材料，所得到的坯料只能是条料或多边形块料。其剪切精度较低，只用于批量单一或不大的备料准备。

2. 剪板机

剪板机是目前冲压加工中最常使用的剪切设备，如图 4-3 所示。剪切厚度小于 10mm 板料的剪板机多为机械传动，而大于 10mm 厚度的板

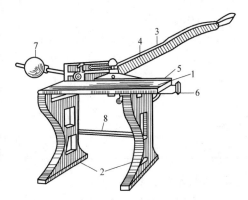

图 4-2 台式剪床的结构
1—床台 2—床柱 3—刀把 4—上刀片
5—挡板 6—减振器 7—配重器 8—支柱

料所用剪板机多为液压传动。根据上、下刀片的装配不同，剪板机又分平刃剪板机和斜刃剪板机两种形式。其中，斜刃剪板机比平刃剪板机剪切省力，特别是对于剪切宽度尺寸大而厚度较薄的板材最为适用。

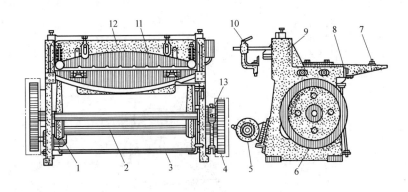

图 4-3 剪板机的结构
1—连杆 2—主轴 3—操纵踏板 4—减速齿轮 5—电动机 6—滑轮 7—前挡料装置 8—床面
9—床身 10—后挡料装置 11—压料装置 12—活动托板 13—离合器

剪板机主要由床身 9、主轴 2、连杆 1、前挡料装置 7、后挡料装置 10 及刀片组成。在

工作时，通过电动机 5、操纵踏板 3 和离合器 13 等来控制齿轮传动系统进行工作。各类剪板机的技术规格见表 4-11。

表 4-11 各类剪板机的技术规格

型号	Q11-1×1000	Q11-1.6×1600	Q11-2.5×1600	QY11-4×2000	Q11-6.3×2000	Q11-12×2000
被剪板厚/mm	1	1.6	2.5	4	6.3	12
被剪宽度/mm	1000	1600	1600	2000	2000	2000
剪切角	1°	1°	1°32′	2°	2°	2°
行程数/(次/min)	65	55	55	22	40	30
行程利用率(%)	80					
喉口深/mm	—	—	—	—	—	300
功率/kW	0.6	1.1	3	5.5	2.5	13
后挡料距离/mm	500	500	500	250~500	550	750
外形尺寸(长×宽×高)/mm×mm×mm	—	—	1300×2355×1200	2133×2630×1273	1765×3175×1530	2696×3211×1850
传动形式	机械			液压	机械	

3. 滚动圆盘剪切机

滚动圆盘剪切机又称圆盘剪，如图 4-4 所示。剪切机按其滚刀数量可分为多滚及单滚式两种结构。一般用在将板料同时剪裁成宽度一致的数条条料。同时，还可以剪切曲线轮廓的毛坯。

4. 振动冲剪机

振动冲剪机又称振动剪，如图 4-5 所示。它主要是通过上剪刀的振动所产生的剪切力使板料进行分离，主要用来按板料上的划线来剪切直线、曲线及内孔等，有时也用来剪切冲压半成品以及进行折边、冲槽、压筋、切口等冲压工作。

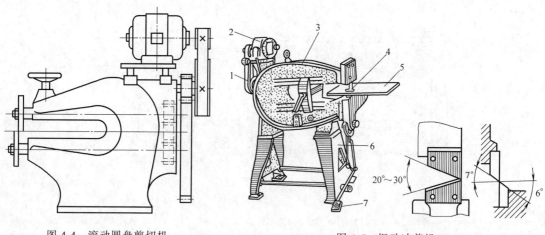

图 4-4 滚动圆盘剪切机

图 4-5 振动冲剪机
1—传动系统 2—电动机 3—床身 4—切刀
5—板料 6—机座 7—换热系统

4.4.3　材料的剪切方法

1. 用剪板机剪切板料

由前述可知：在冲压生产中，主要用剪板机对板料剪切使之形成条料再进行冲压成形。故用剪板机剪料时，应按下述方法进行：

（1）剪板机的选用　在使用剪板机前，应严格遵照剪板机的规格来选择机床型号，即根据板料的外形尺寸和厚度选择。如在剪切 1mm 厚、宽度为 1000mm 的板料时，最好选用型号为 Q11-1×1000 的剪板机，并且凡在厚度<1mm、宽度<1000mm 的板料都可以选用此型号的剪板机。

（2）刀片间隙的调整　在使用剪板机时，要根据材料厚度和材料性能调整刀片间的间隙。剪板机上、下刀片的间隙，在调整后要在整个长度上是逐渐变化的，其中间位置处间隙较小，两端间隙较大，其值可参照表 4-12。

表 4-12　剪板机刀片间的间隙　　　　　　　　　　　　　　　（单位：mm）

材料厚度	软钢	硬铝、不锈钢、黄铜	铝及铝合金
0.25	0.050~0.025~0.050	0.050~0.025~0.050	0.050~0.025~0.050
0.5	0.075~0.050~0.075	0.050~0.025~0.050	
1.0	0.075~0.050~0.075	0.050~0.025~0.050	
1.5	0.125~0.075~0.125	0.050~0.025~0.050	0.125~0.075~0.125
2.5	0.150~0.100~0.150	0.050~0.025~0.050	
3.0	0.200~0.150~0.200	—	0.200~0.150~0.300
5.0	0.350~0.300~0.350	—	
8.0	0.525~0.475~0.525	—	

（3）调整挡料装置　根据所裁条料的尺寸，调节各挡料板位置，一般用钢直尺控制。在经试验量取尺寸合格后，再将螺钉固定。在批量生产时，要随时检测。若发生变化，应随时调整。

（4）检查离合器和制动器　在开机前，首先检查离合器是否动作灵活，制动器的制动带松紧程度是否合适。若不合适要及时调整，以免在开机后发生事故。

（5）开机试切　将板料放在床面上，并送进定位挡料板靠紧。然后，踏动操纵踏板，通过杠杆机构使离合器相连，通过曲轴连杆机构带动活动托板下移，将板料压紧，即可启动电控按钮进行剪切。

（6）首切检验　将首切的条料进行检验，无误后方可进行批量生产，否则要重新调整，合适后再批量生产。

2. 卷料的开卷剪切

在冲压生产中，大批量生产条件下一般都按卷料进货。卷材剪切的备料程序是：开卷机开卷、多辊校平、切断、堆垛。若需要窄的条料，其工艺程序是：开卷机开卷、多辊校平、纵剪机纵剪、打卷。

在大型企业中一般采用全自动生产线开卷，其工艺过程是：

1）由起重机送到开卷线上的送料装置中，并将卷材的端头装夹在开卷装置上。

2）用开卷机进行开卷，并在自动送料的装置作用下将其送到校平机上校平。

3）将被校平后的板料送进地坑，形成一个缓冲带（补偿环），以补偿卷材开卷及校平时连续运行和进入落料切断冲模的间歇动作的速度差异。

在地坑的一侧，一般装有一个光电反射器。当卷料下落到底坑时，反射器发射信号，使驱动开卷装置电动机停止，则卷材送给中断；当经多次落料切断后，地坑中的卷材上升到一定位置，光电反射器发出开启信号，又驱动开卷机装置工作，恢复卷材送给，再依次开卷、校平。

4）从地坑上来的板料，送入压力机进给装置。

5）落料压力机进行自动落料冲压，完成开卷备料工作。

开卷工作也可在普通剪板机上进行。

3．材料剪切注意事项

材料在剪切过程中，应注意以下事项：

1）在剪切加工前，应根据材料厚度、材料性能及剪切形状合理选择剪切设备。

2）在开机工作前要仔细检查设备工作运行状况、剪刃是否锋利，并根据材料厚度调整好上、下刀片的间隙。

3）要仔细调整好定位装置。成批生产时，要定时检查调整，以防出现废品。

4）剪板机工作时，应两人操作并相互配合协调。而且在工作时，不能将手伸入工作区内取料，以免发生人身伤害事故。

5）在使用剪板机时，剪板机的脚踏板一定要安装防护装置进行保护，以保证安全。

第5章 冲裁及冲裁工艺方法

冲裁是冲压生产中的主要工序之一，俗称分离工序，它是利用冲裁模在压力机的作用下，使板料分离，得到所需形状和尺寸的平板制件或供成形工序如弯曲、拉深等毛坯。一般来说，冲裁主要是指落料、冲孔、剪切、切边、剖切等工序。但根据冲裁精度要求不同，冲裁又可分普通冲裁（IT11~IT12）及精密冲裁（IT6~IT8），使用的模具分别称为普通冲裁模及精密冲裁模。

5.1 普通冲裁工艺方法

5.1.1 冲裁加工工艺过程

制品的冲裁工艺过程，与前述的剪切工艺过程基本相似，同属于材料在外力作用下使其分离而形成制品零件的方法。但使用的设备及分离工具不同。剪切是采用剪板机靠刀片对材料进行剪切成形的，而冲裁则是通过专用冲模在压力机给予的压力作用下，对冲模中的凸、凹模以封闭轮廓的刃口代替了剪切机的剪刃，使材料分离，形成制品零件。

图 5-1 所示为普通冲裁示意图。图中由凸模 4 与凹模 2 组成的冲模，分别安装在压力机滑块 5 及工作台 1 上。和剪切一样，凸模与凹模组成一对上、下如刀片似的刃口。在冲裁时，将被冲板料首先放在凸、凹模之间，当压力机开启之后，凸模随压力机滑块 5 的下降并给板料 3 以压力，使其发生塑性变形。待凸模随压力机滑块继续下降，板料则在凸、凹模形成的刃口下，产生分离形成所要求的制品零件和废料，进而完成整个冲裁过程。待压力机滑块回升后，将板料再送进一个距离到凸、凹模之间，等待第二次冲裁。依此往复下去，即可完成整个冲裁件的批量生产工作。

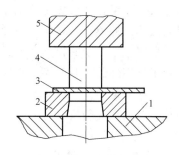

图 5-1 普通冲裁示意图
1—工作台 2—凹模 3—板料
4—凸模 5—滑块

制品零件在冲裁时，大致可分三个阶段进行，如图 5-2 所示。

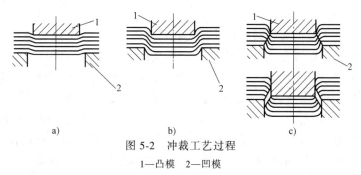

a)   b)   c)

图 5-2 冲裁工艺过程
1—凸模 2—凹模

第一阶段：弹性变形阶段。当凸模在压力机带动下接触材料以后，凸模开始压迫板料。这时，使材料发生弹性压缩并产生弯曲。凸模继续下降，则压入板料后并略挤入材料的一部分内，而板料另一侧也略挤入凹模刃口内。随着凸模在压力机的作用下不断下降，最后使材料的应力达到了弹性极限范围，如图5-2a所示。

第二阶段：塑性变形阶段。当凸模继续下降时，对板料的压力增加，使得板料的内应力加大，当内应力加大到屈服极限时，材料压缩和弯曲变形加剧，凸、凹模刃口分别继续挤进材料；则其内部即产生塑性变形，并且使变形区硬化加剧。此时，在凸模和凹模刃边的应力急剧集中，并有微小的裂纹产生，即材料开始被破坏，使塑性变形趋于结束，如图5-2b所示。

第三阶段：开裂阶段。随着凸模继续下行，已形成的微小裂纹将逐渐扩大并向材料内部发展。当上、下裂纹相互重合时，材料便开裂分离，从而完成整个冲裁工作，如图5-2c所示。

从上述冲裁工艺过程分析中可知，普通冲裁的板料，是在冲模凸、凹模刃口间在压力机压力作用下以撕裂的形式分离成成品制件的。因此，普通冲裁的最大特点是所冲出来的成品制件断面比较粗糙，而且不垂直于板料的上、下平面。故普通冲裁工艺一般只适用于断面精度要求较低的零件制造。

5.1.2 普通冲裁模的结构形式

冲裁用冲裁模的结构形式很多，按工序性质有落料模、冲孔模、切边模、切断模、剖切模等；按工序组合又可分为单工序冲裁模及多工序连续冲模及复合冲模；按导向形式又分为无导向敞开式冲模及有导向导柱导向冲模、导板模等。尽管冲裁模种类繁多，结构复杂程度不同，但有一个共同的特点，即无论何种结构形式的冲裁模，都分上模与下模两大部分，而且主要工作零件凸模与凹模分别固定上模或下模。在冲压时，上模固定在压力机的滑块上，做上、下往复运动，下模固定在压力机的台面上固定不动。开启压力机，上模随滑块上下运动即使装在上模的凸模（或凹模）与下模的凹（凸模）相互作用，将板料分离，完成冲裁工作。

1. 单工序无导向冲裁模

图5-3所示为单工序无导向落料模，又称敞开式冲模。其冲模由上模与下模两部分组成。凸模5固定在凸模固定板4上，并通过内六角螺钉3和圆柱销13与上模座2和模柄1连接组成上模。而凹模11固定在凹模固定板7上，同样用内六角螺钉8与圆柱销10与下模座9连接在一起而组成下模。模具本身无导向机构，在工作时，上、下模的相对位置是靠压力机的导轨精度来保证的。

模具在工作时，上模部分通过模柄1固定在压力机滑块上，随滑块上下做往复运动。下模部分通过下模座9固定在压力机工作台上。模具的工作零件由带有刃口的凸模5与凹模11组成，凹模洞口比凸模直径略大并形成一定的间隙。将条料14在冲压前置于凹模上面并由定位钉12定位。当开启压力机，凸模随压力机滑块下降时，便迅速冲穿条料而进入凹模洞口，致使工件与条料分离，完成冲裁工作。其中制品从凹模及下模座孔内靠自重漏出模外，而条料套在凸模上。待滑块带动凸模回升时，由卸料橡胶6借助随凸模下降时被压缩的回弹力，将其从凸模上刮下返回原位，等待下次冲裁时送进。如此往复下去，可完成冲压的批量生产工作。

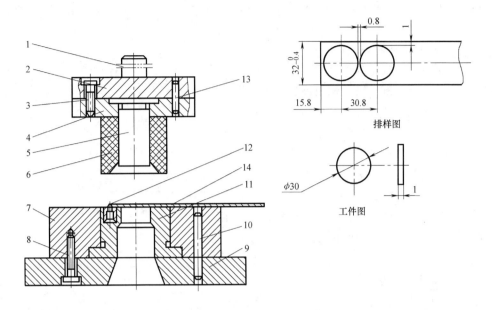

图 5-3　单工序无导向落料模

1—模柄　2—上模座　3、8—内六角螺钉　4—凸模固定板　5—凸模　6—卸料橡胶　7—凹模固定板

9—下模座　10、13—圆柱销　11—凹模　12—定位钉　14—条料

图 5-4 所示为斜楔式侧向冲孔模，当拉深、成形及弯曲坯件需要侧向冲孔时，可采用这种冲模结构。

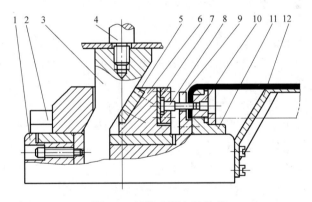

图 5-4　斜楔式侧向冲孔模

1—下模座　2—导轨　3—斜楔　4—模柄　5—镶块　6—滑块　7—凸模固定板

8—凸模　9—卸料板　10—凹模　11—凹模座　12—定位板

本模具是无导向敞开式冲孔模。工作时，采用斜楔 3 给凸模 8 以侧向力对坯件侧面冲孔。当压力机滑块下行时，斜楔的斜面作用于镶块 5 上，使装于滑块 6 的凸模 8 进入凹模 10 中将套在凹模的坯件冲出所需的孔来。当滑块回升时，由斜楔 3 的反向斜面促使凸模离开凹模而回到原来位置，取下冲孔后的工件，再套上下一个坯件，连续完成冲裁工作。

在冲压时，坯件是以定位板定位的，从而保证了孔的位置精度。

上述这种单工序无导向冲裁模尽管结构简单，容易加工制作，成本也比较低廉，但冲压精度较低，只适于批量不大、形状简单制件的落料与冲孔，不适于大批量生产条件下的冲压。

2. 单工序导板冲裁模

图 5-5 所示为导板落料模，这种冲模的下模是由凹模 3、导板 2 及下模座通过螺钉及圆柱销紧固而成的。其中，导板与上模的凸模加工成 H7/h6 配合形式，导板不仅对上、下模起导向定位作用，而且兼起卸料作用。模具在工作时，凸模始终不离开导板 2 且用导板 2 进行导向。这样，用这种模具冲压的制品要比无导向的冲模冲压的制品精度提高很多，加工尺寸公差等级可达 IT12 以上。但这种冲模只适用于材料厚度 $t \geqslant 0.5$ mm 且形状并不复杂的小型制件的冲裁。

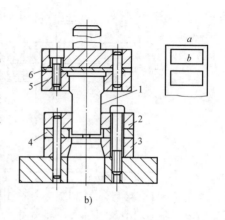

图 5-5 导板落料模
1—凸模　2—导板　3—凹模　4—导料板
5—凸模固定板　6—垫板

3. 导柱导向冲裁模

零件在冲压的过程中，为保证上、下模闭合时相对位置的准确性，常采用导柱、导套作为导向零件对其进行导向。其导柱一般以 H8/h7 或 H7/h6 间隙配合形式与导套相配合，并以过盈配合形式固定在模具下模板上，而导套也以过盈配合固定在上模板上组成对角、后侧、中间及四导柱模架形式，其模具主体工作零件如凸模、凹模、定位零件、卸料零件以及其他辅助结构零件如凸、凹模固定板、垫板等，通过内六角螺钉和圆柱销紧固而组成模具整体成为导柱导向冲裁模。如本书第 1 章中图 1-1 所示的导柱冲裁模和图 1-2 所示的垫片落料模都是以导柱导向的冲裁模。

图 5-6 所示为导柱导套导向的固定板冲孔模。模具的上、下模由导柱 16、导套 15 通过间隙配合对模具进行导向，其凸模 10 固定在凸模固定板 7 上，而凹模 2 为节省贵重钢材采用嵌镶结构，嵌镶在凹模套 18 中。卸料板 4 起卸料并兼起保护细小凸模 10 不至于折断的作用。模具由定位板 3 对坯件外形定位以保证冲孔精度和质量。

模具在工作时，首先将未冲孔的坯件放在定位板 3 中定位。然后开动压力机，凸模 10 随滑块下降接触板面，继续下降则坯件在凸、凹模刃口作用下将孔冲出。孔的废料由凹模漏料直接漏下，而工件在弹性卸料板 4 的作用下，将其从凸模刮下，完成冲孔工作。

模具在整个工作过程中，导柱 16 在导套 15 孔内始终不离开，平稳地上下滑动，因此确保了上、下模的稳定性，不会产生任何位移，从而确保了冲压的质量和精度。

由前述可知：图 1-1、图 1-2 和图 5-6 所示的模具结构均为导柱、导套导向的冲裁模，是冲压生产普遍采用的模具结构。这是因为，采用这种结构，导柱、导套导向可靠，容易保证凸、凹模间隙值；并且在压力机上安装容易，不用调整任何间隙，故加工出来的零件质量好，精度高，形状和尺寸稳定，操作也安全可靠，模具使用寿命也长。

4. 多工序连续冲裁模

多工序连续冲裁模是为了提高冲压效率，在前述的单工序冲模的基础上发展起来的一种连续冲压模具，又称级进模，它是在条料的送进方向上，具有两个或两个以上的工位。在压

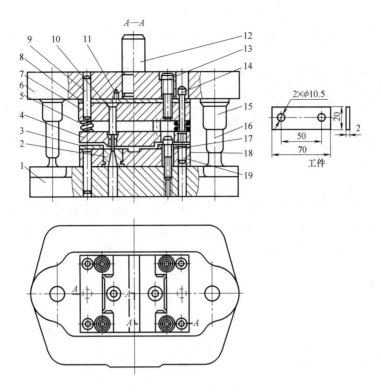

图 5-6　固定板冲孔模

1—下模板　2—凹模　3—定位板　4—卸料板　5—弹簧　6—上模板　7—凸模固定板　8—垫板
9、11、19—销钉　10—凸模　12—模柄　13、17—螺钉　14—卸料螺钉　15—导套　16—导柱　18—凹模套

力机的一次行程中，在不同的工位上同时完成两道或两道以上工序，最后使零件落料成形的一种冲压方法。所使用的冲模称为连续模。如图 5-7 所示的冲模是冲压 DD10 单相电能表铜框片冲孔落料连续模结构。其结构与单工序冲模相似，也由上模与下模构成，并由导柱 15、导套 10 导向。不同的是该模具多 3 个导料板 16 及侧刃凸模 14，以使在条料送进过程导向、定位，提高各工位的准确性。

　　模具在工作时，条料从右向左顺导料板 16 向前推进并由挡料块 19 定位。当凸模下降时，第一步在冲孔凸模 12、13 与凹模 21 的作用下先冲出方孔与圆孔（图 5-8），并在侧刃凸模 14 的作用下在条料边缘又与凹模作用冲出一窄条落下。待上模随压力机滑块回升后，将条料继续向前推进，则由侧刃凸模冲下窄条后而形成的条料台肩又被挡料块 19 挡住实现定位。待第二次上模下降时，落料凸模 4 首次接触第一次冲孔后的板料位置，并与凹模作用，将边缘冲剪出外形，进行落料，而冲孔凸模 12、13 及侧刃凸模 14 又在第二工位在条料上第二次冲出方孔、圆孔及定位窄条。这样，随着条料不断向前送进，即在压力机作用下，在条料连续冲孔、冲窄条及落料，并在第一个行程中（除第一次或末次）都冲下一个带内孔的完整成形制品零件来，实现了连续冲压工艺方法。

　　在冲压生产中采用多工序连续模冲压制品零件与前述单工序冲模相比，主要有生产率高、操作安全、简单，模具寿命长、生产成本低等一系列优点。但模具结构较复杂，制造难度较大，费用较高，故只适用于生产批量要求较大，制品形状简单、外形尺寸较小而且材料

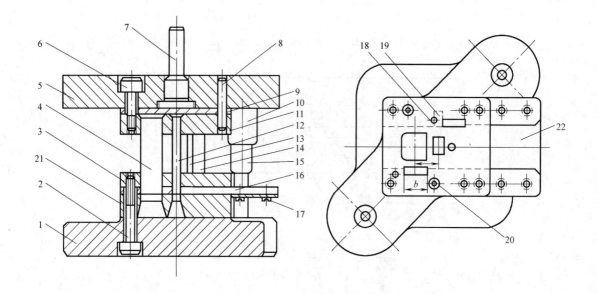

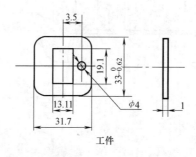

图 5-7　框片落料、冲孔连续模

1—下模座　2、6、17—内六角螺钉　3—刮料板　4—落料凸模　5—上模板　7—模柄　8、18—圆柱销
9—垫板　10—导套　11—凸模固定板　12、13—冲孔凸模　14—侧刃凸模　15—导柱　16—导料板
19—挡料块　20—安全销　21—凹模　22—托料板

厚度小于 4mm 以下的制品冲裁。同时，由于其生产率较高，便于生产自动化。故目前广泛地被应于冲压生产中。

5. 多工位复合冲裁模

多工位复合模是指在压力机一次行程中，材料在同一个工位上，同时能完成落料、冲孔等多个工序的冲模。复合模的结构基本上与单工序导柱导向冲模差不多，只是在模具中多设

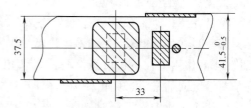

图 5-8　工序排样图

一个凸凹模的机件，其作用是：在冲孔时，它作为凹模使用，而在整个零件落料时，它又作为凸模使用。由于凸凹模在冲模中安装位置不同，复合模又分为正装式复合模（图 5-9）和倒装式复合模（图 5-10）两种结构形式。正装式复合模其凸凹模 1 安装于上模，落料凹模 3 及冲孔凸模 4 安装在下模。故冲压后，其冲孔废料必须在上模位由顶料板 2 在打料杆作用下顶出，散落在下模上，如图 5-9 所示。而倒装式复合模（图 5-10），其凸凹模 4 安装在下模

部位，落料凹模 2 和冲孔凸模 1 安装在上模，当冲孔凸模与凸凹模内孔作用后冲出的孔为废料，由下模部分漏料孔直接排出模外，而凸凹模的外缘作为凸模与上模的落料凹模孔作用产生的制品，则留在上模凹模孔中，必须由顶板 6 在顶料销 5 作用下推出模外。在生产中常采用倒装式复合模结构，但对平直度要求较高的零件，采用正装式复合模结构要比倒装式复合模好，特别是对于薄板料的冲裁。

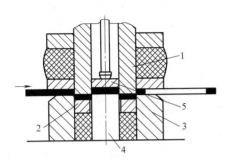

图 5-9　正装式复合模

1—凸凹模　2—顶料板　3—落料凹模

4—冲孔凸模　5—顶料板

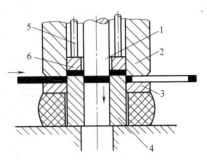

图 5-10　倒装式复合模

1—冲孔凸模　2—落料凹模　3—卸料板

4—凸凹模　5—顶料销　6—顶板

图 5-11 所示为固定板正装式落料冲孔复合模。其落料凹模 1 与冲孔凸模 15 安装在下模上，而凸凹模 2 装在上模上。其凸凹模 2 的外形边缘在冲裁时作为落料凸模与落料凹模 1 作用时落料；冲孔凸模 15 与凸凹模内孔（此时作为冲孔凹模）作用进行冲孔。并且，冲孔与落料同时进行，形成完整的制品零件。待上模随滑块回升时紧箍在凸凹模 2 上的条料，由拉杆螺栓 3、缓冲橡胶 7 和卸料板 8 所组成的卸料机构刮下回到原来位置。而卡在凸凹模 2 内孔的废料，由刚性顶件装置（件 4、5、6 组成）推出；卡在凹模孔的制件，则由弹性顶件器（件 3、10、13、11、12、14、9 组成）顶出。继续送料，即可完成批量冲压。

图 5-12 所示为电能表计数器撑板的倒装式落料冲孔复合模。其凸凹模 19 安装在下模部位，它既起落料凸模的作用，又起内孔凹模的作用。待上模下降时，安装在上模的冲孔凸模 10、12 与落料凹模 13、凸凹模 19 同时作用，进行冲孔与落料，完成制品的冲裁。此时，制品嵌镶在凹模孔中，冲孔后的废料通过下模漏料孔漏下排出模外，而条料紧箍在凸凹模上。待上模回升时，则制品零件由顶出器 14 在顶料销 24

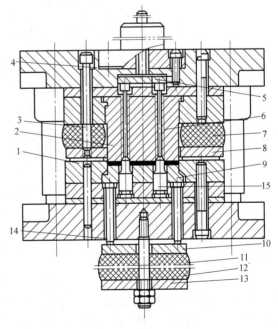

图 5-11　固定板正装式落料冲孔复合模

1—落料凹模　2—凸凹模　3—拉杆螺栓　4—打料杆

5—推板　6—推件杆　7—缓冲橡胶　8—卸料板

9—退料器　10、13—缓冲器压板　11、12—橡胶

14—顶杆　15—冲孔凸模

的作用下被推出模外，条料则在由卸料板 15、缓冲橡胶 16、卸料螺钉 17、下模座 22 底孔下的推板、橡胶（图中未画出）组成的卸料系统的作用下被刮下，回到原位，完成整个冲裁过程。继续送料，即可进行下一次冲裁。

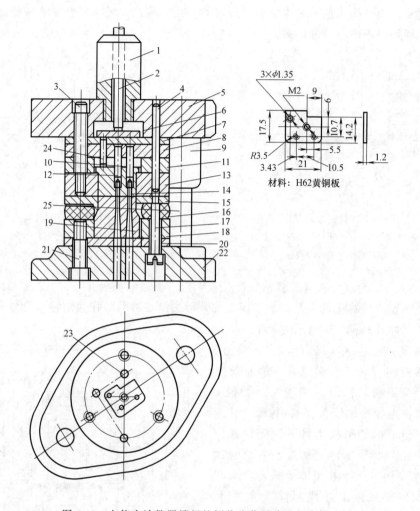

图 5-12　电能表计数器撑板的倒装式落料冲孔复合模

1—模柄　2—顶杆　3、21—内六角螺钉　4—圆柱销　5—上模座　6—顶板　7—上垫板　8—凸模固定板
9—导套　10、12—冲孔凸模　11—衬套　13—落料凹模　14—顶出器　15—卸料板　16—缓冲橡胶　17—卸料螺钉
18—导板　19—凸凹模　20—下垫板　22—下模座　23—定位销　24—顶料销　25—导柱

在冲压生产中，采用复合模，生产率高，安全可靠。其制件的尺寸公差等级比单工序冲裁连续模（IT10～IT11）要高，一般均可达到 IT9～IT10。尽管复合模的结构复杂，且制造难度较大，但却是在大批量生产的条件下经常采用的一种模具结构形式。

5.1.3　冲裁主要工艺参数

1. 排样与搭边

排样与搭边是指在冲裁过程中，其制品在条料或卷料上的布排位置及距条料边缘以及件与件的间隔大小。排样合理与否直接影响到材料的利用率及制件成本。而搭边与间距的大小不但影响材料利用率的高低，更影响到制品质量。排样与搭边，在模具设计及工艺规程中都进行了合理安排和规定。在冲压工作中，操作者只要按工艺规程对条料进行排样以及在送料过程中按模具对条料进行可靠定位即可。

（1）排样　冲裁件在板料或带料上的布置方法称为排样。在冲压过程中，合理的排样是冲压生产中合理利用材料的重要途径。材料常用的排样方法主要有以下三种：

1）有废料排样。相邻两个冲件之间保留一定的材料称有废料排样，如图 5-13 所示。其特点是冲裁是指沿封闭周边进行冲裁，因而所冲出的工件精度和断面质量较高，冲模的寿命也长，但材料利用率低。

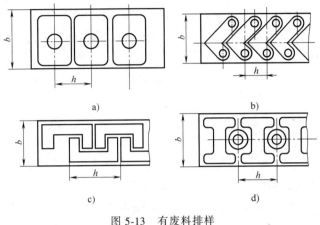

图 5-13　有废料排样

a）直排　b）斜排　c）直对排　d）混合排

2）少废料排样。少废料排样是指沿工件部分外形冲裁，只在局部有搭边与余料，如图 5-14 所示。其特点是材料利用率较高，冲模结构简化，但冲件精度及质量较差，冲模使用寿命也短，适于冲裁贵重金属。

3）无废料排样。无废料排样是指相邻两工件外形紧靠在一起，中间及边缘都不产生余料。其特点是材料利用率最高，但由于冲压时导向和定位的影响，其质量和精度较差，冲模使用寿命也降低，只适用于精度要求不高或特贵重金属的冲裁，如图 5-15 所示。

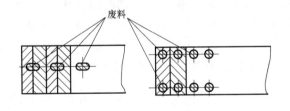

图 5-14　少废料排样

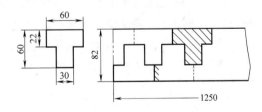

图 5-15　无废料排样

（2）搭边　排样中两冲裁件之间留下的余料称为搭边，而冲裁件与条料边缘之间留下的余料称为侧搭边，如图 5-16 所示。在冲压生产中，搭边的作用是补偿条料的定位误差，以保证冲裁出合格的工件。同时，搭边还可以保证条料一定的刚度，便于冲裁的正常选料。

一般来说，搭边原于废料，从节省材料出发，搭边值应越小越好，但过小的搭边值又容易在冲裁时挤进凹模，增加刃口的磨损，降低模具的使用寿命，并且也影响冲裁件的断面质量。因此，在选用搭边值时，应选用合理的搭边值。搭边值的大小，在模具设计时，设计人员已做了认真考虑，已在条料的宽度、模具的条料定位方式方面采取了必

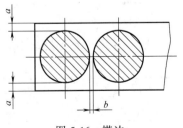

图 5-16　搭边

要安排及措施。因此，冲压操作者只要保证条料或带料的尺寸及认真执行送料到位，认真执行工艺规程内容，即能达到很好的冲裁效果。

2. 冲裁间隙

冲裁间隙是指冲裁时冲裁模凸模与凹模刃口轮廓相对应尺寸之间的差值。如图 5-17 所示，其凸模与凹模之间的间隙为：

$$Z = D_{凹} - D_{凸}$$

式中　Z——双边间隙（mm）；

　　　$D_{凹}$——凹模刃口尺寸（mm）；

　　　$D_{凸}$——凸模刃口尺寸（mm）。

在冲裁工序中，间隙是冲裁中重要的工艺参数之一。这是因为，冲裁间隙的大小直接影响到冲裁件的断面质量、冲裁所需压力的大小与冲模的使用寿命。经实践证明：间隙过大或过小，都会使材料在冲压分离时，上、下两裂纹很难重合在一起，断面光亮带减小，变得粗糙，产生飞边、塌角、斜度较大，使得冲件的尺寸与冲模工作刃口尺寸偏差加大。同时，冲裁件表面产生较大挠曲，这就加大了冲模刃口的磨损及造成崩刃，影响了冲模的使用寿命。过小的间隙会加大冲裁力，过大的间隙使冲裁力变小，这对冲压生产都是不利的。

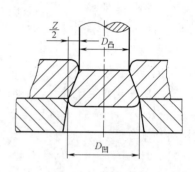

图 5-17　冲裁间隙

故通常把能够保证剪切断面质量、能使冲模寿命提高、冲裁力能控制在最小的间隙称为合理间隙。

为达到冲模的合理间隙值，模具设计及制造者都在这方面下了很大功夫，无论从间隙大小及凸、凹模配制与加工上，都设法把冲裁间隙控制在合理范围之内，并在设计图样上都有标注，故在加工与调整使用冲模时，只要按设计图样规定的间隙数据配制凸、凹模，并使各向间隙均匀一致，就能确保冲裁质量。

实践证明，合理的间隙值与所冲压的材料厚度及性能有关。一般冲裁合理的间隙值可按下式确定：

$$Z = mt$$

式中　Z——凸、凹模双面间隙值（mm）；

　　　t——所冲裁的材料厚度（mm）；

　　　m——系数。

系数 m 值随材料不同而不同，在机械加工业中，m 值可参考表 5-1 所列数值选取。

表 5-1　各种材料的 m 值

材料	m 值	
	$t \leqslant 3mm$	$t > 3mm$
软钢、纯铁	0.06~0.09	0.15~0.19
硬钢	0.08~0.12	0.17~0.25
铜铝合金	0.06~0.10	0.16~0.21
硬纸板、皮革、层压布板	0.02~0.03	0.03~0.04

为方便起见，在制造与修理模具时，其凸、凹模间隙可从前人总结各种材料冲裁时的经验数值中查取，见表 5-2。

表 5-2　落料与冲孔始用间隙　　　　　　　　（单位：mm）

材料	45、T7、T8 钢，磷青铜(硬)，铍青铜(硬)	10、20、25 钢，冷轧钢带，H62、H68 黄铜，2A12 硬铝，硅钢片	Q215、Q235 钢板，08 钢板，纯铜，磷青铜(软)，铍青铜(软)	纯铜(软)，防锈铝，3A21、5A02 软铝，2A12 铝板	酚醛压板，环氧玻璃布板，酚醛层压纸布板	绝缘纸板，云母板，橡胶板
板料厚度 t	间隙 $Z(Z_{min} \sim Z_{max})$					
0.5	0.08~0.10	0.06~0.08	0.04~0.06	0.025~0.045	0.01~0.02	—
1.0	0.17~0.20	0.13~0.16	0.10~0.13	0.065~0.095	0.025~0.04	0.01~0.015
1.2	0.21~0.24	0.16~0.19	0.13~0.16	0.075~0.105	0.035~0.05	0.01~0.015
1.5	0.27~0.31	0.21~0.25	0.15~0.19	0.10~0.14	0.04~0.06	0.01~0.015
2.0	0.38~0.42	0.30~0.36	0.22~0.26	0.14~0.18	0.06~0.07	0.01~0.015
2.5	0.47~0.55	0.39~0.45	0.29~0.35	0.18~0.24	0.07~0.10	0.01~0.015
3.0	0.62~0.68	0.49~0.55	0.36~0.42	0.23~0.29	0.10~0.13	0.04~0.06
3.5	0.73~0.81	0.56~0.66	0.43~0.51	0.27~0.35	0.12~0.16	0.04~0.06
4.0	0.86~0.94	0.68~0.76	0.50~0.58	0.32~0.40	0.14~0.18	0.04~0.06
5.0	1.13~1.23	0.93~1.00	0.65~0.75	0.42~0.52	0.18~0.25	0.04~0.06
6.0	1.45~1.50	1.10~1.30	0.82~0.92	0.53~0.67	0.24~0.29	0.05~0.07

注：表中数据只供参考，Z_{min}、Z_{max} 分别为最小、最大合理间隙。

在实际应用中，落料与冲孔间隙所取的方向是不一样的。实践表明：落料时，应以凹模尺寸为基准，间隙可取在以减少凸模尺寸的方向上，即

$$D_凸 = D_凹 - Z$$

冲孔时，应以凸模尺寸为基准，间隙可取在增加凹模尺寸的方向上，即

$$d_凹 = d_凸 + Z$$

式中　$D_凸$——落料凸模尺寸（mm）；

　　　$D_凹$——落料凹模尺寸（mm）；

　　　$d_凸$——冲孔凸模尺寸（mm）；

　　　$d_凹$——冲孔凹模尺寸（mm）；

　　　Z——双面冲裁间隙值（mm）。

在同等条件下，冲孔间隙应比落料间隙大。

3. 凸、凹模刃口尺寸

在冲裁工序中，凸模与凹模刃口尺寸和公差值直接影响到冲件的尺寸精度。同时，合理的间隙值也是靠凸模和凹模刃口的尺寸及公差值来保证的。因此，在制造及修理冲模时，正确按原模具设计图样加工出凸、凹模刃口尺寸，是确保冲模质量及精度的重要工作。

冲模凸、凹模刃口尺寸，是根据冲裁件本身的尺寸和公差大小及凸、凹模所需间隙大小通过计算确定的。但由于零件的复杂程度及加工方法不同，其计算方法也有所差异。在制造修理模具时，大致有以下两种方法：

（1）按凸、凹模图样分别加工　在模具制造及修理过程中，按凸、凹模设计图样分别进行加工，主要适用于圆形和简单规则形状如方形、矩形等制品轮廓的冲裁件，如图5-18所示。其凸、凹模工作部分刃口尺寸可按下列公式计算：

$$D_凸 = (D-X\Delta-Z_{\min})_{-\delta_凸}^{\ 0}$$

$$D_凹 = (D-X\Delta)_{0}^{+\delta_凹}$$

$$d_凸 = (d+X\Delta)_{-\delta_凸}^{\ 0}$$

$$d_凹 = (d+X\Delta+Z_{\min})_{0}^{+\delta_凹}$$

式中　$D_凸$、$D_凹$——落料凸模与凹模尺寸（mm）；

$\quad d_凸$、$d_凹$——冲孔凸模与凹模尺寸（mm）；

$\quad\Delta$——冲裁件制造公差（mm）；

$\quad D$、d——落料与冲孔的制品零件尺寸（mm）；

$\quad Z_{\min}$——凸、凹模最小双面间隙（mm）；

$\quad X$——系数，精度要求较高的制品 $X = 0.5 \sim 0.75$；低一点的 $X = 1$，自由尺寸可取 0；

$\quad\delta_凸$、$\delta_凹$——凸模与凹模制造公差，见表5-3。

表 5-3　凸模与凹模制造公差　　　　　　　（单位：mm）

制件公称尺寸	凸模偏差 $\delta_凸$	凹模偏差 $\delta_凹$	制件公称尺寸	凸模偏差 $\delta_凸$	凹模偏差 $\delta_凹$
≤18	-0.020	+0.020	>120~180	-0.030	+0.040
>18~30	-0.020	+0.025	>180~260	-0.030	+0.045
>30~80	-0.020	+0.030	>260~360	-0.035	+0.050
>80~120	-0.025	+0.035	>360~500	-0.040	+0.060

注：表中数值供参考。

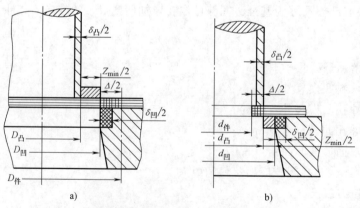

图 5-18　冲裁凸、凹模工作刃口尺寸

a）落料　b）冲孔

实际上，$\delta_凹$、$\delta_凸$ 也可按下述方法选取：

$$\delta_凹 = (0.25 \sim 0.35)\Delta$$

$$\delta_凸 = (0.25 \sim 0.35)\Delta$$

式中　Δ——冲裁件制造公差（mm）。

　　但在确定凸、凹模公差时，应满足：

$$\delta_凸 + \delta_凹 \le Z_{max} - Z_{min}$$

并且 $\delta_凸 \approx \delta_凹$。只有这样，才能保证合理的间隙值。

　　（2）凸模与凹模配合加工　在实际生产中，前述的凸、凹模按凸、凹模加工方法分别确定，只能在大批量及专业化程度较强的条件下采用。而对于形状复杂且又为单件生产的冲模，一般采用凸模与凹模配作的方法加工。即先按设计尺寸制出基准件，然后根据基准件的（凸模或凹模）实际尺寸与间隙大小配作另一件（凹模或凸模）。这种加工方法的特点是模具的间隙由配制保证，工艺比较简单，并且还可以放大基准件公差，给制造加工带来方便，是目前常用的一种加工方法。

　　配作方法的基本原则是：落料时，以凹模作为基准件，即先计算出加工凹模尺寸和公差，而凸模尺寸按凹模尺寸配制并保证双面间隙 $Z_{min} \sim Z_{max}$；冲孔时，以凸模作为基准件，先计算出凸模尺寸和公差，再以其为基准配作凹模，并保证间隙值 $Z_{min} \sim Z_{max}$。

　　凸、凹模基准件尺寸和公差的确定方法，基本上按分别加工方法计算。但对于形状比较复杂的制品零件在计算时，应考虑到刃口在使用后的磨损情况。对于不同的部位，进行不同的计算，其方法见表 5-4。

表 5-4　异形件凸、凹模刃口尺寸计算方法

	尺寸类型		磨损后尺寸变化状况
	A 类尺寸	A、A_1、A_2、A_3	增大
	B 类尺寸	B、B_1、B_2	减小
	C 类尺寸	C、C_1、C_2、C_3	不变

加工方法	工作性质	冲压制品尺寸	凸模尺寸	凹模尺寸
凸、凹模配作加工	落料	增大的 A 类尺寸 $A_{-\delta}^{0}$	按加工好的凹模配作，保证间隙 $Z_{min} \sim Z_{max}$	$A_凹 = (A - X\Delta)_{0}^{+\delta_凹}$
		减小的 B 类尺寸 $B_{0}^{+\delta}$		$B_凹 = (B + X\Delta)_{0}^{+\delta_凹}$
		不变的 C 类尺寸 $C \pm \Delta/2$		$C_凹 = C \pm \delta_凹$
	冲孔	增大的 A 类尺寸 $A_{-\delta}^{0}$	$A_凸 = (A - X\Delta)_{-\delta_凸}^{0}$	按基准件制好的凸模配作，并保证间隙 $Z_{min} \sim Z_{max}$
		减小的 B 类尺寸 $B_{0}^{+\delta}$	$B_凸 = (B + X\Delta)_{-\delta_凸}^{0}$	
		不变的 C 类尺寸 $C \pm \Delta/2$	$C_凸 = C \pm \delta_凸$	

　　注：X—磨损系数，一般取 $X = 0.5 \sim 1$；Δ—制件公差；δ—凸、凹模公差，参照表 5-3 选取。

4. 冲压力的计算

　　在冲裁加工中，冲裁所需的冲压力则为冲裁力、卸料力、推件力、顶件力之和。其各种力的大小，可参考如下公式计算。

　　（1）冲裁力　冲裁力是指制品在冲裁时所需的压力，它是选择冲压设备的依据。其计算方法为

$$F_{冲} = ltR_{m}$$

式中　　$F_{冲}$——平刃冲裁所需冲裁力（N）；

　　　　l——冲裁件的总轮廓周长（mm）；

　　　　t——冲裁板料厚度（mm）；

　　　　R_{m}——所冲板料的抗拉强度（MPa）。

（2）卸料力、推件力、顶件力　卸料力、推件力、顶件力计算方法是：

卸料力　　　　　　　　　　$F_{卸} = K_{卸} F_{冲}$

推件力　　　　　　　　　　$F_{推} = nK_{推} F_{冲}$

顶件力　　　　　　　　　　$F_{顶} = K_{顶} F_{冲}$

式中　　$K_{卸}$、$K_{顶}$、$K_{推}$——卸料力、顶件力、推件力系数，见表5-5；

　　　　n——卡在凹模中的冲件个数；

　　　　$F_{冲}$——制件所需冲裁力（N）。

表 5-5　$K_{卸}$、$K_{推}$、$K_{顶}$ 值

材料		$K_{卸}$	$K_{推}$	$K_{顶}$
钢材厚度 t/mm	≤0.1	0.065~0.075	0.1	0.14
	>0.1~0.5	0.045~0.055	0.063	0.08
	>0.5~2.5	0.040~0.050	0.055	0.05
	>2.5~6.5	0.030~0.040	0.045	0.05
	>6.5	0.020~0.030	0.025	0.03
铝、铝合金		0.025~0.080	0.030~0.070	0.030~0.070
铜、黄铜		0.020~0.070	0.030~0.090	0.030~0.090

（3）冲压力与压力机关系　在选择压力机时，应根据不同的冲模结构，计算出所需总冲压力，其选用的原则是：压力机的公称压力≥$1.2F_{总}$。

总压力 $F_{总}$ 的计算方法是：

采用刚性卸料装置和下料出料方式时

$$F_{总} = F_{冲} + F_{推}$$

采用弹性卸料装置下出料方式时

$$F_{总} = F_{冲} + F_{推} + F_{卸}$$

采用弹性卸料装置上出件方式时

$$F_{总} = F_{冲} + F_{卸} + F_{顶}$$

5.1.4　冲裁加工操作工艺方法

冲裁是冲压加工中主要工序之一。它的基本操作工艺过程一般是：将冲模安装到压力机上→安装时对冲模进行调整→初步安装后进行试冲并对试冲件进行质量检查→检查无误后开机进行批量冲制→工作后对条料、冲件进行存储和对冲模、压力机进行清理、养护。

1. 冲模的安装

在冲压生产中，冲模安装是一项重要工作。这是因为，正确无误地将冲模安装到所选用的压力机上，是确保冲压件质量及使冲压生产正常进行的先决条件。故作为一名操作者，必须首先掌握冲模的正确安装方法，这也是冲压操作者的基本功之一。在安装时，一定要按工

艺要求认真仔细地安装。冲模安装后要牢固平稳、安装可靠。冲模在各类压力机上的安装方法在本书后续章节有详细介绍，操作者可参照进行。

2. 冲模安装时的调整

冲模安装时应对下述内容进行调整：

（1）凸、凹模配合深度的调整 在安装冲模时，上、下模要有良好的配合，即首先要保证凸模进入凹模的深度不能太深或太浅，太浅冲不下工件，太深会使凹模长期受挤压而损坏。其调整的深浅应以能冲下工件为准。这对于薄板料及间隙小的冲裁尤为重要。一般情况下，当冲裁厚度 $t<2mm$ 时，凸模进入凹模的深度不应超过 0.8mm。对于厚板料冲裁可适当加大，但应以能冲离材料为宜。对于硬质合金及硅钢片冲模一般不应超过 0.5mm，切口冲模应以能完成切口工序为准。

凸模进入凹模的深度一般是依靠调节压力机连杆长度来实现的。而液压机、摩擦压力机的滑块行程难以控制，则应通过加装限位装置进行调整。

（2）凸、凹模间隙调整 冲裁凸、凹模安装后，要保持各向间隙均匀一致。对于有导向装置的冲裁模，只要保证导向装置（导柱与导套）的导向元件，顺利配合运动畅通无滞涩，安装后即可保证原设计及制造间隙要求，无须进行调整。而对于无导向冲裁模，可以在凹模工作刃口周围通过垫硬纸片进行调整，也可以通过灯光透光法或均匀涂漆法进行调整。在调整时，边调边试切，直到认为各向间隙均匀一致，制件飞边较小，即可将下模固紧在压力机上开机冲压。

（3）定位装置的调整 冲模在安装后要首先检查模具的各定位零件如定位销、定位板、定位块、导正销、挡料块等是否安装牢固，定位是否可靠。假如位置不合适，要进行修整、更正，以避免影响冲裁后制件的质量和精度。

（4）卸料机构的调整 卸料系统的调整与检查主要包括卸料板或顶件器是否动作灵活可靠，有无卡滞现象，卸料弹簧、卸料橡胶弹性是否足够；卸料器的运动行程是否能满足卸料要求；漏料孔是否畅通；打料杆、顶件杆、推件杆是否能顺利推出制品或废料，有无弯曲；若发现不足应给以调整或更换。

3. 冲裁运行中的工艺控制

在冲裁过程中，操作者严格按操作工艺规程操作及正确地使用冲模及压力机是保证冲压制品质量及模具使用寿命的关键工作。因此，操作者应在冲裁过程中，注意如下事宜：

1）严格执行零件的冲压工艺规程，增强自身工作的责任心及注意安全。

2）随时观察冲模及压力机工作状况，一旦发现异常现象，应立即停止工作，进行检修。

3）在冲模使用过程中，要定时停机对压力机及模具进行必要的润滑，如凸、凹模刃口及导向部位等。润滑一般采用 20 号全损耗系统用油（LNA32）。

4）在冲压操作时，条料和坯料要擦拭干净，或涂以少许润滑油，并且要按工艺规程送料、定位，杜绝叠片冲压。

5）冲模在使用过程中，要随时自检制件质量，不合适时要停机修整；同时，定期用磨石刃磨刃口使其保持锋利。

6）冲模在使用一段时间后，要随时停机清理工作台面和模具上的废渣及残留物。

5.1.5 冲裁质量检测及缺陷处理

制品在冲裁时，最主要的目的是使冲裁后的制品零件，能符合设计图样各项技术指标要求。其中主要包括零件形状、尺寸精度、表面及剪切断面质量等内容。

1. 冲裁件质量要求

（1）零件的形状　经冲裁后的制品零件，其外形及内孔的形状必须符合零件的设计图样要求，其外缘不准有缺边、残凸等任何现象。

（2）零件的表面质量　经冲裁后的零件表面必须平直，严防有挠曲、扭转等现象，同时不能有明显的飞边和塌角。冲裁件的飞边高度一般不允许超过表5-6中的数值。

表 5-6　冲裁件剪切断面允许飞边高度　　　　　（单位：mm）

冲裁板料厚度	≤0.3	>0.3~0.5	>0.5~1.0	>1.0~1.5	>1.5~2
新试模时允许飞边高度	≤0.015	≤0.02	≤0.03	≤0.04	≤0.05
生产时允许飞边高度	≤0.05	≤0.08	≤0.10	≤0.13	≤0.15

（3）零件的尺寸精度　零件经冲裁后，其各部尺寸精度必须符合图样规定的标准。一般情况下，冲裁件的要求不是很高，其经济公差等级不会高于IT11级。冲裁后所得到工件公差可参照表5-7和表5-8选取。

表 5-7　冲裁件外形与内孔尺寸公差　　　　　（单位：mm）

料厚 t	工件尺寸							
	一般精度工件尺寸				较高精度工件尺寸			
	<10	10~50	50~160	160~300	<10	10~50	50~160	160~300
0.2~0.5	0.08/0.05	0.10/0.08	0.14/0.12	0.20	0.025/0.02	0.03/0.04	0.05/0.08	0.08
>0.5~1	0.12/0.05	0.10/0.08	0.22/0.12	0.30	0.03/0.02	0.04/0.04	0.06/0.08	0.10
>1~2	0.18/0.06	0.22/0.10	0.30/0.16	0.50	0.04/0.03	0.06/0.06	0.08/0.10	0.12
>2~4	0.24/0.08	0.25/0.12	0.40/0.20	0.70	0.05/0.04	0.08/0.08	0.10/0.12	0.15

注：1. 分子为外形公差，分母为内孔公差。
　　2. 一般精度冲件采用IT8~IT7冲模，较高精度采用IT7~IT6冲模。

（4）零件断面表面粗糙度　零件冲裁后，其断面质量应满足图样规定的要求。对于冲裁厚度在2mm以下的材料，其断面的表面粗糙度 Ra 值应达到 12.5~3.2μm。

表 5-8　冲裁件孔中心距公差　　　　　（单位：mm）

材料厚度 t	孔中心距尺寸					
	一般精度工件			较高精度工件		
	<50	50~150	150~300	<50	50~150	150~300
<1	±0.10	±0.15	0.20	0.03	0.05	0.08
1~2	±0.12	±0.20	0.25	0.04	0.06	0.12
2~4	±0.15	±0.25	0.30	0.06	0.08	0.18

注：孔应同时冲出。

2. 冲裁件检测方法

冲压产品的质量检测，主要是以该产品零件图或本企业的冲压工艺规程中的冲压工艺卡或检验卡、企业质量检验标准为依据，并通过操作者的自检、互检及专职检验员的专职检验形式，对批量生产的冲压产品进行首件检查、定期抽样检查和末件检查等形成，以确保冲件的质量合格率。冲压产品的检验工作是冲压生产中不可缺少的关键工作，它对产品质量的提高、产品成本的降低，以及减少不必要的损失浪费和提高企业的经济效益有着非常重要的意义。

冲裁件的质量检测主要包括外观质量检测及尺寸精度检测两方面的内容，并以产品设计零件图作为依据，将制品零件检测结果逐项与其对比，以确定所冲产品合格与否。

(1) 产品的外观质量检查　冲裁产品的外观质量主要以产品剪切面（断面）光亮带大小、撕裂程度、飞边的高低、零件外观形状完整性以及表面平直程度为主要项目。其检查方法主要是目测，必要时辅以量具、量仪检测。其检测方法如下：

1）形状检查：零件冲裁后，先用目测观察所冲制的零件必须符合图样要求的形状，其边缘不能存有任何残缺、少边等缺陷，产品零件的形状要完整无损，对于比较精密、复杂形状的零件，用目测难以确认时，应根据零件图样要求，借助于投影仪放大检测来确定其合格程度。

2）表面质量检查：目测冲制的零件，其表面应无明显划痕、挠曲及扭弯等现象。

3）断面质量检查：普通冲裁件的断面可分为圆角带（塌陷带）、光亮带、断裂带和飞边带四个区域，如图 5-19 所示。一般来说，光亮带越大，零件的断面质量越好。故在检查零件断面质量时，一般要检查光亮带的宽度。但对薄板料冲裁件，用肉眼很难识别光亮带的宽窄，只有观察飞边的大小未确定制品冲裁的质量好坏。这是因为，零件的飞边越小，其光亮带肯定越宽。

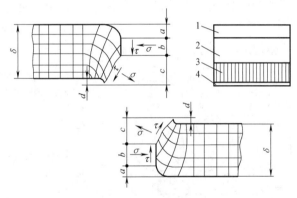

图 5-19　普通冲裁件断面

a—圆角带　b—光亮带　c—断裂带　d—飞边带

4）飞边的检查：除了用目测及手感外，还可以用千分尺、千分表来测量，即先测出含有飞边的制品厚度 t_1，然后将飞边用锉去掉，再测一下其厚度 t_2，则 t_1-t_2 之差即为飞边的高度。测得的飞边高度只要不超过表 5-6 中规定的数值，即为合格品。否则，飞边较高为不合格品，必须采用必要的办法，如手锉、滚筒滚光等，将飞边除掉方能交付使用。

(2) 产品的尺寸精度检查　冲裁件的尺寸精度检查包括线性尺寸和几何精度两方面检查。中小型冲压件，多以线性尺寸为主。使用的量具主要有游标卡尺、千分尺、钢直尺及万能角度尺等。精度要求比较高的，可在工具显微镜上测量，若在产品图上有几何公差要求时，一般可采用专用量仪进行检测。如零件的直线度，可采用百分表（千分表）进行检测。

采用量具检查冲裁件尺寸时，其冲孔应先测量最小一端截面尺寸 d，而落料件应按截面最大外形一端测量，如图 5-20 所示。在检查后，其大、小端之差应在初始间隙最大范围之内，并允许在落料凹模一侧和冲孔凸模一侧有圆角 r

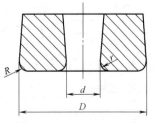

图 5-20　冲裁件尺寸测量方法

存在。同时，在检查冲裁件尺寸精度时，若在产品零件图和冲压工艺卡中，已提出精度要求的可按其精度要求进行检查，未提出要求的可按未注公差处理。

线性尺寸检测，一般是按产品图样规定的尺寸逐项直接测量，用实际测得尺寸与图样比较，即可确定出制品合格与否。

3. 冲裁质量缺陷处理

零件在冲裁过程中，常由于冲压所用板料质量低劣、冲模受振动磨损而发生间隙变化后精度降低以及操作者的疏忽等因素的影响，使冲裁尺寸发生变化，表面质量、尺寸、几何精度降低等现象，甚至造成废品而影响使用。因此，在冲压过程中，必须要对所冲零件时刻进行认真的检测。一旦发现质量缺陷，要认真分析其原因并采取必要的工艺措施给以妥善处理，以保障生产的正常进行。表5-9列出了冲裁常见的质量缺陷及处理方法，供参考使用。

表 5-9　冲裁常见的质量缺陷及处理方法

冲件质量缺陷	产生原因	解决方法
制品形状或尺寸发生变化，不符合图样要求 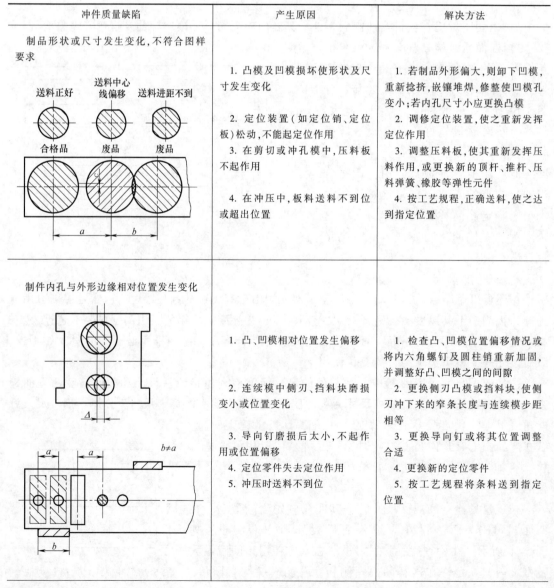	1. 凸模及凹模损坏使形状及尺寸发生变化 2. 定位装置（如定位销、定位板）松动，不能起定位作用 3. 在剪切或冲孔模中，压料板不起作用 4. 在冲压中，板料送料不到位或超出位置	1. 若制品外形偏大，则卸下凹模，重新捻挤，嵌镶堆焊，修整使凹模孔变小；若内孔尺寸小应更换凸模 2. 调修定位装置，使之重新发挥定位作用 3. 调整压料板，使其重新发挥压料作用，或更换新的顶杆、推杆、压料弹簧、橡胶等弹性元件 4. 按工艺规程，正确送料，使之达到指定位置
制件内孔与外形边缘相对位置发生变化	1. 凸、凹模相对位置发生偏移 2. 连续模中侧刃、挡料块磨损变小或位置变化 3. 导向钉磨损后太小，不起作用或位置偏移 4. 定位零件失去定位作用 5. 冲压时送料不到位	1. 检查凸、凹模位置偏移情况或将内六角螺钉及圆柱销重新加固，并调整好凸、凹模之间的间隙 2. 更换侧刃凸模或挡料块，使侧刃冲下来的窄条长度与连续模步距相等 3. 更换导向钉或将其位置调整合适 4. 更换新的定位零件 5. 按工艺规程将条料送到指定位置

（续）

冲件质量缺陷	产生原因	解决方法
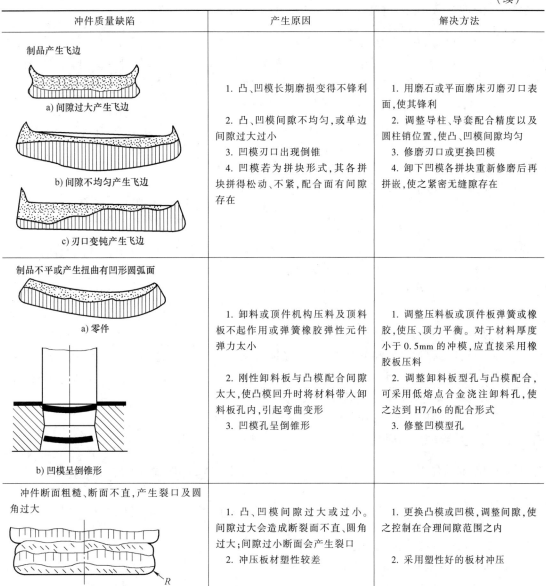	1. 凸、凹模长期磨损变得不锋利 2. 凸、凹模间隙不均匀，或单边间隙过大过小 3. 凹模刃口出现倒锥 4. 凹模若为拼块形式，其各拼块拼接松动、不紧，配合面有间隙存在	1. 用磨石或平面磨床刃磨刃口表面，使其锋利 2. 调整导柱、导套配合精度以及圆柱销位置，使凸、凹模间隙均匀 3. 修磨刃口或更换凹模 4. 卸下凹模各拼块重新修磨后再拼嵌，使之紧密无缝隙存在
	1. 卸料或顶件机构压料及顶料板不起作用或弹簧橡胶弹性元件弹力太小 2. 刚性卸料板与凸模配合间隙太大，使凸模回升时将材料带入卸料板孔内，引起弯曲变形 3. 凹模孔呈倒锥形	1. 调整压料板或顶件板弹簧或橡胶，使压、顶力平衡。对于材料厚度小于 0.5mm 的冲模，应直接采用橡胶板压料 2. 调整卸料板型孔与凸模配合，可采用低熔点合金浇注卸料孔，使之达到 H7/h6 的配合形式 3. 修整凹模型孔
	1. 凸、凹模间隙过大或过小。间隙过大会造成断裂面不直、圆角过大；间隙过小断面会产生裂口 2. 冲压板材塑性较差	1. 更换凸模或凹模，调整间隙，使之控制在合理间隙范围之内 2. 采用塑性好的板材冲压

5.2　精密冲裁工艺方法

　　精密冲裁简称精冲，它是指材料经过一次冲压行程即能获得断面质量高、表面粗糙度值小及尺寸精度高的冲裁零件的一种冲裁工艺方法。用精密冲裁加工出来的制品零件，表面粗糙度 Ra 值可达 $0.20 \sim 3.2\,\mu\text{m}$，尺寸公差等级可达 IT8 ~ IT9。

　　精密冲裁是在普通冲裁的基础上最新发展起来的一种冲压工艺方法。它是一种提高制品质量精度既经济又高质高效的冲压加工工艺之一，现已广泛应用于精密仪器仪表、高精尖航空航天工业、计算机、照相机及精密电子工业之中。在现代化领域中，精冲技术发挥了巨大的技术优势并带来了很大的经济效益，是一项非常有前途的冲压工艺之一。

5.2.1 精冲加工工艺过程

精冲是在单动或专用（双动或三动）压力机上，借助带有齿圈压板（图 5-21 中件 7）的精密冲裁模，在较强的压力作用下，使金属材料产生塑性剪切变形，从而沿凹模刃口使制品与板料分离而冲制出所需制品零件的冲压工艺过程。精冲工作原理及工艺过程如图 5-21 所示。

从图 5-21 中可以看出，精冲时，同时有三种力（F_R、F_S、F_G）作用于模具及所冲板料 1 上。冲裁开始前，压边力 F_R 作用于齿圈压板 7 并使齿尖压入材料，将材料压紧在凹模 3 上，从而使 V 形齿圈的齿内面产生横向侧压力，以阻止材料在剪切区内撕裂和在剪切区外

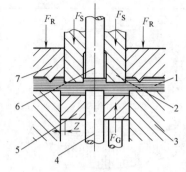

图 5-21　精冲工作原理及工艺过程
1—板料　2—凸模　3—凹模　4—内形凸模
5—顶件器　6—顶件　7—齿圈压板

材料的横向流动。同时，反压力 F_G 由顶件器 5 又将材料压紧在凸模 2 上，在压紧状态和冲裁力 F_S 的作用下，使凸、凹模相互作用对板料 1 进行冲裁，由于剪切区内的板料处于三向应力压迫状态之下，使塑性提高。此时，板料 1 就沿着刃口边缘形状，呈纯剪切的形式冲制出零件来。

精冲从表面形式上看是分离工序，但实际上零件和板料直至最后分离之前始终保持一个整体。即在精冲过程中，始终使材料处于强制压紧状态。材料在这样大的压力状态下，使得本身塑性增大，即使凸、凹模间隙很小，也能获得纯塑性剪切变形，不至于在凸、凹模刃口附近产生微小的裂纹及弯曲，永远使冲裁表面及切断面垂直，从而可获得断面光洁、表面平整、尺寸精度较高的冲裁零件。

5.2.2 精冲模结构特征

1. 模具结构形式

精冲模通常有两种结构形式，即固定凸模式精冲模和活动凸模式精冲模。

（1）固定凸模式精冲模　图 5-22 所示为安装在单动压力机或液压机上的固定凸模式精冲模。它的冲裁力是由压力机提供的，而其他辅助压力如压边力 F_R、反压力 F_G 主要靠模具的弹压和顶推装置完成，以使冲裁变形区始终处于三向受压的应力状态。

图 5-22 所示的固定凸模式精冲模，其冲孔凸模 18、凹模 9 固定，而齿圈压板 8 是活动的。其齿圈压板 8 是由在压料板上围绕冲裁刃口外形并保持一定距离的凸起 V 形构成的，它的主要作用是：在冲裁时限制剪切区以外的材料移动，并且促使制件平整，不致

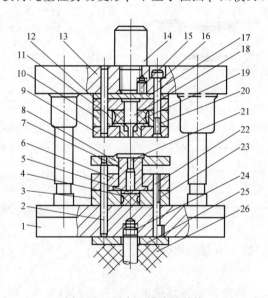

图 5-22　固定凸模式精冲模
1—下模座　2、21—顶杆　3、5、11、17—垫板
4、19—聚氨酯橡胶　6—凸凹模固定板　7—凸凹模
8—齿圈压板　9—凹模　10、22—销钉　12—凸模固定板　13—上模座　14—模柄　15、16、23—螺钉
18—冲孔凸模　20—推件板　24—螺杆　25—垫圈
26—聚氨酯橡胶弹顶器

于发生弯曲变形。模具的结构一般与普通冲裁的复合模结构基本相似，其冲裁时动作原理也差不多，模具的刚性较好，主要适用于冲裁力较大而且形状复杂、材料较厚、内孔多或互不对称的零件冲裁。

（2）活动凸模式精冲模　图 5-23 为活动凸模式精冲模。其齿圈压板 10 和凹模 20 分别固定在下模与上模，而凸凹模 13 是活动的，并靠下模板孔及压边圈导向，而凸凹模的移动量一般应等于所加工板料的厚度。

图 5-23 所示的活动凸模式精冲模，一般所用精密压力机是下传式。在冲裁时，下工作台首先向上运动，由齿圈压板 10 与凹模 20 将板料压紧；凸模垫块（主滑块）15 向上运动通过固定板 19 带动凸凹模 13 也向上运动，并与凹模 20 接触完成落料；与此同时，冲孔凸模 9 与凸凹模 13 内孔作用也完成冲孔。这时，上柱塞带动上推板向下运动。通过推杆 5、盖板 6 将废料及制品推出。由此可见：冲裁时，压力机有三个动作，即下工作台带动齿圈压板的压料动作、主滑块带动凸凹模向上的冲裁动作、上柱塞带动推板的向下卸料、卸件动作。三个动作同时配合完成整个制品的冲裁工作。这种模具结构紧凑，适于大批量的制件冲压成形。

活动凸模式精冲模主要适用于冲裁力不大的中、小零件的精冲。

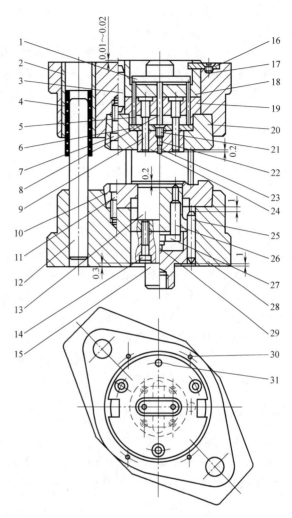

图 5-23　活动凸模式精冲模

1—上推板　2—导套　3、25—防转销　4—卡圈　5—推杆
6—盖板　7、11、14—内六角螺钉　8、31—圆柱销　9—凸模
10—齿圈压板　12—导柱　13—凸凹模　15—凸模垫块　16—限
位块　17—沉头螺钉　18—上垫板　19—固定板　20—凹模
21—弹簧　22、26—顶杆　23—顶件销　24—推件板
27—顶板　28—模座　29—下顶杆　30—导料杆

2. 模具结构特征

由前述可知：精冲模的结构一般与普通冲裁的复合模结构基本相似，如图 5-22 和图 5-23 所示的精冲模与图 5-11 和图 5-12 所示的复合模结构。但根据精冲工艺的特点，精冲模与普通冲模相比，又具有如下独有的特征：

1）精冲模一般都设有沿着凹模刃口外廓的齿圈压板（压边圈），以防止冲裁时在材料的剪切面上有裂痕现象，如图 5-22 中的件 8 和图 5-23 中的件 10。齿圈压板的形式较多，但应用最多的还是如图 5-24 所示的 V 形齿圈压板。在冲裁 4mm 以下厚度的板料时，齿圈压板只采用一个。若冲裁厚度大于 4mm 的板料，一般可采用两个上、下压板，使板料上、下两面双向受压，增强压边效果，但上、下压板V形齿形应错开一定距离，如图5-24b所示。

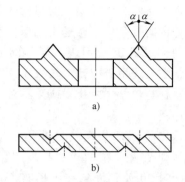

齿圈压板（图5-24）的齿形位置，应沿凹模刃口轮廓形状围堰而成，并离开一定的距离，以使其更好地限制剪切面外的材料移动，确保冲压后制品平整，不会发生变形。

2）齿圈压板内平面一般比凸模平面高。在专用压力机上使用的精冲模，一般要高出0.2mm左右，而在普通压力机上采用自动齿圈压边时，其高度要适当加大，即应保证冲裁开始前，使V形齿圈先压入材料内，在冲压时能使板料三向受力，达到剪切区外材料减少移动而起到精冲效果。

图5-24　V形齿圈压板的结构
a) 结构形式　b) 上、下压板齿位

3）精冲模的凸、凹模之间的间隙要比普通冲模小，一般可取料厚的1%。

4）精冲模的导向精度要求较高，故一般采用滚动导向机构，如图5-23所示的冲模。

5）精冲模的强度要比普通冲模高，一般要高出1.5～2.0倍，故其上、下模座及其他结构零件都选用性能好的材质，并显得厚实。

6）精冲模的卸料及顶件装置的顶件器与凹模、齿圈压板与凸模、冲孔凸模与顶件器之间，一般都采用无间隙配合形式，以提高模具使用精度。

7）精度要求较高的精冲模，一般还设有排气机构，以确保精冲质量。

5.2.3 精冲主要工艺参数

1. 搭边与间距

精冲时，其模具都设有齿圈压板，以防止板料在冲压时失稳和撕裂。故其使用的条料搭边及间距值都比普通冲裁大。精冲搭边与间距见表5-10。

表5-10　精冲搭边与间距　　　　　　　　　　　　　（单位：mm）

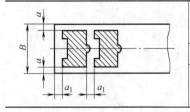	材料厚度 t	0.5	1.0	1.5	2.0	2.5	3.0	3.5	4	5	6	8
	搭边 a	1.5	2	2.5	3	4	4.5	5	5.5	6	7	8
	间距 a_1	2	3	4	4.5	5	5.5	6	6.5	7	8	10

2. 凸、凹模刃口尺寸

精冲模凸、凹模刃口尺寸的确定与普通冲模刃口尺寸的确定方法相同。即落料时，制件尺寸以凹模尺寸为准，间隙应从凸模尺寸方向减少；冲孔时，制品孔尺寸以凸模刃口尺寸为准，间隙应从凹模尺寸方向加大。故精冲模凸、凹模尺寸可按下列公式计算：

落料时，应先确定凹模尺寸。即

$$D_凹 = \left(D - 2\Delta/3 \right)_0^{+\delta_凹}$$

凸模尺寸 $d_凸$ 可按凹模尺寸配作，并保证双面间隙值 Z。

冲孔时，应先确定凸模尺寸。即

$$d_{\text{凸}} = (d + 2\Delta/3)^{0}_{-\delta_{\text{凸}}}$$

凹模尺寸 $D_{\text{凹}}$ 按凸模实际尺寸配作，并保证间隙值 Z。

式中　$D_{\text{凹}}$、$d_{\text{凸}}$——凹模、凸模尺寸（mm）；

　　　D、d——制品尺寸（mm）；

　　　Δ——制品公差（mm）；

　　　$\delta_{\text{凹}}$、$\delta_{\text{凸}}$——凹模及凸模制造公差（mm），一般取（$1/3\sim1/2$）Δ。

3. 精冲模凸、凹模间隙

精冲模凸、凹模间隙可按下述方法选择：对于其外形尺寸，可取料厚 t 的 1%；而对于内孔尺寸，可根据内孔的孔径、长、宽及料厚 t 等参数值确定。精冲模凸、凹模双面间隙的确定方法见表 5-11。

表 5-11　精冲模凸、凹模双面间隙 Z　　　　（单位：mm）

材料厚度 t	外形尺寸间隙 $Z(t/\%)$	内孔尺寸间隙 $Z(t/\%)$		
		$d=t$	$d=(1\sim5)t$	$d>5t$
0.5		2.5	2	1
1		2.5	2	1
2		2.5	1	0.5
3	1	2	1	0.5
4		1.7	0.75	0.5
6		1.5	0.75	0.5
10		1	0.50	0.5

注：t—材料厚度；d—冲孔直径。

实践表明：对于塑性较好的材料，双面间隙选择在 0.01mm 左右，即可达到精冲效果；在制作及修理模具时，必须保证间隙各向均匀。

4. 凸、凹模刃口圆角

精冲模与普通冲模不同，其落料凹模与冲孔凸模不是锋利刃口，而是带有一定圆角。这样可避免由于冲裁时过于应力集中而造成刃口的破损，并有利于材料的流动及保证制品的冲裁质量。其圆角的大小，可在试模时边试边进行修整，直到冲件能得到光洁的断面、无撕裂及表面平直为止。一般情况下，当材料厚度 $t<3$mm 时，凸、凹模刃口的圆角半径应取 $0.05\sim0.10$mm 为合适。

5. 齿圈压板齿圈结构

在实践中，精冲模的齿圈压板的齿形有 V 形、锥形及凸台式等多种结构形式，其中多以 V 形（图 5-24）应用较多。这种压板是由在压料板上面围绕凹模刃口外形并与刃口保持一定距离的 V 形凸起而构成的。其齿圈齿形参数可根据材料厚度不同，而按表 5-12 提供的数据来确定。

表 5-12　齿圈的形状及尺寸　　　　（单位：mm）

形式	材料厚度 t	齿圈形状图示	齿圈各部位尺寸参数					
			H	A	B	g	R	r
单面	≤4		$(0.2\sim0.3)t$	$(0.66\sim0.75)t$	—	$0.05\sim0.08$	0.2	—

（续）

形式	材料厚度 t	齿圈形状图示	齿圈各部位尺寸参数					
			H	A	B	g	R	r
双面	5		0.3	3.5	0.1	—	1.8	1
	6		0.6	4.2	0.12	—	2.1	1.2
	8		0.8	5.6	0.16	—	2.8	1.6
	10		1	7	0.2	—	3.5	2

6. 精冲力的计算

由前述可知：精冲时，板料受三种压力作用，即冲裁力 F_S、压边力 F_R、反压力 F_G。各种压力的计算方法如下：

冲裁力 F_S

$$F_S = LtR_mK$$

压边力 F_R

$$F_R = (0.3 \sim 0.5)F_S$$

反压力 F_G

$$F_G = 0.2F_S$$

式中　L——材料被剪切周边总长度（mm）；

　　　t——材料厚度（mm）；

　　　R_m——材料的抗拉强度（MPa）；

　　　K——修正系数，一般可取 0.6~0.9。

在选用冲压设备时，其设备的公称压力 F 必须要大于上述三种压力的总和，即

$$F \geqslant F_S + F_R + F_G$$

5.2.4　精冲操作工艺要点

精冲加工工艺过程基本与普通冲裁相似，即在压力机上安装冲模→调试冲模→试冲检查→开机批量冲制→善后工作场地清理。但在精冲过程中，操作者应注意以下要点：

1. 模具的安装与调整

精冲模一般在专用压力机上使用，多以下传式液压机为主。故在安装模具时，首先要对压力机的电路及液压系统进行检查，看其工作是否正常，然后再对冲模进行安装。

精冲模在专用压力机上的安装调试方法可参见本书后续章节。但安装调试后，应做以下几方面检查：

1）检查试冲下的制品剪切面：若剪切断面被撕裂或不光洁，应适当加大齿圈压板压力和反向推件器（顶件器）压力，加大压力的方法是稍微将压力机上工作台降低即可。

2）要注意调整好模具的安全装置、定位及卸退件及废料装置，使其送退料通畅、定位合理并安全可靠。

3）安装调整好的模具应紧固，不可有任何松动，以防发生安全事故。

2. 开机批量冲压

经安装调试检查无误后的冲模，可开机进行批量冲制生产。在生产过程中应注意：

1）开机后的首件必须进行质量检查，检查认为制品合格后方可投入批量生产，否则要进行进一步调试。

2）在批量冲压时，冲裁速度不要过高，并遵守工艺规程，正确送料、取件，更不能叠件冲压。

3）在冲压过程中，要定期抽样检查，发现故障要立即停机检修，直到故障处理后方可继续开机工作。

3. 精冲过程中的润滑

在精冲过程中，对冲模及板料进行适当的润滑是能够实现制品精冲的主要条件之一。这是因为适度的润滑，不仅可以提高精冲产品质量，而且可以大大延长冲模的使用寿命及提高经济效益。故润滑已在精冲技术中占有相当重要的位置。

（1）模具的润滑　模具的润滑主要是采用肥皂水加全损耗系统用油进行润滑或采用北京机电研究所研制的 F-1 型、HFF 型润滑剂、7507 挤压油进行润滑。

（2）板料的润滑　板料的润滑是在板料冲压前，在其上、下表面涂以上述润滑剂或 7507 挤压油进行润滑。对于钢板，也可先在冲压前采用磷化及皂化处理，也能达到润滑的效果。其磷化处理的方法是：用氧化锌（ZnO）15g/L、磷酸（H_3PO_4）8g/L、硝酸（HNO_3）18g/L 溶液，在 65~75℃ 的温度下处理 10~15min 即可，或在每升水中加 100~200g 硬脂酸钠，将板料放在溶液中加热至 60~70℃ 处理 30~35min 的皂化处理方法，也可起到润滑效果。

4. 精冲材料冲前处理

实践表明：为了达到精密冲裁的满意效果，提高精冲产品的表面及断面质量要求，所采用的精冲材料必须具备三个基本要素：塑性要好，变形抗力要低，内部组织结构要均匀。一般来说，中硬钢、软钢及铜、铝合金均能达到上述三个要求。但对于这些金属材料，在精冲前，首先要根据冲件形状的复杂程度和材料性质进行一次软化处理后，才能使其塑性得到更进一步的提高。这是因为塑性越好，精冲效果就越好。故在材料精冲前，企业一般要对这些金属材料进行冲前预先处理。其钢材软化处理可采用加预热的球化退火工艺，带钢采用调质球化处理工艺。钢材经球化退火处理工艺后再进行精密冲裁，实践证明可大大提高制品的精冲质量，延长模具的使用寿命，收到了良好的经济效果。

5.2.5　精冲质量检测与缺陷补救

1. 精冲件质量要求及检测方法

（1）剪切断面质量要求及检测　精冲件剪切面质量包括表面粗糙度、表面完好率和允许的撕裂等级三方面内容，如图 5-25 所示。其各指标要求及检测方法如下所述：

1）表面粗糙度。

① 表面粗糙度 Ra 值要求：一般为 2.5~0.63μm，实际可达到 3.5~0.20μm。

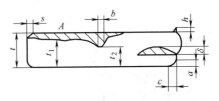

图 5-25　剪切断面状况

t—材料厚度　t_1—剪切终端存在表层剥落时，光洁剪切面最小部分厚度　t_2—剪切终端存在鳞状表层剥落时，光洁剪切面最小部分厚度　b—最大允许的鳞状表层剥落宽度　s—表层剥落深度　h—飞边高度　c—塌角宽度　a—塌角深度　δ—撕裂处的最大宽度　A—剪切终端表面剥落带

② 检测方法及位置：沿剪切厚度的中心部位从左向右检测。

③ 测量检测方向：垂直于冲裁方向。

2）表面完好率。表面完好率是指剪切终端存在表层剥落或呈鳞状表层剥落时，光亮剪切面的最小部位占料厚的百分比。

对于精冲件表面完好率的要求，一般在设计图样上有规定。其检测时，可按规定数值检测。若未注明，可参照表 5-13 中各级别的规定检测。

表 5-13　精冲件的表面完好等级

级别	Ⅰ	Ⅱ	Ⅲ	Ⅳ	Ⅴ
t_1/t	100%	100%	90%	75%	50%
t_2/t	100%	90%	75%	—	—

注：1. 本表按部分 JB/T 9175.2—2013 的规定。

2. t—板料厚度。

一般情况下，采用性能最好的薄板料可达Ⅰ级，性能良好的厚板料冲裁可达Ⅱ、Ⅲ级标准，一般均能达到Ⅳ、Ⅴ级标准。

3）撕裂等级。撕裂等级表示在精冲后，制品断面被撕裂的程度。根据图 5-25 中的 δ，在 JB/T 9175.2—2013 中，撕裂带分四个等级，即：1 级，$\delta \leqslant 0.3\mathrm{mm}$；2 级，$\delta \leqslant 0.6\mathrm{mm}$；3 级，$\delta \leqslant 1\mathrm{mm}$；4 级，$\delta \leqslant 2\mathrm{mm}$。

在检测时，应按图样上要求的级别检测。

在实际生产中，一般采用标准样件作为评定精冲件表面完好等级和撕裂等级的依据。标准样件在试冲的零件中选取。在后续的批量生产中，操作者可以与标准样件做比对，确定断面质量的合格程度。

（2）尺寸精度要求及检测　精冲后的制品，其各尺寸应符合图样设计要求，并按图样规定检查验收。一般情况下，尺寸公差都能达到 0.01mm 之内。为方便，在检测时，除按图样验收外，也可参照表 5-14 所规定的等级标准检验。

表 5-14　精冲件可达到的尺寸公差等级（IT）

图　示	材料厚度 t/mm	外形 A(IT)	内形 B(IT)	孔距 C(IT)
	0.5~1	7	6~7	7
	1~2	7	7	7
	2~3	7	7	7
	3~4	8	7	7
	4~5	8	7~8	8
	5~6.3	9	8	8
	6.3~8	9	8~9	8
	8~10	10	9~10	8
	10~12	10	9~10	9

注：适用材料抗拉强度 ≤600MPa。

（3）塌角与飞边的要求与检测　精冲后的制品零件应符合设计图样规定的塌角及飞边允许的角度及高度要求，如飞边一般允许高度为 0.01~0.08mm 范围内。

（4）剪切面的垂直度及平面度　制品在精冲后，要符合设计图样所规定的剪切面的垂直度及平面度要求。在未注公差时可参照表 5-15 所规定的标准检测。

表 5-15　剪切面的垂直度与平面度公差要求

图　　示	材料厚度 t/mm	100mm 长度上的 平面度要求/mm	剪切面垂直 度要求/mm
	0.5~1	0.13~0.060	0~0.01
	1~2	0.12~0.055	0~0.014
	2~3	0.11~0.045	0.001~0.016
	3~4	0.10~0.040	0.003~0.022
	4~5	0.09~0.040	0.005~0.026
	5~6.3	0.085~0.035	0.007~0.030
	6.3~8	0.08~0.03	0.009~0.038
	8~10	0.075~0.025	0.011~0.042
	10~12	0.065~0.025	0.015~0.055

精冲件的检测及测量方法基本上与普通冲裁件相同。但由于精冲件比较精密，有时用目测难以观察，故应借助于精密测量仪器或投影仪来进行检测。

2. 精冲件质量缺陷及处理方法

在精冲过程中，由于模具长期使用磨损，以及原材料及操作失误等各种因素，常会使制品产生这样或那样的缺陷，影响了产品质量甚至冲压生产的正常进行。故操作者要在生产进行中随时抽检产品质量。若发现制品出现质量缺陷要立即停机，请设计及工艺、质检人员一起分析，最后找出解决方法，修复后再进行批量生产，以免造成损失浪费。精冲件在冲压过程中常见的质量缺陷及解决方法可参见表 5-16。

表 5-16　精冲件质量缺陷及解决方法

缺陷类型	产生原因	解决方法
制品断面粗糙 	1. 凹模模孔表面粗糙 2. 凹模圆角半径太小 3. 齿圈压力不合适 4. 润滑不良或润滑太少 5. 使用板料太硬	1. 在间隙、形状尺寸允许的情况下,应对其抛光研磨 2. 设法加大凹模圆角半径 3. 适当调整齿圈压力大小 4. 合理改进润滑条件 5. 将板料退火软化
制品产生撕裂 	1. 齿圈压力太小 2. 凹模圆角半径太小或不均匀 3. 条料间距搭边太小 4. 齿圈太小	1. 适当加大齿圈压力 2. 修整凹模刃口半径,使之合适 3. 加大送料步距或条料宽度 4. 加大齿圈或厚度

（续）

缺陷类型	产生原因	解决方法
制品断面撕裂或产生较大塌角 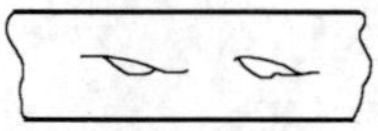 a) 断面撕裂 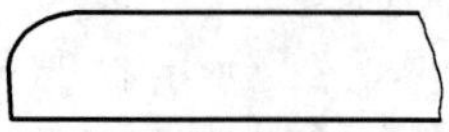 b) 产生较大塌角	1. 冲裁间隙太大造成断面撕裂 2. 凹模圆角半径太大而造成塌角 3. 顶件压力太小	1. 更换凸模或凹模使间隙缩小 2. 在平面磨床上磨削凹模后再修整刃口，使之圆角变小 3. 加大顶件压力或更换顶件器弹簧与橡胶
制品出现飞边  	1. 凸、凹模间隙太大或刃口变钝 2. 凸模进入凹模太深	1. 重新刃磨凸模并调整间隙，使之合适并磨凹模刃口使之锋利 2. 重新调整凸、凹模配合深度，使之合适
靠凸模一侧产生飞边并在剪切面产生锥度 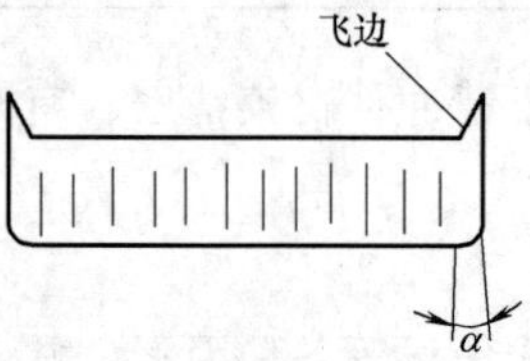 	凸、凹模间隙太小	设法修整凸、凹模，使之间隙放大
制品剪切断面产生锥形 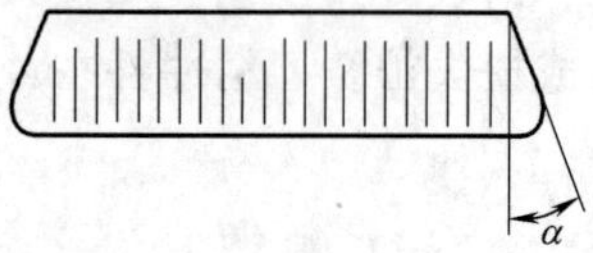 	1. 凹模圆角太大 2. 凹模产生变形	1. 在平面磨床上刃磨凹模刃口后，再对其进行修整圆角，使之合适 2. 将凹模底部磨平或增加紧固套去除或减小形变
制品断面出现波纹或锥形凸起 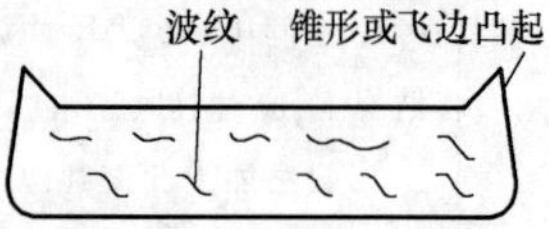 	1. 凹模圆角磨损后变大 2. 凸、凹模间隙太大	1. 重新修整凹模圆角半径，使之合适 2. 更换凸模或凹模调整间隙，使之处于合理范围之内
制品不平、纵向弯曲 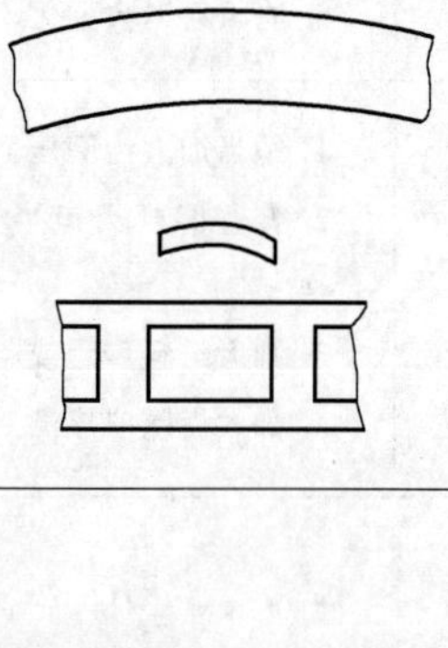 	1. 顶件力太小 2. 带料上油污过多，或自身存有内应力	1. 调整弹顶机构，设法加大顶件反向力 2. 清洁条料或对条料进行检查后设法对其进行内应力处理

（续）

缺陷类型	产生原因	解决方法
制品产生扭曲变形	1. 条料本身有内应力 2. 顶件器受力不均	1. 检查条料并退火处理,使之内应力减少 2. 调整顶件装置,使顶件板各向受力均匀
制品被损坏或挤压变形	1. 制品不能及时排出模外,挤压后损坏 2. 条料送料不畅被卡死。	1. 检出卸退件机构,使之动作可靠,或加大压缩空气流量,使制品及时排出模外 2. 调整进、退料机构,使之顺畅无阻

5.3 特种冲裁工艺方法

5.3.1 整修冲裁及其方法

整修冲裁是利冲修模沿冲裁件的边缘或内孔切去一层薄薄的余量，即类似切削加工的一种冲压方法，如图 5-26 所示。整修冲裁的目的是为了进一步修整冲裁后制件的断面质量，使其光洁、达到冲裁件精度要求，提高断面质量。经整修后的表面粗糙度 Ra 值可达到 $1.0 \sim 0.4 \mu m$。

采用整修工序不需特殊的加工设备，所使用的模具与普通冲裁模结构相似，只是间隙值较小。

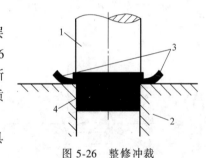

图 5-26 整修冲裁
1—凸模 2—凹模 3—废屑 4—制品零件

1. 制品外缘的修整

采用制品外缘整修方法，可修整出尺寸公差等级达 IT6 及 $Ra = 0.4 \mu m$ 的制品零件。其方法是将已用普通冲裁方法冲出的零件，采用类似切削加工的方法通过整修模的凸、凹模将外缘余量去除。其整修方法主要有以下两种：

（1）利用凸、凹模切除法 这种利用整修模的凸、凹模切除制品外缘余量，所采用模具结构与普通冲裁落料模相似，修整过程相当于对制件进行一次切削加工。其加工要点是：

1）制品在修整前，一定要留有一定数量的修边余量。余量大小可根据整修的目的而定。如为了切去断面上部呈锥度的粗糙面，可留余量大些。即前道工序的落料模，其间隙要大些；反之要切去中间断面粗糙面，可采用小间隙落料模，不需要较大的余量。

2）制品的修整次数可通过材料厚度及零件的复杂程度而定。如整修厚度 $t \leqslant 3mm$ 的形状简单零件，可一次整修成形；而对于料厚 $t > 3mm$ 的形状复杂且带有尖角的零件，可进行两次或多次整修成形。但每次整修量应不超过料厚的 $8\% \sim 10\%$。

3）凸、凹模间隙可根据材料厚度及尺寸大小而定。整修间隙一般取得很小，单面间隙为 $0.006 \sim 0.01mm$。

4）凸、凹模刃口形式应根据所冲制件材料而定。一般情况下，对于软材料的整修，如黄铜、铝等，凹模与凸模应采用锋利刃口；而对于较硬材料如钢材，其凹模刃口应稍有圆角，而凸模应为锋利刃口，即材料厚度为 1.3~3mm 时，凹模刃口圆角半径应为 0.2~0.5mm 为宜。

（2）将外缘通过锥形凹模挤平法 图 5-27 所示是采用锥形凹模将制品的外缘挤平的修整方法，即将大于凹模的制品 2 挤入锥形凹模 3 内以获得整齐光洁的外缘表面。这种方法主要用于料厚为 3~7mm 的制件，其每边压缩量不应超过 0.04~0.06mm。

2. 制品内孔的整修

制品内孔的整修大致可采用如下方法：

（1）用整修模进行孔的整修 图 5-28 所示为内孔整修示意图，其整修尺寸公差等级可达 IT6 左右。断面表面粗糙度 Ra 值可达 $0.4\mu m$。内孔整修时，凹模刃口应倒成 2.5mm 的圆角，而凸模应是锋利刃口。其大小为：

$$d_{凸} = (d+\Delta+A)_{-\delta_{凸}}^{0}$$

式中 d——零件孔公称直径（mm）；

Δ——零件制造公差（mm）；

A——孔的收缩量（mm），一般 $A = 0.03t/d$，其中 t 为材料厚度。

$\delta_{凸}$——凸模制造公差（mm），一般取 $(0.25~0.30)\Delta$。

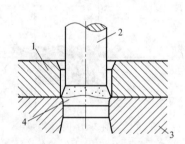

图 5-27 采用锥形凹模整修

1—导向套 2—制品 3—锥形凹模 4—凸模

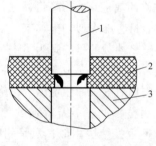

图 5-28 内孔的整修

1—凸模 2—制品 3—凹模

对于小孔，可不用将凹模做成刃口形式，只要将凹模简化成图 5-29 所示圆槽形式即可实现整修。孔径较大时，凹模一定要加镶套，以保证强度。

内孔整修时，凸、凹模间隙一般为：$t/d \leqslant 1$ 时，间隙 Z 应为 0.01~0.02mm；$t/d > 1$ 时，间隙 Z 应为 0.02~0.03mm。其中，t 为料厚，d 为孔直径。

（2）用钢球或芯棒精压孔 采用钢球（滚珠）或芯棒精压孔的方法如图 5-30 所示。这种方法是采用凸模的压力，使硬度较高的钢球及芯棒（其外形尺寸恰好等于整修尺寸）在孔中强行通过，从而达到整修的目的。整修后，零件内孔尺寸公差等级可达 IT6，$Ra \leqslant 0.20\mu m$。

5.3.2 薄板料冲裁及其方法

薄板料冲裁是指冲裁材料厚度 $t < 0.5mm$ 的零件制品的冲裁。这种冲裁一般间隙较小，在材料厚度 $t < 0.1mm$ 时，几乎是采用无间隙冲裁的，故在模具设计、制造使用方面应有特殊要求。

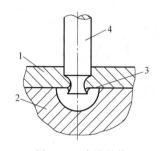

图 5-29 内孔整修
1—制品 2—凹模 3—废屑 4—凸模

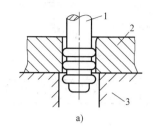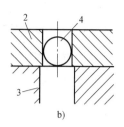

图 5-30 用芯棒和钢球整修
a）用芯棒整修 b）用钢球整修
1—芯棒 2—零件 3—凹模 4—钢球

1. 薄板料冲裁方法

（1）用普通小间隙冲模冲裁 用普通冲模冲裁薄板料，其模具结构基本与普通冲裁相似，只是间隙因板料较薄太小或几乎无间隙，这就要求在模具设计及制造时，应保证间隙值能随时调整，以确保能正常冲裁。

为达到间隙能随时调整的目的，冲裁凹模应采用镶拼式结构，以便间隙在冲裁过程中随时调整；也可以使凹模刃口，不必淬硬，形成软刃口结构，如图 5-31 所示。这样在冲裁过程中，若发现刃口间隙变大时可用锤子敲击刃口，使间隙调整均匀合适。但这种软刃口冲模只适用于冲裁 $t<0.3$mm 厚度的落料制品。

（2）采用橡胶冲模冲裁 在生产中，为了提高薄料制品零件的冲压精度，目前常采用橡胶冲模冲压，如图 5-32 所示为聚氨酯橡胶复合冲裁模。它可同时冲裁两个不同的环形制品零件，其凹模 2 由聚氨酯橡胶制成，模具结构简单，易于加工制造，而且基本上可保证冲裁无飞边，对于一般形状落料与冲孔薄板零件均可采用。该冲模寿命可达 2000～3000 次，很适于中小批量生产。

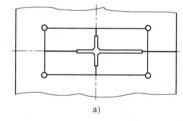
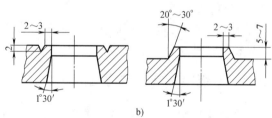

图 5-31 凹模刃口形式
a）拼块凹模 b）软刃口凹模

2. 薄板料冲裁冲压要点

薄板料冲裁所使用的冲模及冲压工艺基本与普通冲裁相同。但由于其板料较薄、间隙较小，故在使用模具时应注意以下要点：

1）模具一般采用滚珠导向的滚动导向模架，其导向精度较高，同时采用浮动模柄。对于特别薄的零件冲裁应采用四导柱模架。

2）冲模的压力中心，在设计时应与冲模的重心完全吻合，不能偏移。

3）凸模与凹模刃口硬度不宜太高，一般为 38～42HRC。

4）凸、凹模设计装配后，要保证高的同轴度等级。

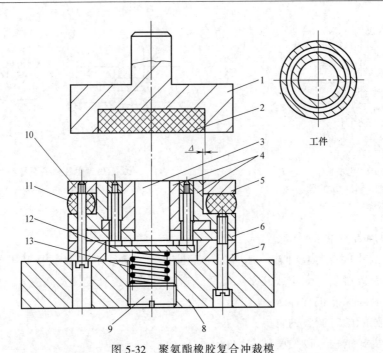

图 5-32　聚氨酯橡胶复合冲裁模

1—上模板　2—聚氨酯橡胶凹模　3—推杆　4—凸凹模　5、10—卸料板　6—垫板

7—衬板　8—模座　9—螺塞　11—缓冲橡胶　12—推板　13—弹簧

5）冲模要有良好的卸料装置。其卸料与顶件机构要灵活可靠。顶出器与凹模、卸料板与凸模间要加工成 H7/h6 间隙配合形式。

6）模具要保证凸、凹模刃口间良好的配合精度，这就要求模具的上、下模座、固定板、导向机构不但要有良好的刚性，而且要有较高的加工精度，以防止在使用时变形，影响凸、凹模刃口的配合。

5.3.3　厚板料冲裁及其方法

在冲压生产中，当冲裁材料厚度 $t>4$mm 的制品零件时，称为厚板料冲裁。厚板料冲裁，需用压力较大，冲模强度较高，冲压难度大。

1. 厚板料冲裁工艺方法

（1）采用斜刃口冲裁　斜刃口冲裁就是将凹模的刃口部分设计加工成有一定斜度，借以降低冲裁力，实现一般在普通压力机上冲裁厚板料的一种加工方法。在采用斜刃口冲裁时，为了能避免侧压力对凹模刃口的影响，使压力机能正常可靠的工作，倾斜角应是双面的，并且应与冲模压力中心对称。

落料时，为了使制件平整，凹模应做成斜刃口，而凸模做成平整的；冲孔时则相反，凸模做成斜刃口，凹模制成平面的。其刃口的形式有刃口向外斜或刃口向内斜两种形式，如图 5-33 和图 5-34 所示。

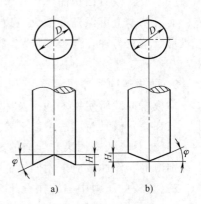

图 5-33　斜刃口凸模

a) 内斜刃口　b) 外斜刃口

　　一般来说，采用向外斜的刃口要比向内斜的刃口效果好。但无论采用何种形式，都会使冲件弯曲，影响冲裁过程的送料，并且冲模刃口也极容易损坏。实践证明，采用图 5-35 所示的平直与斜刃口相结合的向外斜的凸、凹模形式能得到平直的冲件。

　　斜刃口的设计参数可参照表 5-17 选取。

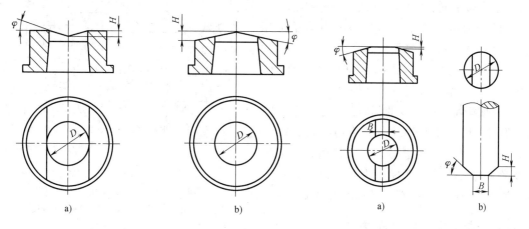

图 5-34　斜刃口凹模
a）内斜刃口　b）外斜刃口

图 5-35　平斜刃口凸、凹模
a）凹模　b）凸模

表 5-17　斜刃口设计参数

材料厚度 t/mm	斜角高度 H/mm	倾斜角 φ	平均冲裁力 （最大冲裁力为 F）
≤3	$2t$	<5°	（30~40）%F
>3~10	t	<8°	（60~65）%F

　　（2）采用阶梯凸模冲裁　对于板料厚度 $t = 3 \sim 6mm$ 的零件制品，可以采用阶梯凸模冲裁。如图 5-36 所示的阶梯冲裁，是将细小凸模做得短一些。其凸模高度差可设计成 $h = 0.5t$ 左右，这样可大大减少冲裁力，在普通冲模上实现厚板料的冲裁。但采用阶梯冲模冲裁时，各层凸模应力求对称，以使各层凸模冲裁力的合力位于模具的压力中心，防止在冲压时因模具受力不均造成偏斜而损坏。

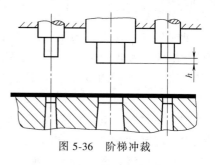

图 5-36　阶梯冲裁

　　（3）采用红冲冲裁　所谓红冲冲裁，是在冲裁前将板材加热，然后再进行模具冲裁的一种方法。这种方法的加热温度一般要在 860~900℃ 最为合适。

　　采用红冲冲裁，尽管金属加热到一定温度后，抗剪强度极度降低，采用一般平刃口大大降低了冲裁力，但在加热的过程中，表面易起氧化皮，又影响了产品质量；同时工艺复杂，劳动强度大，只在厚板冲孔及镦粗时适用。

2. 厚板料冲裁模结构特征

　　厚板料冲裁模由于所冲板料较厚，因此一般精度要求不高，故一般采用无导向简单冲模结构。如图 5-37 所示的冲裁模，即是为冲裁厚度为 6mm、直径为 360mm 的厚板料平刃冲模。其结构特点是：

1）厚板料冲裁间隙较大，如 6mm 厚的软钢，间隙 Z 可达 0.98~1.08mm；中硬钢，Z 可达 1.23~1.33mm；硬钢，Z 可达 1.3~1.4mm。

2）厚板料冲裁模的卸件，一般通过压力机上的气垫将制件卸出，故底座不用单开漏料孔，从而增加了底座的强度。

3）为减轻整套模具的重量，其上模板、凸模、顶件块均可采用空心结构。

4）凹模在保证强度的同时，一般为带锥度刃口形式。其结构对于大件可以采用拼块形式。

5）模具的底座、上模座、凸模固定板一般强度较大。在凸模、凹模与上、下模之间，都设有淬硬的垫板以增加模具的强度及耐用性。

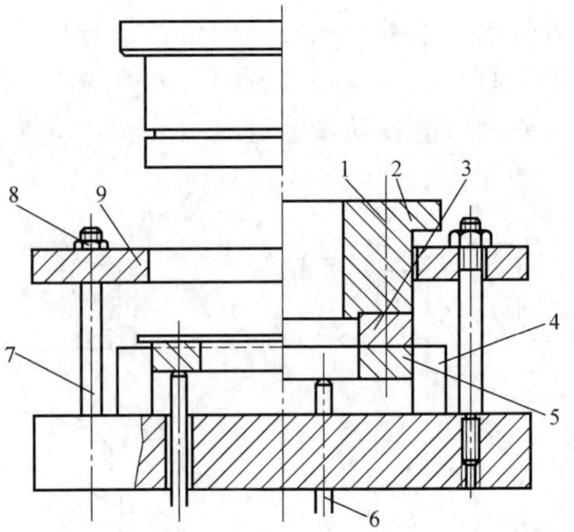

图 5-37 厚板料平刃冲裁模
1、7—螺杆 2—下模座 3—凸模 4—镶块凹模
5—顶件块 6—顶杆 8—螺母 9—卸料板

5.3.4 非金属材料冲裁方法

1. 非金属材料冲裁特点

在冲压生产中，将塑料、硬纸板、云母片、胶纸板、橡胶板、皮革等非金属板料用冲裁的方法加工成零件制品的过程称为非金属材料冲裁。实践表明，非金属材料冲裁与金属材料冲裁加工特点有相当大的不同，这是由于非金属材料的种类很多，它们的内部组织结构物理性能和力学性能差别又非常大。因此，在冲压时就必须从材料的自身性能出发，采用各种相应的冲压工艺方法，以便能冲出合乎实际要求的冲压制品来。如云母片及人造云母片其自身性能较脆，在冲裁时必须在热态下进行；而橡胶板、皮革等材料韧性较好，而且富有弹性，则冲压时应在冷态下进行。

非金属材料冲裁后的精度一般与所冲材料有关：如用三醋酸纤维做成的电影胶片，剪切后的孔距精度可达 ±0.002mm，孔的精度也高达 ±0.005mm。由于冷冲后材料内部发生了弹性及塑性变形，冷却后会发生收缩，纤维分层组织变化等影响，一般非金属材料冲裁后的精度都比金属材料低。其尺寸公差等级对于高韧性材料可达 IT10~IT12；而对毛皮及细毛毡等，其尺寸公差等级则无法检测，而只是以模具工作部分的尺寸及公差作为制品的公称尺寸。

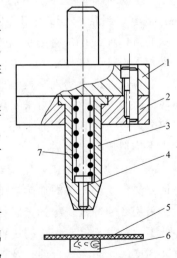

图 5-38 简易冲切模
1—上模板 2—凸模固定板
3—凸模 4—卸料杆 5—坯料
6—硬木凹模 7—压簧

2. 非金属材料冲裁方法

非金属材料冲裁主要有两种方法：①对于纤维及弹性材料和厚度小于 1mm 的脆性材料，可在冷态下按一般普通金属材料方法冲裁；②对于一些易脆裂和成品状的压合材料，为避免冲裁时的崩裂和分层，需加热后再用普通冲裁方法冲裁。但无论采用何种方法进行冲裁加工，所用的冲模形式基本相同。图 5-38 所示为简易冲切模，这种冲切模适于一般简单形

状制品的落料与冲孔。凸模 3 的刃口形状主要为带锥度的斜刃口。

图 5-39 所示为冷态落料模。它主要适用于质量与精度较高的成片状塑料板、纸板等零件，在常温下冷态冲裁。其模具基本上与普通金属冲模相同。但凹模主要为斜角刃口；推出器 2 与凸模 3 加工有凹坑以加大压紧力。这种冲模为使凹模在工作时不与卸料板相撞，还设有限位器 7 限位，以确保安全。

图 5-40 所示为加热式热态冲裁模。它主要用于成片状易脆裂的压合材料的冲裁，如胶合板、胶木板、云母片等。

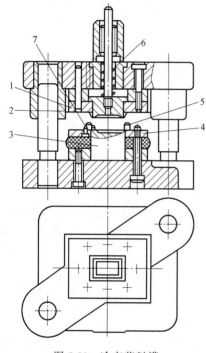

图 5-39　冷态落料模

1—凹模　2—推出器　3—凸模　4—卸料板

5—定位销　6—弹簧　7—限位器

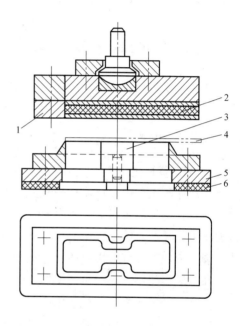

图 5-40　热态冲裁模

1—凸模板　2—加热器　3—凹模　4—坯料

5—下模板　6—下垫板

在冲裁时，模具利用电阻丝（加热器 2）首先对板料加热。而凹模 3 带有斜角，其斜角一般为 20°~50°。下模板 5 垫有夹布和塑料制成的下垫板 6，其目的是使冲裁时平稳、可靠。

材料在热冲裁时，其凸、凹模间隙应在原有数值上加大 20%~30% 为宜。

第6章 成形与成形工艺方法

冲压生产的成形工序是指坯料在压力机及冲模的作用下受力后，应力超过了材料本身的屈服强度，经过塑性变形后，而成为一定形状的制品零件的加工工序。其目的是使冲压坯料在不被破坏的条件下，发生塑性变形并转化成所需的零件制品形状。如弯曲、拉深、翻边、胀形、缩口、冷挤压等成形方法。

6.1 弯曲与弯曲工艺方法

弯曲是指将板材、型材、管材或棒材等采用冲压加工的方法弯曲成一定角度和曲率而形成一定形状的制品零件的方法。

6.1.1 板料弯曲过程及类型

1. 板料弯曲过程

在冷冲压生产中，弯曲是一种简单的成形工序，如图6-1所示的V形件的弯曲。它的弯曲过程是：将平板坯料2放在凹模4上，凸模1在压力机滑块的带动下，逐渐下滑并给坯料施加压力，在凸、凹模作用下，板料受弯矩的作用首先发生弹性变形（图6-2a）。随着凸模的下降，弯曲变形过程由弹性变形逐渐过渡到塑性变形。在塑性变形开始阶段，板料自由弯曲，在凸模作用下，板料与凹模的V形表面逐渐靠近，曲率半径由 R_0 变为 R_1，弯曲力臂长由 l_0 变为 l_1（图6-2b）。待凸模继续下降施压，板料弯曲变形区进一步减小，直到与凸模1三点接触，这时曲率半径减小成 R_2，如图6-2c所示。此后板料的直边部位则向与以前相反的方向变形。到压力机行程终了时，凸、凹模则对已弯成的制件进行校正，使其直边、圆角与凸模全部靠紧，进而获得所要弯曲的形状，如图6-2d所示。

由此可知：零件的弯曲主要经过材料的弹性变形和塑性变形两个阶段。板料在受压的情况下，使其按凸、凹模形状发生塑性变形后，使板料弯曲变形区曲率半径和两直边夹角发生变化后而弯曲成所要求的形状零件。

2. 制品弯曲的类型

弯曲成形工艺在冲压中应用较广泛，并且弯曲的方法、弯曲设备、专用设备也很多。其中常用的主要有以下几种：

1）利用专用型胎在台虎钳、弯板机等简单设备上用人力进行弯曲成形。这种方法主要适用于单件或少量制品的弯曲。

2）在普通压力机或液压机上，通过弯曲模具对坯件弯曲成形。这种方法主要适用于大批量小型零件的生产。

3）利用专用弯曲设备如折弯机、滚弯机、拉弯机、绕弯机等进行特殊形状的弯曲。这种方法主要用于批量较大的大中型零件弯曲。

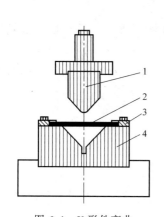

图 6-1　V 形件弯曲

1—凸模　2—坯料　3—定位板　4—凹模

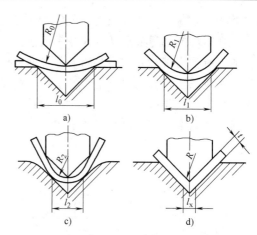

图 6-2　板料弯曲过程

a) 弹性变形阶段　b) 塑性变形阶段
c) 三点接触阶段　d) 校正阶段

6.1.2　弯曲模结构形式

弯曲所用的模具称为弯曲模。其结构形式随弯曲形状、弯曲件尺寸精度、生产批量不同而采用不同的结构形式。

图 6-3 所示为适用于多品种、小批量生产的通用弯曲模。它所弯曲的零件形状可以是 V 形、U 形、多角弯曲曲线等。在弯曲不同角度的零件时，只要更换凸模 1、凹模 4、定位板 2，即可弯曲成形不同的零件。

图 6-4 所示为 Z 形件弯曲模结构。在弯曲前，凸模 9 和顶板 5 首先将坯料压住夹紧。当凸模 4、9 下降时，将板料压弯成形。压弯结束后，顶板 5 在缓冲橡胶（图中未画出，位于模座及压力机工作台下面）和卸件机构的作用下，将制品顶出卸下。模具由于有定位板 6

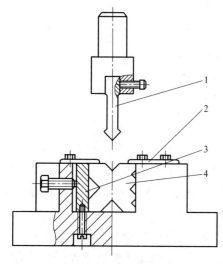

图 6-3　通用弯曲模

1—凸模　2—定位板　3—调整垫块　4—凹模

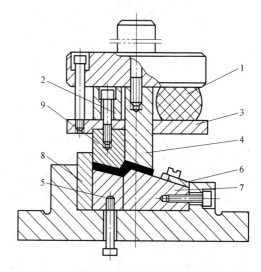

图 6-4　Z 形件弯曲模

1—橡胶　2—支承板　3—固定板　4、9—凸模
5—顶板　6—定位板　7—凹模　8—防护侧板

及防护侧板 8 定位，当支承板 2 与上模座相碰时，整个制品零件又得到了校正。该模具动作可靠，弯曲后的制品零件形状及尺寸精度较高，适于大批量生产。

图 6-5 所示为带有导柱导向的 L 形弯曲件的弯曲模。由导柱、导套导向，故模具精度较高，适于大批量生产。模具分上模、下模两部分，凸模 6、凹模镶块 8 分别固定在上、下模上，坯件由定位块 16 定位，确保了弯曲精度；同时，模具采用顶料板 10，以使弯曲时制品平直，且便于弯曲后将制品从模内取出。

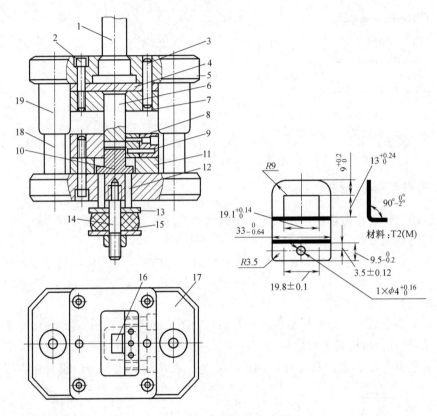

图 6-5　L 形弯曲件的弯曲模

1—模柄　2—内六角螺钉　3—圆柱销　4—上垫板　5—上模板　6—凸模　7—凸模固定板
8—凹模镶块　9—凹模固定板　10—顶料板　11—衬套　12—顶杆　13—垫板
14—缓冲器螺钉　15—橡胶　16—定位块　17—下模板　18—导柱　19—导套

图 6-6 所示为同时能进行冲孔、切断、弯曲的连续弯曲模。在冲压弯曲时，条料以挡料块 6 定位。当上模下行时，条料（已冲孔）首先被凸凹模 4 切断，并随即压弯成形。与此同时，冲孔凸模 3 在条料上冲孔。待上模回升时，卸料板 2 将条料卸下回到原位，顶件销 5 在弹簧作用下推出成品制件，即可获得带孔的 U 形件。该模具若安装上自动送料机构，可实现自动冲压。

图 6-7 所示为铰链式升降弯曲模。当弯曲凸模 3 下降时，凹模镶块 2 可做铰链升降动作，即绕轴转动直线落下可一次完成弯曲动作。弯曲后，凹模复位主要借助于弹簧的拉力完成。该模具结构比较简单，可以批量生产；并且通过更换凹模镶块，即可用于不同形状制件的弯曲成形。

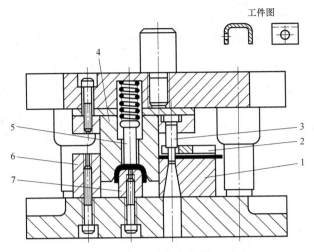

图 6-6　连续弯曲模

1—冲孔凹模　2—卸料板　3—冲孔凸模　4—凸凹模

5—顶件销　6—挡料块　7—弯曲凸模

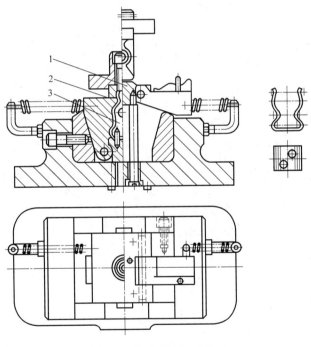

图 6-7　铰链式升降弯曲模

1—顶出器　2—凹模镶块　3—弯曲凸模

6.1.3　弯曲主要工艺参数

1. 弯曲件的展开长度

弯曲件的展开长度是指其平板坯料的长度。在计算展开长度时，一般以弯曲件中性层长度为依据并经过实际弯曲加以修正后确定。如图 6-8 所示的弯曲件，当 $r > 0.5t$ 时，可按下

式计算展开长度 L：

$$L = L_1 + L_2 + \pi\alpha(r + kt)/180°$$

式中　　α——弯曲中心角（°）；

$\quad\quad r$——弯曲半径（mm）；

$\quad\quad t$——材料厚度（mm）；

$\quad\quad k$——中性层位移系数，其中性层半径 $\rho = (r + kt)$，
见表 6-1；

L_1、L_2——弯曲件直线部分长度（mm）。

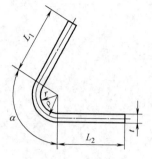

图 6-8　弯曲件形式

表 6-1　中性层位移系数 k 值

r/t	k	r/t	k
0~0.5	0.18~0.25	2~3	0.35~0.40
0.5~0.8	0.25~0.30	3~4	0.40~0.45
0.8~2	0.30~0.35	4~5	0.45~0.50

如图 6-8 所示的零件，若 $r < 0.5t$ 时，则弯曲变形时会变薄，使得制件长度有所变化。此时弯曲件展开长度可参照表 6-2 中的计算公式进行计算。

表 6-2　$r < 0.5t$ 时弯曲件展开长度计算方法

序号	弯曲特点	图　示	展开长度计算公式
1	单直角弯曲		$L = a + b + 0.4t$
2	单角弯曲		$L = a + b + 0.5t\alpha/90°$
3	对折弯曲		$L = a + b + 0.43t$
4	一次弯曲两角		$L = a + b + c + 0.6t$

（续）

序号	弯曲特点	图　　示	展开长度计算公式
5	一次弯三角	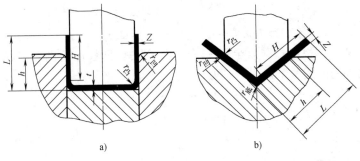	$L=a+b+c+d+0.75t$
	分两次弯三角		$L=a+b+c+d+t$
6	一次弯四角		$L=a+2b+2c+t$
	分两次弯四角		$L=a+2b+2c+1.2t$

注：t—板料厚度（mm）。

2. 弯曲凸、凹模的间隙

弯曲时，弯曲凸、凹模之间的间隙（图 6-9）主要与材料厚度、材料的力学性能和弯曲方式有关。其理论计算方法是：

$$Z = t_{max} + ct$$

式中　t——材料厚度（mm）；

　　　c——系数（从有关冲压手册中查取）；

　　　Z——凸、凹模单向间隙（mm）。

图 6-9　弯曲凸、凹模间隙

a）U 形件弯曲　b）V 形件弯曲

但实际上，经计算的弯曲间隙值，还应从实践中经反复多次试模后，最后以能弯曲出合格制件为准。

由经验得知：V 形零件弯曲时，凸模与凹模之间的间隙 Z（图 6-9b）是靠调整压力机的闭合高度来控制的。即在冲模安装到压力机上后，反复调整压力机闭合高度，边调边检测，直到能弯曲成合格零件为止，即认为此时的间隙为弯曲合理间隙值；而 U 形件的弯曲，除了按前述公式计算外，也可以按下述经验数据确定，即

当 $t \leqslant 1.5$mm 时，　　　　　　　　　　　$Z = t$

当 $t > 1.5$mm 时，
$$Z = t + \Delta$$

式中　Z——凸、凹模单面间隙（mm）；

　　　t——材料厚度（mm）；

　　　Δ——板料厚度偏差值（mm）。

为了保证制件的尺寸精度，往往把间隙 Z 值取得比板厚小 $0.02 \sim 0.06$mm，也可以认为 Z 即是板料的厚度。总之，间隙值要经试验后确定，因弯曲凸、凹模间隙值对弯曲制件的形状、尺寸精度有很大影响。

3. 凸、凹模圆角半径

弯曲凸、凹模的圆角半径 $r_凸$、$r_凹$、$r_底$（图6-9）对弯曲成形影响很大，故必须给予合理的确定及修整。其大小可按下述确定：

（1）凸模圆角半径 $r_凸$

1）若弯曲件的弯曲半径没有规定，则
$$r_凸 = (1 \sim 3)t$$

2）若弯曲件的弯曲半径为 r，而且大于所允许的最小圆角半径时，则
$$r_凸 = r$$

3）若弯曲件的弯曲半径较大（$r/t > 10$），且精度要求又较高时，必须考虑弯曲时的材料回弹的影响，则凸模圆角半径 $r_凸$ 应根据回弹角的大小做相应的修正。

（2）凹模圆角半径 $r_凹$　凹模圆角半径 $r_凹$ 与成形零件制品的要求有关，一般可按下式确定：
$$r_凹 = (2 \sim 6)t$$

在确定时，板料越薄，选取的系数应越大，一般为

$t \leqslant 2$mm　　　　　　　$r_凹 = (3 \sim 6)t$

$t = 2 \sim 4$mm　　　　　　$r_凹 = (2 \sim 3)t$

$t > 4$mm　　　　　　　　$r_凹 = 2t$

（3）V形弯曲件凹模底角圆角半径 $r_底$　V形弯曲件凹模底角圆角半径 $r_底$（图6-9b），应小于零件制品外侧的圆角半径。一般为
$$r_底 = (0.6 \sim 0.8)(r + t)$$

式中　r——零件制品外侧圆角半径（mm）；

　　　t——板料厚度（mm）。

4. 弯曲凸、凹模工作部分尺寸

用模具弯曲零件时，弯曲凸、凹模工作部分的尺寸是决定所弯曲零件尺寸精度的重要因素之一。合理地确定凸、凹模工作部分的尺寸不仅能使零件质量得到保证，而且还有利于冲模寿命的延长。

（1）用内形尺寸标注的弯曲件　假如制品零件以内形尺寸标注，如图6-10所示，则应先确定凸模尺寸，其凹模尺寸应以凸模为基准进行配作，并保证双向间隙值。其凸模尺寸为：

零件为双向公差时
$$L_凸 = (L + \Delta/2)_{-\delta_凸}^{0}$$

零件为正公差时

$$L_{凸} = (L+3\Delta/4)_{-\delta_{凸}}^{0}$$

（2）用外形尺寸标注的弯曲件　假如零件尺寸以外形尺寸标注，如图 6-11 所示，则应先计算凹模尺寸，其凸模尺寸以凹模尺寸为基准配作，并确保双向间隙值（2Z）。凹模尺寸计算方法为：

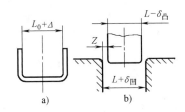

图 6-10　用内形尺寸标注的弯曲件

a）制品零件　b）弯曲凸、凹模

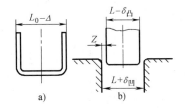

图 6-11　用外形尺寸标注的弯曲件

a）制品零件　b）弯曲凸、凹模

零件为双向公差时

$$L_{凹} = (L-\Delta/2)_{0}^{+\delta_{凹}}$$

零件为负公差时

$$L_{凹} = (L-3\Delta/4)_{0}^{+\delta_{凹}}$$

式中　$L_{凸}$、$L_{凹}$——凸、凹模工作部分尺寸（mm）；

　　　　L——弯曲零件标注的内形或外形尺寸（mm）；

　　　　Δ——弯曲零件尺寸偏差（mm）；

　　　　$\delta_{凸}$、$\delta_{凹}$——凸、凹模制造偏差（mm），一般采用 IT8 时的标准公差。

5. 弯曲凹模深度

弯曲凹模深度 h（图 6-9）与弯曲件形状及弯曲方法有关。其值可参考表 6-3 选取。

表 6-3　弯曲凹模深度 h　　　　　　　（单位：mm）

图　　示	边长 L	材料厚度 t			
		<0.5	0.5~2.0	2.0~4.0	4.0~7.0
	10	5	10	10	—
	20	8	11	15	20
	35	12	15	20	25
	50	15	20	25	30
	75	20	25	30	35
	100	—	30	35	40
	150	—	35	40	50
	200	—	45	55	65

6. 弯曲力的测算

在弯曲过程中，完成零件弯曲时所需的冲压力称为弯曲力。弯曲力包括自由弯曲力和校正弯曲力两部分。其大小可以按下述经验公式确定：

（1）自由弯曲力　单角自由弯曲力（V 形件弯曲）：

$$F_1 = 0.6kBt^2R_{\mathrm{m}}/(r+t)$$

双角压弯（U 形弯曲件）：

$$F_1 = 0.7kBt^2 R_m/(r+t)$$

式中　F_1——材料在冲压行程结束时的自由弯曲力（N）；

　　　B——弯曲件的弯曲线宽度（mm）；

　　　t——弯曲件板料厚度（mm）；

　　　r——弯曲半径（mm）；

　　　R_m——弯曲材料的抗拉强度（MPa）；

　　　k——系数，一般可取 1.3。

（2）弯曲校正力　校正力是指板料在压弯过程中，对零件校正时所需的力。通常可按下式计算：

$$F_2 = pS$$

式中　F_2——校正力（N）；

　　　p——单位面积校正力（MPa），见表 6-4；

　　　S——被校正部位的投影面积（mm^2）。

表 6-4　弯曲校形所需的单位面积校正力　　　　　　　　（单位：MPa）

弯曲材料	材料厚度 t/mm			
	≤1	>1~2	>2~5	>5~10
铝	10~15	15~20	20~30	30~40
黄铜	15~20	20~30	30~40	40~60
10~25 钢	20~30	30~40	40~60	60~80
25~35 钢	30~40	40~50	50~70	70~100

（3）顶件力及压料力　当弯曲模设有顶件装置或压料装置时，其顶件所用力 $F_顶$ 和压料所用力 $F_压$，可按下述方法计算：

$$F_顶 = (0.3~0.8)F_1$$

$$F_压 = (0.3~0.8)F_1$$

式中　F_1——自由弯曲力（N）。

（4）弯曲时压力机需用压力　对于校正弯曲，压力机需用压力

$$F \geq F_1 + F_2$$

对于有压料的自由弯曲，其压力机需用压力

$$F \geq F_1 + F_压$$

式中　F——弯曲时，压力机需用压力（N）；

　　　F_1——自由弯曲力（N）；

　　　F_2——弯曲校正力（N）；

　　　$F_压$——压料力（N）。

7. 弯曲回弹

由前述可知：弯曲和任何一种变形一样，坯料在外力作用下产生的变形由弹性变形和塑性变形两部分组成。当外力去除之后，塑性变形被保留下来，而弹性变形部分会完全消失，使零件最终形状和尺寸都与模具尺寸不一致，这种现象即称为回弹或弹复现象，如图 6-12

所示。

材料的回弹对弯曲件形状及尺寸精度影响很大。这是因为加载过程中坯件变形区内外两侧的应力与应变性质都相反，弯曲后卸载时，这两部分回弹变形方向也是相反的。引起的弯曲件的形状和尺寸变化十分明显，因此，回弹成为弯曲成形质量与精度发生变化的主要因素，这也是弯曲工序想要解决的主要工作之一。

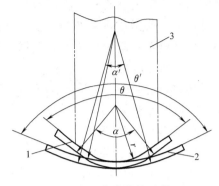

图 6-12　弯曲件的回弹
1—回弹前形状　2—回弹后形状　3—凸模

制品弯曲的回弹量大小通常用回弹角（弹复角）表示，如图 6-12 中，回弹角的大小为：

$$\Delta\theta = \theta' - \theta$$

式中　$\Delta\theta$——回弹角（°）；

θ'——回弹后的弯曲角（°），即回弹后制品实际角度；

θ——回弹前弯曲角（°），即凸模的弯曲角。

回弹角 $\Delta\theta$ 值越大，则材料的回弹量越大，对弯曲生产越不利。回弹角 $\Delta\theta$ 数值可根据经验数值来确定。各种材料的回弹角 $\Delta\theta$ 可从有关资料中查取。

在冲压生产中，掌握各种板材的回弹规律是相当重要的。这样可在模具设计与制造时，考虑到材料的回弹规律，采取一定措施，生产出合格的制品。

6.1.4　弯曲工艺过程及操作要点

零件采用冲压的方法进行弯曲的工艺过程是：检查模具及压力设备的是否完好及运行状况→将模具安装到压力机上→调试模具及压力机→试冲并对首件进行质量检查→开机进行批量冲压弯曲→工作完毕进行场地清理及模具与设备的保养润滑。

弯曲模的安装方法与冲裁模基本相同，对模具在安装时调整操作要点如下所述：

1. 上、下模相对位置的调整

1）有导向装置的弯曲模，安装到压力机上以后，一般由导向装置自身来控制上、下模的位置精度。

2）无导向装置的简易弯曲模，要通过压力机连杆长度来调整上、下模相对位置。在调整时，要把试件放在凸、凹模之间的工作位置上，即上模随滑块到下死点时，既能压紧试件又不发生硬性顶撞、咬死，即可认为上、下模位置已调整合适。

2. 凸、凹模间隙的调整

上模在压力机上的位置经初步调整后，再在凸模下平面与下模卸料板之间垫一块比坯料厚的垫片（一般为制件厚度的 1~1.2 倍），继续调节连杆长度，用手反复扳动压力机的飞轮，直到使滑块能正常地通过下死点而无阻滞为止。

而对于侧向间隙，可采用垫纯铜板、纸板或标准样件的方法以保证间隙均匀。如对直线弯曲的简单弯曲件，如 V 形、U 形件，可以直接用塞尺测量其间隙大小。根据测量结果对凸模或凹模进行调整，以保证间隙均匀；而对于难测量的弯曲件，如图 6-13 所示的弯曲件，可用垫粗铅丝法测量间隙。即在安装模具时，将直径为 $\phi4~\phi6$mm 的铅丝取数段放置在下模表面需检测的位置，如图 6-13 中的粗线段，直壁部分可挂在模具刃口上，不用开启压力机电源，只用手扳动飞轮，将压力机滑块连同上模运转一个行程后，取出放进去的铅丝，逐点测量铅丝壁厚，即为凸、凹模实际间隙值。然后根据测量结果，逐段进行调整，直到合适为止。

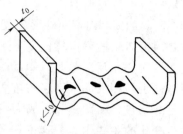

图 6-13 间隙调整方法

间隙调整合格后，将下模固定，开机试冲，试件检验合格后即可批量生产。

3. 定位装置的使用

1）弯曲模定位零件的内形定位形状应与坯件尺寸形状一致，故在冲压操作过程中，应始终保证定位的可靠性和坯件放置的稳定性。

2）采用定位板及定位钉的结构，在冲压时，要使坯料定位合适，应将其放到指定位置，不能偏斜；同时，要随时检查，当其受振动而发生松动，使定位不准时，要进行紧固，使之定位准确。

3）卸料、退件装置检查。在进行冲压弯曲时，要随时检查模具的卸料、退料、顶件装置的工作状况，其动作要始终保持灵活、可靠，并能确保卸料及退件平稳、无卡死。同时，要保证卸料、退件系统作用于制品的作用力要均衡，以保证制品的表面平直。

6.1.5 弯曲质量检测及缺陷补救

1. 弯曲质量要求

1）零件在弯曲后其各部位尺寸应符合图样规定的要求；未注公差尺寸可按表 6-5 中的数值验证。

表 6-5 弯曲件未注公差的长度尺寸极限偏差

弯曲件长度尺寸 L/mm		3~6	>6~18	>18~50	>50~120	>120~260	>260~500
材料厚度 t/mm	≤2	±0.3	±0.4	±0.6	±0.8	±1.0	±1.5
	>2~4	±0.4	±0.6	±0.8	±1.2	±1.5	±2.0
	>4	—	±0.8	±1.0	±1.5	±2.0	±2.5

注：弯曲件长度尺寸公差参照 GB/T 13914—2013 选用。

2）零件在弯曲后，其弯曲角必须要符合图样所规定的要求（一般按 GB/T 13915—2013 选用），未注公差角度极限偏差可按表 6-6 中的数值验证。

表 6-6 弯曲件角度的自由公差

	L/mm	0~6	>6~10	>10~18	>18~30	>30~50
	$\Delta\beta$	±3°	±2°30′	±2°	±1°30′	±1°15′
	L/mm	>50~80	>80~120	>120~180	>180~260	>260~500
	$\Delta\beta$	±1°	±50′	±40′	±30′	±25′

3）零件在弯曲后，其各部位几何公差应符合图样要求，未注几何公差按 GB/T 13916—2013 验证。

4）弯曲带孔的弯曲件时，其孔的中心距及孔与基准面间的距离应符合图样各项规定要求。

5）零件在弯曲后应表面光洁，无明显划痕。

6）弯曲后的零件不应有翘曲及扭转等现象发生。

2. 弯曲件质量检测方法

（1）表面质量检测　弯曲件的外观及表面质量，一般采用直观目测的方法进行检测。即用目测观察，其弯曲件的弯曲角外侧不允许有裂纹；弯曲外表面不允许有压痕和严重划痕；弯曲表面不应有挤压而形成的材料变薄现象。同时，合格的弯曲件不应有非要求的扭转变形；弯曲件宽度方向不应有使弯曲线产生弓形挠度的变形。

（2）尺寸检测　在检测弯曲件各部位尺寸及弯曲角角度时，应根据图样所标注的尺寸、角度及公差要求逐项检查，而未注公差尺寸极限可按表 6-5、表 6-6 所给定的数值检测。在检测时，一般采用游标卡尺、游标高度卡尺、万能角度尺等量具检测。对于形状复杂或大尺寸冲压弯曲件可采用标准样板、样件、样架等专用检具检测。

在测量时，产品零件图标注外形尺寸的，则测量零件的外形尺寸作为检查依据并与图样所规定的尺寸进行比较；产品零件图样标注内形尺寸时，则检测的测量零件内形尺寸与图样进行比对，以确定弯曲零件的质量合格程度。

对于复杂形状弯曲件尺寸检测时，可参照图 6-14 所示各种冲压件产品零件图上某些尺寸未注公差图例所示的方法检测处理。其中，（+）或（-）值按非配合尺寸公差检测；而（±）值取非配合尺寸公差绝对值的一半检测，以确定制品合格与否及其尺寸公差等级。

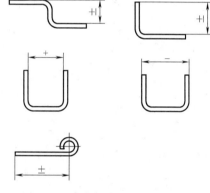

图 6-14　弯曲件未注公差部位检测时处理方法

3. 弯曲件质量缺陷防控措施

制品在弯曲过程中，由于冲压材料、压力机的精度、模具长期使用与磨损、定位机构受振动而使其定位位置发生变化以及操作疏忽等诸多方面的原因，弯曲后的制品弯曲形状、尺寸精度及弯曲角度都会发生这样或那样的变化，使得制件质量出现缺陷，有时还会出现废品，造成极大的损失浪费。因此，操作者必须时时对制品进行抽样检测，发现问题时立即停机并与工艺、质检人员一起分析原因，提出解决的措施与办法，以保证生产的正常进行。

表 6-7 列出了在弯曲加工时，制品常会出现的缺陷类型、产生原因及解决办法，供使用时参考。

表 6-7　弯曲件质量缺陷类型、产生原因及解决办法

缺 陷 类 型	产 生 原 因	解 决 办 法
弯曲件形状、尺寸及弯曲角变化不合要求	1. 弯曲模定位装置发生变化，定位板、定位销松动，发生位移，定位不准 2. 凸、凹模被磨损，致使尺寸发生变化，或上、下模位置发生变化	1. 重新调整定位装置或更换新的定位板、定位销，使之定位准确 2. 修整凸、凹模尺寸、形状，使之正确或重新调整凸、凹模位置

（续）

缺 陷 类 型	产 生 原 因	解 决 办 法
弯角处产生裂纹或裂损	1. 凸、凹模位置变化 2. 凸、凹模表面粗糙 3. 凸模由于长期磨损使之弯曲半径太小 4. 弯曲坯料塑性太差或坯料飞边向外放置，材料流线与弯曲线平行	1. 重新调整凸、凹模安装位置，使其按图样要求恢复原正确位置 2. 对凸、凹模进行抛光或修磨，使其表面光滑 3. 更换凸模，加大凸模弯曲半径 4. 将坯料进行中间退火处理，使其软化，并且在冲压时使坯件飞边一面朝内放置，并改变落料坯件的流线方向与弯曲线垂直
U形件底部不平或出现凹坑	1. 卸料机构顶件力不足 2. 顶件杆高低不平或个别顶件杆折断，使着力点不平衡、偏斜 3. 凸、凹模表面粗糙	1. 加大卸料弹顶力，更换弹顶力大的弹簧或橡胶 2. 调整或更换新顶料杆，使之对制件着力点处于平衡 3. 对凸、凹模进行抛光或修磨
弯曲件上的孔位发生变化	1. 模具定位机构发生变化，定位不准 2. 在模具中，控制材料回弹部位的零件失灵根本不起作用，造成制品回弹，使孔位变化	1. 调整模具中的定位机构，使之定位准确 2. 修整回弹补偿部件，使其重新起补偿作用以减少材料回弹
制件表面有压痕	1. 凹模表面粗糙 2. 凸、凹模间隙过小或不均匀 3. 凹模圆角太小	1. 对凹模表面进行修磨或抛光，使之光洁 2. 重新调整间隙，使之各向一致 3. 设法调整凹模圆角半径，使之适度加大
制件高度尺寸不稳定，忽高忽低	1. 凹模圆角半径不对称 2. 凹模高度尺寸太小	1. 设法修整凹模圆角半径，使其对称，圆角半径大小一致 2. 适当加大凹模的高度尺寸
制件弯曲表面变薄	1. 凸、凹模间隙发生变化，不均匀，个别部位变小，产生变薄 2. 凹模圆角半径由于长期磨损，变小	1. 重新修整凸、凹模间隙，使之各向均匀一致 2. 设法加大凹模圆角半径，使之合适
制件出现弓形挠度（马鞍形）	1. 弯曲压力不够 2. 坯件的轧制方向（流线方向）与弯曲线平行	1. 加大弯曲压力 2. 改变坯料的落料流线方向，使其与弯曲线垂直或在弯曲后增加校正工序

6.2　拉深与拉深工艺方法

　　拉深是指在冲压加工中，利用专用的拉深模具将冲裁或剪切后所得到的平板坯料，通过压力机的压力在模具的作用下压制成开口空心零件的一种冲压工艺方法。

　　拉深又称拉延，它在冲压生产中占据相当重要的地位。它不仅能把平板坯件拉深成圆筒形（图 6-15）、阶梯形、球形、锥形、方盒形和其他不规则的空心零件，而且与其他加工方法配合，还可以制成形状复杂的各类型的零件制品。因此，拉深工艺现已广泛应用于日用五金、电器仪表、机械制造、汽车、拖拉机、航天飞机及军事领域，是冷冲压生产不可缺少的加工工艺方法。其制品尺寸公差等级可达到 IT9～IT10，而且表面质量也好。

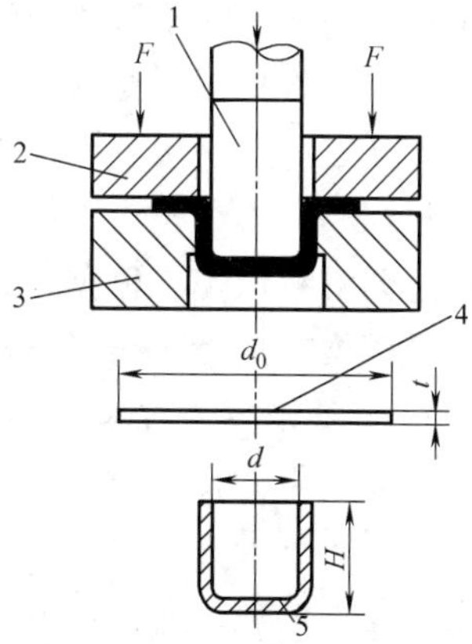

6.2.1　零件的拉深工艺过程

　　制品零件的拉深工艺过程如图 6-16 所示。拉深所用的模具（图 6-15）一般由凸模 1、凹模 3 及压边圈 2 三个基本工作零件组成（有时可不带压边圈）。其凸、凹模形状与结构，与前述的冲裁、弯曲模不同，它们的工作部位没有锋利的刃口，而是制成圆角，如图 6-16 中的 $R_凸$、$R_凹$。其凸、凹模之间的间隙均大于板料厚度。

　　零件在拉深时，将平板坯料首先放在凹模 3 上定位。在拉深开始时（图 6-16a），平板坯料同时受凸模 1 的压力和压边圈的压力两种力的作用，其压力是由压力机提供并传递给凸模及压边圈的，而凸模压力要比压边圈压力大得多。这时，压边圈将坯料紧紧压住，以防坯料偏移，则坯料又受凸模向下的压延力作用，随凸模进入凹模洞口（图 6-16b），最后将坯料拉深成所要求的开口空心状制品零件（图 6-16c）。待凸模随压力机滑块回升时，在卸料机构作用下，将紧箍在凸模上的空心零件卸下，完成整个制品的拉深过程。

図 6-15　拉深工艺方法
1—凸模　2—压边圈　3—凹模
4—坯料　5—制品零件

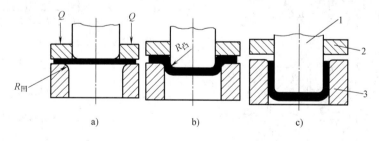

图 6-16　拉深工艺过程
a）拉深初始阶段　b）拉深过程中　c）拉深结束阶段
1—凸模　2—压边圈　3—凹模

　　在拉深过程中，凹模洞口一般都小于坯料直径，因此坯料的一部分材料在拉深过程中产生塑性流动而转移。这部分材料除一部分增加制品高度外，另一部分又加大了筒形壁的厚度。由此看来，整个板料的拉深过程即是由于坯料受力使金属每一个单元之间都产生内应

139

力，在内应力作用下，材料产生塑性变形，使得材料在凸模作用下不断地被拉入凹模洞口，最后形成外形与凹模洞口相似的空心制品零件。

6.2.2 拉深模的结构形式

拉深模又称拉延模或压延模。目前，拉深模结构类型很多。如根据制品形状不同，拉深模可分圆筒形直壁旋转体拉深模、曲面旋转体球形或锥形拉深模、直壁非旋转体方形或矩形拉深模等；根据制品拉深高度不同，有的零件需经多次拉深才能成形，故模具又分为首次拉深一模及二次、三次及多次拉深模；按模具的复杂程度，拉深模又可分为简单工序拉深模、复合拉深模、连续拉深模及带料连续拉深模；按有无压边装置，又分为无压边装置拉深模及有压边装置拉深模；根据使用压力设备不同，拉深模又分为单动拉深模及双动拉深模。总之，拉深模结构类型很多，但其结构及动作成形机理大致相同。

1. 圆筒形零件拉深模

圆筒形零件拉深模属于在拉深工序中最简单的一种拉深模。图6-17所示为无压边装置的简易圆筒形零件拉深模。该模具由凸模2及凹模4组成模具的工作零件，并分别固定在上模板1和下模板5上。在下模上还安装有弹顶器8作为卸件机构。模具在工作时，坯料放在定位板3内定位，待凸模下降时，将坯料压入凹模洞口内成形。此时，弹顶器8也随凸模一起下降。待凸模回升时，制品在弹簧7组成的弹顶器8的作用下，将制品弹出模外，完成整个拉深过程。

这种无压边圈的模具，拉深出来的制品表面质量较差，一般多用于线盒拉深。

图6-18所示为有压边装置的首次拉深模。其上模部分装有压边圈6、弹簧5和卸料螺钉10。在拉深时，凸模4与压边圈6同时随压力机滑块下降。当压边圈接触坯料后，先把坯料压紧在凹模8上。待凸模随滑块继续下降将压紧的坯料压入凹模洞口进行拉深成形。

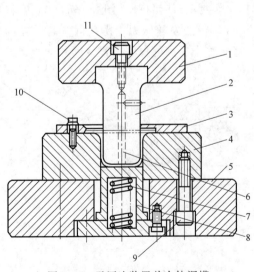

图6-17 无压边装置首次拉深模

1—上模板 2—凸模 3—定位板 4—凹模
5—下模板 6—出气孔 7—弹簧 8—弹顶器 9、10、11—螺钉

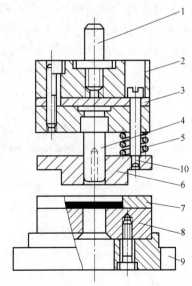

图6-18 带压边圈的首次拉深模

1—模柄 2—上模板 3—凸模固定板
4—凸模 5—弹簧 6—压边圈 7—定位板
8—凹模 9—下模板 10—卸料螺钉

这类带压边圈的拉深模，其工作时坯料稳定，故制品不会起皱或口部产生裂纹。

图 6-19 所示为带有导向装置的拉深模。该模具的上模装有弹性压边圈 3。冲模在工作时，将坯料放在凹模 2 及压边圈 3 之间。当凸模 8 随压力机滑块下降时，压边圈也随之下降并压紧坯料。待凸模继续下降，将坯件压入凹模洞口使制品成形。当凸模与压边圈一起随滑块回升时，制品在缓冲器顶杆 9 的作用下被推出模外。此模具的主要特点是采用导柱 11、导套 10 导向，使上、下模相互位置准确，这样就保障了制品精度和模具的工作稳定性，适于大批量、质量要求较高的制品零件拉深。

若零件筒形较深需要多次拉深时，可采用无压边装置的简易拉深模对其进行各次拉深。其结构形式近似于图 6-17 所示首次无压边装置的拉深模，但最后一次，为了使其质量精度得到保障，最好采用图 6-20 所示的有压边圈的以后各次反向拉深模。这类模具的凸模 2、

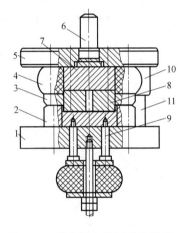

图 6-19　带有导向装置的拉深模

1—下模板　2—凹模　3—压边圈　4—橡胶
5—上模板　6—模柄　7—凸模固定板　8—凸模
9—缓冲器顶杆　10—导套　11—导柱

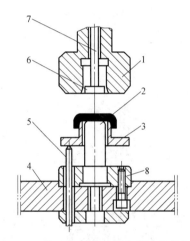

图 6-20　带压边圈的以后各次反向拉深模

1—凹模　2—凸模　3—压边圈　4—下模板
5—弹顶器顶杆　6—顶件板　7—拉料杆　8—凸模固定模

压边圈 3 装在下模，凹模 1 装在上模上。在拉深时，可将前一次（或首次）拉深后的坯件套在压边圈 3 上，当上模下降时，凸模 2 顶住坯料进入凹模 1 中，使其反向拉深成形。与此同时，凹模 1 将压边圈 3 压下。待拉深后，顶件板 6 将制件顶出凹模 1，而压边圈 3 在弹顶器顶杆 5 的作用下回复原位，把制品托出。该模具采用弹顶器作为压边装置并安置在下模，压边力较大。在整个拉深过程中都能压紧坯件，控制了坯件失稳变形，从而预防了制品拉深后的皱纹产生，保证了产品质量。

图 6-21 所示为带有导向机构的二

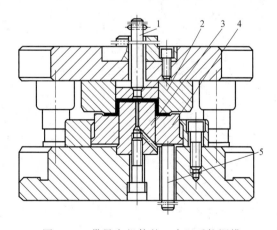

图 6-21　带导向机构的二次以后拉深模

1—推杆（打料杆）　2—凹模　3—凸模　4—压料板　5—缓冲器推杆

次以后拉深模。它是将首次拉深后带凸缘的半成品（图6-19），放在凸模3上，并与凹模2相互作用，将半成品做反向拉深，做第二次或以后各次拉深。拉深结束后，由压料板4在缓冲器推杆5作用下，推出包在凸模上的拉深件，并由推杆1推出模外，实现拉深成形。

2. 非圆筒形零件拉深模

图6-22所示为拉深不带凸缘的矩形或方形盒零件的拉深模。模具分上、下模两部分，是凹模4固定在上模、凸模8固定在下模的反向拉深模。在拉深前，首先将坯料放在定位板6内。当凹模随压力机滑块下滑时，压料板7也随之下降。此时坯料被压入凸模与凹模形成的间隙内进行拉深成形。当上模回升时，顶杆11在缓冲顶件装置（由件12~17组成）作用下，将压料板顶回原始位置，使拉深成形的零件脱离凸模8并由推板5将其推出，完成制品拉深。

图6-23所示为半球形圆形罩拉深模。该模具由安装在上模的凹模5和安装在下模的凸

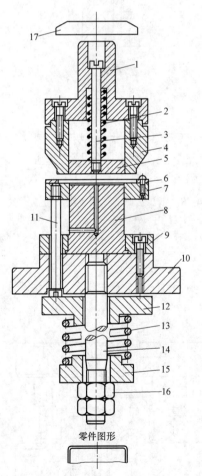

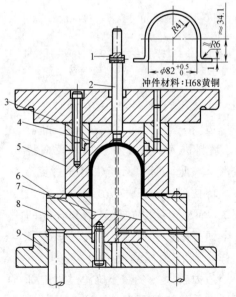

图6-22　矩形或方形盒零件的拉深模

1—模柄　2—压簧　3—推杆　4—凹模　5—推板
6—定位板　7—压料板　8—凸模　9—凸模固定板
10—下模座　11—顶杆　12~17—缓冲顶件装置

图6-23　半球形圆形罩拉深模

1—挡环　2—推杆　3—固定板　4—推板
5—凹模　6—定位板　7—凸模　8—压料板　9—顶杆

模 7 组成，模具在工作时，坯料放在压料板 8 上并由定位板 6 定位。压力机滑块下降时，将坯料压入凸、凹模所配制的间隙中，使制品拉深成形。当滑块回升时，顶杆 9 在模下缓冲器（未画出）的作用下，将压料板 8 顶回原位，使零件脱出凸模，推板 4 由推杆 2 顶出，将制品从凹模 5 内推出，完成拉深工作。

图 6-24 为带凸缘锥形件的反向拉深模。该模具的弹性压边圈 9、凸模 8 固定在下模座 10 上，凹模 7 固定在上模板 4 上。上、下模由导柱 6 及导套 5 以 H7/h6 配合对其导向，提高了模具的使用精度和寿命，很适于成批量制品生产。此模具采用反向拉深机构，拉深时，其动作机理基本与图 6-23 所示的半球形圆形罩拉深模相似。

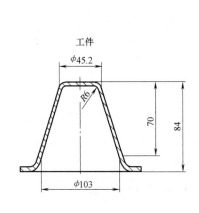
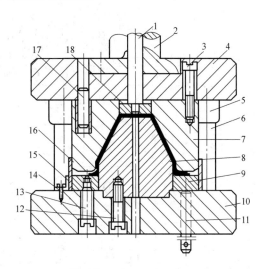

图 6-24　带凸缘锥形件反向拉深模

1—顶杆　2—模柄　3、12、13、14—螺钉　4—上模板　5—导套　6—导柱　7—凹模　8—凸模　9—压边圈
10—下模座　11—顶出杆　15、16—定位板　17—圆柱销　18—顶料板

3. 连续拉深模

图 6-25 所示为拉深-翻边-冲孔-落料连续模。它主要用来冲压一种电子器件（图 6-26），其排样图如图 6-27 所示。

该模具的结构与前述的冲裁连续模一样，在冲压时，条料的送进由侧刃 21 及侧刃挡料块 31 定位，除首次冲压外，每次冲压都落下一个完整的工件。只是该模具共设 9 个工位，故又称为多工序连续模。其各工位分别为：

侧刃 21 冲裁条料边并由侧刃挡料块 31 定位→冲两个切口用的 $\phi2mm$ 工艺孔→切口凸模 25 切口→空位→拉深凸、凹模拉深→整形凸模 19 对拉深底面整形→冲孔凸模冲三个 $\phi3mm$ 小孔→空位并由导正销 10 导正条料→落料翻边。

该模具结构紧凑，在一次冲压行程中（第一次除外）可同时对制品零件完成落料、翻边、冲孔、拉深等多道工序。其工作过程与普通连续模相同，只是工序比普通连续模多，故该模具尽管加工制造难度较大，但生产率较高。

4. 拉深复合模

图 6-28 所示为方形盒零件落料-拉深-切边复合模。该模具在压力机的一次行程中，可同时完成三道工序。该模具采用标准模架，由导柱、导套导向，故拉深精度较高。

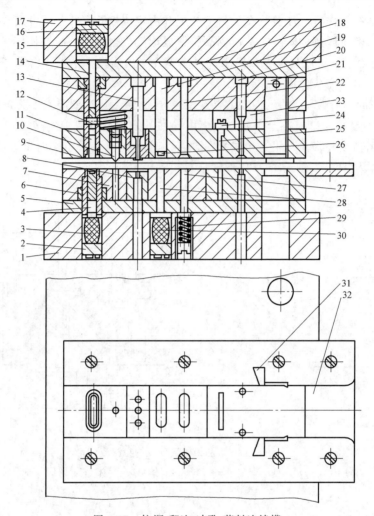

图 6-25 拉深-翻边-冲孔-落料连续模

1—下模座 2、16、24—压板 3、15、30—橡胶 4—顶件块 5、18—垫板 6—翻边凹模

7—凹模镶块 8—冲孔凹模镶块 9—卸料板 10—导正销 11—落料翻边凸模 12—卸料螺钉

13—冲孔凸模 14—压料杆 17—上模座 19—整形凸模 20—冲孔凸模 21—侧刃 22—拉深凸模

23—导柱 25—切口凸模 26—镶杆 27、28—顶杆 29—弹簧 31—侧刃挡料块 32—承料板

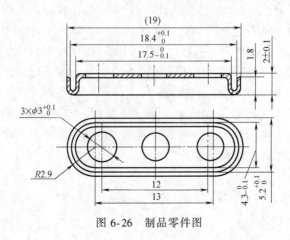

图 6-26 制品零件图

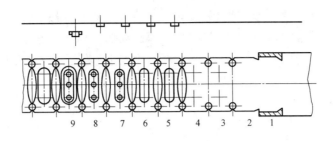

图 6-27 冲压排样图

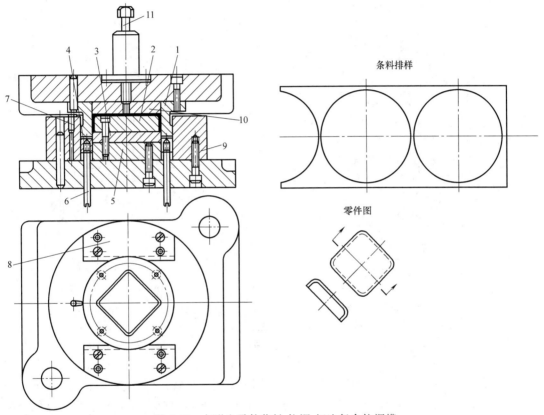

图 6-28 方形盒零件落料-拉深-切边复合拉深模

1—凸凹模 2—拉深凸模 3—切边凸模 4—压边圈 5—垫板 6—缓冲螺钉
7—定位销 8—导料板 9—落料凹模 10—打料板 11—打料杆

该模具的结构与普通冲裁复合模相似，在工作时，首先将条料沿导料板 8 向前推进，并由定位销 7 定位。待上模下行时，由凸凹模 1 的外缘与落料凹模 9 作用首先落下坯料再由凸凹模 1 内孔（拉深凹模）与拉深凸模 2 作用，对坯料同时拉深成形。待凸凹模 1 随滑块继续下降，又与切边凸模 3 作用进行切边，完成制品零件冲压成形。待凸凹模 1 随滑块回升时，切边余料在压边圈 4 和缓冲螺钉 6 作用下推出，而制件由打料杆 11、打料板 10 推出，完成整个冲压过程。

图 6-29 所示为法兰盘落料-正反拉深-冲孔复合拉深模。该模具为正装式上出件复合模。在冲压时，首先将坯料放在落料凹模 20 上，当上模下降时，退料环 17 在橡胶弹力作用下将

坯料压紧。然后落料凸模 6 与落料凹模 20 首先进行冲裁落料。待上模继续下降，落料凸模 6 内整形腔与下凸凹模 21 进行正向拉深。当拉深高度为 8mm 时，上凸凹模 14 与下凸凹模 21 开始进行反向拉深。此时，内外同时处于被拉深状态。随之，冲孔凸模 19 与上凸凹模 14 进行冲孔。当反向拉深深度达 7mm 时，凸模停止下移，制品成形。

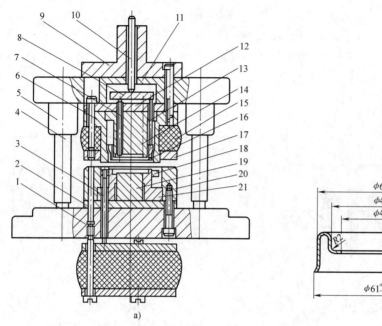

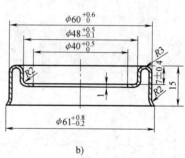

图 6-29　法兰盘落料-正反拉深-冲孔复合拉深模

1—下模板　2—下垫板　3—螺纹推杆　4—导柱　5—导套　6—落料凸模　7—推杆　8—推板
9—模柄　10—打料杆　11—上模座　12—上垫板　13—顶杆　14—上凸凹模　15—橡胶
16—退件环　17—退料环　18—压料板　19—冲孔凸模　20—落料凹模　21—下凸凹模

待上模、滑块一起上升时，压料板 18（压边圈）在退料装置作用下，将制品从下凸凹模 21 中推出。此时，打料杆 10、推板 8、推杆 7 将留在上凸凹模中的废料推出，完成制品的冲制。

该模具结构尽管复杂，要求制造精度较高，但在同一模中同时可进行正反两次拉深，故生产率较高，适于批量生产。为保证制品质量，上凸凹模 14 的圆角半径应修试后确定，应不超 $R2mm$。

5. 双动拉深模

在冲压生产中，若所要拉深的制品拉深深度较深，而且制品大而复杂，在条件允许的情况下，尽量采用双动压力机对其进行拉深，而拉深采用的冲模称为双动拉深模。

图 6-30 所示为双动压力机用首次拉深模。其上模座 4 与凸模固定杆 6 分别安装在双动压力机外的内滑块上，即固定在上模座 4 上的压边圈 5 装在外滑块上，凸模装在内滑块上。压边圈采用刚性结构，它的作用不是靠直接调整压力来保证的，而是通过调整压边圈与凹模 2 平面之间的间隙来达到的。

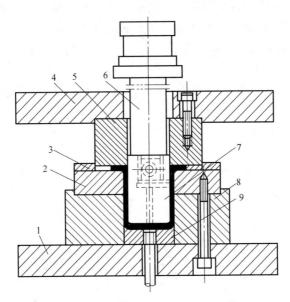

图 6-30　双动压力机用首次拉深模

1—下模座　2—凹模　3—定位板　4—上模座　5—压边圈　6—凸模固定杆　7—凸模　8—凹模座　9—托板

在拉深时，首先将平板毛坯放在凹模 2 上的定位板 3 上，压边圈 5 在压力机外滑块带动下，先与凹模接触并压紧坯料。然后凸模 7 由压力机内滑块带动向下将压边圈压紧的坯料压入凹模洞口内，对其拉深成形。待压力机滑块回程上升时，凸模先被提升，压边圈 5 将制品从凸模上刮下。与此同时，托板（又称顶板）9 将制品托出，完成整个拉深过程。

用于双动压力机上的以后各次拉深模，其动作机理和定位方式基本与单动压力机所用结构相类似。图 6-31 所示为双动压力机以后各次拉深模。其压边圈 7 与凸模 4 分别安装在压力机内、外滑块上，工作时，由定位板 6 做外形定位。起动压力机后内、外滑块带动压边圈 7 和凸模 4 的同时将板料压紧并由凸模压入凹模座 2 洞口内进行拉深成形。拉深后，由缓冲器顶件杆 10 带动托板 3 将制品托起，并由压边圈 7 将其刮下。

首次拉深后的各次拉深模，多采用反向拉深模结构。即零件在拉深时，凸模在坯料底反向压下，并使坯料表面翻转，使其内表面变外表面，这样可大大提高制件质量和精度。

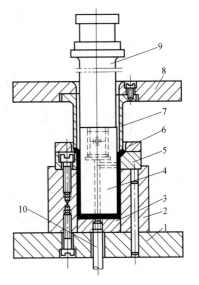

图 6-31　双动压力机以后各次拉深模

1—下模座　2—凹模座　3—托板
4—凸模　5—凹模　6—定位板
7—压边圈　8—上模座
9—凸模固定杆　10—顶件杆

6.2.3　拉深工艺参数

1. 坯料尺寸的测算

金属板料在拉深过程中，其本身质量并没有增减，而是发生了塑性变形后形成所需的制

147

品形状。其拉深前的坯料大都以平板状为主，故必须在拉深前确定板料的形状与尺寸大小。在确定时，根据拉深前后质量不变的规律，遵循下述原则：

1）拉深前后材料的质量及体积相等。

2）拉深前后表面积不变。

3）拉深前的坯料形状一般与制品零件形状近似，但方形、矩形盒零件，坯件一般为圆形或椭圆形。

4）拉深前的坯料，在拉深高度方向上必须要留有一定的修边余量，其余量大小可根据零件高度确定。

在确定拉深坯料尺寸及形状时，可根据上述原则，预先计算出制品的质量、体积和展开面积再加上修边余量，即可初步确定出坯料的形状及尺寸。为了方便，表6-8列出了各种形状拉深件坯件尺寸计算公式，供计算时参考。

表6-8　常用旋转体拉深件坯件直径计算

零件类型	图　　示	坯件直径 d_0 计算公式
筒形	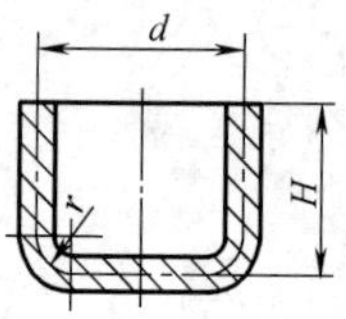	$d_0 = \sqrt{d^2 + 4dH - 1.72dr - 0.56r^2}$
球底筒形	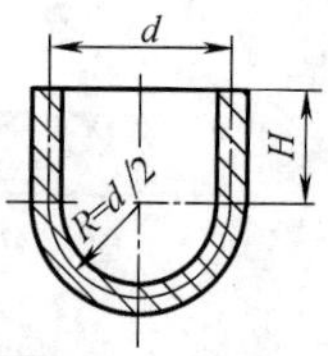	$d_0 = 1.414\sqrt{d^2 + 2dH}$
球形	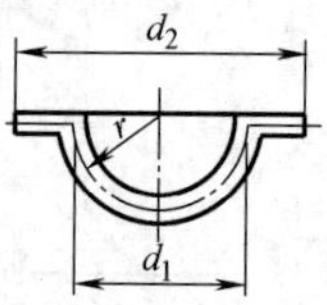	$d_0 = \sqrt{d_1^2 + d_2^2}$
锥形	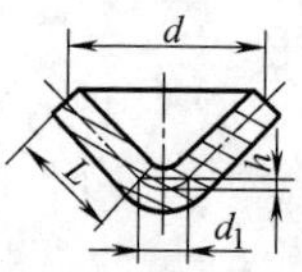	$d_0 = \sqrt{d_1^2 + 4h^2 + 2L(d_1 + d)}$
阶梯形	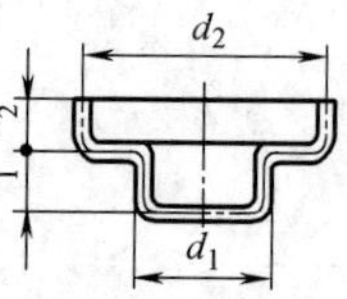	$d_0 = \sqrt{d_2^2 + 4(d_1 h_1 + d_2 h_2)}$

（续）

零件类型	图　　示	坯件直径 d_0 计算公式
平底锥形	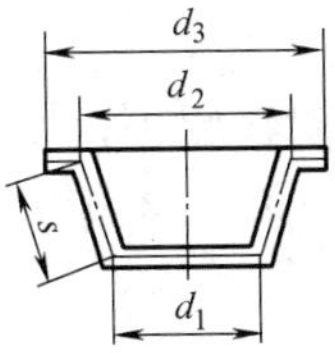	$d_0 = \sqrt{d_1^2 + 2s(d_1 + d_2) + d_3^2 - d_2^2}$
抛物线形	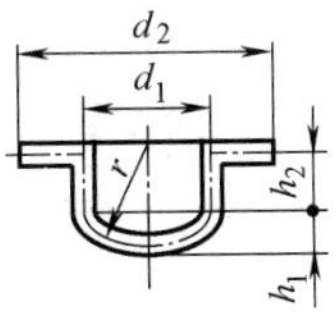	$d_0 = \sqrt{d_2^2 + 4(h_1^2 + d_1 h_2)}$

在冲压生产中，对于拉深件的尺寸展开，特别是锥形、方形盒零件，其坯料形状和尺寸很难计算准确。只有根据制品的几何形状、尺寸及变形特点，利用前述尺寸展开原则及计算公式，先估算一个试冲用的坯料形状和尺寸，并在坯料上做出标记，然后按拉深试件的制品结果，对坯料尺寸和形状进行修正，最后以合格的制品零件所用的坯料形状、尺寸作为坯件。故在设计比较复杂的非旋转体拉深模时，设计者一般先设计及制造出后续工序的拉深模，并以拉深模试出的制品所用的坯料作为坯件，再开始设计、制造坯件落料模，以批量生产坯料再供拉深，这样既可免去繁杂的计算又比较准确，可避免造成不必要的损失。

2. 凸、凹模圆角半径

拉深凸、凹模圆角半径，对拉深工作影响很大，特别是凹模圆角半径 $R_凹$，它直接影响到制件质量和拉深的成败。故在检修冲模时，应给予高度重视。

（1）凹模圆角半径 $R_凹$　在设计、制造与检修冲模时，凹模圆角半径 $R_凹$ 可参照表6-9选取。

表6-9　首次拉深模凹模圆角半径 $R_凹$　　　　（单位：mm）

拉深方式	坯料相对厚度 $(t/d_0) \times 100$		
	2.0~1.0	1.0~0.3	0.3~0.1
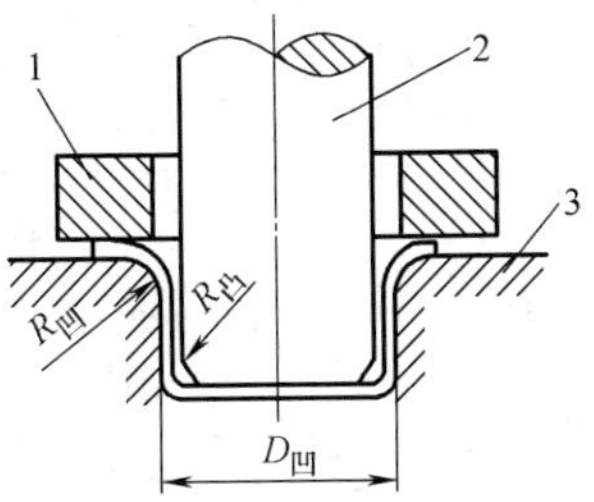 无凸缘	$(6~8)t$	$(8~10)t$	$(10~15)t$
有凸缘	$(10~15)t$	$(15~20)t$	$(20~30)t$

1—压边圈　2—凸模　3—凹模

注：t—材料厚度，d_0—坯料直径。

在使用表 6-9 时应注意：

1）材料为有色金属（如铜、铝等）应取表中偏小值，而黑色金属（如钢板）应采用表中偏大值。

2）在第二次拉深时，$R_凹$ 值应比表中小 20%～40%；以后各次减小量要小些，一般为 10%～30% 的减小量，应根据零件尺寸而定，尺寸较小的零件减少量不宜过大。

3）最后一次拉深的凹模圆角半径应等于制件所要求的圆角半径尺寸。

（2）凸模圆角半径 $R_凸$　凸模圆角半径 $R_凸$ 可按下列公式计算：

首次拉深：
$$R_凸 = (0.5 \sim 1) R_凹$$

多次拉深：
$$R_凸 = (d_{n-1} - d_n - 2t)/2$$

式中　d_n——前后两次过渡直径（mm）；

　　　t——材料厚度（mm）。

多次拉深的最后一次拉深（或只需一次拉深成形）的凸模圆角半径 $R_凸$ 应等于制品所要求的圆角半径值，但不能小于 $(2 \sim 3)t$；如果制品零件要求比 $(2 \sim 3)t$ 小，则最后一次拉深也应为 $R_凸 = (2 \sim 3)t$，并在拉深后增加一次校形工序，以最终达到所要求的尺寸。

3. 凸、凹模间隙

凸、凹模间隙又称拉深间隙，它是指拉深凹模工作洞口尺寸与相应拉深凸模尺寸的差值，如图 6-32 所示。一般单面间隙用 Z 表示。在拉深生产中，间隙 Z 的大小对拉深影响很大。一般来说，凸、凹模间隙 Z 是影响拉深件质量及冲模使用寿命最主要的因素之一。

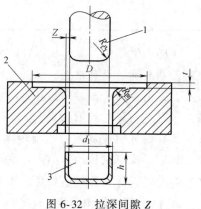

图 6-32　拉深间隙 Z
1—凸模　2—凹模　3—制品

（1）圆筒形零件的拉深间隙　圆筒形零件的凸、凹模间隙主要与拉深材料有关，其大小可参照表 6-10 确定。

表 6-10　圆筒形零件拉深间隙值

材　料	单面间隙 Z		
	第一次拉深	中间各次拉深	最后一次拉深
软钢	$(1.3 \sim 1.5)t$	$(1.2 \sim 1.3)t$	$1.1t$
黄铜、铝	$(1.3 \sim 1.4)t$	$(1.15 \sim 1.2)t$	$1.1t$

注：t—材料厚度（mm）。

对于精度要求较高的制品零件，为使拉深后材料回弹较小和有较好的表面质量，拉深时可采用负间隙拉深法，即间隙 Z 值可按下式选取：

$$Z = (0.9 \sim 0.95)t$$

式中　t——材料厚度（mm）。

（2）矩形盒零件拉深间隙　矩形盒零件拉深时凸、凹模间隙 Z 值应根据拉深过程中坯料各部位壁厚变化情况而定。其圆角部位的间隙 Z，可根据零件尺寸所要求的精度来选择。

其方法为：

精度要求较高的零件

$$Z = (0.9 \sim 1.05)t$$

一般精度的零件

$$Z = (1.1 \sim 1.3)t$$

式中　t——材料厚度（mm）。

在选择矩形（方形）盒零件间隙时，其直壁部位应小些，圆角部位应选大一些，一般圆角部位应比直壁部位大 $0.1t$ 为宜。

高矩形零件需多次拉深时，其前几道工序的间隙可按一般圆筒形零件拉深间隙确定方法（表 6-10）确定 Z 值，但最后一次拉深间隙 Z 应按上述方法确定。

4. 凸、凹模工作尺寸

拉深件的尺寸精度主要取决于最后一道工序的凸、凹模尺寸。故在冲压过程中，若凸、凹模尺寸由于磨损发生变化必须加以修整，否则会影响产品质量。

（1）圆筒形拉深件　圆筒形拉深件在确定凸、凹模尺寸时，应根据制件图样的标注方式不同而采取不同的计算方法。

1）当制品零件标注外形尺寸（图 6-33a）时，其拉深时凸、凹模工作尺寸可按下述方法计算（图 6-33b）：

$$D_{凹} = (d - 0.75\Delta)^{+\delta_{凹}}_{0}$$

$$d_{凸} = (d - 0.75\Delta - 2Z)^{0}_{-\delta_{凸}}$$

2）当制品零件标注内形尺寸（图 6-34a）时，其拉深时凸、凹模工作尺寸可按下述方法计算（图 6-34b）：

$$d_{凸} = (d + 0.4\Delta)^{0}_{-\delta_{凸}}$$

$$D_{凹} = (d + 0.4\Delta + 2Z)^{+\delta_{凹}}_{0}$$

对于需多次拉深各中间过程的工序（除首次及末次），其坯料（半成品）的公差没有必要严格要求，故凸、凹模尺只要取坯料（半成品）过渡尺寸即可。如若以凹模为基准时，其凹模尺寸为

$$D_{凹} = d^{+\delta_{凹}}_{0}$$

而凸模尺寸为

$$d_{凸} = (d - 2Z)^{0}_{-\delta_{凸}}$$

式中　d——制品零件或该道工序的坯料及半成品直径（mm）；

　　$d_{凸}$——凸模公称尺寸（mm）；

　　$D_{凹}$——凹模公称尺寸（mm）；

　　Δ——制品公差（mm）；

　　Z——凸、凹模单边间隙（mm）；

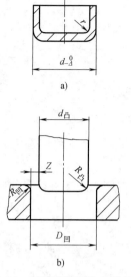

图 6-33　制品零件标注外形尺寸
a）制品零件　b）凸、凹模

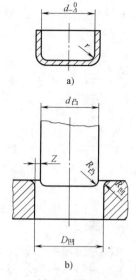

图 6-34　制品零件标注内形尺寸
a）制品零件　b）凸、凹模

$\delta_{凹}$、$\delta_{凸}$——凹模及凸模制造公差（mm），其$\delta_{凹}$、$\delta_{凸}$可从表6-11中选取或按尺寸公差等级IT9确定。

表 6-11　拉深凹、凸模制造公差 $\delta_{凹}$、$\delta_{凸}$　　　　（单位：mm）

材料厚度 t	拉深件直径					
	≤20		>20~100		>100	
	$\delta_{凹}$	$\delta_{凸}$	$\delta_{凹}$	$\delta_{凸}$	$\delta_{凹}$	$\delta_{凸}$
≤0.5	0.02	0.01	0.03	0.02		
>0.5~1.5	0.04	0.02	0.05	0.03	0.08	0.05
>1.5~4	0.06	0.04	0.08	0.05	0.10	0.06

注：为提高拉深精度，$\delta_{凸}$、$\delta_{凹}$也可选用IT8。

（2）矩（方）形盒拉深件　矩形盒零件的拉深凸、凹模尺寸可按下述方法确定：

1）一次成形的矩形或方形盒件，凸模尺寸与形状应取等于盒内表面形状及尺寸；而凹模工作部位尺寸和形状基本上与圆筒形拉深模近似，只是 $R_{凹}$ 应大些，一般为

$$R_{凹}=(4\sim10)t$$

式中　$R_{凹}$——凹模圆角半径（mm）；

　　　t——板料厚度（mm）。

2）多次拉深的矩形盒零件，其最初几道拉深工序的凸、凹模工作部分尺寸及形状可按圆筒形零件多工序拉深方法确定，只是在倒数第二次时（$n-1$次），拉深后的半成品底面应与矩形底面相同，但其底面应与此道半成品直壁部分有一个30°~45°的过渡斜角，以确保最后一次拉深成形。待最后一次拉深时凸、凹模工作部位尺寸及形状应同上述的需一次拉深成形的零件确定方法。

5. 拉深力的计算

（1）圆筒形零件拉深　圆筒形零件分不带凸缘和带凸缘两种，其拉深时所用拉深力可分别用下述方法计算：

不带凸缘的直筒拉深件

$$F = K\pi dt R_m$$

带凸缘的圆筒拉深件首次拉深

$$F_1 = K_1 \pi d_1 t R_m$$

以后各次拉深：

$$F_n = K_n \pi d_n t R_m$$

式中　F——拉深所需的力（N）；

$\quad F_1$——首次拉深力（N）；

$\quad F_n$——第 n 次拉深力（N）；

$\quad d$——拉深件直径（mm）；

$\quad d_1$——首次拉深直径（mm）；

$\quad d_n$——第 n 次拉深直径（mm）；

$\quad t$——材料厚度（mm）；

$\quad R_m$——材料抗拉强度（MPa）；

$\quad K$——修正系数，一般为 0.4~1，随拉深系数 m 增大而减小；

$\quad K_1$——首次拉深修正系数，一般为 0.15~1.0；

$\quad K_n$——n 次拉深修正系数，一般为 0.5~1。

（2）矩形盒零件拉深　矩形盒零件一次拉深成形时，其拉深力为

$$F = (2\pi r K_1 + L K_2) t R_m$$

式中　F——拉深所需的拉深力（N）；

$\quad r$——盒形件圆角部位圆角半径（mm）；

$\quad L$——盒形件直边部位长度总和（mm）；

$\quad t$——材料厚度（mm）；

$\quad R_m$——材料抗拉强度（MPa）；

$\quad K_1$——修正系数，浅盒件 $K_1 = 0.5$；当相对高度为 5~6 时，$K_1 = 1~2$；

$\quad K_2$——修正系数，当间隙足够大不压边时，$K_2 = 0.2$；在采用压边圈时，其压边力
$\quad\quad F_Q \geqslant 0.3F$ 时，$K_2 = 0.3$；强力压边时 $K_2 = 1$。

矩形盒零件需多次拉深时，其拉深力可按圆筒形拉深力的计算方法确定。

（3）压边力的计算　在拉深时，压边圈施加的作用力应选择在保证制品零件凸缘部位不致起皱的前提下，尽量选择最小值。一般可按下式计算：

$$F_Q = \pi(d_0^2 - d^2)g/4$$

式中　F_Q——压边力（N）；

d_0——坯料直径（mm）；

d——拉深件直径（mm）；

g——单位面积压边力，铝为 0.08～0.12MPa，铜为 0.12～0.18MPa，钢为 0.15～0.25MPa。

（4）压力机的选择　拉深时，选用的压力机公称压力

$$F_Y \geqslant F + F_Q$$

式中　F_Y——压力机公称压力（N）；

F——拉深所需的拉深力（N）；

F_Q——拉深所需的压边力（N）。

对于双动压力机，

$$F_1 > F, \quad F_2 > F_Q$$

式中　F_1——内滑块压力（N）；

F_2——外滑块压力（N）；

F——拉深所需拉深力（N）；

F_Q——拉深所需压边力（N）。

6.2.4　拉深工艺过程及操作要点

拉深与前述的冲裁、弯曲一样，其加工工艺过程是：检查拉深设备的运行状况→检查拉深模质量及完好率→初步在压力机上安装冲模→对冲模进行调试→固定安装好冲模→试冲，首件进行检测→批量生产制件→在批量生产中进行抽样检测→工作完毕对设备及模具进行清理、润滑与保养→清理场地，整理制品零件及废料。其主要操作要点如下：

1. 拉深模的调试

拉深模在压力设备上的安装方法在本书后续章节将做专门论述，但在安装过程中，必须对其间隙、凸模进入凹模深度等做必要的调整，只有这样才能冲压出合格的制品零件。其调整的方法主要包括如下几方面内容：

（1）进料阻力的调整　制品零件在拉深过程中，送进条料或坯料阻力要适中、通畅。若在送料过程中，阻力过大则制品易被拉裂；阻力过小，则制品在拉深过程中边缘易起皱，故必须使进料阻力始终保持畅通无阻。其调整的方法是：

1）调节压力机滑块压力，使之处于正常压力下工作。

2）调节压边圈的压边角，使其与坯料有良好的接触，不得有任何偏斜。

3）修整凹模圆角半径，使之按图样要求，不能过大或过小，要修整合适。

4）采用合理的润滑，或增、减润滑次数，使用较好的润滑液。

（2）凸模进入凹模深度的调整　拉深模在压力机上安装时，首先要注意上、下模在压力机工作台上的相对位置及凸模进入凹模的深度。其调整的方法是：

1）有导向的拉深模，一般要靠模具的自身导向装置保证上、下模相对位置及凸模进入凹模的深度，无须做过多的调整。

2）无导向装置的拉深模，需采用控制凸、凹模间隙的方法来控制凸模进入凹模的深

度。即在调整时，要采用标准样件或垫片放置在凸、凹模之间配合调整。

3）上、下模间隙靠标准样件调整合适后将下模固紧在压力机工作台上，再将压力机螺杆调整到使压力机滑块到下死点位置时，而样件恰好不受挤压，即认为凸模进入凹模深度已调好。一般情况下，凸模进入凹模的深度应为凸模圆角半径与凹模圆角半径之和再加 5 ~ 10mm 为宜。

4）在调整时，可把凸模进入凹模的深度分 2 段或 3 段进行调整，即将较浅的一段调整合适后，再往下调深一段，直到合适为止。

（3）凸、凹模间隙的调整　拉深间隙的调整对拉深件质量影响很大，必须进行仔细调整。其方法是：

1）先将上模固紧在压力机滑块上，下模放在压力机工作台上先不固定。

2）将事先准备好的标准样件（与拉深制品尺寸、形状一样）放进凹模洞口中，再扳动压力机飞轮，使上、下模合模，并使凸模进入标准样件内孔中压入凹模孔中。

3）将下模固紧在工作台面上，即认为间隙调整合适，可以试冲。

（4）压边力的调整　带有压边圈的拉深模在安装冲模或在冲模运行过程中随时调整压边力是拉深成败的关键。这是因为，压边力过大，制品易被拉裂；拉边力过小，制品又易在边缘起皱，影响制品质量。因此，要边试边进行调整，使其压边力保持平稳、合适。其调整方法是：

1）拉深模拉深间隙调整合适后，将凸模送入凹模，在进入 10 ~ 20mm 时，开始进行试冲。观察压边圈压边面是否将材料压紧，材料是否均匀受力，若不合适，调整压边圈位置，目的是使压边圈在开始拉深时就起压边作用。在调整后使拉深件凸缘部位无明显折皱又无材料破裂现象时，再逐步加大拉深深度。

2）根据拉深高度，可对拉深件做 2 次或 3 次调整，但每次调整时，均用上述方法观察、调试，直到最后制件无破裂、无折皱，即认为在整个拉深过程中压边力比较均衡、合适，模具即可投入批量生产。

3）在用压力机下部的压缩空气垫提供压边力时，可通过调节压缩空气压力大小来控制压边力，一般压力为 0.5 ~ 0.6MPa。

4）若采用安装在模具下部用橡胶与压簧组成的缓冲弹顶机构来提供压边力，可直接通过调整弹簧与橡胶的压缩力大小来调节压边力的大小。

5）拉深时若采用双动冲压机，其压边力是由机床外滑块提供的。故压边力的调节可直接通过调节连接外滑块的螺杆（丝杠）即可。但在调整时，应使其螺杆得到均衡调节，以保证拉深工作的正常进行。

2．拉深时的润滑

在冲压生产作业中，润滑是将润滑剂涂在坯件及模具一定部位，其目的是为了减少摩擦面之间的阻力与磨损，延长模具使用寿命和提高冲压件产品本身的质量。特别是在拉深工序中，不但材料的塑性变形强烈，而且材料和模具工作表面之间存在很大的摩擦和相对运动，故必须在操作时给以适当润滑。这是因为，坯料与模具涂抹润滑剂后，不仅可降低摩擦力（大约降低 30% 左右），而且可相对提高变形程度，还能保护模具工作表面和冲件表面不受损伤，大大提高了制品的表面质量，延长了模具的使用寿命。

在拉深操作中如何使用润滑剂、润滑剂的类型、润滑操作方法等在本书后续章节将有详细介绍，请参考试行，本节将不做介绍。

3. 拉深时的辅助工序

在拉深工序中，为使冲压工作能正常进行，不出废品或少出废品，常采用一些辅助工序来配合拉深工作。其中主要包括：

（1）坯件的中间热处理退火 坯料在拉深过程中发生塑性变形而产生的硬化，使得本身塑性降低，若继续拉深，由于硬度与强度的提高，很容易被拉裂。为了保证再次拉深成形，则需经热处理退火，从而消除由于冷作硬化而产生的内应力，使材料软化，恢复原来的塑性，以保证再次拉深时的质量，不至于产生裂纹。故需多次拉深的制品零件，一般都采用中间退火工序，以保障后续工序的正常进行。

拉深工序采用的坯件中间退火工艺主要有高温退火和低温退火两种方法。其退火时的温度和退火工艺规范应参照本书后续章节或热处理退火工艺规范进行。

（2）坯件的酸洗清理 在制品各次拉深时，经中间退火的坯件及半成品，其表面均存有一层氧化皮或残留杂物。这对坯件的继续拉深是极其不利的。因此，经中间退火的坯件，必须要经酸洗工艺进行清理。其工艺过程是：坯件退火冷却后→浸入稀酸（H_2SO_4 或 HCl+水）中侵蚀→冷水中冲洗→弱碱中（Na_2CO_3）中和→热水中清洗→加热炉烘干。

6.2.5 拉深质量检测与缺陷补救

1. 拉深质量要求

制品零件在拉深成形以后，应符合如下技术要求：

（1）形状要求 制品零件在拉深以后，其内外形状应符合产品图样要求，表面没有明显、急剧的轮廓形体变化，不允许有任何锥角过大或缩颈现象，特别是侧壁接近凸模端部的小圆角处（危险断面处）更不能有缩颈现象发生。

（2）尺寸精度要求 零件在拉深后，经检测一定要符合产品图样规定的各尺寸及公差要求。拉深件的尺寸精度包括直径和高度两部分，通常拉深件的精度应符合表 6-12 ~ 表 6-14 中所列数值的要求。

表 6-12 拉深件内形或外形直径尺寸公差 （单位：mm）

简 图	材料厚度	拉深件直径 d		
		≤50	>50 ~ 100	>100 ~ 300
$d\pm\varDelta$ $d\pm\varDelta$	≤1	±0.2	±0.3	±0.4
	1 ~ 1.5	±0.3	±0.4	±0.5
	1.5 ~ 2	±0.4	±0.5	±0.6
	2 ~ 3	±0.5	±0.6	±0.7
	3 ~ 4	±0.6	±0.7	±0.8
	4 ~ 5	±0.7	±0.8	±0.9
	5 ~ 6	±0.8	±1.0	±1.2

表 6-13　拉深件高度尺寸公差　　　　　（单位：mm）

简　图	材料厚度	拉深件高度 H				
		≤18	18~30	30~50	50~80	80~120
	≤1	±0.5	±0.6	±0.7	±0.9	±1.1
	1~2	±0.6	±0.7	±0.8	±1.0	±1.3
	2~3	±0.7	±0.8	±0.9	±1.1	±1.5
	3~4	±0.8	±0.9	±1.0	±1.2	±1.8
	4~5	—	—	±1.2	±1.5	±2.0
	5~6	—	—	—	±1.8	±2.2

表 6-14　带凸缘拉深件高度公差　　　　　（单位：mm）

简　图	材料厚度	拉深件高度 H				
		≤18	18~30	30~50	50~80	80~120
	≤1	±0.3	±0.4	±0.5	±0.6	±0.7
	1~2	±0.4	±0.5	±0.6	±0.7	±0.8
	2~3	±0.5	±0.6	±0.7	±0.8	±0.9
	3~4	±0.6	±0.7	±0.8	±0.9	±1.0
	4~5	—	—	±0.9	±1.0	±1.1
	5~6	—	—	—	±1.1	±1.2

对于产品零件未注公差尺寸时，应在检测时按表 6-15 所规定的线性尺寸的极限偏差值来检测验收，一般不能超过表中所列数值。

表 6-15　线性尺寸的极限偏差值　　　　　（单位：mm）

公差等级	尺寸范围					
	0.5~3	>3~6	>6~30	>30~120	>120~400	>400~1000
f（精密）	±0.05	±0.05	±0.1	±0.15	±0.2	±0.3
m（中等）	±0.1	±0.1	±0.2	±0.3	±0.5	±0.8
c（粗糙）	±0.2	±0.3	±0.5	±0.8	±1.2	±2
v（最粗）	—	±0.5	±1	±1.5	±2.5	±4

注：本表摘自 GB/T 1804—2000，适用于各类切削加工；冲压可采用 m、c 级标准。

（3）外观质量要求　拉深后的制品零件，外观应无裂痕、起皱及表面明显划痕、凹陷扭曲、外鼓等现象。对于平底拉深件，其底部应平直，不准有外凸及内凹等现象；其外形表面应光洁，符合图样规定的各项技术要求指标。

2．拉深件的质量检测

（1）形状与表面质量检测　拉深件的形状与表面质量检测，主要是通过目测进行直观检查。即拉深后的制品零件，应无明显的变形，并符合图样或标准试样的要求与规定；其表面应无有裂纹、折皱、表面无明显划痕及外鼓、凹陷和扭曲。在检测时，应注意以下几点：

1）拉深件各部位不允许有裂纹、破损及明显变薄现象。

2）拉深件的口部、凸缘、侧壁不应有任何起皱、折纹。但后续工序若有切边工序时，口部稍有折皱应在切边工序中切除。

3）拉深件的侧壁不应有明显的刮伤或划痕，表面应光洁。

4）拉深件的侧壁不应有明显的外鼓及凹陷。平底拉深件底部不应有外鼓、内凹及高低不平现象。

（2）尺寸精度检测　在检测拉深件尺寸精度时，应比对产品图样所标注的尺寸，用卡尺或高度尺进行逐项检测，其检测结果应符合图样所规定的尺寸要求及允许公差值。未注公差尺寸，可按表 6-15 所规定的 m 及 c 级标准检测。

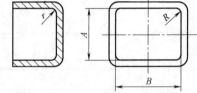

图 6-35　矩形拉深件尺寸精度检测

在检测时，若图样标注的是内形尺寸（图 6-35），则只测量内形尺寸，而外形尺寸不必测量；若图样标注的是外形尺寸，则只测量制品的外形尺寸，内形尺寸不必测量；其底部圆角以凸模圆角为准进行检测；矩形拉深件的四角部圆角半径，若标注内径时应只测内径，而外径可不做测量。

在对直壁拉深件进行测量时，在制品要求外形尺寸的情况下，应检查大头尺寸，如图 6-36a 所示；在制件要求内形尺寸情况下，应检测小头尺寸，如图 6-36b 所示。一般情况下不再检测直壁部位另一端尺寸，除非有特殊要求时，方可进行检测。

（3）样板检测　复杂形状的大、中型零件以及非旋转体盒形中、小型零件（如抛物线、球形、阶梯形等拉深件），可以采用平面样板检测。即在检测时，用事先做好的标准样板与制品零件相应表面相接触，观察相应贴合面的透光缝隙大小，即可判定制品合格与否，如图 6-37 所示。若缝隙太大，则表明不符合要求，若样板紧贴相应曲面，之间没有缝隙或缝隙比较小，则表明产品合乎设计要求。

检验样板一般用 1~2mm 厚的硬金属板料（如钢板）制成。其尺寸公差值及几何公差值，一定要在被测制品零件所要求的精度等级范围之内。

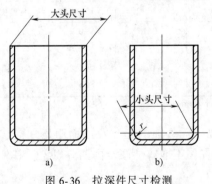

图 6-36　拉深件尺寸检测

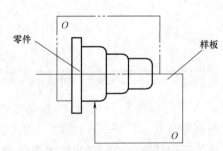

图 6-37　阶梯形拉深件用样板检测方法

3. 拉深件质量缺陷与控制方法

零件在拉深过程中，由于受各种因素的影响，致使零件拉深后形状和尺寸达不到图样所规定的质量精度要求，有时会产生被拉裂、起皱、表面粗糙、变形等缺陷，严重时会产生废品，甚至造成浪费。因此，在冲压操作过程中，要随时进行抽样检查，若发现产品出现质量缺陷要立即停机，邀请有关技术人员，一起分析出现缺陷的原因，并提出解决办法，在进行必要的整改合格以后，再继续开机生产，以保证生产作业正常进行。表 6-16 列出了在冲压生产中，拉深件常出现的缺陷类型、产生原因以及解决办法，供参考。

表 6-16　拉深件常见缺陷类型、产生原因以及解决办法

缺陷类型	产生原因	解决办法
凸缘起皱且零件壁部被拉裂 	模具长期使用，使压边圈失效或压边力太小，致使凸缘部位起皱、板料无法被拉入凹模导致边壁破裂	重新调整压边力，使之合适，或更换给予压边力的弹性元件如橡胶、压簧等
拉深件壁部被拉裂 	1. 压边力太大，使板料拉深时承受拉应力大而造成壁部被拉裂 2. 凹模圆角半径太小 3. 润滑不良 4. 材料塑性差	1. 设法减少压边力的大小 2. 加大凹模圆角半径 3. 改用良好的润滑剂 4. 更换材料或将坯件进行中间退火处理
制品凸缘起皱 	1. 凸缘部位压力太小，无法抵制过大的切向压应力而引起的切向变形，故失稳而产生变形 2. 材料较薄	1. 调整压边圈，使压边力加大，或更换给予压边力的橡胶或弹簧 2. 适当加大材料厚度
制品边缘呈锯齿形 	拉深坯件边缘有飞边且太大	设法去除坯件飞边或修整前道落料工序使坯件飞边变小
制品边缘高低不齐 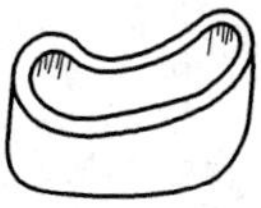	1. 坯件定位时与凸、凹模中心线不重合 2. 材料厚度不均匀 3. 凸、凹模间隙不均 4. 凸、凹模圆角半径不对称，大小不等	1. 调整定位零件使坯件中心与凸、凹模工作中心相重合 2. 更换坯件材料 3. 调整间隙，使之均匀 4. 修整凸、凹模圆角半径，使其对称且大小相等
制品断面变薄 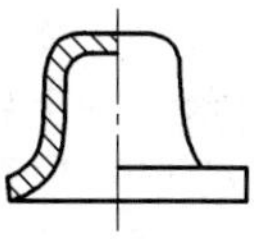	1. 凹模圆角半径太小 2. 凸、凹模间隙变化不均匀，个别处间隙变小 3. 压边力太大 4. 润滑不良	1. 加大凹模圆角半径 2. 调整间隙使间隙均匀，变薄处的间隙加大 3. 修正减小压边力 4. 改进润滑方法或更换好的润滑剂
制品底被拉裂 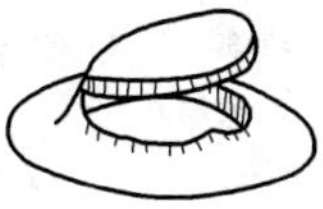	1. 模具长期使用使凸、凹模圆角半径太小，使坯件处于切割状态 2. 拉深深度过大 3. 坯件塑性降低	1. 修整凸、凹模，并设法加大其圆角半径 2. 设法降低拉深深度 3. 若多次拉深，采用坯件中间退火，提高塑性

（续）

缺 陷 类 型	产 生 原 因	解 决 方 法
制品口部折皱 	1. 凹模圆角半径太大 2. 压边圈失效	1. 设法减小凹模圆角半径,即重新整修凹模使之合适 2. 修整压边圈结构加大压边力,或采用弧形压边装置
锥形件斜面或半球形件的腰部起皱 	1. 压边圈不起作用或压边力太小 2. 凹模圆角半径磨损后太大 3. 润滑时,润滑油加得过多	1. 调整压边圈,设法加大压边力 2. 修整凹模,使之圆角半径变小 3. 采用良好的润滑方式
盒形件角部破裂 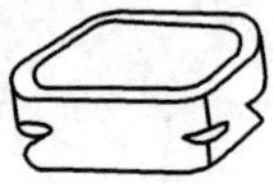	1. 凹模角部圆角半径太小 2. 凸、凹模间隙变化,角部间隙过小 3. 制品坯件变形程度过大	1. 加大凹模角部圆角半径 2. 调整凸、凹模间隙,加大角部间隙值 3. 增加拉深次数,使变形程度减小
制品底部不平、凹陷 	1. 坯件表面不平整 2. 顶料杆与顶件接触面太小或顶力不均衡 3. 缓冲器弹顶力不足	1. 拉深前将坯件整平 2. 调整顶件机构,使坯件所受顶力均衡,若顶件杆折断应更换 3. 更换新的弹顶橡胶或压簧,增加顶件力
盒形件直壁部位不挺直 	1. 压边力不足或不合适 2. 拐角处凹模圆角半径太小 3. 拐角处润滑不好 4. 角部间隙太小	1. 调整压边圈,使压边力合适 2. 加大凹模拐角处圆角半径 3. 设法改进润滑条件 4. 加大角部的凸、凹模间隙值
制品壁部拉毛 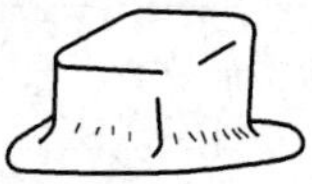	1. 凸、凹模工作部位或圆角粗糙、不光洁 2. 坯料表面或润滑剂中含有杂物 3. 凸模通气孔不畅,拉深时有空气存在 4. 材料本身回弹太大 5. 凸、凹模间隙变化大小不均	1. 修磨或抛光凸、凹模工作部位或圆角处,使之光洁 2. 擦拭坯料,使之清洁或更换纯净的润滑剂 3. 调整凸模通气孔,使之保持空气流通 4. 检查材料回弹状况,若回弹太大,坯料应采用中间退火软化处理 5. 重新调整拉深间隙,使之各向均匀合适
盒形件角部向内折拢,局部起皱 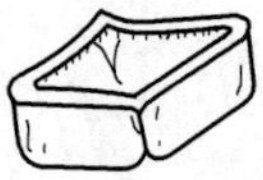	1. 角部压边力太小 2. 坯件角部面积太小	1. 设法调整角部压边力,使之加大 2. 加大坯件角部面积

（续）

缺陷类型	产生原因	解决方法
阶梯形制品局部被拉裂 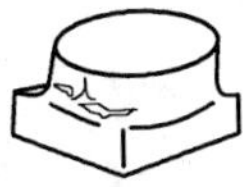	1. 凹模及凸模圆角半径太小 2. 坯料的塑性降低	1. 设法加大凸、凹模圆角半径 2. 增加坯件热处理退火工序,使之塑性加大
制品完整,但呈歪状 	1. 拉深时,排气不通畅,凸模通气孔堵塞 2. 顶件机构顶力不均匀	1. 修整排气孔使之通畅 2. 重新更换顶件杆位置,使顶件力均匀
制品产生纵向裂纹 	1. 零件坯料材料性能不好 2. 材料塑性低	1. 应更换性能比较好的材料,特别是不锈钢零件更易发生 2. 坯料在拉深后应增加退火工序以消除内部加工时产生的内应力
拉深矩形件中间产生巨大凹陷 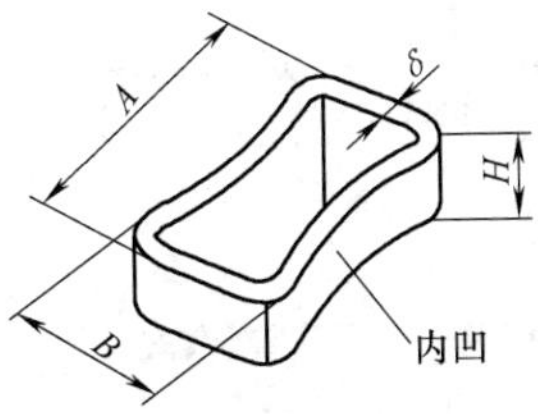	1. 凸、凹模间隙发生变化 2. 凹模圆角半径产生变化 3. 压边效果不良	1. 调整凸、凹模间隙,即长边中段的间隙应为 $(0.85\sim0.90)t$,t 为板料厚度 2. 应调整凹模圆角半径,即长边中段的圆角半径应为 $R_{凹}=(4\sim6)t$,圆角中点为 $R_{凹}=(8\sim10)t$,其间应圆滑过渡 3. 应合理增设压边肋,以增强压边效果
拉深件拉深高度不够 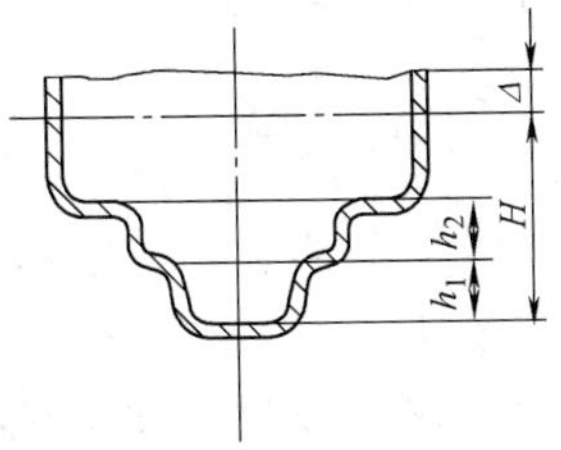	1. 坯料尺寸太小 2. 拉深间隙太大或发生变化、不均匀 3. 凸模圆角半径太小	1. 加大坯料尺寸 2. 调整拉深间隙,使之均匀、合适 3. 修整圆角半径,加大 $R_{凸}$
制品拉深高度过高 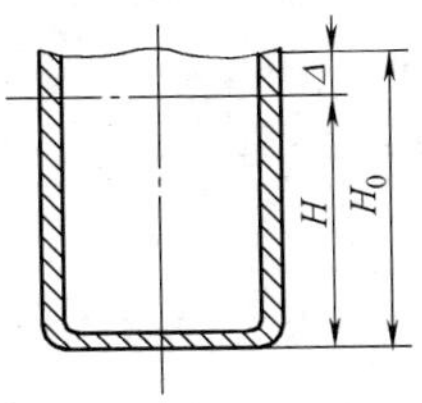	1. 坯料尺寸太大 2. 拉深间隙太小 3. 凸模圆角半径太大	1. 减小毛坯尺寸 2. 加大拉深间隙 3. 减小凸模圆角半径

161

（续）

缺 陷 类 型	产 生 原 因	解 决 方 法
制品拉深后壁厚在高度方向上不均匀 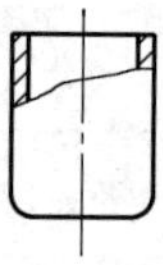	1. 凸模与凹模位置发生变化，凸模向一边偏斜 2. 坯料定位不准 3. 凸模安装不垂直于凹模上平面 4. 压边力不均衡 5. 凹模洞口变形	1. 调整凸、凹模相对位置，使之同轴，且间隙均匀 2. 重新调整定位装置 3. 重新安装凸模使之与凹模上表面垂直 4. 重新调整压边力 5. 修整凹模洞口

6.3　翻边与翻边工艺方法

翻边是指利用模具将坯件上的孔边缘或外缘边缘翻成竖直边缘的冲压工序。根据翻边工件的边缘形状不同，翻边工序可分为内孔翻边和外缘翻边两种类型。

6.3.1　内孔翻边方法

1. 内孔翻边及翻边工艺过程

内孔翻边过程如图 6-38 所示。制品零件在内孔翻边过程中，即在坯件预先冲好的孔中，在翻边凸模 1 的作用下，其坯件内孔不断向凹模 2 方向扩大，直到冲压结束时，孔变形区的内径尺寸等于凸模外径尺寸，而孔外径尺寸等于凹模内孔尺寸，最终形成所要求的竖立直边形状和尺寸的内孔翻边零件。内孔翻边工序，一般在预先冲或钻孔的平板类及空心零件上进行。如平板类或空心零件上需要螺纹孔，但由于板料较薄，则必须预先冲孔，再经翻边后进行攻螺纹。故在生产中内孔翻边工序应用较多，特别是在电子及仪器仪表行业中应用最为广泛。

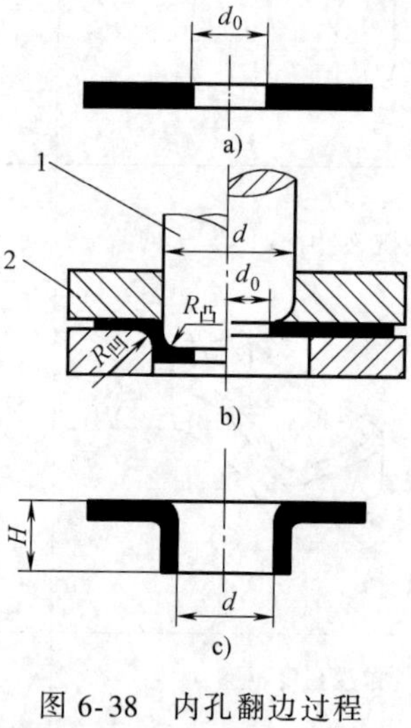

图 6-38　内孔翻边过程
a）坯件　b）翻边工艺过程　c）制品形状
1—翻边凸模　2—凹模

2. 内孔翻边模结构及工艺参数

（1）内孔翻边模结构形式　内孔翻边模结构形式与普通冲模结构基本相似，分上模与下模两部分。图 6-39 所示为正装式翻边模，凸模 2 和压料板 1 装在上模。当上模随压力机滑块下行时，压料板将坯件压在装在下模的凹模 3 的上平面上。待凸模继续下降，即压住坯料并同时进入凹模孔内进行翻边成形。待翻边结束，凸模随滑块回升时，制件则由顶件板 4 将其顶出凹模。

图 6-40 所示为凸模 9 固定在下模、凹模 3 固定在上模上的倒装式翻边模。在压力机的作用下，通过凸、凹模的相互作用对坯料孔翻边成形后，并由顶出器 5 将制件顶出，完成整个翻边工作。该模具结构简单，适于小型孔翻边。

（2）工艺参数的确定

1）预制孔 d_0 的估算。在内孔翻边时，坯件预制孔（图 6-38）直径 d_0 可按下式估算：

$$d_0 = d - 2(H - 0.43r - 0.22t)$$

式中　d_0——坯料预制孔直径（mm）；

　　　d——工件要求孔直径（mm）；

　　　r——翻边圆角半径（mm）；

　　　t——材料厚度（mm）；

　　　H——工件要求高度（mm）。

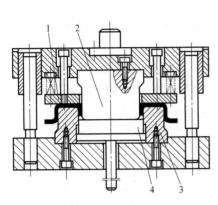

图 6-39　正装式翻边模

1—压料板　2—凸模
3—凹模　4—顶件板

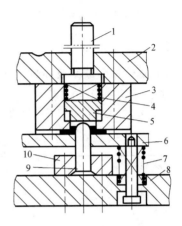

图 6-40　倒装式翻边模

1—模柄　2—上模板　3—凹模
4、7—弹簧　5—顶出器　6—卸料板
8—下模板　9—凸模　10—固定板

若在板料上攻螺纹需要内孔翻边时，其坯料预制孔径

$$d_0 = 0.45d_1$$

翻边后，坯料孔外径

$$d_2 = d_1 + 1.3t$$

其中螺纹内径（图 6-41）

$$d = \frac{d_1 + d_2}{2}$$

翻边后壁部变薄，其孔壁厚度

$$t_1 = 0.65t$$

式中　d_0——螺孔（M5 以下）翻边前预制孔径（mm）；

　　　d_1——翻边后直径（mm）；

　　　t——板料厚度（mm）；

　　　t_1——翻边后孔壁厚度（mm）。

2）凸、凹模结构形式。由前述可知：孔翻边模的结构基本与拉深模相似，只是凸模圆角一般较大，多呈球形或抛物面形（图 6-41），以利于坯件的变形。其凹模工作边缘应为圆角，即一次翻边成形时 $R_凹$ 应为工件要求的圆角半径；多次翻孔时，应取料厚的 2~5 倍，以免拉裂。对螺纹底孔翻边时

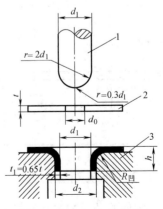

图 6-41　小螺纹孔翻边

1—凸模　2—坯料　3—凹模

（图 6-41），其 $R_凹 = (0.5 \sim 1)t > 0.2mm$（$t$ 为材料厚度）。

3）凸、凹模间隙。孔翻边模的凸、凹模间隙可参照表 6-17 中的数选取。

表 6-17　孔翻边模的凸、凹模间隙　　　　　　　（单位：mm）

材料厚度	单面间隙 Z		材料厚度	单面间隙 Z	
t	平板翻边	筒壁翻边	t	平板翻边	筒壁翻边
0.50	0.45	—	1.20	1.00	0.90
0.80	0.70	0.60	1.50	1.30	1.10
1.00	0.85	0.75	2.00	1.70	1.50

3. 内孔翻边质量缺陷及补救措施

内孔翻边工艺操作方法基本与拉深冲压方法相同。在内孔翻边过程中，常会出现质量不良缺陷，其产生原因及解决办法可参见表 6-18 中的内容。

表 6-18　内孔翻边常见缺陷类型、产生原因及解决办法

缺陷类型	产生原因	解决办法
孔壁偏斜、与零件基面不垂直 	1. 凸、凹模间隙发生变化造成间隙不均匀，个别部位间隙太大 2. 模具长期使用后受振动后松动，使凸模不垂直于凹模表面	1. 重新调整间隙使之各向均匀；若长期磨损后间隙变大，可更换凹模或凸模，使之间隙调整合适 2. 重新装配凸模，使之垂直于凹模刃口表面，并要与凹模中心线同轴
翻边高低不齐，孔端不平 	1. 凸、凹模间隙变化，各向不均匀或间隙在某部位过小 2. 凹模圆角半径发生变化，各向不均匀、大小不一	1. 重新调整间隙，使之各向均匀，若间隙过小，应使间隙加大并调整成合理间隙值 2. 刃磨修整凹模圆角半径，尽量使其周围均匀一致，以解除圆角半径小的一面将材料拉长，而大的一面将材料拉短，造成端部高低不平的故障
翻边出现裂纹或裂口 	1. 凸、凹模间隙太小或各向不均匀 2. 翻边坯料塑性下降或太硬 3. 预冲孔内有飞边存在 4. 翻边高度过大	1. 重新调整间隙大小，使之各向均匀一致 2. 坯件在翻边前应退火，去除内应力或更换塑性好的坯料 3. 去除内孔飞边或清洁内孔，去除脏物 4. 增加一次翻边工序

6.3.2　外缘翻边方法

零件的外缘翻边是指将平板坯料的外缘通过模具弯成竖立边缘形状而制成所需零件的冲压方法。

1. 外缘翻边的类型及特点

外缘翻边分外曲翻边（图 6-42b）和内曲翻边（图 6-42a）两种形式。其各自特点是：零件在外曲翻边时，在边缘上的材料会产生收缩性材料应变，变形形式与应力状态类似于不用压边圈的浅拉深变形，如图 6-42b 所示，其材料在变形时容易起皱；而内曲翻边时，材料在翻边的边缘上会产生拉伸性应变，其变形性质及应变状态与内孔翻边相似，如图 6-42a 所示，变形时易于被拉裂。

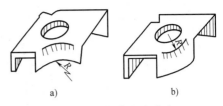

图 6-42　外缘翻边形式
a）内曲翻边　b）外曲翻边

外缘翻边工序在生产中应用范围很广，大到汽车、机车车辆，小到电子仪器及日常生活用品，差不多都是用外缘翻边工序加工的。这是利用外缘翻边工序可以加工形状复杂且具有良好刚性和合理空间的零件。同时，采用翻边工艺，可以节约原材料，节省拉深次数及模具，并大大提高劳动生产率，降低制件成本并可代替某些复杂的拉深工作，特别适于小批量、试制性生产。

2. 外缘翻边方法及模具结构

外缘翻边主要采用两种方法：一种是利用硬质橡胶冲模翻边；另一种是利用钢制冲模翻边。

（1）利用橡胶冲模翻边　图 6-43 所示的模具结构，即为凸模 5 用橡胶制成，而凹模 1 用钢块制成的翻边模。零件在成形前，将垫板 3 拿开，然后将坯料放在凹模 1 上，并由压料定位销 2 定位后再将垫板 3 重新放在坯料上并由销钉 4 配合。成形时，凸模 5 作用于坯料上。此时垫板 3 起着校正、弯曲边缘的双重作用。成形后取下垫板与制品零件，完成外缘翻边工作。其橡胶凸模一般采用聚氨酯橡胶制成。

图 6-44 所示为落料、冲孔、翻边复合模。其凸模（图中未画出，同图 6-43）用橡胶制成，而凹模 1、垫板 2 则用钢质材料制成，适于薄板料的单件小批量生产。

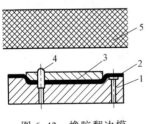

图 6-43　橡胶翻边模
1—凹模　2—压料定位销
3—垫板　4—销钉　5—凸模

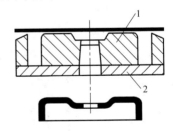

图 6-44　橡胶翻边复合模
1—凹模　2—垫板

（2）利用钢制冲模翻边　图 6-45 所示为凸、凹模全为钢结构的外缘翻边模。该模具可在一次行程中成形两个零件，以消除冲压时水平方向的载荷，克服材料偏移而产生的质量缺陷。该模具采用了定位销 4 对坯件定位，故保证了翻边精度。同时，模具还通过气垫顶杆 6、顶料板 7 将坯料不变形部分压紧，使变形平面部位可自由挠曲和转动，从而保证了制品零件的质量。在翻边完毕后，可通过卸料板 1 将成形的制品零件从凸模 2 中卸下。该模具结构简单，易于加工制作，适于批量翻边生产。

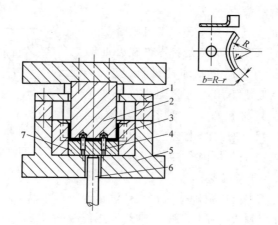

图 6-45　钢结构外缘翻边模

1—卸料板　2—凸模　3—凹模　4—定位销　5—模座　6—气垫顶杆　7—顶料板

图 6-46 所示为内、外同时进行翻边的翻边模。该模具采用了标准模架，导向精度较高。凸模 12 与凸凹模 14 做内孔翻边，而凹模 6 与凸凹模 14 又同时做外缘翻边。在压力机的一次行程之下，可同时完成零件内、外翻边工作，其生产率较高，适于大批量生产。

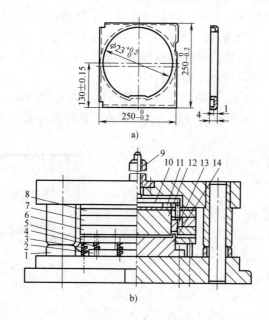

图 6-46　面板翻边模

a）制品零件　b）模具结构

1—限位套　2、14—凸凹模　3—弹簧　4—运动挡料装置　5—卸料板
6—凹模　7—空心垫板　8—凸模固定板　9—推杆　10、13—推板　11—垫块　12—凸模

3. 外缘翻边质量缺陷及补救措施

外缘翻边时常见的缺陷类型、产生原因及解决办法见表 6-19。

表 6-19 外缘翻边常见缺陷类型、产生原因及解决办法

缺陷类型	产生原因	解决办法
边壁翻边后与上平面不垂直,产生歪斜 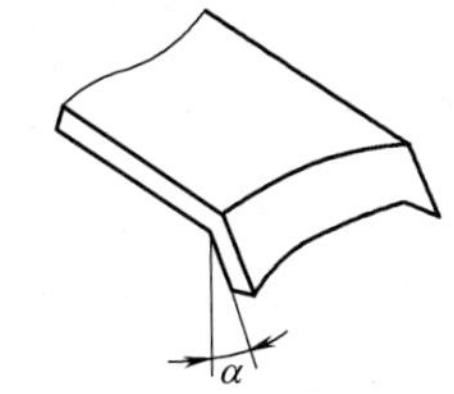	1. 坯件材质太硬,回弹较大 2. 凸、凹模间隙变化或过大	1. 将坯件在翻边前进行热处理退火,对材料进行软化处理 2. 调整凸、凹模间隙,使间隙稍微变小
翻边后边缘高低不平、不整齐 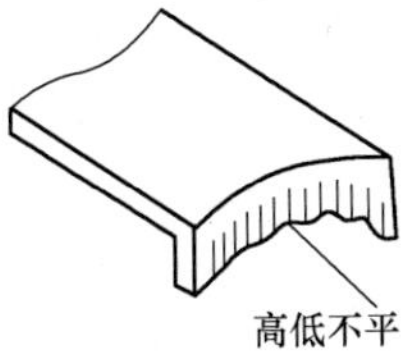 高低不平	1. 模具长期使用,使凸、凹模间隙不均匀,或某部位变小、变大 2. 坯料定位发生变化,定位不稳 3. 凹模圆角半径由于长期磨损而不均匀	1. 调整凸、凹模间隙,使之均匀一致 2. 调整定位机构,使之定位准确 3. 修整凹模圆角半径,使之各部位均匀一致
翻边破裂或产生明显裂纹  裂口	1. 坯料边缘有较大飞边或残渣 2. 凸、凹模间隙发生变化,不均匀,局部间隙太小 3. 凸、凹模圆角半径发生变化,不均匀或太小 4. 坯件太硬	1. 清理坯料,去除边缘的飞边或残渣 2. 调整凸、凹模间隙,使之均匀一致,不能太小 3. 加大凸、凹模圆角半径,使之各部位均匀一致 4. 坯件在翻边前,先进行退火软化
翻边产生波浪纹 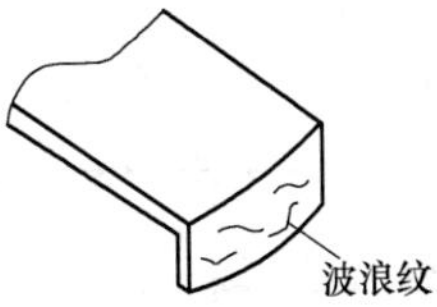 波浪纹	1. 凸、凹模间隙变大或不均匀 2. 凸模与凹模接触深度发生变化,接触深度不够	1. 调整凸、凹模间隙,使之间隙合理、均匀 2. 调整凸模进入凹模深度,使之合适
翻边表面被擦伤 表面擦伤 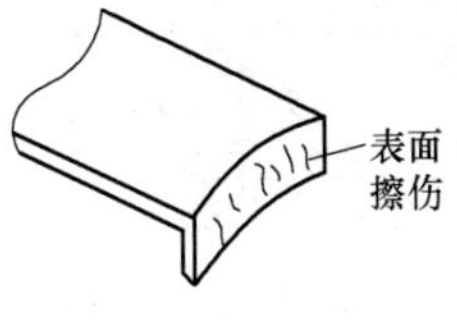	1. 凸模工作表面过于粗糙 2. 凸、凹模间隙变化不均匀,使制品划伤 3. 坯件表面有飞边或杂物 4. 坯料冲压时摆放位置不对 5. 润滑不当	1. 对凸模表面进行修磨、抛光,使之光洁 2. 合理调整凸、凹模间隙,不能过大或过小,使之均匀 3. 清理坯件表面,铲除杂物及飞边 4. 在翻边时应使坯件飞边朝向凸模一边 5. 翻边时尽量不使用润滑剂

（续）

缺 陷 类 型	产 生 原 因	解 决 办 法
翻边产生翘曲 翘曲	1. 凸、凹模间隙过大，使坯件在翻边时扭曲变形 2. 顶件力不均衡	1. 调整凸、凹模间隙，使之合适 2. 调整顶件机构，使顶件力变得均衡一致
翻边产生皱纹 皱纹	1. 凸、凹模间隙过大或不均匀 2. 压边力不够	1. 适当缩小凸、凹模间隙，并使之均匀 2. 若采用压边圈时，应加大压边力或压料力

6.4　胀形、缩口与扩口成形方法

6.4.1　胀形成形方法

胀形是指在被冲材料的表面上，利用冲模通过机械加压、弹性材料施压等方法使材料胀出凸起曲面的一种冲压加工工艺方法。胀形的变形特点主要是变形区的材料承受双向拉深，从而形成所需制品零件的形状。

1. 平板毛坯的局部胀形

平板毛坯局部胀形又称起伏成形。它是指平板毛坯在模具的作用下，产生局部凸起或凹下的一种冲压方法。如图 6-47 所示的电子仪器、电机外壳的通风口，即是采用冲压胀形的方法来加工的。图 6-48 所示即为百叶窗胀形模结构示意图。其模具成形制品零件的方法是使凹模的一边刃口将材料切片，而凹模另一边刃口与凸模相应部位对材料进行拉深成形，因而形成一面切口、一面胀形的结构形式。

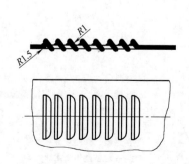

图 6-47　通风口（百叶窗）平板胀形零件

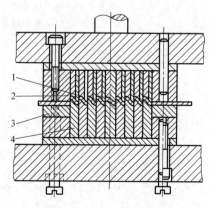

图 6-48　百叶窗胀形模
1—镶片　2、4—凸、凹模　3—压板

平板毛坯胀形主要用于增强制品零件的强度和刚度。如仪器仪表盒件的加强肋、凸包以及各种通风口、热工仪表的波纹膜片等零件都是采用局部胀形方法成形的。

2. 圆柱形空心零件的胀形

圆柱形空心零件的胀形是指将空心管状坯料，利用模具将其径向向外扩张后，而形成所需凸起曲面的一种冲压加工方法。用这种方法可制成高压气瓶、波纹管、自行车三通接头、日用品铝壶、铝锅及火箭发动机上的异形管件等，故应用越来越广泛。在冲压生产中，根据所使用的模具结构不同，可将圆形空心件用机械加压、弹性材料（橡胶）施压及液压、气压等方式加工成形。

图 6-49 所示为不锈钢（12Cr18Ni9）锅胀形锅体的橡胶与钢块相结合的胀形模结构。这种利用弹性材料（橡胶）所制成的模，其坯件的变形比较容易，易保证其内部几何形状的成形，并且便于加工制作，在生产中应用极为广泛。

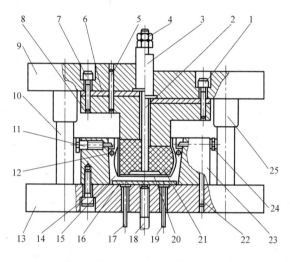

图 6-49 胀形模

1、7、14—螺杆 2—拉杆 3—模柄 4—螺母 5、22—销钉 6—垫板 8—凸模基体
9—上模座 10—导柱 11、24—自动分模装置 12—定位销 13—下模座 15—分瓣凹模 16—顶板
17、19—顶杆 18—螺栓 20—压板 21—聚氨酯橡胶凸模 23—模套 25—导套

3. 胀形质量缺陷与解决方法

制品胀形常见的缺陷类型、产生原因及解决方法参见表 6-20。

表 6-20 胀形常见缺陷类型、产生原因及解决方法

缺 陷 类 型	产 生 原 因	解 决 方 法
侧壁产生竖直裂纹 裂纹	1. 胀形过程中润滑不良 2. 坯料塑性差 3. 压边力过大	1. 使用高质量的润滑油对坯件表面进行润滑 2. 选用塑性好的坯料，或在胀形前将坯料先进行退火处理，提高塑性 3. 适当降低压边力大小

（续）

缺陷类型	产生原因	解决方法
凸模圆角处制品产生裂纹 裂纹	1. 凸模圆角半径处粗糙 2. 润滑不当 3. 凸模圆角半径或拐角半径太小 4. 材料塑性较差	1. 研磨、抛光凸模圆角处，使之光滑 2. 在凸模表面采用高质量润滑油，并涂抹均匀 3. 适当加大凸模圆角半径或断裂处拐角半径 4. 选择伸长率大、屈服极限低、塑性好的坯料或在胀形前增加中间退火工序
凹模圆角处制品产生裂纹 裂纹	1. 压边（料）力太小 2. 凹模圆角半径处过于粗糙 3. 坯件塑性较差	1. 适当加大压边力，使之不能过小 2. 研磨凹模圆角半径处并进行抛光，使之光洁 3. 改用塑性好的材料
凸模头部处制品产生裂纹 裂纹 R	1. 凸模头部圆角太尖或磨损后有折皱 2. 坯料塑性较差	1. 研磨、抛光头部，使之光滑过渡 2. 改用塑性好、伸长率较大的材料，或在胀形前将坯料进行退火处理，以提高塑性

6.4.2 缩口成形方法

1. 缩口与缩口工艺过程

缩口是指利用模具将经拉深成形的空心零件或管状坯件的开口处直径缩小的一种冲压加工方法，如图 6-50 所示。缩口的加工过程是：将空心坯件插在与成品形状相同的凹模内，其开口端在凸模作用下受径向压力而产生变形，以缩小其断面直径，加工出所要求零件的形状。

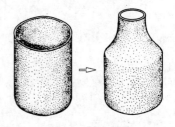

图 6-50　缩口工序

缩口成形一般是在压力机或液压机上进行。其应用比较广泛，如国防工业中的弹壳几乎全是经缩口冲压工序加工成形的。

2. 缩口方式及所用模具

在冲压生产中，缩口成形方式很多，目前常用的主要有无支承成形缩口（图 6-51a）、外支承成形缩口（图 6-51b）与内支承成形缩口（图 6-51c）等方式。

缩口采用的模具结构基本与普通冲模相同。如图 6-52 所示的弹壳缩口模，采用了倒装式缩口结构。该模具的通用性很强，更换凹模 3、导正圈 4 及凸模 6 即可以将不同直径的空心坯件进行缩口成形。其中，导正圈 4 主要起导向定位作用。而凸模 6 为了能进行缩口而加工成台阶式形状。模具在工作时，其下模的小直径恰好伸入坯件冲孔，还兼起定位导向作用。在冲压过程中，零件主要靠凸模大台阶对其坯件加压，使其进入凹模 3 而挤压成形。这类模具主要适于较长零件的缩口，一般在液压机及摩擦压力机上进行，其冲压速度不宜过快。

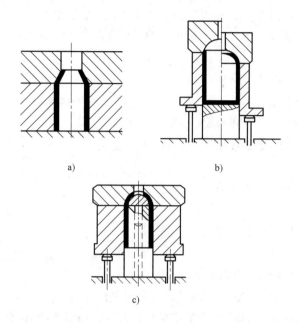

图 6-51　缩口成形方式

a）无支承成形缩口　b）外支承成形缩口　c）内支承成形缩口

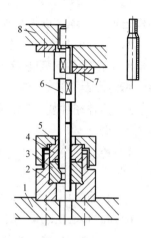

图 6-52　弹壳缩口模

1—下模板　2—凹模套　3—凹模

4—导正圈　5—紧固套　6—凸模

7—垫板　8—上模板

图 6-53a 所示为采用通用模架的缩口模。凸模 4 和凹模 1 可以随坯件大小进行更换，以便冲压不同直径的零件。而图 6-53b 所示为管子缩口模。在缩口时，为增大变形程度，在缩口前应在头部变形处将管子加热，先进行退火软化后缩口，这样可大大减少缩口工序，适用于塑性较差的大型零件缩口。

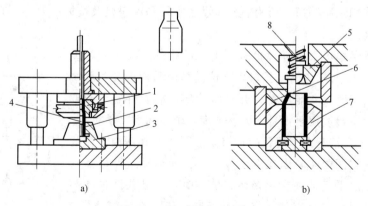

图 6-53　缩口模典型结构

a）采用通用模架的缩口模　b）管子缩口模

1—凹模　2—制品　3、7—定位块　4、5—凸模　6—凹模镶块　8—压簧

3. 缩口质量缺陷与控制方法

由前述可知：制品零件在缩口时，其变形部位主要是受径向（切向）压应力作用使得端部直径变小而壁厚及高度加大。这样在变形过程中坯件易于失稳而发生起皱，如图 6-54 所示的零件在颈部起皱。同时，非变形区的筒壁，在承受全部缩口压力之下，也会因失稳而产生皱纹。故在缩口过程中，防止制品失稳起皱是保证产品质量的重要工作之一。其防控方法一般可从以下几方面进行：

1）选用塑性较好的材料制作坯料。必要时，在缩口前要对坯件进退火处理，以提高坯件塑性，预防起皱。

2）检查模具本身工作部位，其形状要合乎图样要求，对于变形的工作零件，要进行更换和维修，并要使得间隙均匀、合理，不能过大或过小。

3）检查坯件变形区口部，一定要整齐，无高低不平及飞边现象。

4）检查凹模锥角变化状况，不能过大或过小，要符合原设计要求。

图 6-54 缩口制品表面起皱

5）在缩口的过程中，要合理润滑，采用较好的润滑油。

6）缩口模在工作一段时间后，要进行研磨或抛光，使之表面永远保持光洁。

在上述防控措施全采用后，若制品零件仍有起皱，可在坯料缩口处进行局部加热后再进行缩口或在缩口处填充适当填充物（大型管件）如石英砂等后再缩口，这样也会收到一定的防皱效果。

6.4.3 扩口成形方法

制品零件的扩口成形恰好与缩口成形相反，它是将拉深后的空心坯件或管件的开口端，利用模具加以扩大的一种冲压加工方法。在扩口成形过程中，坯件的口部变形区主要承受着拉伸切向（径向）变形。在这个区域中，材料明显变薄而直径加大、高度减小。

1. 扩口方式与所用模具

扩口一般采用钢制冲模。所用的冲压设备主要是液压机及机械压力机，但在冲压时，冲压速度不能太高。

扩口的模具结构可根据零件批量、扩口形状及扩口尺寸精度等来确定。图 6-55 所示为简易扩口模。该模具由凸模 5 及对开式凹模 4 组成。由于凹模 4 能用手分开夹紧管坯，故管件定位及取出均很方便。它主要适用于批量不大、精度要求不高的管件扩口。

图 6-56 所示为带有夹紧装置的扩口模。同样，其凹模可做成对开形式。固定式凹模 8 紧固在下模板 1 上，而活动式凹模 4 在斜楔 5 作用下做水平运动并夹紧管坯。扩口时，活动式凹模 4 与固定式凹模 8 同时将管件夹紧，提高了管坯的稳定性。待凸模 7 下降进入管内，即将端部成形。扩口完毕后，弹簧 9 复位，使取件、放坯都很方便。

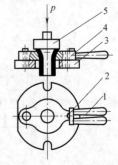

图 6-55 简易扩口模

1—手柄 2—夹紧块
3—底座 4—凹模 5—凸模

图 6-57 所示的扩口模，主要用于零件颈部的扩口。在扩口时，将坯料放在卡爪 2 上由凸模 3 定位。在滑块下降时，三个卡爪在环形套作用下向中间靠拢，形成闭合环。卡爪由螺钉与花盘 4 连接，并在花盘上的椭圆槽内做径向移动。当滑块继续下行时，制品颈部在凸模 3 的圆角处逐渐扩开。当滑块到下死点时，花盘与下模座接触以对凸缘矫正。待滑块回升时，卡爪在弹簧作用下扩开，将零件卸出。该模具结构灵活可靠，可适于批量生产。

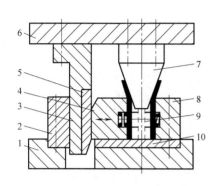

图 6-56　带有夹紧装置的扩口模

1—下模板　2—挡块　3—斜楔座
4—活动式凹模　5—斜楔　6—上模板
7—凸模　8—固定式凹模　9—弹簧　10—垫板

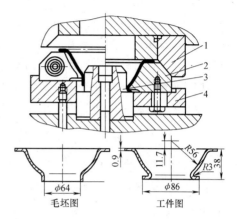

毛坯图　　　　工件图

图 6-57　扩口模

1—环形套　2—卡爪　3—凸模　4—花盘

2. 扩口件质量缺陷与防控措施

零件在扩口时，随着口部的扩大，其壁部变薄，变形部位主要受切（径向）向拉应力影响，故口部破裂是产生废品的主要危险，但也有时会发现起皱现象。在生产中，克服制品的口部开裂及起皱（图 6-58）应采取以下措施及办法：

1）制件在扩口前，操作者一定要先检查坯件表面质量状况。其坯件不应有明显的飞边，厚薄应均匀一致，口部要整齐，不能高低不平或带有杂物。

2）在放置坯件时，一定要放稳，不能偏斜，并要使其被模具夹紧，不可松动失稳，造成皱纹或形成裂纹。

图 6-58　扩口件质量状况

3）要注意采用良好的润滑，以减少摩擦。

4）检查模具工作部位如凸、凹模由于长期使用，位置是否发生变化，并要调整好间隙，使之合乎原图样要求。

5）坯料在使用前，在扩口部位最好进行退火处理，以提高其本身塑性。

6）扩口时冲压速度不要过快，最好在摩擦压力机或液压机上进行扩口，以减少破裂现象发生。

6.5 冷挤压与冷挤压工艺方法

冷挤压是指在常温下，模具通过压力机的压力作用，将预先放入模腔中的金属坯料，使其处于三向受压状态而产生塑性变形，而被挤压出所需形状、尺寸及精度制品零件的一种冷冲压加工方法，如图 6-59 所示。冷挤压的主要特点是：坯料在三向受压发生塑性变形时，并不破坏材料本身的完整性能，而是使金属内部发生塑性转移，故属于冷冲压立体成形过程。它在挤压时，具有纤维流向连续，内部组织致密，再加上由于冷作硬化而提高了制品本身强度及硬度等一系列优点，故目前被广泛应用于国防、机械制造及电子电器行业之中，是一项非常有发展前途的少、无切削的先进金属压力加工工艺之一。

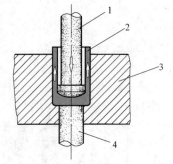

图 6-59　冷挤压成形过程
1—凸模　2—制品零件
3—凹模　4—顶件器

6.5.1　成形方法与模具结构

在冷挤压生产中，根据零件的形状不同，其冷挤压主要有以下几种成形方式。

1. 零件的正挤压法

零件的正挤压法如图 6-60 所示。其特点是：金属在被挤压时的流动方向与凸模的运动方向相同，它既能挤压实心零件，又能挤压空心零件。

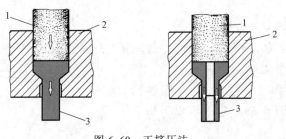

图 6-60　正挤压法
1—凸模　2—凹模　3—挤压件

图 6-61 所示为微型电动机转子正挤压模。其凹模 24 采用镶拼结构，并采用一层预应力套 23。为了保证挤压出细长的心轴（φ4mm）不致弯曲，凹模下部装有导向套 8。顶件采用橡胶弹性顶件装置。挤压时由压杆 10 通过推杆 31 将橡胶压缩使之不影响金属流动，上模有定高套 9 以控制模具闭合高度来确保制件的高度。该模具的动作原理基本与普通冲模相似。

2. 零件的反挤压法

零件的反挤压法如图 6-59 所示。其特点是：金属在挤压成形时的流动方向恰好与凸模运动方向相反。图 6-62 所示是挤压法兰的管罩件采用的反挤压模。该模具上模由凸模 17 及凸模固定板 21 和上模座 14、上模垫板 20 组成；下模由凹模 24 和预应力套 7、下模座 5 及下模垫板 25 组成。其凹模固定在预应力套 7 中。下模与上模各设有卸件、顶件装置，以便挤压后制品顺利出模。

利用反挤压模挤压零件时，特别适于底部厚度大于壁部厚度的制品零件。

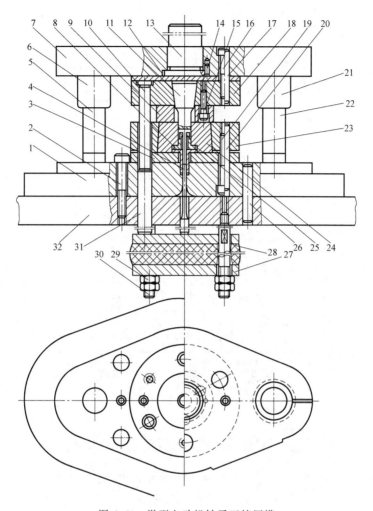

图 6-61　微型电动机转子正挤压模

1—下模座　2、15、16、19—内六角螺钉　3、12—垫板　4—顶杆　5、22—导柱　6、21—导套　7—上模座
8—导向套　9—定高套　10—压杆　11—凸模　13—模柄　14、17、20、26—柱销　18—凸模固定板
23—预应力套　24—凹模　25—凹模镶块　27—推板　28—橡胶　29—螺母　30—螺栓　31—推杆　32—下垫板

3. 零件的复合挤压法

复合挤压法如图 6-63 所示。其特点是：在挤压时，金属沿凸模运动方向一部分相同，而另一部分却与凸模运动方向相反。如图 6-64 所示的复合挤压模，在挤压时，首先将坯料放在凹模 5 中，待上模下行时，金属坯料在凸模 6 的强大压力下，一部分顺凸、凹模间隙向上移动，而另一部分则被挤入凹模 5 底孔内向下运动，从而将坯件挤压成所需的制品零件形状。

采用复合挤压，可以挤压形状较为复杂的制品零件，其生产率较高。

6.5.2　工艺参数的选择及要求

1. 冷挤压坯料制备要求

在冷挤压加工中，坯料的形状、尺寸及质量对制品零件的成形质量、模具的使用寿命以

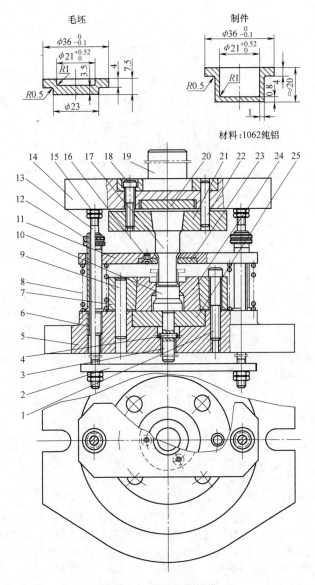

图 6-62　管罩反挤压模

1、18—内六角螺钉　2—顶件板　3—顶件杆　4—横销　5—下模座　6—导向套　7—预应力套　8—弹簧

9、22—圆柱销　10—模芯　11—卸料板　12—特殊螺母　13—螺杆　14—上模座　15—螺母

16—螺钉　17—凸模　19—模柄　20—上模垫板　21—凸模固定板　23—卸件块　24—凹模　25—下模垫板

及冷挤压能否顺利进行有着直接影响。故在准备坯料时，一定要按工艺规程的要求，正确确定坯料的形状和尺寸，尽可能满足其质量要求。

（1）坯料的形状与尺寸确定　冷挤压坯料形状应根据制件的形状和挤压方式来确定。如矩形制件，应选择矩形坯料；旋转体及轴对称多角类零件，应选用圆柱形坯件；带凸缘及凸台的制件也应选用圆柱形坯料。当采用正挤压法时，应采用实心坯件挤压实心制件，用空心坯料挤压空心制件；反挤压时，采用实心及空心坯件都可以，但应以挤压易成形为原则。

冷挤压的坯料尺寸应根据挤压前的坯料体积与挤压成形后制件体积相等的原则来确定，

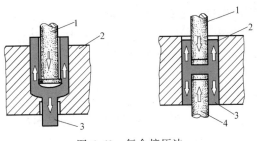

图 6-63 复合挤压法

1—凸模 2—凹模 3—制品 4—顶杆

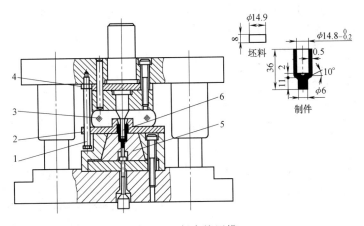

图 6-64 复合挤压模

1—螺钉 2—卸料板 3—橡胶 4—螺母 5—凹模 6—凸模

但应稍加修边余量。一般坯料修边余量尺寸应按制件实际体积的 3% ~ 5% 来预留。

（2）坯料的横截面面积确定　在冷挤压过程中，为便于成形，一般坯料横截面面积 $S_{坯}$ 应与制件最大横截面面积 $S_{件}$ 相同。但有时也采用较小的横截面面积 $S_{横}$，也可以采用不同形状的坯料，如圆形制件也可采用六角形断面的坯料。

（3）坯料的内径与外径尺寸确定　若采用空心坯件时，其内、外径尺寸可按下列公式确定：

外径 $$d_{坯} = d_{凹} - (0.1 \sim 0.3) \, mm$$

内径 $$d_{坯} = d_{件} + (0.1 \sim 0.2) \, mm$$

式中　$d_{凹}$——模具凹模直径（mm）；

　　　$d_{件}$——零件要求的内孔直径（mm）。

（4）坯料的高度确定　坯料的高度 $H_{坯}$ 可按下式确定：

$$H_{坯} = V_{坯} / S_{坯}$$

式中　$V_{坯}$——坯料体积（mm^3）；

　　　$S_{坯}$——坯料横截面面积（mm^2）。

（5）坯料的质量要求

1）坯料的断面应光洁，一般要求 Ra 应小于 12.5μm。

2）坯料周边应无明显飞边。

3）坯料在挤压前应进行退火软化处理。

4）坯料在使用时表面应先进行磷化处理或在冷挤时涂润滑油给以必要的润滑。

对于复杂形状的制件，为保证其质量，也可以先将坯料预镦压成形，即使坯料经过预先镦压将表面镦平，使其镦成几乎接近制件形状的坯件，然后再经模具挤压成形，其效果会更好。

2. 凸、凹模形状及尺寸确定

（1）凸、凹模形状 冷挤压凸、凹模挤压不同类型的金属材料和采用不同的挤压方式，其形状结构也不同。在挤压时为增加凹模预应力，多采用组合凹模。但无论采用何种形状的凸、凹模，除保证制品形状及尺寸精度外，其工作部位均以光滑的圆角过渡，没有任何棱角的几何形状。并且，为便于取出制品零件及进料，冷挤压凸、凹模一般均有出模斜度。

（2）凸、凹模尺寸计算 冷挤压模尺寸可按下述方法计算：

零件标注外形尺寸时（图6-65a）：

$$D_{凹} = (D_{max} - 3\Delta/4)^{+\delta_{凹}}_{0}$$

$$d_{凸} = (D_{max} - 1.9t)^{0}_{-\delta_{凸}}$$

零件标注内形尺寸时（图6-65b）：

$$d_{凸} = (d_{min} - \Delta/2)^{0}_{-\delta_{凸}}$$

$$D_{凹} = (d_{min} + 1.9t)^{+\delta_{凹}}_{0}$$

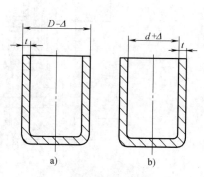

图6-65 零件尺寸标注
a）零件所要求的外形尺寸
b）零件所要求的内形尺寸

式中 $D_{凹}$——凹模直径（mm）；

$d_{凸}$——凸模直径（mm）；

d——零件内径（mm）；

D——零件外径（mm）；

$\delta_{凸}$、$\delta_{凹}$——凸、凹模公差。其中，$\delta_{凸} = \delta_{凹} = (1/5 \sim 1/4)\Delta$；

Δ——零件尺寸公差。

（3）凸、凹模质量要求 冷挤压模凸、凹模表面质量要求一般较高。这是因为表面质量越光洁，则制品质量越好，模具使用寿命也越长。其表面粗糙度 Ra 一般应为 $0.20 \sim 0.025\mu m$。

3. 冷挤压压力估算

冷挤压压力大小可按下式估算：

$$F = KpS_{凸}$$

式中 F——总挤压力（N）；

　　p——单位面积挤压力（MPa）；各种挤压材料采用不同的挤压方式，其 p 不尽相同，可查《冷冲压手册》，一般为 $900 \sim 1400MPa$；

　　$S_{凸}$——凸模工作部位投影面积（mm^2）；

　　K——安全系数，一般取 $K = 1.3$ 或稍大些。

在选择压力机公称压力时，应满足下式：

$$F_Y > F$$

式中 F_Y——压力机公称压力（N）；

　　F——计算出的挤压力（N）。

4. 操作工艺要求

采用冷挤压工艺加工零件时，应注意以下几方面内容：

1) 要合理选择冷挤压变形程度，避免因变形程度过大而使制品被挤裂、变形或使模具过早损坏。其变形程度的大小，应在设计模具时给以保证，对于变形程度大或形状复杂的制品零件应采用多次挤压成形。

2) 合理选用冷挤压材料，并在冷挤压前对坯料应先进行软化处理，如对坯件采用中间退火处理，以使材料强度降低，塑性加大，便于成形。

3) 在冷挤压过程中，应在模具及坯料之间进行合理的润滑，以降低挤压摩擦力及变形抗力，使坯件易于成形。

4) 要按工艺规程，正确选用压力机及使用模具，绝不能违反工艺规程操作。

5) 在冷挤压前，要合理选用坯料形状及结构形式。为便于成形，最好在挤压前对坯料进行磷化处理。

6) 在冷挤压过程中，要认真操作，注意安全，并时时对所挤压零件进行质量检查，对设备及模具的运转及工作状态进行观测，发现故障，立即停机，经维修后再进行生产，并随时保持工作场地清洁、无杂物。

6.5.3 质量缺陷与解决方法

制品零件在冷挤压过程中，常见的缺陷类型、产生原因及解决方法参见表 6-21。

表 6-21　冷挤压常见缺陷类型、产生原因及解决方法

缺 陷 类 型	产 生 原 因	解 决 方 法
正挤压件外表产生环形裂纹及鱼鳞状皱纹，内孔产生裂纹 	1. 凹模锥角偏大 2. 凹模结构不合理 3. 润滑不良 4. 坯料塑性较差、较硬	1. 修整凹模,使之锥角变小 2. 更换凹模,采用两层工作带的正挤压凹模 3. 改用润滑性能良好的润滑剂 4. 采用塑性好的坯料或加中间退火工序使坯料材质软化提高塑性
正挤压件端部产生缩孔 	1. 凹模工作带尺寸太大 2. 凹模锥角偏大 3. 凹模入口处圆角太小 4. 凹模表面粗糙 5. 凸模端面太光亮 6. 坯件润滑不良	1. 修整凹模,减小工作带尺寸 2. 修整凹模,减小锥角尺寸 3. 修整凹模,加大凹模入口处圆角半径 4. 修磨凹模表面或进行抛光 5. 使凸模端面变得粗糙些 6. 改用良好的润滑剂或使坯件先进行表面磷化处理
反挤压件内孔产生裂纹 	1. 坯件表面处理或润滑不良 2. 凸模表面粗糙 3. 坯件塑性较差	1. 采用良好的润滑油或进行表面处理,如铝合金采用磷化处理,润滑使用菜籽油 2. 修磨及抛光凸模 3. 增加中间退火工序

(续)

缺陷类型	产生原因	解决方法
反挤压件表面产生裂纹 裂纹 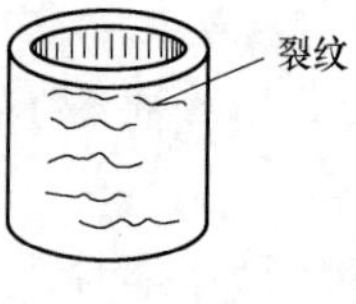	1. 坯件挤压前直径太小 2. 凹模型腔变得粗糙 3. 坯件塑性太差 4. 坯件表面处理润滑不良	1. 增大坯件直径使之与凹模孔配合紧密,最好使坯件直径大于凹模型腔直径 0.01~0.02mm 2. 抛光凹模型腔 3. 采用最好的软化处理工艺或进行退火软化 4. 采用合理表面处理工艺并用性能良好的润滑油润滑
挤压后矩形件开裂 	1. 凸、凹模间隙不均匀、不合理 2. 凸模工作圆角半径变化,不尽合理 3. 凸模结构不合理 4. 凸模工作端面锥角不合适	1. 修整凸、凹模,使之间隙均匀一致,并使矩形长边间隙稍小于短边间隙 2. 修整凸模圆角半径,使长边处圆角半径稍小于短边处圆角半径 3. 修整矩形长边工作带高度,应大于短边工作带高度 4. 修整凸模,使长边的锥角应大于短边锥角
反挤压薄形零件时,其壁部有裂口 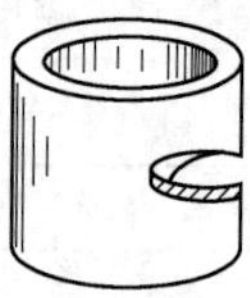	1. 凸、凹模间隙不均匀 2. 使用的润滑剂太多 3. 上、下模对压力机平台不垂直或工作表面与台面不平行、歪斜 4. 凸模工作不稳定或细长	1. 修整凸、凹模间隙使之各向均匀一致 2. 适当减少润滑剂进行合理润滑 3. 重新安装模具,使之上、下模中心线垂直于压机台面 4. 改进凸模结构,或在凸模表面加开工艺槽,使之工作时平稳可靠,不乱摆动
反挤压件单面起皱 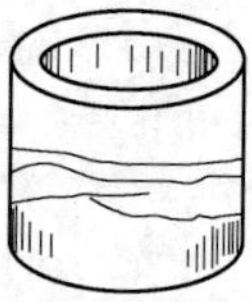	1. 凸、凹模间隙发生变化,变得不均匀 2. 润滑不良或润滑油涂得不均匀	1. 调整凸、凹模间隙使之均匀一致 2. 改用好的润滑油,并涂抹均匀
挤压表面被刮伤 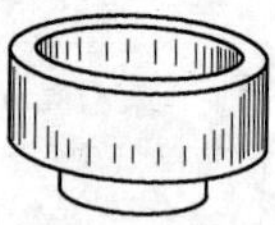	1. 凸、凹模表面粗糙或淬火硬度不够 2. 坯件润滑不良	1. 重新对凸、凹模进行淬火,提高表面硬度或对其进行抛光 2. 设法改进润滑条件
反挤压件表面产生环状波纹 	挤压时润滑不良或不均匀	设法改善润滑条件,使用性能较好的润滑油,并涂抹均匀

（续）

缺 陷 类 型	产 生 原 因	解 决 方 法
反挤压件上端壁厚大于下端壁厚 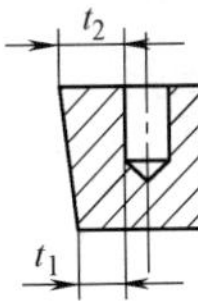	凹模型腔出现锥度	修整凹模、去除锥度,使其上、下一致
反挤压件上端口部不直 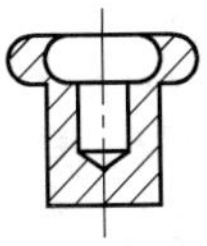	1. 凹模型腔太浅 2. 卸件板安装高度较低	1. 设法加大凹模型腔深度 2. 提高卸件板安装高度
反挤压件侧壁底部变薄或高度不稳定 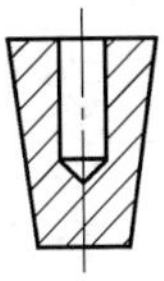	1. 坯件退火硬度不均 2. 坯件底部厚度不够 3. 润滑不均 4. 坯件尺寸超差	1. 改进退火工艺 2. 加大坯件底部厚度 3. 改进润滑使之均匀 4. 合理控制坯件尺寸
正挤压件端部产生较大飞边 	1. 凸、凹模间隙太大 2. 坯件硬度过高	1. 调整凸、凹模间隙,使之合理 2. 将坯件进行退火,以减小硬度
正挤压件发生弯曲 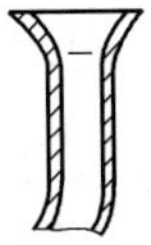	1. 模具长期使用受振动而工作部位形状不对称 2. 润滑不均匀	1. 修整模具工作部位形状,使其对称 2. 改进润滑,使之均匀
挤压件壁厚不均,相差太大 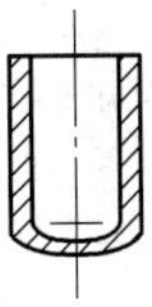	1. 凸、凹模长期受振动,位置发生变化,不在同一中心线上 2. 模具导向精度变差 3. 反挤压凹模顶角太尖 4. 反挤压坯件直径太小,在凹模内松动	1. 重新装配凸、凹模,使其保持同轴 2. 修整导向零件,使之导向正常 3. 修整凹模顶角,使之圆滑过渡 4. 加大坯件直径,使之与凹模配合紧凑

（续）

缺 陷 类 型	产 生 原 因	解 决 方 法
反挤压空心件侧壁破裂 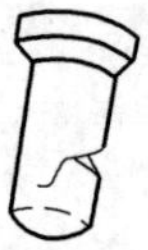	凸模芯轴露出长度太长	减小凸模芯轴长度,使其露出长度与毛坯孔的深度不超过 5mm 左右
正挤压侧壁皱曲 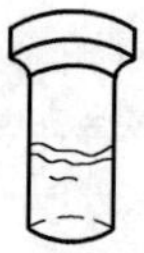	凸模芯轴露出长度太短	调整芯轴长度使其露出长一点
挤压件中部产生缩口 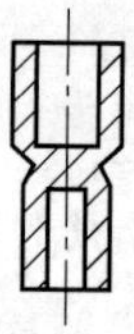	凸模锥度太小	修整凸模,使其锥度加大
连皮位置不在制件高度中央位置 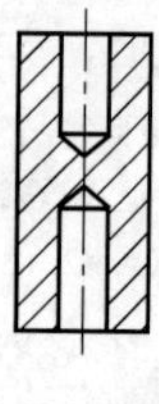	凸模锥度不合适	调整凸模锥度,采用不同的上、下锥角,使 $\alpha_1 > \alpha_2$
挤压件底部出现台阶 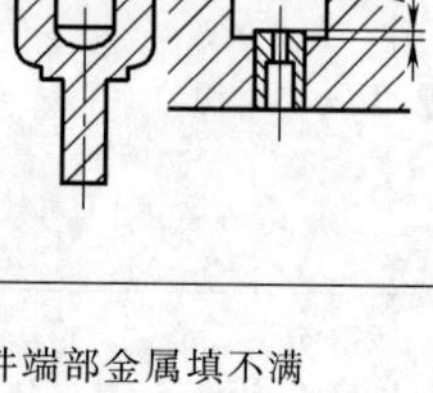	凹模拼块尺寸发生变化	重新安装调整凹模拼块,使之位置合适或使其增高 0.3~0.4mm
挤压件端部金属填不满 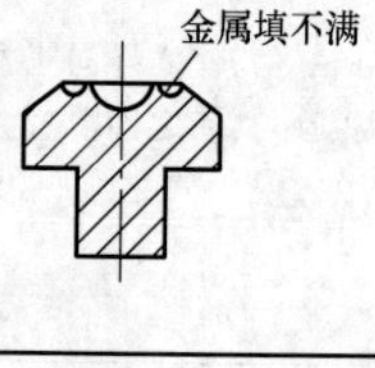 金属填不满	模腔在挤压时有空气存在	在模腔内应增设通气孔通气

6.6　复杂曲面大型零件的冲压成形

复杂曲面大型零件简称覆盖件，如汽车、拖拉机的驾驶室及轿车的车体和一些复杂的发动机底盘以及用薄钢板制成的异形体表面零件、内部非旋转体曲面零件等。在冲压生产中，用来加工这类零件的模具统称为覆盖件冲模，其应用最多的为拉深模与切边模。由于这类零件制品材料较薄、体积较大、形状又呈复杂多维空间立体曲面，表面质量要求较高，故其模具制造及加工工艺与一般普通冲压相比有其独特的形式及加工特点。

6.6.1　模具基本结构形式

覆盖件冲模由于体积较大而笨重，一般在双动压力机上冲压成形。因此其结构都是以双动或三动压力机为安装依据设计的。尽管零件的形状比较复杂，但模具结构较为简单。图 6-66 所示为复杂曲面大型零件拉深模，它主要是由四个零件组成，即凸模 1、凹模 2、压边圈 3 和固定座 4。凸模 1 通过固定座 4 安装在双动压力机的内滑块上，压边圈 3 安装在压力机的外滑块上，而凹模 2 则安装在压力机台面上，并在凸模与压边圈之间、凹模与压边圈之间都有导板作为导向。模具在工作时，凸模在内滑块带动下下滑与凹模作用对板料进行拉深成形，而压边圈在外滑块带动下，始终对坯料起压边作用，配合凸、凹模完成整个冲压成形。

图 6-67 所示是浅曲面拉深模。其结构形式与图 6-66 所示的模具相同，都为正装式模具结构，即凹模 6 安装在下模，凸模 4 安装在上模并由机床的内滑块驱动与凹模一起完成冲压拉深成形；而压边圈 5 安装在机床的外滑块上，在外滑块带动下，始终对坯料起压边防皱作用。为便于取件，这类模具可在下模设顶出器并采用挡料销对坯料定位，用导板 3 进行导向，大大提高了冲压精度。

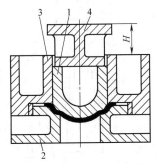

图 6-66　复杂曲面大型零件拉深模
1—凸模　2—凹模　3—压边圈　4—固定座

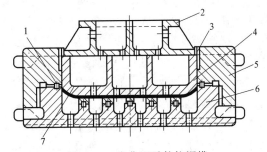

图 6-67　浅曲面零件拉深模
1—拉延筋　2—凸模固定板　3—导板　4—凸模
5—压边圈　6—凹模　7—制品零件

图 6-68 所示为汽车覆盖件拉深模。其结构主要由五部分组成，即上模由凸模 2、压边圈 3 组成；下模由凹模 1、气动托件滚轮 6 组成；上、下模由导柱、导套 5 组成的导向机构导向；而压边圈 3 与凸模 2 由内导板 4 导向；压边圈 3 与凹模 1 间采用外导板 8 导向。其内外导向板可用钢板制成，也可以采用 Mo_2S_2 固体自动润滑导板制成。

覆盖件拉深模一般由于体积较大，一般均采用薄壁轻型 HT250、HT300 铸铁制成，单件

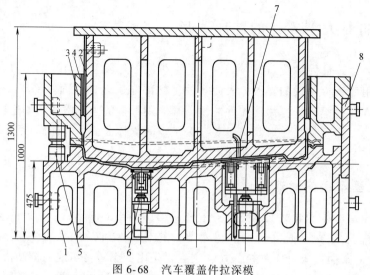

图 6-68　汽车覆盖件拉深模

1—凹模　2—凸模　3—压边圈　4—内导板　5—导柱、导套
6—气动托件滚轮　7—排气管　8—外导板

小批量还可以采用低熔点合金、木材、水泥等制成。为便于成形，模具一般设有排气管进行排气，并多设顶件及顶料机构，成批生产时，一般以气动为主要托、顶件机构。

6.6.2　制品质量检测及缺陷补救

1. 制品质量检测方法

大型曲面复杂零件，如汽车覆盖件一般由于拉深高度不大、变形量较小，故可以采用以下方法对其进行质量检测：

（1）表面质量检查　零件制品的表面质量主要通过目测观察。其零件表面应无明显的划痕、裂纹、折皱，并且应设有形状缺陷及翘曲、扭曲等现象。表面无明显的凸起、凹陷，表面光洁，冲件形状要稳定、无变形。

（2）形状与尺寸检测　在检测时，对于形状比较简单的制件，一般可采用钢直尺、高度卡尺、万能角度尺按产品图样要求直接对制品零件进行测量、比对，使其合乎图样尺寸、形状精度要求的标准。对于大型、复杂形状的制品可采用杠杆齿轮式比较仪、扭簧式比较仪、气动测量仪、测长仪、工具显微镜、光学合像水平仪、光学准直仪以及光学投影仪等精密测量仪器进行检测。如对于汽车覆盖件等较复杂的大型曲面，可直接采用图 6-69 所示的三坐标测量仪进行检测。检测时可以直观地在投影屏幕上观察其形状及尺寸缺陷，其测量结果比较精确，还能通过数字显示或打印，直接得到质量检测结果。

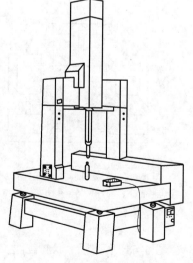

图 6-69　CJ2 系列三坐标测量仪外形

在检测大型复杂曲面零件时，一般常采用标准检验样板或样架进行批量检测。标准样板

是按凹模形状、尺寸加工出相应凸形外轮廓或凹形内轮廓，凹边圈内轮廓和顶件器外轮廓的板厚为 2mm 左右的标准样板，并按产品设计图样所要求的尺寸、形状加工，也可以按工艺模型用投影的方法制造而成。在制品成形后，直接用标准样板与相应部位贴合，观察其缝隙透光程度来判定制品该部位合格与否。

在批量生产的覆盖件中，也可以通过试先制作的立体型样板（俗称样架）进行检验、比对。目前，常用的检验样架主要是钢结构支架，型面采用玻璃钢制成。在检测时，它不是采用全型面检查，而是选择一定数量的特定点，如凸缘的轮廓、孔位、凸台曲面变化等采用比较法进行检查。

对于大批量生产的汽车覆盖件检查，一般都采用上述的三坐标测量仪与样架相互配合进行。样架一般检查型面及相对位置不符合程度，而三坐标测量仪主要检测关键尺寸的合格程度。

2. 质量缺陷的解决方法

在冲压大型复杂曲面制品零件时，常会出现这样或那样的质量缺陷。在出现这些缺陷时，必须分析其产生原因，然后提出解决办法，在修理合适后再继续冲压生产。覆盖件常见缺陷类型、产生原因及解决方法见表 6-22。

表 6-22　覆盖件常见缺陷类型、产生原因及解决方法

缺陷类型	产生原因	解决方法
制品产生破裂或裂纹	1. 压边力太大 2. 凹模口或拉深筋、槽的圆角半径太小 3. 拉深筋布置不尽合理或间隙太小 4. 压料面表面太粗糙 5. 润滑不良 6. 坯料放偏或定位不准 7. 凸、凹模间隙太小或不均匀 8. 局部变形条件恶劣	1. 适当减少外滑块压力使压边力减小 2. 适当加大凹模口及拉深筋的圆角半径 3. 重新布置拉深筋位置或数量并加大间隙值 4. 磨光或抛光压面 5. 合理润滑或改用高级润滑油 6. 改善定位方法，使坯料准确定位 7. 重新调整间隙使之均匀合理 8. 在该处加工艺孔或切口，改善变形条件
制品起皱	1. 压边力太小 2. 坯料压料时，里松外紧 3. 凹模口部圆角太大 4. 拉深筋太少或布置不均 5. 润滑油太多 6. 坯料尺寸太小或太软 7. 坯料定位不稳 8. 压料面形状不合适	1. 加大外滑块压力 2. 调整压料面，使之各处受力均衡 3. 修整凹模口部圆角半径，使之减小 4. 增加拉深筋个数，使之布置均匀 5. 改善润滑，使之均匀减少 6. 更换坯料 7. 调整定位装置，使之定位准确 8. 改进压料面形状，使之受力均衡
修边后，尺寸与形状发生变化不合要求	1. 压边力太小 2. 拉深筋太少或布置不合理 3. 材料塑性太差，变形程度不够	1. 加大外滑块压力 2. 增加拉深筋个数，使之布置均衡、合理 3. 更换材料或采用压料方式控制
制品有鼓膜或发生"砰、砰"声响	1. 压料力不足 2. 拉深筋太少或位置不当 3. 坯料不平或扭曲	1. 加大压料力 2. 增加拉深筋并调整分布位置 3. 更换坯料或将坯料整平
装蚀棱线不清或压成双印	1. 凸模与凹模未能镦紧或压力不够 2. 凸、凹模错位、不同轴或间隙不均 3. 坯料在凸模上产生滑动	1. 加大压力，使凸模进入凹模深度加深 2. 重新装配凸、凹模，使其同轴并调整间隙均匀 3. 适当调整进料阻力，减少坯料滑动现象
产品表面有切痕或产生橘皮纹	1. 压料面或凹模圆角部位粗糙 2. 凸、凹模镶块出现间隙过大 3. 润滑不良，有污物 4. 坯件表面晶粒粗大而产生橘皮纹状 5. 工艺补充部分不足	1. 磨光或抛光压料面或凹模圆角处 2. 重新组装凸、凹模镶块，使之缝隙变小 3. 改善润滑条件，使之均匀无污物 4. 更换坯件材料 5. 增加工艺补偿部分，如切口、工艺孔等

第7章 冲压用冲模设计与制造

由前述可知：冲模又称冷冲模，是冷冲压生产中必不可少的专用工艺装备，其质量的好坏、精度的高低，直接影响到冲压制品的质量及加工的成败。因此，作为一名从事冲压加工操作工，不仅要善于使用冲模，而且还应了解冲模生产全过程以及设计与制造的基础知识，以便更好地使用及维护冲模，使其发挥更大的服役能力，延长其使用寿命，为企业提高经济效益。特别是按冲压职业晋级规定：作为一名高级技工，还应具备设计、制造、维修冲模的能力。为此，本章就专门介绍这方面内容，供学习参考。

7.1 冲模生产过程及结构组成

7.1.1 冲模的生产过程及内容

冲模的生产过程是指：将用户所提供的需经冲压加工的产品制件信息（制品形状、尺寸精度及批量大小）通过结构分析和工艺性审核，设计制造出结构合理、寿命较长、精度较高、能批量生产出合格制品模具的全过程。它主要包括冲模设计、冲模制造工艺规程的编制、模具原材料的供给、生产前的准备、模具坯件制备、零件的加工与热处理、冲模的装配、调试及模具的验收、包装等内容。其流程如下：

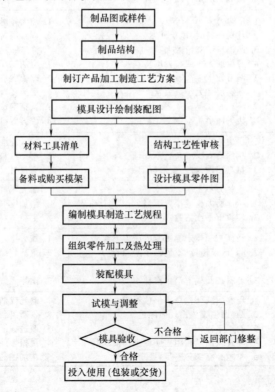

从上述流程可知：冲模的生产过程就是将制模用的原材料转化成模具产品的全过程。它没有固定的产品模式，而是根据用户产品需要，精心设计出模具图样，并以图样生产制造的单件生产产品方式。故在组织生产之前，首先应根据制品形状、尺寸、批量大小、技术要求来确定模具结构形式及精度，再结合本企业的技术能力、设备条件来对模具进行设计、确定加工方法。同时，参与设计及组织加工的工艺人员以及冲模使用的操作人员，都应当了解模具生产的全过程，即前道工序应把后道工序作为自己的用户，使后道工序满意自己的劳动成果；而后续工序又要作为前道工序的检验者互相监督检查、相互制约，才能使模具生产过程有序进行，制造出质量好、精度高的模具来。

7.1.2　冲模的结构组成

在本书的前述章节里，介绍了冲压各工序所使用的冲模结构及冲压成形机理。尽管种类繁多、复杂程度及功用不同，但其结构组成确有相同的规律和组成特点，如每副冲模都由上、下模两大部分构成。上、下模都分别由上模座、下模座、导柱、导套组成的模架作为支撑，由工作零件（凸模、凹模）、定位零件、卸退料零件等构成模具整体，只是由于冲模所完成功用不同，其形状、尺寸不同而已。一般来说，组成冲模的各零件，由于其作用不同，可分为两大类：一类是工艺性零件，主要包括冲模的工作零件、定位零件、卸料及推件零件；另一类是辅助零件，主要包括导向零件、支持零件及紧固和给力缓冲零件等。如图 7-1 所示的单工序落料冲裁模及图 7-2 所示的反向拉深模，各零件的安装位置及作用如下所述：

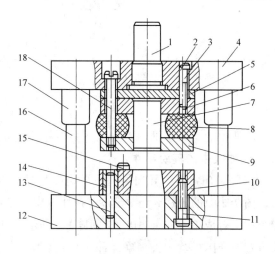

图 7-1　单工序落料冲裁模
1—模柄　2、13—圆柱销　3、11—内六角螺钉　4—上模板
5—垫板　6—凸模固定板　7—凸模　8—缓冲橡胶
9—弹性卸料板　10—凹模　12—下模座　14—销套
15—定位销　16—导柱　17—导套　18—卸料螺钉

1. 冲模的工艺性零件

（1）工作零件　冲模的工作零件主要包括冲模的凸模、凹模及复合模中的凸凹模。如图 7-1 中的凸模 7、凹模 10，图 7-2 中的凸模 1、凹模 2 及凸凹模 3 等。这类零件主要可直接与板料接触并对板料施加一定压力后，使板料分离或成形，完成板料的冲压工作。

（2）定位零件　冲模的定位零件形成较多，主要有挡料销、定位销、定位板、导正销、连续模的定距侧刃及挡料块等。如图 7-1 中的定位销 15、图 5-12 中的定位销 23、图 5-7 中的侧刃凸模 14、挡料块 19 等。这类零件主要是用来确定条料或坯料在冲压时相对于冲模的正确位置，以确保冲压制品的形状及尺寸精度。

（3）卸料与推件零件　冲模的卸料零件主要是用来从凸模周边卸除坯料或废料。如图 7-1 中的件 9 为弹性卸料板，它主要靠缓冲橡胶（或压簧）的弹力而推动卸力；而在某些冲裁较厚的材料所用的单工序冲模或级进模则主要采用刚性卸料板（又称刮料板）将条料直接从凸模中刮下，如图 5-7 中的件 3。冲模中的推件零件是将冲压后的制品或废料从凹

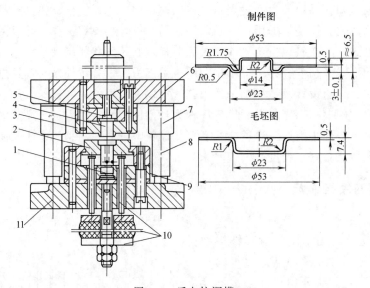

图 7-2 反向拉深模

1—凸模 2—凹模 3—凸凹模 4—推板 5—打杆 6—上模板
7—导套 8—导柱 9—凸模固定板 10—缓冲机构 11—下模板

模或凸凹模的洞口中推出，如图 7-2 中的推板 4、打杆 5 等零件。

2. 冲模中的辅助零件

（1）导向零件 导向零件主要包括导柱、导套及导板等。如图 7-1 中的导柱 16、导套 17，图 7-2 中的导柱 8 与导套 7。在冲模中，导柱多固定在下模座上，并与固定在上模座的导套相配合成 H7/h6 或 H8/h7 间隙配合形式，以确保在冲压时，上、下模上凸、凹模的正确位置及间隙的均匀性，确保冲压精度。

（2）支承零件 支承零件主要包括上/下模板、模柄、凸/凹模固定板、垫板等。如图 7-1 中模柄 1、上模板 4、垫板 5、凸模固定板 6、下模座 12 等。这类零件主要是用来连接、固定工作零件及定位卸退料零件，使之成为一个整体模具结构。

（3）紧固零件 冲模的紧固零件主要包括内六角螺钉（图 7-1 中件 3、11）、圆柱销（图 7-1 中件 2、13），其作用是用来连接、固紧各类冲模零件，使之成为一体。其中圆柱销还兼起定位作用。

（4）缓冲供力零件 缓冲供力零件可为冲压时提供卸料力、推件力、压边力等。缓冲供力零件主要是橡胶、压簧等。如图 7-1 中缓冲橡胶 8 是提供卸料力的；而图 7-2 中由橡胶与压板、螺栓组成的缓冲机构 10，主要是用来提供推件力的。

（5）压料零件 冲模的压料零件主要包括压料板、压边圈等。压料零件主要是在冲压过程中能压住坯料，防止失稳、起皱。其中，压边圈多用于拉深模中，如图 6-18 中的件 6、图 6-20 中的件 3。

7.1.3 冲模生产过程中的质量控制及要求

在模具生产过程中，其模具生产的组织与管理的核心，是全面执行质量保证与质量管理

（GB/T 19000）系列标准，以生产出优质、高效的模具产品。

1. 冲模生产制造的基本要求

在现代工业生产中，冲模已成为大批量生产各种工业品和日用品的重要工艺装备。而在各加工行业中，应用冲模制造制品零件的目的在于能保证产品质量、提高生产率、降低产品成本和提高企业的经济效益。为此，在冲模生产过程中，应满足如下基本要求：

1）要确保冲模的制造质量及精度，动作安全可靠，能批量生产出合格的冲压制件。所制造的冲模精度要比所冲制品的精度高 1~2 个数量级。

2）要保证冲模的交货期，制造周期尽量要短，以树立企业的良好信誉。

3）要确保模具的使用寿命要长。

4）要节约原材料、提高工效，设法降低模具生产成本。

5）制造模具时，应尽量采用新工艺、新材料、新技术，以提高模具制作水平。

6）要保障劳动者的劳动条件，使操作者在不超过国家标准规定的噪声、粉尘、温度下进行工作。

2. 模具制造过程质量监控

在模具生产过程中，应使模具制造质量始终处于受控状态，以确保冲模的质量。其监控项目是：

1）模具结构方案的决策与审核。

2）模具设计图样审核。

3）模具材料的选用及性能状况。

4）模具所用标准零配件质量。

5）模具制造工艺规程审查。

6）模具主要工作零件的加工及热处理。

7）模具辅助零件的加工。

8）模具部件装配质量。

9）模具总装配状况。

10）模具装配后的试模与调整。

7.2　冲模设计技术基础

设计冲模，首先要保证能获得合格的冲压制品零件，满足产品图样上的全部质量要求及精度要求。此外，还应使冲模尽量在制造加工上简便、经济，在使用操作上方便、安全。

7.2.1　冲模设计的基本程序

1. 冲模设计必备的原始资料

1）冲压件的产品图或标准样件。

2）设计任务书或产品批量。

3）冲压产品工艺规程文件或工艺卡片。

4）冲模制造单位技术能力与设备状况。

5）冲模使用单位的压力设备规格型号。

6）冲模标准化资料以及相应的《冲模设计手册》及参考资料。

2. 冲模设计程序与步骤

冲模设计的程序与步骤没有统一的规范，大致包括以下几方面内容和步骤：

（1）分析整理原始技术资料，确定冲模设计依据

1）参看产品制件图，进一步明确制品的形状、大小、精度及必要的技术要求以及所使用的材料。必要时，可按制件图先制作一个样件，依据其形状、大小及尺寸精度构思所需冲模的结构形式及精度。如根据制品断面质量，确定是需要普通冲裁还是精密冲裁。

2）依据制品零件工艺规程工艺卡或设计任务书，可初步确定工序组成及所需各工序之间的关系，基本能确定出所需模具的种类及套数。

3）依据设计任务书所提供的产品生产规模与批量，可初步确定所需模具的难易程度。如果批量较大，可采用连续模及复合模；如果批量较小或为试制性生产，可采用单工序或简易冲模形式，以降低冲模成本。

4）依据压力机设备资料，可以选择模具的卸料与顶件方式和其他辅助工序形式；根据规格参数，确定模具结构形式（单动或双动冲模）以及模板固定方式、闭合高度、模柄尺寸及漏料孔大小。同时，对压力机工艺能力的核定及有关生产指标，也是冲模设计的重要环节之一。

5）依据模具制造单位的技术能力和设备条件，可确定模具的结构组成形式。如对于复杂形状的冲模，若制造单位设备较先进或在有电火花加工、线切割、成形磨的情况下，凸、凹模可设计成整体结构。否则在设备简陋的情况下，凸、凹模采用镶拼结构加工就比较方便。同时，还应参考制造单位模具标准化推广程度，依据其标准化设计资料来决定图样出图方式及张数。

6）依据所备用的模具参考资料或有关设备手册，可进行必要的工艺计算，选择零件材料、确定尺寸精度和进行必要的核算。

（2）制订工艺方案，确定模具结构形式

1）依据制品的形状，确定冲压加工工序及模具类型。如果制品是平板或孔，则用冲裁及冲裁模；如果制品为筒形或盒形件，应采用拉深及拉深模。

2）依据制品零件的形状、尺寸精度、表面粗糙度及变形特点，先进行必要的工艺分析，确定加工顺序及加工性质。如果制品为带孔的筒形零件，则基本加工顺序与性质应该是：落料→拉深→冲孔或落料、冲孔、拉深同时进行。

3）依据生产批量和加工条件，确定工序的组合，选定模具结构形式。如分析确定一下工序选用单工序冲模还是连续模，哪一种最为经济合理，即选哪一种结构形式。并综合前述分析，最后确定一个自认最为经济合理的结构形式方案。

4）依据制品尺寸精度及表面质量要求，选定模具结构形式。如精度要求较高（IT9～IT11）的冲压件应采用复合模；精度要求一般（IT11～IT12）的冲压件应采用连续模；精度要求较低（IT13）的冲压件可采用单工序冲模。若冲件尺寸公差等级要求在 IT8 及以上，应采用精密冲裁方式或采用普通冲裁工序后，再加一道整修工序。

（3）绘制模具结构草图，进行必要的工艺计算

1）依据所确定的工艺方案，构思及绘制出冲模整体结构草图，并明确动作机理及工作过程。在绘制草图时，应充分考虑凸、凹模结构形式及安装固定方法；制品零件卸出及进、

退料方式；条料或板料定位机构以及模具的导向方式等。并且要选定所使用的设备型号及模具安装方式，以及闭合高度大小。

2）进行冲模压力中心计算并核定压力中心位置是否合适。

3）进行凸、凹模尺寸计算，选择配合间隙及配合形式。

4）计算模具所需工艺力并选择压力设备以及模具闭合高度。

5）进行工艺计算，如冲裁模的排样方式；成形模的坯料形状及尺寸以及拉深模的压边方式选择及计算压边力大小等。

6）对确定的模具结构草图反复分析、比较，并征求相关人员意见确定无误后，最后确定模具最佳结构。

（4）进行模具总体设计，绘制出模具总装配图

1）经过前述的工艺计算后，再一次对结构草图进行核算及审核，确定模具结构及动作是否合理，所选定的定位机构、卸退料及出件机构、凸/凹模的结构形式和安装固定方式、导向机构是否可靠、合理，模具的闭合高度与压力机装模高度是否匹配合适，选用压力设备的公称压力是否能满足压力要求，模具使用是否方便、安全可靠，必要时，可进行进一步修订改进，最后确定模具最佳方案。

2）参考制造厂模具标准化实施情况，进行模具总体设计。在设计时，尽量采用标准模架及模具标准结构，以简化设计、减少出图张数、加快设计速度。若实施标准化程度不高或根本没实施模具标准化，应按部就班地进行设计。

3）绘制模具总装配图。模具总装配图中包括模具的主视图、俯视图、侧视图、工序排样图、标题栏、零件明细栏及必要的技术要求等。其图样形式可参见本书第 2 章中的图 2-11。

（5）绘制模具零件图，核定图样的正确性

1）对于采用的标准化模具结构，其模具标准件应在总装图标题栏中标出详细代号。对于采用的非标准件应详细绘出完整的零件图。

2）对于非标准化模具，应按总图的标题栏逐个画出零件图。

3）零件图应标出尺寸公差、几何公差、表面粗糙度代号和必要的技术要求。其图样形式参见本书第 2 章中的图 2-9。

（6）设计图样的审核　冲模经总体设计及零件设计后，其图样应经过工艺会审，经审核、校对、批准后方能进行复制、发放，供加工使用。

7.2.2　冲压加工工艺方案的制订

冲压加工工艺方案制订是指从事冲压工艺或模具设计人员，在接到冲压制品生产制作任务后，根据制品的形状与尺寸精度要求以及生产批量的大小，首先要对制件进行工艺性审核，分析其采用冷冲压生产的可能性及经济性，或在不影响使用的情况下，得到用户同意后，再进行必要的修改，采用冲压加工工艺生产并列出各种不同的冲压加工工艺方法，经逐个加以分析比较，最后确定出一种既经济又简便的合理冲压工艺方法作为其设计方案，同时对此方案进行工序性质、工序数量、工序顺序及其他辅助工序（包括热处理）进行合理安排一种工艺设计过程。

1. 工艺方案的确定方法

冲压加工工艺方案是冲模设计的重要依据，其制订方法是：

（1）对制品零件进行工艺性审查　在审查时，根据产品零件图，对其进行认真分析，查看其形状、尺寸精度要求是否符合冲压工艺的特点，能否用冲压方法加工制作出来，并且是否经济合理，必要时，可提出修改意见，得到用户同意后，再进行冲压工艺设计。

（2）确定冲件的工序性质　冲压工序性质应根据冲压件的形状，按各种冲压工序的变形性质和应用范围予以确定。如平板件可采用冲裁工序，筒形件采用拉深工序，折弯件采用弯曲工序。

在确定工序性质时，可从零件图上进行直观确定；但对于形状复杂的零件，应进行必要的计算，认真分析，进行比较后才能确定。

（3）确定冲件所需的工序数量　冲压工序数量主要是根据制品的几何形状复杂程度及尺寸精度的高低、材料力学性能来决定的。如形状简单的冲裁件可采用单工序完成，而比较复杂的制品应采用多道单工序或复合工序来完成。而对于拉深件拉深，必须经过相应的计算来确定拉深次数。

（4）确定冲压件的工序顺序　冲压件工序顺序的安排，一定要首先考虑工序的性质、材料的变形规律以及零件的定位要求及精度。同时，还要注意到前一工序所得的工件的形状，不致引起后序工序中定位困难。如带孔的弯曲零件，若孔距要求精度不高时，可以先冲孔后弯曲；而当精度要求较高时，则必须按先弯曲后冲孔来安排工序顺序；对于形状复杂的拉深件，可以先安排压出内部形状而后拉深外部形状；而弯曲复杂的工件时，应先弯曲外部形状而后弯曲内部形状。图 7-3 所示为复杂弯曲件的弯曲顺序，而图 7-4 所示为复杂拉深件的弯曲顺序。

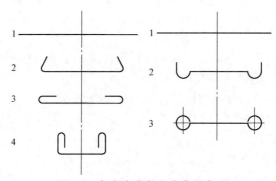

图 7-3　复杂弯曲件的弯曲顺序

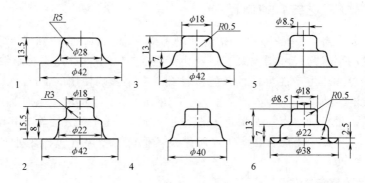

图 7-4　复杂拉深件的弯曲顺序

1—落料拉深　2—拉深　3—整形　4—修边　5—冲孔　6—外缘翻边

2. 工艺方案制订实例

工艺方案的制订是冲压生产一项非常重要的工作，对于产品质量、劳动生产率、制造成本、劳动强度和安全生产都有重要影响。因此，在制订工艺方案时，一定要结合生产实际，仔细分析比较，以便制订出技术经济综合效果最佳的工艺方案来。如同一个制品零件其工艺方案可能有几种，设计者可根据现有冲压设备的类型和公称压力、冲模制造水平、生产批量、产品变形特征和质量要求以及材料性质等条件进行比照对比，选择最经济合理的一种。如图 7-5 所示的拉深件，材料为 2.5mm 厚的 10 钢板，其拉深工艺方案可按如下方案进行：

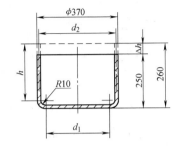

图 7-5 筒形拉深件工艺方案的制订

（1）制品工艺性审查 图 7-5 所示的冲压件为筒形零件，其高度为 260mm，没有特殊的复杂形状，故根据冲压工艺要求，可以采用冲压拉深方法成形。

（2）工序性质确定 经图样观察，零件可以采用落料→拉深方法进行冲压成形。

（3）工序数量的确定 根据图样显示，此零件制品高度为 260mm，先增加修边余量 $\Delta h = 10$mm 后，则其毛坯直径

$$D = \sqrt{d_1^2 + 2\pi d_1 r + 8r^2 + 4d_2 h}$$
$$= \sqrt{345^2 + 2 \times 3.14 \times 345 \times 11.25 + 8 \times 11.25^2 + 4 \times 367.5 \times 247.5}\ \text{mm} \approx 713\text{mm}$$

式中，各尺寸由图示可知：$d_1 = 345$mm；$d_2 = 367.5$mm；$r = 11.25$mm（按中性层计算）；$h = 247.5$mm，故拉深系数 $m_\text{总}$ 为

$$m_\text{总} = d_2/D = 367.5/713 = 0.52$$

而材料的相对厚度为

$$(t/D) \times 100 = (2.5/713) \times 100 = 0.35$$

故根据 $(t/D) \times 100$ 的计算值从表 7-1 中查出首次拉深系数 m_1 比 $m_\text{总}$ 大（可查表 7-1 $0.6 \sim 0.3$ 一列）可知用一次拉深是不可能的。

按表 7-1 取 $m_1 = 0.58$，则

$$m_2 = m_\text{总}/m_1 = 0.52/0.58 = 0.89$$

按表 7-1 核对 $m_2 = 0.89$ 大于表列许可拉深系数（$0.78 \sim 0.79$），因此可判定此件可经两次拉深成形。

由此求得两次拉深的直径分别为

$$d_1 = m_1 D = 0.58 \times 713\text{mm} = 413.5\text{mm}$$

$$d_2 = m_2 d_1 = 0.89 \times 413.5\text{mm} = 368\text{mm}$$

表 7-1 筒形件的许可拉深系数（带压边圈）

拉深系数 m	材料的相对厚度$(t/D) \times 100$					
	$2.0 \sim 1.5$	$1.5 \sim 1.0$	$1.0 \sim 0.6$	$0.6 \sim 0.3$	$0.3 \sim 0.15$	$0.15 \sim 0.08$
m_1	$0.18 \sim 0.50$	$0.50 \sim 0.53$	$0.53 \sim 0.55$	$0.55 \sim 0.58$	$0.58 \sim 0.60$	$0.60 \sim 0.63$
m_2	$0.73 \sim 0.75$	$0.75 \sim 0.76$	$0.76 \sim 0.78$	$0.78 \sim 0.79$	$0.79 \sim 0.80$	$0.80 \sim 0.82$

（续）

拉深系数	材料的相对厚度(t/D)×100					
m	2.0~1.5	1.5~1.0	1.0~0.6	0.6~0.3	0.3~0.15	0.15~0.08
m_3	0.75~0.78	0.78~0.79	0.79~0.80	0.80~0.81	0.81~0.82	0.82~0.84
m_4	0.78~0.80	0.80~0.81	0.81~0.82	0.82~0.83	0.83~0.85	0.85~0.86
m_5	0.80~0.82	0.82~0.84	0.84~0.85	0.85~0.86	0.86~0.87	0.87~0.88

注：1. 表列拉深系数适用于 08、10、15 等钢材或 H62 黄铜；对拉深性能较差的 20、25 钢及硬铝等应比表列系数大 1.5%~2.0%；对拉深性能较好的钢材或软铝应比表列系数小 1.5%~2.0%。

2. 表列数值适用于不经中间退火的拉深，若需中间退火可按表列数值减小 2%~8% 选用。

3. 表列较大值用于小的圆角半径（$r=4t~8t$），较小值用于大的圆角半径（$r=8t~15t$）。

计算出的 $d_2=368mm$，与成品要求直径尺寸 367.5mm（按中性层计算）相近。

（4）拉深工艺方案确定　经上述分析、计算确定可知，该制品需经落料及二次拉深成形。故可用下列三种工艺方案：

方案 A：落料→首次拉深→第二次拉深。

方案 B：落料及首次拉深复合冲压→第二次拉深成形。

方案 C：落料→正反拉深成形。

三种方案确定后，可根据批量大小和压力设备状况确定适于企业自身能力的最佳方案。如在批量较小的情况下，为使冲模加工简单、成本低，可以采用方案 A；若批量较大，想提高生产率，可以采用方案 B，但落料拉深复合模比较复杂；若在有双动压力机的情况下可采用方案 C，即落料→正、反拉深三道工序，其模具简单，易于制作，且生产率较高，拉深质量好，是三种方案中的最佳方案。在双动压力机上正、反拉深如图 7-6 所示。

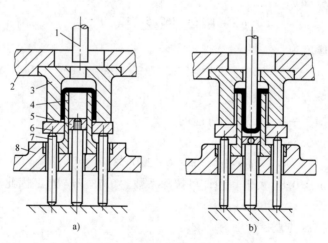

图 7-6　在双动压力机上正、反拉深

a）反拉深　b）正拉深

1—凸模　2—上模板　3—凹模　4—凸凹模　5—顶件器　6—压边圈　7—顶杆　8—下模板

7.2.3　冲模结构的选择

由前述可知：冲模的结构类型很多，故在冲模设计时必须根据冲压制品自身的工艺性及生产技术要求来选用合理的冲模结构。其选择的原则是：

1）根据冲压制品的生产批量来确定是采用简易冲模还是复杂冲模。一般来说，简易冲模结构简单、易于制作、成本低廉，但寿命较短，一般不设导柱导向机构，故冲压精度较低。而比较复杂的冲模如导柱导向单工序冲模、复合冲压的复合模、连续模，尽管结构复杂、成本较高，但冲压精度高，效率高，安全可靠，寿命较长，但成本高，不易加工制作。故当冲压制品批量较小或精度要求不高时，建议采用简易无导向冲模。反之，应根据冲件情况，采用复合模、连续模及有导向冲模结构形式。表 7-2 列出了单工序冲模、复合模、连续模各项指标比较，供选用时参考。

表 7-2　单工序冲模、复合模、连续模各项指标比较

比较项目	模具类型		
	单工序冲模	复 合 模	连 续 模
生产率	生产率较低，一次冲压只完成一道工序	生产率较高，一次冲压能同时完成两道及两道以上工序	生产率高，一次冲压可完成多道冲压工序
冲压制品尺寸公差等级	较低(IT13)	较高(IT9~IT11)	一般(IT11~IT12)
生产适用程度	通用性较好，适于中小批量及大型冲压零件，不受坯料尺寸形状限制	通用性差，仅适于大、中型零件批量生产	通用性极差，只适用于小中型零件的批量生产，但条料宽度及厚度受一定限制
模具制造难易程度	模具结构简单、易于加工制造、成本低、寿命短	模具结构复杂、不易制造、成本高，但寿命较长、精度高	模具结构复杂，制作难度大，随工步增多加工难度更大，但寿命长，比较安全
实现冲压自动化可能性	较容易，尤其在多工位压力机上更易实现自动化	难以实现自动化	容易实现在单机或多工位压力机上的自动化及高速生产
模具成本	成本较低、价格低廉	成本较高	成本及价格高

2）根据冲压制品尺寸公差及断面质量要求来确定冲模精度等级及结构形式。一般情况下，冲模精度应比冲件精度高 1~2 个数量级。对于尺寸公差等级要求高于 IT10 的冲件应采用精密冲裁模（IT6~IT8）；反之，可采用一般普通冲裁模。

3）根据企业现有的设备型号及能力选用冲模类型。如在拉深工序中，企业若有双动压力机，选用双动冲模结构要比选用单动冲模结构拉深效果好，并且模具也比较简单，易于加工制造。

4）根据冲压板料的厚度来选用冲模结构。如当冲裁较厚的工件时，若表面平直度及尺寸精度要求不高，可选用固定刚性卸料装置，如连续模结构；反之，表面质量及平直度要求较高时，材料又较薄，则只能选择带弹性装置卸料机构的复合模或单工序冲模。

5）根据制模的技术能力及经济性来选择冲模结构类型。如企业制模技术能力较低或专用设备能力较少，应选用比较简单的冲模结构；若技术能力、加工能力较高时，最好选用长效、精度较高的复合模、连续模结构，若批量较大时，最好选用设计自动化程度较高的冲模。

总之，设计者在选用冲模结构时，应从上述多方面进行考虑。这是因为，无论何种类型的冲模都有一定的局限性。故一定要经过全面分析、思考，结合实际，最后确定出合理的冲模结构，以达到既能保证冲模冲压质量及精度又能达到高效生产的目的。

7.2.4　冲模压力中心的确定

冲模的压力中心是指模具在冲压时，被冲压材料对冲模的诸反力的合力作用点，也即冲

模在工作时所受合力作用点的位置。在设计冲模时，必须使冲模压力中心与所使用压力机滑块的中心线相重合。否则，压力机在工作时会受偏心载荷而使滑块与导轨间产生过大的磨损。这样就难以保证冲模的正常工作。其压力中心的确定及核定方法是：

1) 对于规则形状的单个冲裁件，在冲裁时，压力中心就是冲裁凸模为边构成的平面图形的重心。如方形、矩形的压力中心是对角线交点；圆形即是圆心；三角形零件压力中心是它中线的交点。

2) 对于多凸模的冲裁，如果各个凸模的大小、形状相同，则其压力中心是这些凸模的对称中心。如图 7-7 所示，当 $D_1 = D_2$ 时，其压力中心就是它们的对称中心。

3) 对于多凸模的冲裁，其大小形状又不尽相同且分布又不均匀规则，则可用下述方法来计算其压力中心。如图 7-8 所示的冲裁件，在计算时，首先确定一基准坐标平面 XY，再确定各孔中心位置的坐标尺寸 X_1、Y_1，X_2、Y_2，$\cdots$，X_n、Y_n，再计算各孔周长 L_1、L_2、$\cdots$、L_n，最后可按下式计算，即可找出压力中心点坐标尺寸 X_0、Y_0：

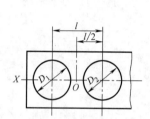

图 7-7 对称孔零件压力中心的确定

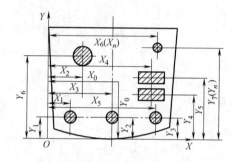

图 7-8 多孔工件压力中心的确定

$$X_0 = \frac{L_1 X_1 + L_2 X_2 + \cdots + L_n X_n}{L_1 + L_2 + \cdots + L_n}$$

$$Y_0 = \frac{L_1 Y_1 + L_2 Y_2 + \cdots + L_n Y_n}{L_1 + L_2 + \cdots + L_n}$$

4) 冲裁不规则形状的制品零件时，如图 7-9 所示的制品零件，其压力中心位置可按下述方法确定：

① 在制品轮廓线内外任意处，选择 OX、OY 坐标轴作为基准坐标轴。

② 将不规则的工件各冲裁边分解成若干个线段 L_1、L_2、$\cdots$、L_n。

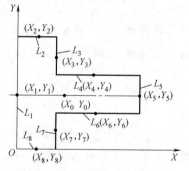

图 7-9 不规则形状冲裁件压力中心的确定

③ 确定各线段中心坐标 (L_1, Y_1)、(L_2, Y_2)、$\cdots$、(L_n, Y_n)。

④ 按下式确定压力中心位置 (X_0, Y_0)，即

$$X_0 = \frac{L_1 X_1 + L_2 X_2 + \cdots + L_n X_n}{L_1 + L_2 + \cdots + L_n}$$

$$Y_0 = \frac{L_1 Y_1 + L_2 Y_2 + \cdots + L_n Y_n}{L_1 + L_2 + \cdots + L_n}$$

对于一些复杂的零件，用计算的方法求压力中心位置是一项非常麻烦的工作。这时可以

采用作图的方法求压力中心位置，其方法可参考有关《冲压设计手册》。本文不再介绍。

7.2.5　压力设备的选择

在设计冲模时，设计者应首先了解压力机的技术参数，以便于选择压力机。

1. 压力机公称压力选择

压力机公称压力是指压力机滑块所允许的最大工作压力，故在选择压力机时，冲压零件所需的最大冲压力一定要小于或等于压力机的公称压力。

2. 压力机封闭高度选择

压力机封闭高度是指压力机滑块在下死点时滑块底平面与工作台平面的距离。在设计模具时，模具的闭合高度必须要和压力机的封闭高度相适应。即冲模工作时，最大闭合高度要小于压力机最大封闭高度，如图 7-10 所示。否则使设计的冲模在压力机上难以安装使用。

在图 7-10 中，冲模的闭合高度是指冲模在最低位置时上、下模板之间的距离。

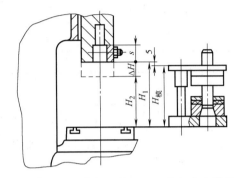

图 7-10　冲模闭合高度与压力机封闭高度的关系

冲模的闭合高度 $H_模$ 与压力机封闭高度（又称装模高度）不同。压力机的装模高度是可以调节的。当压力机连杆调至最短时，压力机装模高度为最大装模高度，如图 7-10 中的 H_1；反之为最小装模高度，用 H_2 表示。在设计冲模时，所选用压力机装模高度与冲模的闭合高度应满足

$$H_1 - 5\text{mm} \geqslant H_模 \geqslant H_2 + 10\text{mm}$$

式中　$H_模$——模具闭合高度（mm）；

　　　H_1——压力机最大装模高度（mm）；

　　　H_2——压力机最小装模高度（mm）。

3. 压力机滑块行程选择

压力机的滑块行程是指压力机的曲轴旋转一周时，滑块上、下死点的距离。在设计模具时，压力机滑块行程必须满足所设计的模具工艺要求。对于冲裁模，其行程要求一般较小，而拉深、弯曲、成形类模具以及落料-拉深复合模则要求行程一般较大，且能进行调节。故在选择压力机时，其滑块行程大小是否满足要求必须给以充分考虑，否则对坯料的进、退以及冲压后制品的取出会带来很大影响。

4. 压力机台面尺寸

在设计冲模时，必须考虑到冲模下模板外形尺寸应小于压力机工作台面尺寸，并要留以固定冲模的压板位置。这是因为压力机的台面尺寸、台面中下孔尺寸及固定型槽位置尺寸，都是决定冲模下模板形状及尺寸大小的依据。

此外，压力机滑块孔尺寸、滑块中心线到机身后侧的距离尺寸、顶件横梁的尺寸、机身侧柱间的距离及压力机机身倾斜角度，在设计冲模时也必须了解清楚，它对于模具总体及零件尺寸的确定有着极重要的影响。

7.2.6 凸、凹模结构设计

在进行冲模设计时，在总体方案及总装配图确定之后，习惯上均以先设计凹模零件开始，再以其为准设计凸模或其他辅助零件或选择标准件。

1. 凹模结构设计

冲模中的凹模、凸模与凸凹模，同属于冲模成形的主要工作零件，其工作部位结构形式、尺寸精度、刃口形状以及强度、硬度均要求较高，故设计时必须给以高度重视。

（1）凹模结构形式选择　在设计凹模时，其结构形式可参考表7-3选取。

表7-3　凹模结构形式及适用范围

结构形式	图　示	结构特点	适用范围
整体式凹模结构	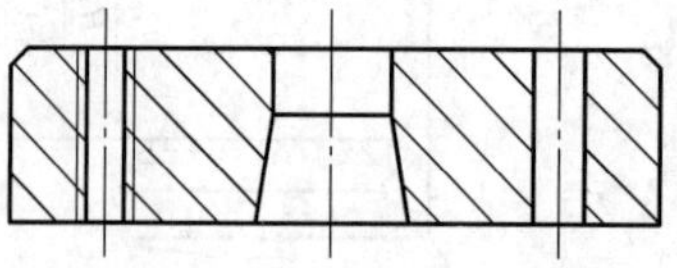	凹模的工作部位与非工作部位为一整体结构，加工制造简单，但浪费优质模具钢材	适用于冲裁尺寸精度要求较高的中小型零件模具
组合式凹模结构	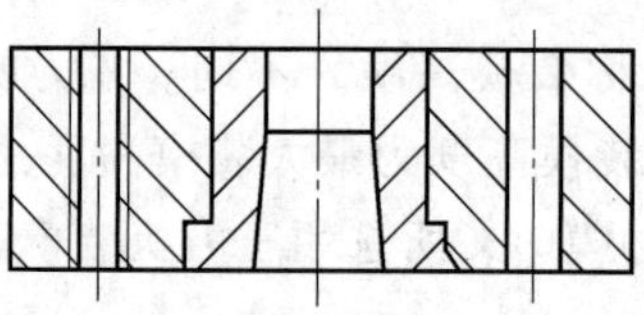	工作部位和非工作部位分开设置，节约了贵重钢材，成本低廉，但制造加工困难	适用于大、中型冲模或精度要求不太高的冲模
镶拼式凹模结构	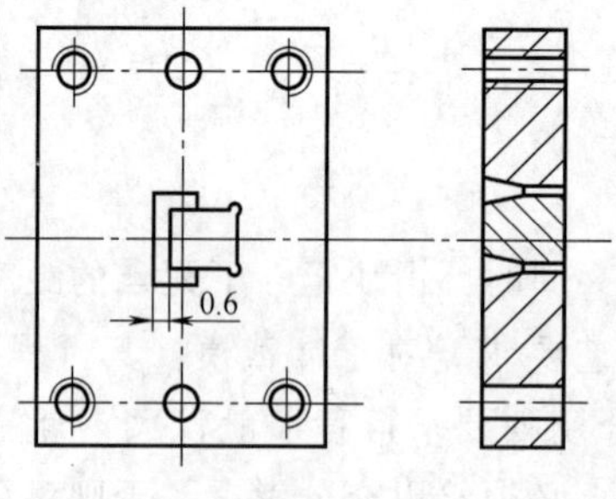 0.6	凹模刃口工作部位采用镶拼方式，尽管镶块容易加工，但镶拼难度非常大，精度低	适用于制品形状较复杂的模具以及精度要求不高的异形制品模具

（2）凹模工作部位结构形式

1）冲裁凹模刃口结构。冲裁模凹模刃口主要有直壁筒、锥形及凸台式三种结构形式。其特点及选用可参见表7-4。

2）成形类凹模刃口结构。成形类凹模刃口如弯曲模、拉深模等，其工作部位不同于冲裁模刃口那么锋利，而是根据制品形状设计成带圆角的凸、凹模刃口形式。其弯曲模凸、凹模工作部位结构形式见本书第6章图6-9~图6-11；拉深模凸、凹模工作部位见表6-9及图6-32~图6-34所示。其中，$R_凸$、$R_凹$分别为凸模与凹模圆角半径，在设计时可参考。

表 7-4　冲裁凹模刃口形式选择

结构形式	图　示	特点及应用	设计参数确定
直壁筒形刃口	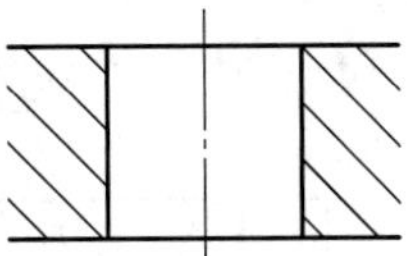 a) 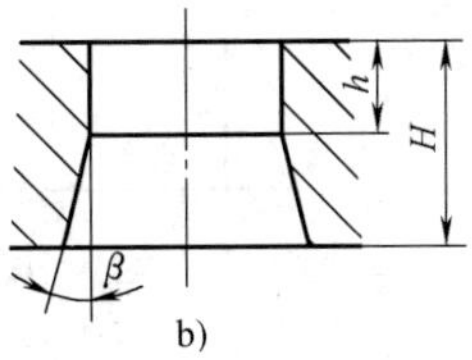 b) 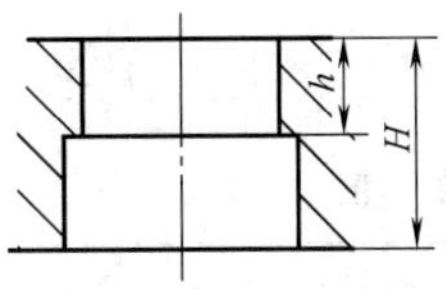 c)	直壁筒式刃口强度高,其尺寸、间隙不受刃磨影响而增大,故制品质量稳定,主要适用于形状复杂、精度要求较高的、厚度 $t<5$mm 的零件冲裁模	1. 直筒高度 h 随冲压材料厚度 t 而定: $t \leqslant 1.0$mm 时, $h=4\sim8$mm; $t>1\sim2$mm 时, $h=8\sim10$mm; $t\geqslant2$mm 时, $h=10\sim12$mm 2. 后角斜度 β (图 b) 一般为 $2°\sim3°$
锥形刃口	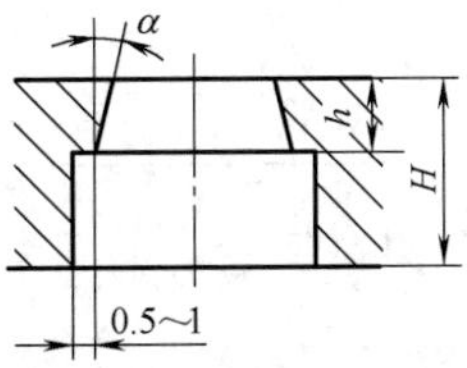 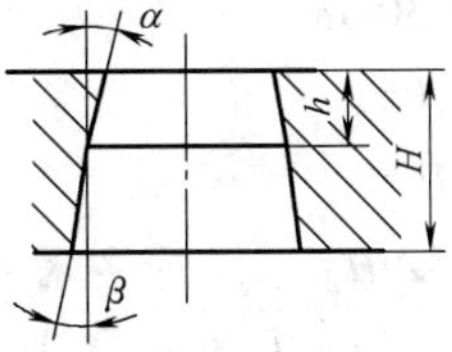 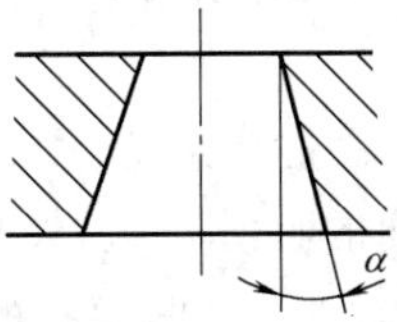	零件在冲裁时摩擦压力小,故冲模寿命长,主要用于形状简单、精度要求不高的制件冲裁模	刃口的锥角大小与所冲材料厚度 t 有关: $t \leqslant 2.5$mm 时, $\alpha=15'$; $t>2.5$mm 时, $\alpha=30'$
凸台式刃口	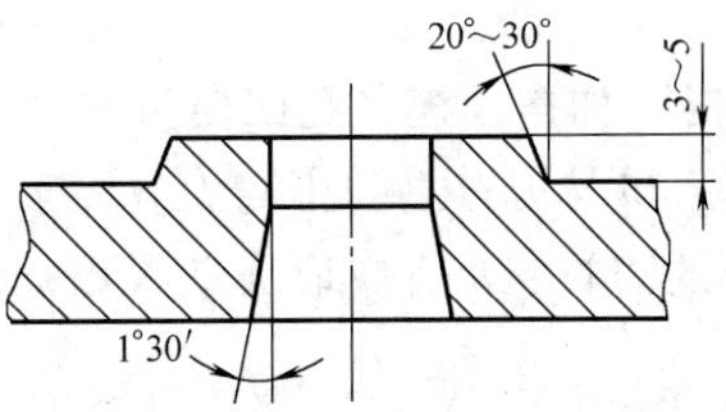	便于修整刃口间隙,其刃口硬度一般较小,大致为 35~40HRC,故在间隙变化时,敲打凸模侧面即可调整,主要适用于薄板或非金属材料冲裁模	设计参数如图中所示

（3）凹模外形尺寸的确定　凹模的外形一般为圆形和长方形两种结构形式。在冲模设计时，所选用的凹模外形尺寸和厚度，对于其承受的冲压力，必须具有不引起破损或变形的足够强度。在确定凹模结构时，对于小型零件的冲裁，应采用圆形凹模结构，其加工比较简单；而对于大中型零件，一般应采用矩形凹模体结构。

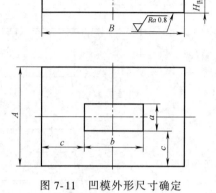

1）凹模厚度的确定。凹模厚度（图7-11）可按下式确定：

$$H_凹 = Kb \geqslant 15 \text{（mm）}$$

式中　$H_凹$——凹模厚度（mm）；

b——凹模刃口长度（mm）；

K——修正系数，其值与材料厚度 t 及刃口长度 b 大小有关，可按表7-5选取。

图 7-11　凹模外形尺寸确定

表 7-5　修正系数 K 值

凹模刃口长度 b/mm	材料厚度 t/mm				
	0.5	1	2	3	>3
≤50	0.30	0.35	0.42	0.50	0.60
>50~100	0.20	0.22	0.28	0.35	0.42
>100~200	0.15	0.18	0.20	0.24	0.30
>200	0.10	0.12	0.15	0.18	0.22

2）外形尺寸的确定。凹模外形尺寸主要取决于刃口尺寸。如图7-11所示，刃口距边缘尺寸 c 可按下式计算：

$$c = (1.5 \sim 2)H_凹 > 30\text{mm}$$

故
$$B = b + (3 \sim 4)H_凹$$
$$A = a + (3 \sim 4)H_凹$$

对于弯曲、拉深成形、冷挤压等工序的凹模高度 $H_凹$，还应考虑到制件成形高度、顶出器的活动量等因素进行综合考虑，给以适当加高。其外形尺寸还要考虑制品零件形状、受力状态、定位装置设置等因素。

（4）凹模块内孔设计　在进行凹模设计时，设计者主要应考虑凹模强度、制造方法及加工等因素。特别是凹模孔尺寸及公差，是通过精确的计算（见本书第5、6章）来确定的，它关系到制件质量的好坏。故在设计时，应给予重视。其凹模孔的形状、尺寸精度可参考前述方法进行，本章不再重述。现就在设计时应注意的几个关键因素加以介绍，供设计时参考。

1）凹模孔刃口间距离。在设计凹模内孔时，如连续模多孔凹模刃口（图7-12）除了满足与边缘的距离外（图7-11中的尺寸 c），其刃口与刃口之间距离 b 应大于5mm；对于圆形刃口形状，b 值可适当减小，而对于形状复杂的刃口，b 值应取大些，以加大凹模强度，保证冲模的使用寿命。

2）切断轮廓线到凹模边缘尺寸，如图7-12中尺寸 W_1：轮廓线为平滑曲线时，$W_1 =$

$1.2H$；轮廓线为直线时，$W_1 = 1.5H$；轮廓线为复杂形状或尖端时，$W_1 = 2H$。其中，W_1 为凹模孔切断轮廓线到凹模边缘允许的最小极限尺寸；H 为凹模厚度。

3）凹模边缘到螺孔尺寸。如图 7-12 所示，凹模外缘到螺孔尺寸

$$a_1 = (1.7 \sim 2.0)d_1$$

式中　d_1——螺孔公称尺寸（mm）。

其最小极限尺寸应为 $a_1 \geqslant 1.25d_1$。

4）螺孔到凹模孔尺寸。如图 7-12 所示，圆柱销孔到螺孔尺寸 F 为：未经热处理时，$F_{min} > d_1$；经淬硬时，$F_{min} \geqslant 1.3d_1$。

5）螺孔间距尺寸。螺孔间距尺寸可参照表 7-6 所推荐的尺寸进行确定。

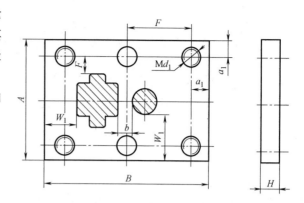

图 7-12　刃口与刃口之间最小距离

表 7-6　凹模块上的螺孔间距尺寸　　　　　　　　　　（单位：mm）

螺栓规格	最小间距	最大间距	凹模厚度
M5	12	50	10~18
M6	25	70	18~25
M8	40	90	22~32
M10	60	115	27~38
M12	80	150	>35

（5）凹模在冲模内的固定方式　凹模在冲模内的固定方式主要是采用机械固定法。图 7-13 所示为将凹模 1 采用螺钉 3 或圆柱销 4 将凹模直接固定在下模座 2 上；而图 7-14 所示为将凹模 1 压入固定板后，再用螺钉及圆柱销固紧在下模座上的固定方法。设计时，可根据模具结构形式灵活选用，但一定要坚固耐用。

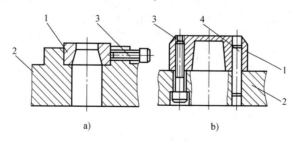

a)　　　　　　　　　　　b)

图 7-13　凹模螺钉固定法

1—凹模　2—下模座　3—螺钉　4—圆柱销

2. 凸模结构设计

（1）凸模结构形式选择　凸模的结构一般包括两部分，即凸模的工作部位及安装部位。凸模的工作部位指直接完成冲压成形部位，其断面形状、尺寸大小应根据冲压制品形状、尺寸大小、冲压工序性质特点，通过精心计算、设计而成（参见本书第 5、6 章）。而凸模的安装部位是将其安装在凸模固定板上与凹模相配形成冲模整体结构，其形状与尺寸近似于工

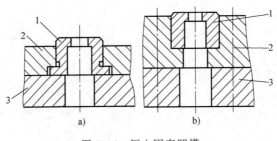

图 7-14　压入固定凹模
1—凹模　2—凹模固定板　3—下模板

作部位。为加工方便，凸模也可以设计成规则的几何形体。在设计时，凸模的结构形式可参见表 7-7 进行选择。

表 7-7　冲模凸模结构形式选择

结构形式	图　　示	结构特征	应用范围
工作断面为圆形的凸模	a)　　b)　　c)	1. 凸模结构主要包括安装及工作两部分。为增强强度，在两部位之间应以圆弧过渡，如图 a、b 所示 2. 图 a、b 所示为直接压铆在凸模固定板上，而图 c 所示则通过螺钉固定	1. 圆形断面主要用于落料圆形制品或圆孔 2. 图 a 用于 $\phi1\sim\phi8\text{mm}$ 孔；图 b 用于冲制 $\phi8\sim\phi30\text{mm}$ 型孔或落料；图 c 用于冲制较大型孔及落料
工作断面为非圆形的异形断面凸模	铆翻后磨平 a)　　b)　　c)	1. 非圆形断面异形凸模分整体式凸模（图 a）、整体直通式凸模（图 b）及组合式凸模（图 c）三种形式 2. 凸模工作部分断面尺寸是根据制件尺寸通过计算而确定的，形状与制件形状相同，多以配合凹模孔加工而成	1. 主要用于异形落料件及异形孔的冲孔 2. 图 a 用于中小型制品零件；图 b 适用于形状复杂的中小型零件；图 c 适用于大、中型零件冲模

（2）凸模尺寸计算　凸模的工作部位断面尺寸基本上根据所冲零件形状与尺寸精度，结合冲压工序及与凹模间隙太小，通过计算而设计的。而凸模的长度，如图 7-15 所示的凸模 4，可按下式进行计算：

$$L = H_1 + H_2 + H_3 + A'$$

式中　L——凸模长度（mm）；

H_1——凸模固定板厚度（mm）；

H_2——卸料板厚度（mm）；

H_3——导板厚度（mm）；

A'——自由尺寸长度（mm）。

自由尺寸 A' 包括修磨量、凸模进入凹模深度（0.5~1mm）和凸模固定板5与卸料板2之间的距离 A 等，一般可取 10~20mm。自由尺寸 A' 越大，使用起来不会压手，越比较安全可靠。但 A' 也不能过大，A' 过大会增加闭模高度，冲模强度会减弱。

对于弯曲模、拉深模的凸模长度，在设计时可根据冲模的结构适当选择。

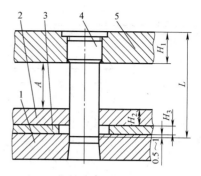

图 7-15　凸模长度计算

1—凹模　2—卸料板　3—导板
4—凸模　5—凸模固定板

（3）凸模安装方式确定　在设计凸模时，必须要根据所冲制品的冲压性质、材料厚度、制品形状大小以及具体模具结构首先考虑凸模安装方式，以便更好地设计凸模，其原则是：所设计的冲模凸模安装形式应安全、稳固、可靠，并便于装配与加工。表7-8列出了常用凸模固定安装方法，供参考选用。

表 7-8　常用凸模固定安装方法

安装形式	图　　示	结构特征	适用范围
压入式固定法	1—凸模　2—凸模固定板　3—上模板	1. 凸模安装部位设有凸台，以防止凸模安装后在固定板中脱落 2. 凸模与固定板间采用 H7/n6 配合形式 3. 安装后稳定性好，但不便于拆卸维修	适用于冲压力要求较大，要求稳定性较好的中小型冲裁模或弯曲拉深模等
铆翻式固定法	铆翻后磨平 1—凸模　2—凸模固定板	1. 装凸模安装在固定板后，其上端头部用錾子铆翻成 0.5mm×45°~2.5mm×45° 斜面后，磨平，以防脱落 2. 采用这种方法安装方便、工艺简单	适用于不规则形凸模，其断面应设计成直通式，而工作部位硬度要求比安装部位大

（续）

安装形式	图　示	结构特征	适用范围
叠装式螺钉固定法	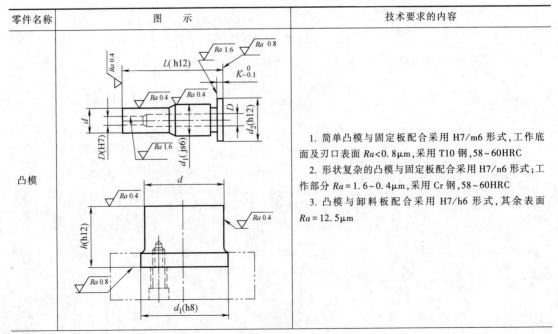（上部图） 1—螺钉　2—下模板　3—固定板 4—凸凹模　5—卸料板	1. 安装简便、稳定性好 2. 用螺钉及销钉将凸模直接固定在凸模固定板上	适用于大、中型凸模安装
浇注或粘结固定法	1—凸模　2—凸模固定板　3—低熔点合金	1. 安装时采用低熔点合金或环氧树脂将凸模粘接在固定板孔中 2. 固定板型孔及凸模安装面精度要求不高，故便于加工、装配简单	适用于材料厚度 $t \leqslant 2mm$ 以下冲裁模及各类弯曲拉深模

3. 凸、凹模技术要求

在设计凸、凹模时，为保证加工及装配使用，必须提出必要的技术要求，必要时标在图样上或单独写出。凸、凹模技术要求见表7-9。

表7-9　凸、凹模技术要求

零件名称	图　示	技术要求的内容
凸模	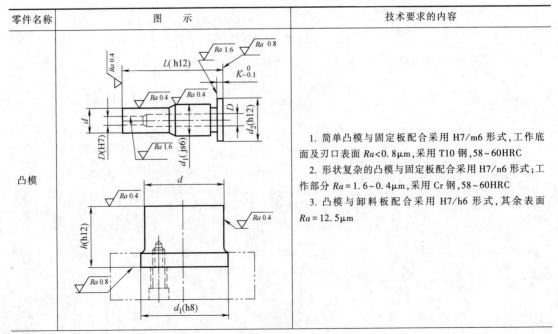	1. 简单凸模与固定板配合采用 H7/m6 形式，工作底面及刃口表面 $Ra < 0.8\mu m$，采用 T10 钢，58~60HRC 2. 形状复杂的凸模与固定板配合采用 H7/n6 形式；工作部分 $Ra = 1.6 \sim 0.4\mu m$，采用 Cr 钢，58~60HRC 3. 凸模与卸料板配合采用 H7/h6 形式，其余表面 $Ra = 12.5\mu m$

（续）

零件名称	图　　示	技术要求的内容
凹模	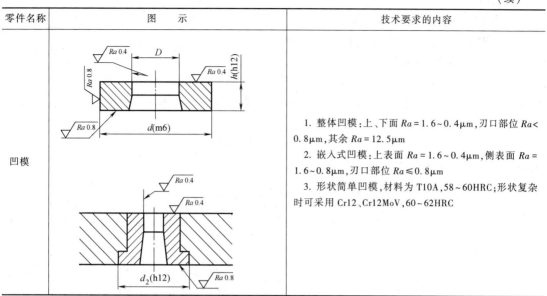	1. 整体凹模：上、下面 $Ra = 1.6 \sim 0.4 \mu m$，刃口部位 $Ra < 0.8 \mu m$，其余 $Ra = 12.5 \mu m$ 2. 嵌入式凹模：上表面 $Ra = 1.6 \sim 0.4 \mu m$，侧表面 $Ra = 1.6 \sim 0.8 \mu m$，刃口部位 $Ra \leq 0.8 \mu m$ 3. 形状简单凹模，材料为 T10A，$58 \sim 60 HRC$；形状复杂时可采用 Cr12、Cr12MoV，$60 \sim 62 HRC$

4. 凸、凹模材料选择及热处理要求

由前述可知：冲模中的凸模、凹模及复合模中的凸凹模，在冲压过程中不但承受冲击载荷，而且在工作刃边及工作表面，由于受冲击会产生强烈的应力集中而容易损裂，故在设计时应选择那些具有较高的硬度、耐磨性及韧性好的材料。凸、凹模材料的选用及热处理要求见表 7-10。

表 7-10　凸、凹模材料的选用及热处理要求

冲模类型	冲模凸、凹模结构形式	选用材料	热处理硬度 HRC	
			凸模	凹模
冲裁模	形状简单的凸、凹模及镶块	T8A、T10A	58~60	58~62
	形状复杂的凸、凹模及镶块	Cr12、Cr12MoV、9SiCr、CrWMn	58~60	60~62
	要求耐磨的凸、凹模	GCr15、K40	—	—
	冲薄金属材料或非金属凸、凹模	T8A	按冲裁材料确定硬度	
弯曲模	一般弯曲凸、凹模及镶块	T8A、T10A	50~60	
	形状复杂及要求耐磨的凸、凹模或镶块	Cr12、CrWMn、Cr12MoV	58~62	
拉深模	一般拉深的凸、凹模	T8A、T10A	58~60	60~62
	连续拉深的凸、凹模	T10A、CrWMn	58~60	60~62
	拉深不锈钢凸、凹模	W18Cr4V、K40	58~60	—
	覆盖件成形模、双动拉深覆盖件凸、凹模	HT200、HT300 或铝、钒、镍铬铸铁	—	—

7.2.7　卸料与顶出装置设计

冲模中的卸料与顶出装置是用来对被冲压的条料、坯料、制品、废料进行推、顶的，使

条料恢复原位，制品与废料卸、顶出模外，以便于下次冲压的正常进行。

1. 卸料与顶出装置结构选择

常用的卸料与顶出装置参见表 7-11 选择。

2. 卸料装置零部件设计及选用

（1）卸料板形状与尺寸　卸料板一般采用 10、20 钢板制成，零件经加工后不需要淬硬处理。其外形尺寸和形状基本与所设计的凹模相同，分矩形、圆形两种。而其厚度 H 可按下式确定：

$$H = (0.8 \sim 1.0) H_{凹}$$

式中　$H_{凹}$——凹模厚度（mm）。

表 7-11　卸料与顶出装置结构选择

结构形式	图　　示	结构特点与设计说明	适用范围
固定式卸料装置	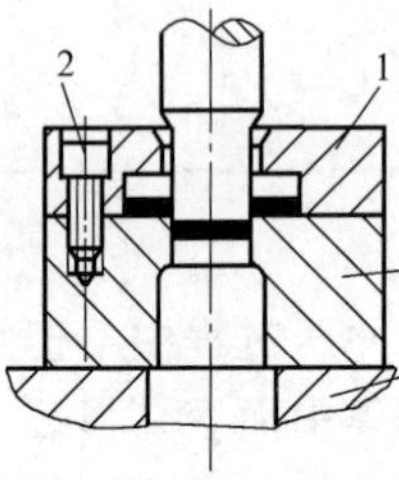 a) 固定式刚性卸料装置 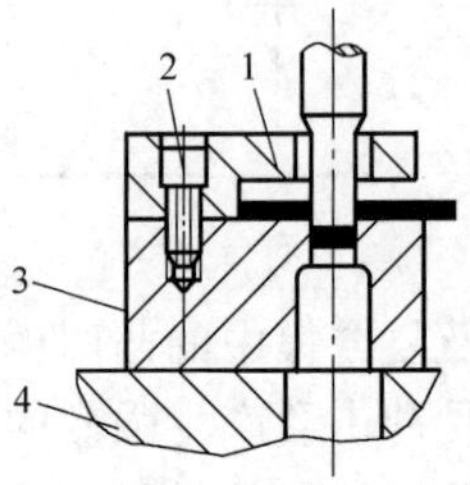　　b) 悬壁式刚性卸料装置 1—卸料板　2—螺钉　3—凹模　4—下模板	1. 卸料板采用刚性机构，固定在下模上，能承受较大的卸料力 2. 卸料板不但起卸料作用，还对凸模兼起导向作用，卸料安全可靠 3. 卸料孔与凸模加工成 H7/h6 配合形式	适用于板料厚度 $t>0.5mm$ 以上的单工序冲裁模及连续模
弹性卸料板	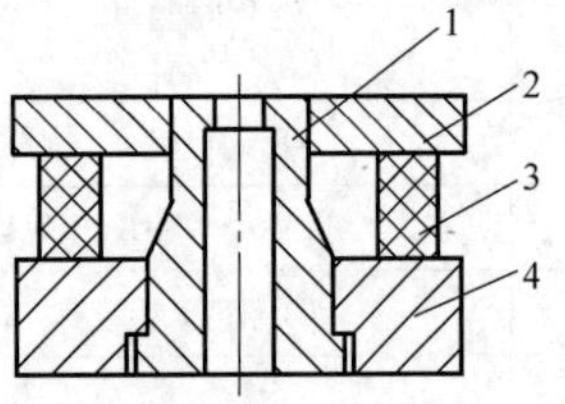 a) 1—凸凹模　2—卸料板 3—橡胶　4—凸模固定板 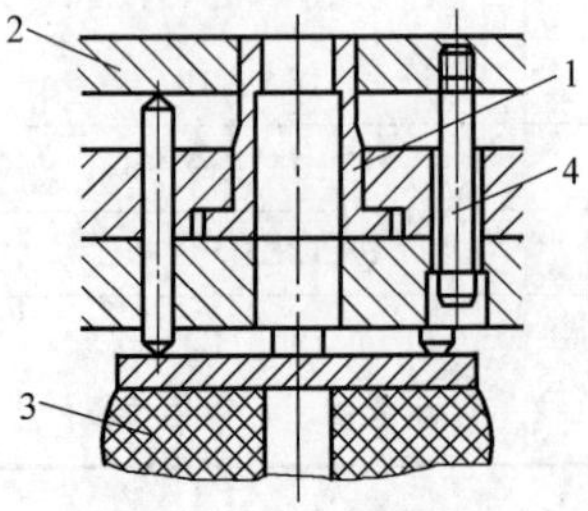 b) 1—凸凹模　2—卸料螺钉 3—橡胶　4—顶杆	1. 卸料板借助于橡胶与弹簧的压力推动卸料板卸料，其中图 a 安装在下模，而图 b 则是通过安装在压力机台面下的缓冲机供提供卸料力并可以调节，是常用的一种 2. 卸料装置是卸料板在材料压平时冲裁，故工作平稳，工作精度高	适用于冲裁中小型制品零件，多用于复合模或薄板料冲裁以及精度较高的冲裁模

（续）

结构形式	图　　示	结构特点与设计说明	适 用 范 围
刚性顶件装置	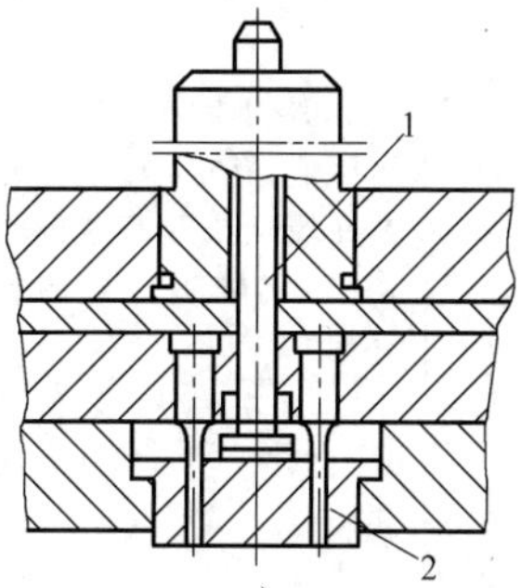 a) 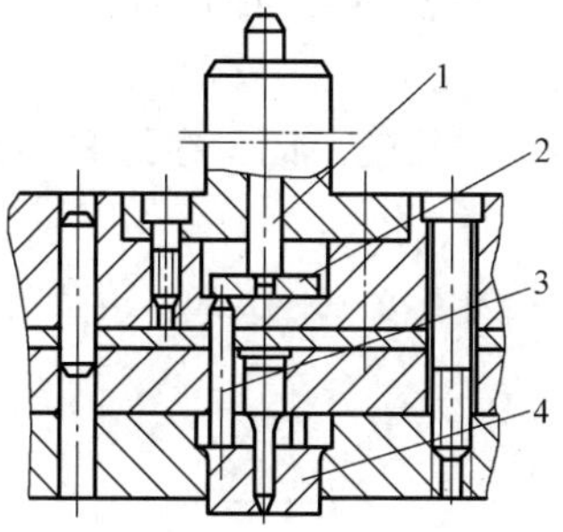 b) 1—顶杆　2—顶出器　3—顶出杆　4—顶块	1. 图 a 为装在上模上的刚性顶件装置,利用顶杆 1 直接在压力机作用下推出顶出器 2 将件顶出;而图 b 为顶杆 1 通过顶块 4、顶出杆 3 推动顶出器 2 将工件顶出 2. 刚性顶件装置顶件力大,制品易于顶出	适用于复合模顶件
弹性顶件装置	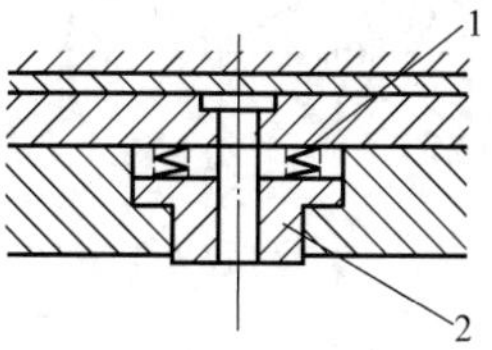 a) 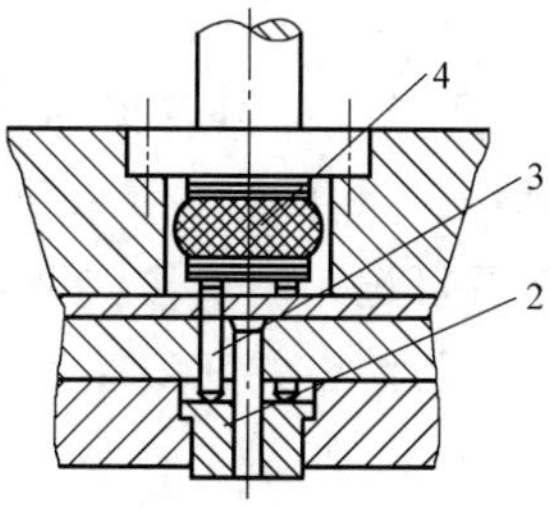 b) 1—弹簧　2—顶出器　3—顶出杆　4—橡胶	1. 图 a 用弹簧力直接推动顶出器 2 将制件顶出;而图 b 是通过橡胶的弹力推动顶出杆 3 带动顶出器 2 将工件顶出 2. 顶件平稳可靠,制品表面质量好	多用于薄料大中型制品零件冲裁模以及精度要求较高的冲裁模

（续）

结构形式	图　　示	结构特点与设计说明	适 用 范 围
缓冲顶杆装置	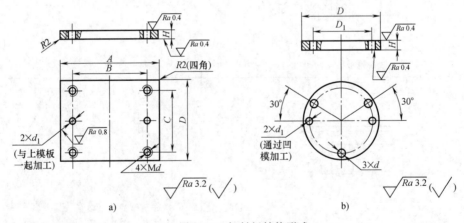 1—顶出器　2—顶出杆　3—螺钉 4—顶板　5—橡胶	1. 缓冲装置在压力机台面下，依据三个顶出杆2，在橡胶5、顶板4的作用下，实现顶件或卸料作用 2. 卸料力大，工作平稳可靠	适用于工作形状复杂且尺寸较大冲裁模与拉深模的顶件，多用于复合模中

卸料板板内的螺纹、销钉及卸料工作形孔的位置基本上与凹模相同。因此，在设计加工时，一般应与凹模及凸模配合设计加工，其卸料形孔应与凹模形孔尺寸一致（细小凹模孔除外），并与凸模相应断面尺寸成 H7/h6 配合形式。并应保证，在卸料力作用下，应不使制品零件或废料被拉进间隙内为准。

卸料板的上、下装合面表面粗糙度 Ra 值要求为 $1.6 \sim 0.4 \mu m$，其余各面的 Ra 值应小于 $12.5 \mu m$。卸料板结构形式如图 7-16 所示。

图 7-16　卸料板结构形式

a）长方形　b）圆形

（2）橡胶与弹簧的选择　在设计复合模所采用的弹性卸料及顶件装置中，一般采用橡胶及弹簧作为提供卸料力及顶件力的弹性元件。其中，采用橡胶所承受的负荷要比弹簧大，并且安装调整方便。在选用时，作为卸料及顶件装置可选用硬质橡胶，而拉深用的压边材料应采用较软的软质橡胶。在使用时，橡胶一定要注意防油，并在安装后，其周围一定要留有一定的空间，以避免影响其弹性变形。

弹簧一般应用在卸料力、顶件力要求不大的中小冲模中。若大型模具，卸料力要求较大，可选用蝶形弹簧。

（3）弹簧窝座深度的确定　卸料弹簧的窝座深度（图 7-17 中 H）将影响弹簧的卸料力

大小。故在设计时，应使冲模在闭合状态下，弹簧能压缩到最大容许的压缩量。如图 7-17 所示，在底座上的弹簧窝座深度 H 应按下式计算：

$$H = L - F + h_1 + t + l - h_2$$

式中　L——弹簧自由状态长度（mm）；

　　　h_1——卸料板厚度（mm）；

　　　t——材料厚度（mm）；

　　　l——凸模或凸凹模深进凹模深度（mm）；

　　　h_2——凸模或凸凹模高度（mm）。

（4）卸料螺钉沉孔深度的确定　卸料螺钉沉孔深度 H 是控制卸料板行程位置的尺寸。卸料时要使卸料板高出凸模或凸凹模刃口平面 0.5mm 左右方能卸出条料，如图 7-18 所示。其沉孔深度 H，可按下式计算：

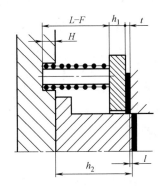

图 7-17　卸料弹簧的窝座深度

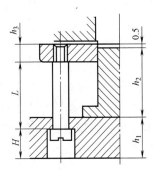

图 7-18　卸料螺钉沉孔深度

$$H = h_1 + h_2 + 0.5\text{mm} - h_3 - L$$

式中　h_1——下模座厚度（mm）；

　　　h_2——凸模或凸凹模高度（mm）；

　　　h_3——卸料板厚度（mm）；

　　　L——卸料螺钉长度（mm）。

3. 顶件装置设计原则

在设计顶件装置时，要尊重下述原则：

1）若顶件力需要通过顶板和几个顶出杆传递给顶出器时，其顶出杆的位置一定要分布均匀，长短要求一致，以使顶件平稳可靠。

2）顶板的形状要设计合理，不能过多地削弱上模板及模柄强度。如用于较大矩形零件顶板可采用图 7-19a 所示形式，用于正方形可采用图 7-19b 所示形式，用于圆形制品可采用图 7-19c 所示形式。

3）在设计时，顶出器应略高于凹模上平面 0.5~1mm。

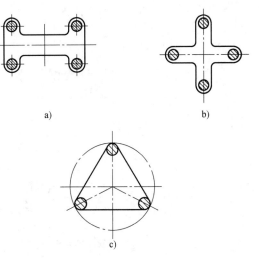

图 7-19　顶板结构形式

a）矩形件　b）正方形件　c）圆形件

4）顶出器与凹模应设计成 H8/h8 间隙配合形式并使其在凹模孔内自由滑动。

5）顶件装置各零件表面粗糙度值 Ra 应小于 6.3μm。

7.2.8 定位装置设计

由前述可知：条料、坯料在冲模内进行冲压，其制品的成形相对位置、形状与尺寸正确与否主要是靠模具内的定位装置及零件控制的。故对定位装置设计是冲模设计过程中的重要环节之一。

1. 定位零件设计原则

（1）定位方向与位置选择　在使用冲模时，其操作习惯一般送料方向全是由右向左或由前向后推进。故在设计定位零件所在位置时，从右向左送料导向定位点应选在后侧；从前向后推进送料时，导向定位是应设在左侧，以方便操作。

（2）定位支承点与支承面的位置选择　定位至少要有三个支承点、两个导向点和一个定程点。定位支承点与导向点之间应有足够的距离，以保证坯件有足够的定位精度和相对的稳定性。故在设计时，尽量以面支承来代替点支承。

（3）多工序冲压各工序冲压基准选择　采用多工序冲压才能完成的制品零件，每个工位都要经过定位，并应使各工序间定位基准统一。其工序定位基准应与设计基准一致。

（4）定位装置的选用　在选用定位装置时必须要适应冲压工序的特定要求及模具结构特点。结构要简单，容易安装制造及调整方便，定位、定距准确。

2. 定位机构类型及选择设计方法

表 7-12 列出了各类定位机构形式及设计说明，供设计时参考。

表 7-12　各类定位机构形式及设计说明

定位形式		图　　示	设 计 说 明
挡料销定位装置	圆柱头固定挡料销	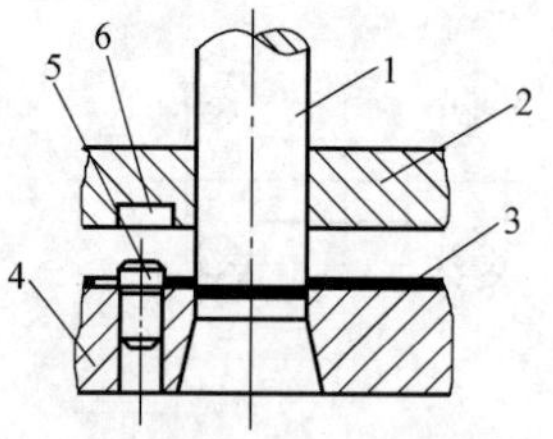 1—凸模　2—卸料板　3—条料　4—凹模 5—挡料销　6—避让孔	挡料销 5 一般为圆柱头，一般固定在凹模 4 上。其结构简单，使用方便，主要适用于带有固定卸料板和弹性卸料板的冲模中，如单工序冲裁模，复合模常用
	钩形固定挡料销	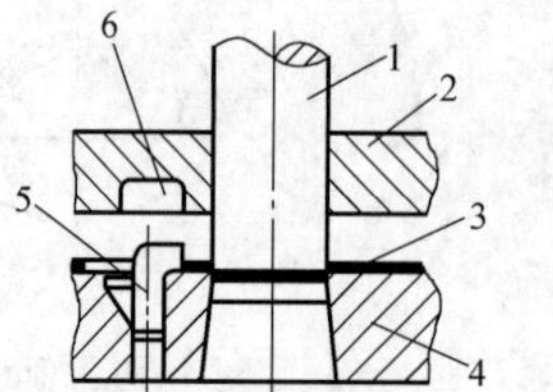 1—凸模　2—卸料板　3—条料 4—凹模　5—钩形挡料销　6—避让孔	钩形挡料销 5 的固定孔一般距凹模孔比圆柱形挡料销远，故增加了凹模强度，但加工比较困难，主要适用于尺寸比较大、厚度较厚的制件冲裁模

（续）

<table>
<tr><th colspan="2">定位形式</th><th>图　　示</th><th>设 计 说 明</th></tr>
<tr><td rowspan="3">挡料销定位装置</td><td>活动式挡料销</td><td>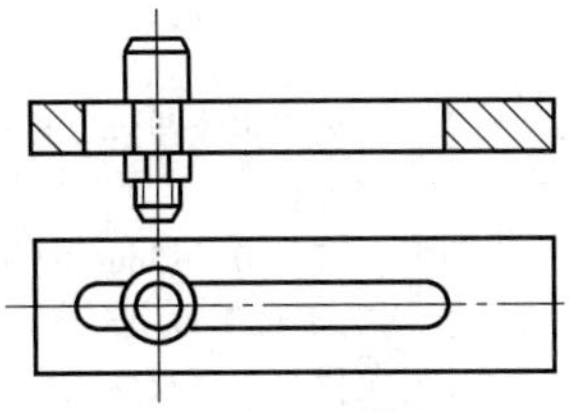
a) 柱形活动挡料销
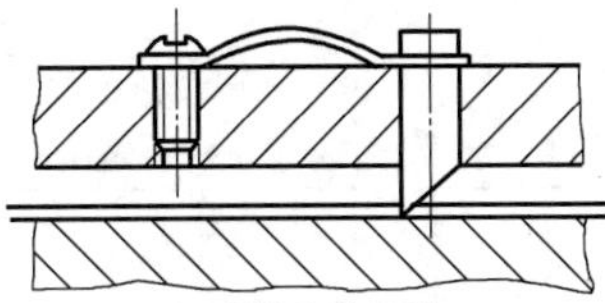
b) 弹簧片挡料销</td><td>图 a 所示活动挡料销可根据条料的进距不同随时进行调整。它一般安装在卸料板上，不影响凹模强度。适用于冲裁窄形（6～20mm）零件，条料厚度应大于 0.8mm。当冲裁厚度小于或等于 0.8mm 时，可采用图 b 所示的弹簧片挡料销</td></tr>
<tr><td rowspan="2">挡料销高度 h</td><td>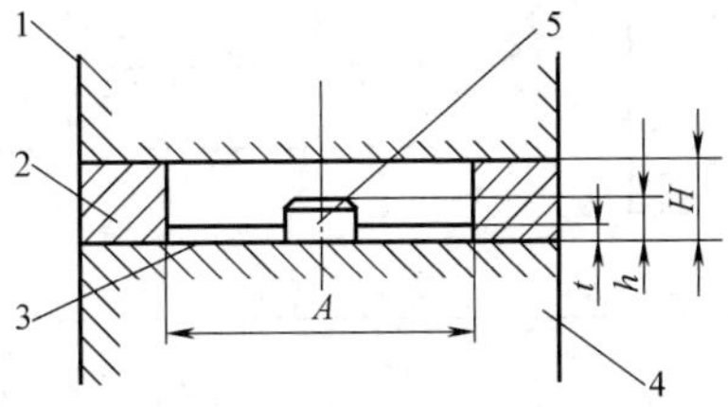

连续挡料销
1—刮料板　2—导料板　3—条料
4—凹模　5—挡料销</td><td>挡料销高度 h 参见表 7-12-1 选择
表 7-12-1　挡料销高度
（单位：mm）<table><tr><th>材料厚度 t</th><th>挡料销高度 h</th><th>材料厚度 t</th><th>挡料销高度 h</th></tr><tr><td>0.3～2.0</td><td>3</td><td>4.0～6.0</td><td>5</td></tr><tr><td>2.0～3.0</td><td>4</td><td>6.0～8.0</td><td>6</td></tr><tr><td>3.0～5.0</td><td>4</td><td>8.0～10.0</td><td>8</td></tr></table></td></tr>
<tr><td colspan="2">技术要求
材料：45 钢、T7 钢、T8 钢
热处理要求：44～48HRC</td></tr>
<tr><td>定位板与定位销定位</td><td>外形定位装置</td><td>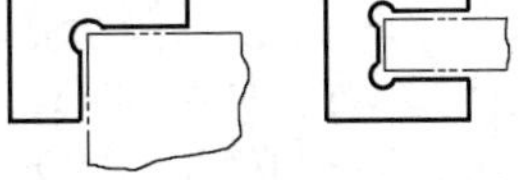
a)　　　　b)
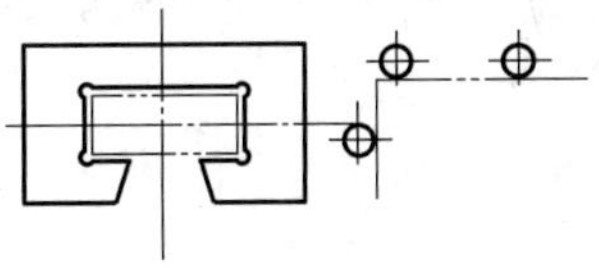
c)　　　　d)</td><td>外形定位装置是指对坯料外形定位冲裁内孔或压弯、拉深。其中，图 b、c 所示为小型坯件定位的定位板，而图 a、d 所示为大、中型坯件定位的定位板及定位销定位。外形定位装置定位准确，必要时可设计成分体形式</td></tr>
</table>

（续）

定位形式		图 示	设 计 说 明
定位板与定位销定位	内形定位装置	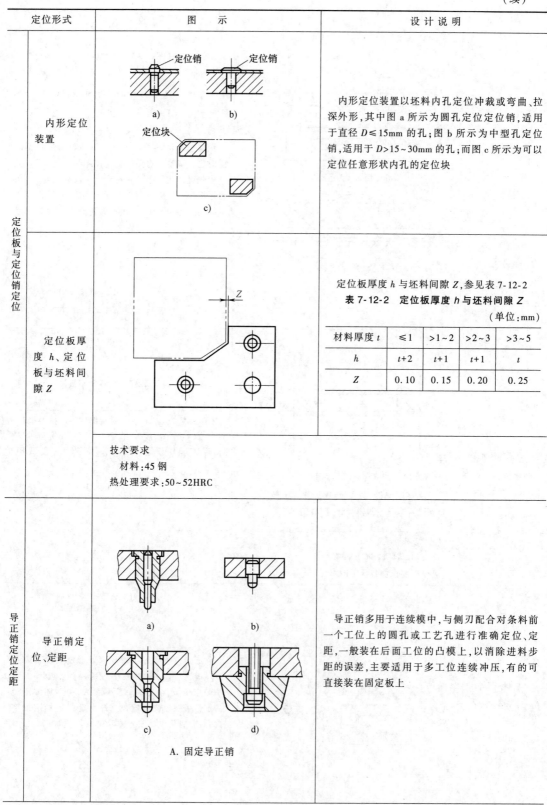	内形定位装置以坯料内孔定位冲裁或弯曲、拉深外形，其中图 a 所示为圆孔定位定位销，适用于直径 $D \leqslant 15mm$ 的孔；图 b 所示为中型孔定位销，适用于 $D>15 \sim 30mm$ 的孔；而图 c 所示为可以定位任意形状内孔的定位块
	定位板厚度 h、定位板与坯料间隙 Z		定位板厚度 h 与坯料间隙 Z，参见表 7-12-2

定位板厚度 h、定位板与坯料间隙 Z 图示部分：

技术要求
　材料：45 钢
　热处理要求：50~52HRC

表 7-12-2　定位板厚度 h 与坯料间隙 Z
（单位：mm）

材料厚度 t	$\leqslant 1$	$>1 \sim 2$	$>2 \sim 3$	$>3 \sim 5$
h	$t+2$	$t+1$	$t+1$	t
Z	0.10	0.15	0.20	0.25

导正销定位定距	导正销定位、定距		导正销多用于连续模中，与侧刃配合对条料前一个工位上的圆孔或工艺孔进行准确定位、定距，一般装在后面工位的凸模上，以消除进料步距的误差，主要适用于多工位连续冲压，有的可直接装在固定板上

A. 固定导正销

（续）

定位形式		图　　示	设计说明
导正销定位定距	导正销定位、定距	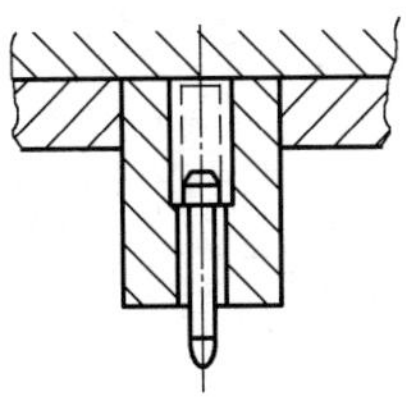 　a) 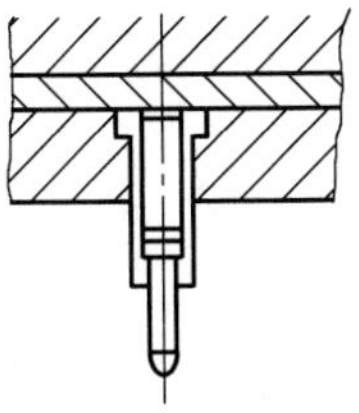　　　　b) 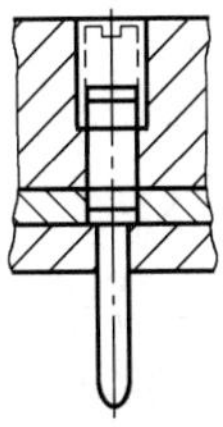 c) B. 活动导正销	导正销多用于连续模中，与侧刃配合对条料前一个工位上的圆孔或工艺孔进行准确定位、定距，一般装在后面工位的凸模上，以消除送料步距的误差，主要适用于多工位连续冲压，有的可直接装在固定板上
	导正销圆柱高度 h	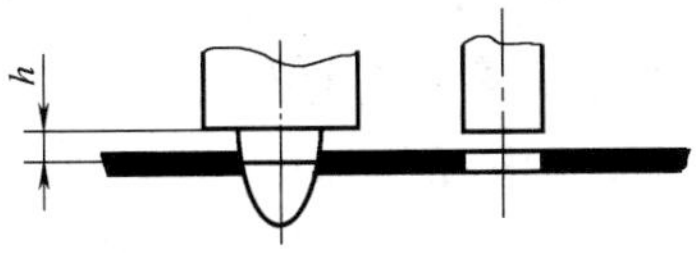	导正销圆柱高度 h 参见表 7-12-3 **表 7-12-3　导正销圆柱高度 h** （单位：mm） 表格如下

导正销圆柱高度 h 表：

材料厚度 t	冲裁件尺寸范围		
	1.5～10	10～25	25～50
≤1.5	t	1.2t	1.5t
>1.5～3	0.6t	0.8t	t
>3～5	0.5t	0.6t	0.8t

技术要求
材料：T7、T8、T10A、Cr12 钢
热处理要求：52～56HRC

| 侧刃定位定距 | 侧刃定位定距 |
a）长方形侧刃
1—圆柱销　2—挡料块　3—侧刃凸模
4—条料　5—导料板

b）成形侧刃
1—条料　2—圆柱销　3—挡料块
4—侧刃凸模　5—导料板 | 　　在连续模中，一般均以侧刃及挡料块联合定位、定距。即在冲模位于条料的侧面（一般为两侧）加装凸、凹模。在条料每次冲裁中，都在边缘切去 1～2 个窄条，其窄条长度恰好等于步距大小。待下一个行程来临时，窄条的后沿边被挡料块挡住而无法通过，即可实现条料的定位、定距。这个凸模称为侧刃。采用这种方法定位，能保证较高的精度，条料及卷料送料准确、安全、可靠
　　图 a 所示为长方形侧刃，结构简单、使用可靠，但长期使用后挡料块会因磨损而出现飞边；而图 b 所示为成形侧刃，克服了条料出现飞边现象，但加工困难 |

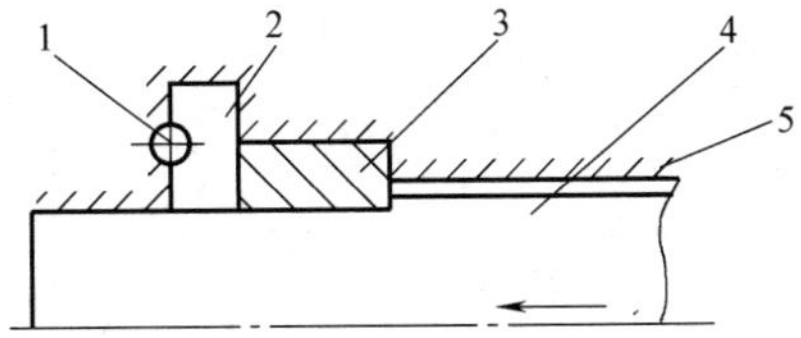

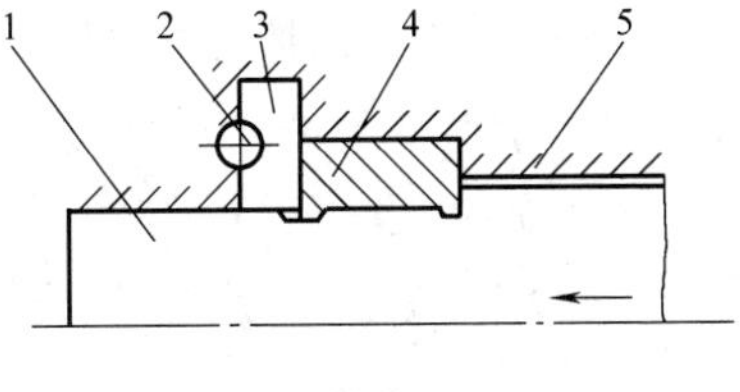

（续）

定位形式		图　　示	设 计 说 明
侧刃定位定距	侧刃凸模及凹模孔设计	—	在设计侧刃时，先设计凸模，凹模孔按凸模配制并保证间隙值。侧刃长度 L 的计算方法为 $$L = A + K - \Delta$$ 式中　A—送进步距公称尺寸（mm） K—修正系数，一般为 $0.05 \sim 0.10$mm Δ—制造公差，为步距公差的 $1/3$ 侧刃宽度 B 一般为 $6 \sim 10$mm
		技术要求 材料：T10A 钢、Cr12 钢 热处理要求：58~62HRC	

7.2.9　冲模辅助零件设计

由前述可知：冲模辅助零件主要包括支承、导向及紧固零件等。这类零件，如导柱、导套以及导柱、导套与上、下模板组成的模架和紧固零件螺钉、销钉等，其结构尺寸都有国家标准并已成批生产销售，故设计冲模时，只要根据凹模外形尺寸从市场或生产厂家购置所需要的模架即可，大大方便了设计与制造。

1. 模架结构形式选择

模架是上、下模座与导套、导柱的组合体，是冲模的基础。冲模的凸、凹模等工艺结构零件通过螺钉、圆柱销等紧固件被安装在模架上构成完整的模具。在国家标准中，模架现已系列化、标准化。常用的主要有滑动导向模架及滚动导向模架两大系列。

（1）滑动导向模架的选用　滑动导向模架由上模座、导套、导柱和下模座四部分零件组成，如图 7-20 所示。导柱 3 与导套 2 之间为 H8/h7、H7/h6 间隙配合形式，导柱 3 与下模板 4、导套 2 与上模板 1 之间采用 H7/n6 过盈配合形式。导柱与导套的配合表面要求坚硬、耐磨且有一定的强韧性，一般要经过淬硬渗碳热处理。

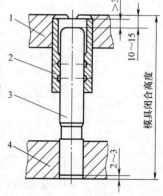

图 7-20　滑动导向模架
1—上模板　2—导套
3—导柱　4—下模板

模架目前分四种结构形式：

1）对角导柱模架。对角导柱模架如表 7-13 中表图 c 所示。其导向件设置在模座的对角线上。其特点是上模在导柱上滑动平稳，可从三个方向上送料，适合较大冲压件的冲压。

2）后侧导柱模架。后侧导柱模架如表 7-13 中的表图 b 所示。其导向件设在模架的后侧。其特点是上模在导柱上滑动不够平稳，也可从三个方向送料，主要用于冲制小型件的冲压模体。

3）中间导柱模架。中间导柱模架如表 7-13 中的表图 a 所示。其导向件设置在模架中间对称处。其特点是上模在导柱上滑动平稳，应用比较广泛，特别适用于圆形件及拉深、成形件加工，但这种模架只能从前方送料。

4）四导柱模架。这种模架的导向件布置在模架的四角处，导向精度高，上模在导柱上滑动平稳，主要适用于大型冲压件或精度要求较高的冲压件。

表 7-13 列出了滑动导向标准模架规格型号（摘录），供选用时参考。

表 7-13　滑动导向标准模架选用　　　　　　　　（单位：mm）

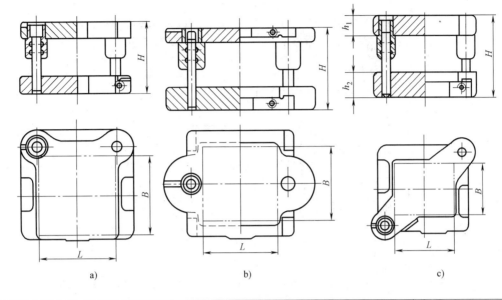

a)　　　　　　　　　　b)　　　　　　　　　　c)

L		63				100				125				160			
B		50				80				100				125				
H	最大	115	125	130	140	130	150	145	165	150	165	170	190	170	190	205	225
	最小	100	110	110	120	120	130	120	140	120	140	140	160	140	160	170	190
h_1		20		25		25		30		25		35		35		40	
h_2		25		30		30		40		35		45		40		50	

注：详细内容请查阅国家标准 GB/T 2851—2008。

（2）滚动导向模架的选用　滚动导向模架其导柱导套是一种无间隙、精度高、寿命长的模架。它适用于高速、精密冲模冲压工作。图 7-21 所示为一种常见的滚珠导柱、导套模架结构形式。导套 1 与上模座导套孔采用 H7/m6 过盈配合，导柱 5 与下模座 6 安装孔也采用过盈配合形式。而滚珠 3 置于滚珠支持圈 4 内并与导柱和导套接触并有微量过盈，形成无间隙配合形式。其规格、型号及选用尺寸见表 7-14。

在设计冲模时，应先设计出凹模，根据凹模工作尺寸 $L \times B$ 结合模具所需闭合高度 H 可在表 7-13 和表 7-14 中，按其工作尺寸 $L \times B \times H$ 选用合适的模架。

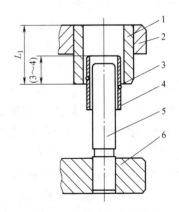

图 7-21　滚动导向模架
1—导套　2—上模座　3—滚珠
4—滚珠支持圈　5—导柱　6—下模座

| | | | | | | | 表 7-14 滚动导向模架标准选用 | | | | | | （单位：mm） | |

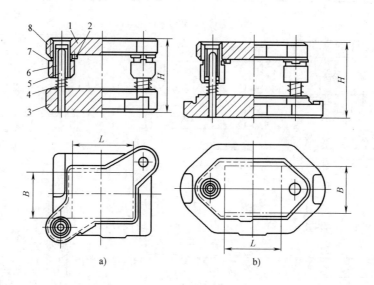

a)   b)

1—压板　2—螺钉　3—下模板　4—弹簧　5—导柱　6—滚珠支持圈　7—导套　8—上模板

L	80	100	125	160	200		250	
B	63	80	100	125	160		200	
H		165		200	200	220	200	230

注：详细内容请查阅国家标准。

2. 模柄的选用

由前述可知，冲模的上模是通过模柄安装在压力机滑块上的。模柄的形式很多，常用的主要有整体式模柄（图 7-22a）、压入式模柄（图 7-22b）、旋入式模柄（图 7-22c）、凸缘式模柄（图 7-22d）以及浮动式模柄（图 7-23）。其中，整体式模柄主要用于比较简单且无导向冲模中，而压入式和旋入式模柄用于中小冲模，凸缘式模柄则用于大型冲模中。图 7-23 所示的浮动式模柄常应用于冲压精度较高的薄板料或冲裁小孔冲模中。此类模柄在冲压时能消除压力机导轨对冲模导向精度的影响，提高了冲裁精度，但制造加工复杂。

模柄一般用 Q235A 或 45 钢制成。在设计时其直径大小必须与选定的压力机安装孔相匹配。同时，模柄支撑面对轴心的垂直度公差在全长范围内应不大于 0.01mm；而模柄大小两个直径同轴度公差应不大于 0.25mm。

3. 凸（凹）模固定板与垫板

（1）凸（凹）模固定板　凸（凹）模固定板是用来固定凸模或凹模位置的。其外形主要有圆形、长方形两种形式。在设计时，主要根据所选择的模具形式而定。其中，圆形主要用于简单的单工序冲模或复合模；而矩形常用于连续模或较大的复合模及成形模中。

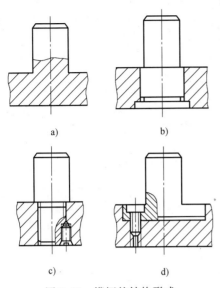

图 7-22　模柄的结构形式

a) 整体式　b) 压入式　c) 旋入式　d) 凸缘式

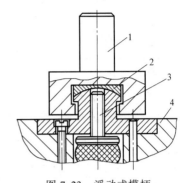

图 7-23　浮动式模柄

1—模柄　2—垫板　3—活动柄　4—上模板

在设计时，固定板的外形尺寸一般与所设计的凹模与卸料板相同，而其厚度可按下式确定：

$$H_{固} = (0.6 \sim 0.8) H_{凹}$$

式中　$H_{固}$——固定板厚度（mm）；

$H_{凹}$——凹模厚度（mm）。

或者，当凸模直径为 $\phi 15 \sim \phi 20mm$ 时，凸模固定板厚度可取直径的 1~1.5 倍。

固定板固定凸模的型孔，在设计时对于非圆形中小型凸模可以采用铆翻式形孔；而对于圆形凸模，最好采用凸台式压入固定法，其与凸模应采用 H7/n6 过渡配合形式，其孔位应与凹模孔相对应；但对于冲裁薄板料（$t<2mm$）时，为方便加工也可以将凸模用低熔点合金浇注或用环氧树脂粘接方法固定在固定板上，其型孔不需要较高的加工精度，越粗糙越好。

固定板一般用 45 钢或 Q235 钢制成。上、下表面粗糙度 Ra 值要求为 1.6~0.4μm，其余表面 $Ra \leqslant 6.3μm$，并且上、下面应与孔中心垂直。

（2）垫板　在冲模中，垫板用以减低模座所承受的单位压力而不至于被凸模顶出凹坑使模座塌陷而损坏。当凸模与模座接触的单位压力大于 100MPa 时，在固定板与模板之间必须加淬硬的垫板。

垫板和固定板一样，分圆形及矩形两种，其形状与选用的冲模结构有关。其外形尺寸与固定板、凹模相同，而厚度一般为 3~10mm。

垫板由于承受冲击压力较大，故一般用 T7、T8 材料制成，并经热处理淬硬后应为 48~52HRC；上、下面 $Ra \leqslant 0.8μm$，其余表面 $Ra \leqslant 12.5μm$。

4. 冲模辅助零件材料选用及热处理要求

冲模辅助零件材料选用及热处理要求参见表 7-15 选取。

表 7-15　冲模辅助零件材料选用及热处理要求

零件名称		材料型号	热处理要求	零件名称	材料型号	热处理要求
上模座与下模座		HT200、HT250、ZG200-400、ZG310-570、Q235	坯件应进行退火调质或时效回火处理，以去除内应力，方便后续工序切削加工	凸、凹模固定板	45、Q235	—
				承料板	Q235	—
				卸料板	Q235、45	—
				导料板	45、Q235	28～32HRC
模柄	压入式或旋入式模柄	Q235、Q275	—	导正销	T8A	50～54HRC
				挡料销	45、T8A	43～48HRC
	浮动模柄	45	43～48HRC	定位销	T7、T8	52～56HRC
导柱与导套	滑动式导柱、滑动式导套	20	渗碳淬火 58～62HRC	垫板	T8A	54～58HRC
				定位板	45	43～48HRC
	滚动式导柱、滚动式导套	GCr15	62～66HRC	推板、顶板、推杆、顶杆	45	43～48HRC
定距侧刃		T10A	58～62HRC	侧刃挡块	T8A	56～60HRC
拉深模压边圈		T8A、45	43～48HRC	精冲模压料板	Cr12MoV	58～60HRC
冷挤压模	中层应力圈	5CrNiMo、40Cr	45～47HRC	弹簧	65Mn	44～50HRC
	外层应力圈	5CrNiMo、35CrMoA	40～42HRC	螺钉	45	头部 45～48HRC
				螺母	Q235	—

7.2.10　各类冲模设计要点

1.冲裁模的设计要点

由前述可知，冲裁模的设计过程应该是冲件工艺性分析→确定合理的工艺方案→进行必要的工艺计算→选择模具结构并绘制草图→选择冲压设备→分析征求用户意见修改草图→设计主要工作零件凸、凹模→绘制总装配图及各零件工作图→审核、审定图样→编制必要的工艺文件。其中，确定制品冲压工艺方案及选定模具结构形式是冲裁模设计成败的关键。这是因为，它直接影响到冲件的质量、成本和冲压生产的水平。因此，在设计冲裁模时，应以合理的冲压工艺方案为基础，根据冲件的形状、尺寸大小、精度高低、材料性能、生产批量、冲压设备、模具加工条件等多方面的因素，多做综合的分析、研究与比较，确定合理的工艺方案及选用模具结构形式，使其在满足冲压件质量的前提下，达到最大限度地降低冲压件成本的基本要求。

在确定工艺方案、选定模具结构形式及在模具总体设计时，还应注重以下要点：

1）要注重冲压材料的经济性。在设计时要根据冲件形状大小、生产批量及材料供应条件，使板材下料时经济合理，除连续模采用条料及卷料外，一般简单单工序或复合模尽量采用套料冲裁。搭边间距尽量要小，要仔细研究排样形式，尽量采用无废料或少废料排样。

2）要保证制品冲件尺寸精度及表面质量要求。其设计的冲模精度等级尽量要高于冲件要求的精度等级1～2个数量级。并要合理确定凸、凹模工作刃口尺寸及间隙值，选用合适的导向机构及模具安装固定方法。

3）要合理选用压力设备。在选用压力机公称压力时，要留有充分的余地。其冲压力要在所使用的压力机提供的公称压力的 70%~80%，其压力中心基本与压力机滑块中心重合。

4）要注意凸、凹模的设计。凸、凹模的结构形式、尺寸精度，凸、凹模间隙选择一定要精确合理、计算准确。同时，要合理选择材料及热处理硬度以及足够的强度，并便于刃磨与维修。

5）要注重卸料、取件方便，安全可靠，废料排除要畅通以及定位机构的准确性。

6）要合理选择导向装置，并注重模具的维修方便性及操作的安全性。

2. 弯曲模的设计要点

弯曲模的设计方法与过程大致与冲裁模相似。即弯曲冲件的工艺分析→确定弯曲工艺方案及弯曲工序安排→坯料展开及必要的工艺计算→选择及确定弯曲模结构形式→设计工作零件凸、凹模→确定定位机构及出件方式→计算弯曲力及选用弯曲设备→绘制总装配图及零件图→审校设计方案及图样的正确性。其设计要点是：

1）要合理选择弯曲模的结构形式。在选择弯曲模结构时，要对制件进行认真分析后，确定几种模具方案，并加以比较，最后选择一种最合理的模具结构。在确定模具结构时，一定要防止材料的局部在弯曲时变薄或变形，并要充分考虑材料回弹，增加必要的防回弹措施，以免影响制件弯曲质量。

2）弯曲件工序安排要合理。在弯曲零件时，尽量减少弯曲次数，采取一次成形为最佳方案。对于复杂弯曲件，若批量较大时，尽量采用复合模或弯曲模，使弯曲次数减少，方便定位，需进行多次弯曲零件，弯曲次序一般是先弯曲两端、后弯中间部位，前次弯曲应考虑后次弯曲定位，后续弯曲不能影响前次弯曲成形的形状。

3）要仔细地进行工艺计算。弯曲坯料展开尺寸对弯曲影响较大，必须经仔细计算或经试验后定形。同时，要仔细计算弯曲力大小，以便设备的选用。

4）要合理确定凸、凹模尺寸精度。如在设计时，凹模圆角各方向一定要相同且不能太小，要选择合适；同时，要合理确定凸、凹模工作尺寸精度、表面粗糙度等级。为避免回弹，凸模要在工作部位带有一定的锥度，如图 7-24 所示。

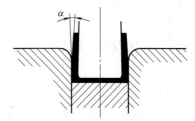

图 7-24　弯曲凹模的锥度

5）弯曲坯件要有可靠的定位。若工艺上要求多道工序弯曲时，各工序最好采用同一定位基准。

6）要有良好的冲件取出装置。冲件的取出必须迅速、安全可靠。

3. 拉深模的设计要点

拉深模设计方法及过程与冲裁模、弯曲模一样，即拉深制品零件工艺性分析→确定拉深工艺方案及拉深次数→进行必要的工艺计算及初步确定坯料尺寸、形状→确定首次及后续各次拉深模结构→设计凸、凹模及压边圈→确定卸料及顶件方式→绘制总装配图及零件图→审核校对冲压方案的正确性及模具图样的准确性。其设计要点是：

1）拉深工艺的计算要求要有较高的准确性。即在设计前要仔细分析拉深件的形状和尺寸精度要求，弄清各部位的形状和尺寸结构特征，计算出合理的拉深系数。确定出拉深次数及拉深工序顺序并精确计算所需拉深力大小，选择大于拉深力的压力设备，并且所选的压力设备行程要足够大。

2）要合理选择模具结构。在确定模具结构时应根据零件拉深形状及初选压力机型号来确定拉深模结构形式。如一般小型线盒形零件可采用落料-拉深一次成形复合模结构；而对于大批量小型零件，可采用带料连续拉深模结构；对于普通筒形拉深，可采用不带导向装置的简易拉深模结构；对于深筒形零件，若在有双动压力机的情况下，应尽量采用双动冲模结构。

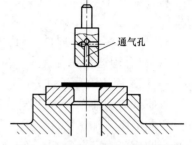

通气孔

3）要正确设计凸、凹模尺寸及形状。在设计时，要根据零件的料厚、材质适当选择凸、凹模圆角半径及工作部位尺寸与精度；二次以后及二次拉深所用的凸模长度一般较长，则必须注重其硬度及在固定板上的定位及紧固的可靠性。同时，对于大、中型零件拉深，要注意在凸模上一定要设有通气孔，如图 7-25 所示，以确保冲压时空气及时排出，保证制品质量。

图 7-25　拉深凸模通气孔的设置

在设计凸、凹模时，还要考虑材料回弹、扭曲、变形对产品质量的影响。即凸、凹模的设计及尺寸选择一定要采用必要的防弹措施。

4）要合理选择压边机构。在设计时，压边圈与毛坯的接触面一定要平整，不应有孔和槽，否则制件会起皱或被拉裂。

5）要选择合适的定位、顶件及卸料装置，以确保坯料定位准确及制品成形后取件方便。

6）要准确地确定坯料尺寸及形状。在设计拉深模时，一般对坯料尺寸、形状先进行初步计算，但必须经试冲验证方能决定。故在设计拉深模时，对于形状复杂又要需多次拉深的零件坯料尺寸及形状，可先设计、制造出拉深模，经反复试压合适的坯件形状和尺寸再进行落料模的设计与制造。在拉深模上，要设有定位装置，还要考虑到后续工序定位基准的一致性。

7.3　冲模零件的加工

冲模生产属于多品种小批量单件生产。它不像大批量生产那样采用流水作业计划方式来进行，而是多采用模具钳工负责制的管理模式。因此，模具工在模具制造生产中，不仅要完成本工序的加工、装配与调试工作，而且还要负责部分零件加工工艺方案的制订、组织指导加工工作。这就要求，在冲模制造过程中，要熟悉自己所制模具零件的加工工艺过程和质量控制方法，以保证产品质量、提高生产率。

7.3.1　零件的加工工艺过程

1. 冲模加工制造生产过程

由前述可知：冲模的生产过程是将原材料变成成品模具的全过程。即在一定的工艺条件下改变模具原材料及性质，使之成为符合设计要求的模具零件，再经装配与调试而得到整副模具的全过程。其生产过程如图 7-26 所示。

由图 7-26 可知：冲模加工制造生产过程的内容主要包括冲模生产的技术准备、零件成形加工、装配与调试三个主要阶段。其中，零件成形加工是冲模制造全过程的关键性工艺过程，它直接影响到模具后续的装配质量和制造周期。

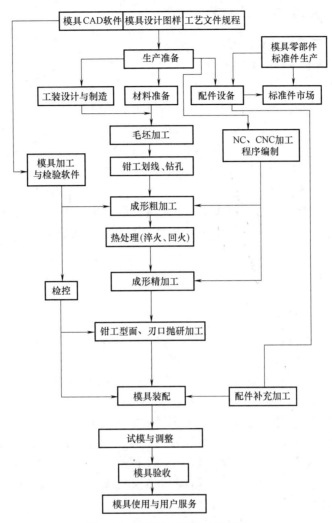

图 7-26 冲模加工制造生产过程

2. 零件生产工艺过程

零件生产工艺过程是指按照图样设计要求，采用不同的加工设备及工艺方法，将原材料进行加工以达到其形状、尺寸精度以及表面质量、性能及各项技术要求的全过程。其主要内容包括铸造、锻造、机械加工、热处理、电火花与线切割、数控加工、特种加工、钳工修配、检验等不同生产加工形式。模具零件只有通过这些系列加工才能将毛坯转化为零件，用于模具的装配。但模具零件加工，并非是一个单一加工工序，而是由一个或多个工序组成的。而每一个工序又有不同的工位及工步和走刀行程。因此，要加工出合格的冲模零件，必须要科学地研究及分析各工艺过程的组成，以保证模具生产过程的正常进行。通常情况下，模具零件生产工艺流程大致是：零件图样工艺性分析→制订加工方案并进行夹具、刀具的制造及选用→准备加工材料→加工制造（锻造或铸造）毛坯→划线、钻孔→坯件加工→热处理淬硬→采用数控机床或电加工设备精加工→钳工修配成形→检验→装配。

7.3.2 零件加工工艺内容及要求

1. 零件加工的工艺内容及作用

模具零件加工主要包括如下内容：

（1）坯料的制备

1）铸件坯料。铸件主要分铸钢件及铸铁件两种。铸件坯料主要用于冲模的上、下模座及大型覆盖件冲模的凸、凹模。其方法是通过砂型铸造模型，由钢液浇注而成。

2）锻件坯料。锻件是通过将钢坯加热，在锻锤的锤击下，经反复拔长、镦粗而形成的。锻件坯料主要应用于模板类零件，如凸模、凹模、凸模固定板、卸料板、导料板等模具零件。

3）型材坯料。型坯是通过锯割或气割方法将圆钢或板料切割而成的。型材坯料主要用于车、镗、铣等机械加工，加工圆形凸模、凹模、导向零件固定板、卸料板等柱形或圆筒形零件。

在坯料制备过程中，上述三种坯料均应留有后续工序的加工余量，并应经热处理退火、调质、时效处理后使用。

（2）成形加工　模具零件的成形加工，是将坯料采用机械加工设备如车、铣、磨、刨等机床以及电加工设备如电火花、线切割加工机床将其加工成符合图样要求的零件。成形加工是模具零件加工成形的关键，必须给以高度重视。

（3）热处理加工　热处理是指将加工后的零件经加温、保温再淬入工作液冷却后，以改变其内部组织结构改善其本身性能，提高本身的硬度及韧性达到使用效果。热处理主要包括退火、淬火、回火、时效处理、化学热处理及表面硬化等。如凸、凹模加工后或在电加工前必须经淬火处理，才能增加其硬度、韧性及耐磨性，以保证其使用效果及寿命。

（4）钳工整修　零件的钳工整修主要包括零件加工前的坯件划线，零件经机、电加工后的精密修整以及研配、抛光等，以使零件符合图样要求，达到装配使用的目的。

2. 零件加工要求

冲模零件在加工后，应满足下述要求：

1）零件经加工后，必须要保证零件图样所规定的形状和尺寸各项要求，即将加工精度控制在图样要求的精度范围之内。

2）零件加工后的表面质量要达到图样上规定的表面粗糙度标准。

3）零件加工后的硬度应满足零件要求的热处理硬度指标。

4）零件加工后的各几何公差必须能达到图样上的要求，满足装配时各配合标准。

5）零件加工后要满足图样上规定的所有技术要求。

7.3.3 零件加工工艺方法

1. 加工工艺方案的拟定

零件加工工艺方案的拟定主要包括加工方法的选择、加工顺序的安排、加工基准的确定以及加工设备及工艺装备的选用等内容。它是模具零件加工的基础，一般都作为工艺文件下发，以指导零件的加工与制作。

（1）加工方法的选择原则　模具零件的加工应根据零件结构形状及尺寸精度要求来选

择加工方法。但在只用其中某一种加工方法不能达到设计要求时，要选用几个工步联合加工，以最终达到零件的各项技术要求。其选择的原则是：

1）根据零件所要求的尺寸精度和表面粗糙度进行选择。这是因为不同的加工方法所达到的尺寸精度及表面粗糙度不同，同时也应考虑到零件上比较精密的表面是通过粗加工、半精加工和精加工逐步达到的，因此应正确地确定从坯件到最终成形的加工方案。如主要零件的端面加工，可采用粗车→半精车（IT9，$Ra = 6.3 \sim 3.2 \mu m$）、粗车→半精车→精车（IT8 ~ IT7，$Ra = 1.6 \sim 0.8 \mu m$）、粗车→半精车→磨削（IT9 ~ IT8，$Ra = 0.8 \sim 0.2 \mu m$）三种加工方案中的一种（按图样要求的精度及表面粗糙度要求来选择）进行加工。而对于凹模孔可以采用刨（铣）→平磨→热处理淬硬→电火花穿孔（精度 $0.01 \sim 0.05mm$，$Ra = 0.8 \sim 1.6 \mu m$）或刨（铣）→平磨→热处理淬硬→线切割加工（精度 $\pm 0.01mm$，$Ra = 0.4 \sim 1.6 \mu m$）。

2）根据材料性质进行选择。例如，淬火钢可采用磨削加工。

3）根据工件的结构形状、大小选择。如对于回转体零件可以采用车削或内圆磨削方法加工孔，而矩形模板上的孔通常采用镗削或铰削加工。

4）根据有配合要求的孔和轴来选择。如凸模与固定板、凸模与卸料板、凸模与凹模应根据配合间隙大小以及要求配合的形式进行配合加工。

5）根据批量大小选择。如专业生产模架的企业应在导柱、导套加工时选用专用机床加工。

（2）加工用设备的选用　在模具零件加工中，可根据零件尺寸精度、表面粗糙度要求选用不同设备加工，参见表 7-16。

表 7-16　冲模零件加工所用设备选用

设备类型		主要功能及用途	可达尺寸公差等级	表面粗糙度 $Ra/\mu m$
车床	通用车床	1. 车削模具的各种回转体端面及表面 2. 可进行钻孔、扩孔或铰孔	一般：IT7 ~ IT6	1.6 ~ 0.8
			精细：IT6 ~ IT5	0.4 ~ 0.2
	数控车床		0.02 ~ 0.1mm	3.2 ~ 0.8
刨床	牛头刨床	加工水平面、垂直面、斜面、台肩及 T 形面	IT9 ~ IT8	6.3 ~ 1.6
	仿形刨床	加工各种凸模型面	IT10 ~ IT6	1.2 ~ 0.8
插床		加工直壁外形、内孔及斜壁表面、清角等	IT11 ~ IT10	3.2 ~ 1.6
铣床	通用铣床	加工平面、斜面、台肩以及成形面	IT8 ~ IT10	3.2 ~ 1.6
	仿形铣床	加工凸模、凹模镶块等曲面	IT8 ~ IT6	6.3 ~ 3.2
	数控铣床	加工平面、斜面、内外轮廓及型面	0.02 ~ 0.1mm	0.8 ~ 0.2
钻床		钻孔、扩孔、铰孔、锪孔	IT12 ~ IT11	50 ~ 12.5
镗床	通用镗床	1. 孔及孔系加工 2. 通孔与不通孔加工	IT9 ~ IT7	6.3 ~ 0.8
	坐标镗床		IT8 ~ IT7	1.6 ~ 0.8
磨床	通用磨床	磨平面、垂直面及斜面	IT6 ~ IT5 上、下面平行度 < 0.01 : 100	1.6 ~ 0.8

（续）

设备类型		主要功能及用途	可达尺寸公差等级	表面粗糙度 $Ra/\mu m$
磨床	外圆磨床	磨零件外圆	IT6~IT5	0.8~0.2
	内圆磨床	磨零件内孔		0.8~0.4
	成形磨床	1. 加工凸模与凹模镶块	IT6~IT5	0.4~1.6
	光学曲线磨床	2. 电火花用电极		0.2~0.4
	数控坐标磨床	3. 各种成形零件曲面		0.1~0.2
电火花加工机床		加工凹模及各零件型孔	±(0.01~0.05)mm	0.8~1.6
线切割机床		加工凹模型孔或凸模块	±(0.01~0.05)mm	0.2~1.6
高效加工机床		1. 加工淬硬零件 2. 加工电火花用电极 3. 用于快速冲模制造	±0.01mm	0.2~0.8

2. 板类零件加工

（1）板类零件的加工要求　冲模板类零件主要分矩形及圆形两种。如上模座、下模座、凸（凹）模固定板、卸料板、垫板等。这类零件在模具中主要具有连接、定位导向和卸料、顶件作用。由于其担负的职能不同，其形状、尺寸大小及精度要求也不尽相同。但在加工时，由于同属平板类，加工工艺有着共同特点及加工要求。其加工要求是：

1）零件在加工前，要对所加工材料进行核对，使其必须符合图样所规定的材料，绝不能代用。对于主要工作零件，应试先进行火花鉴别，合适后方能进行加工。

2）零件在加工时，必须保证各模板图样上所规定的平行度、直线度、垂直度要求。一般模板上、下平面平行度、相邻面的垂直度应在 IT5 以上，加工时应以保证。

3）零件在加工后，要确保零件图样上所规定的尺寸精度及表面质量粗糙度要求。其模板尺寸公差等级一般为 IT8~IT7，$Ra = 1.6~0.25\mu m$，在加工时应以保证。

4）各类模板加工后，应保证模板内各孔的配合精度，一般要达到 IT7~IT8，$Ra = 0.32~1.6\mu m$；同时，孔轴线与上、下平面垂直度应达 IT4 以上；对应模板上各孔之间的孔间距应保持一致，其加工精度不应超过±0.02mm。

（2）板类零件加工工艺过程　冲模板类零件加工工艺过程参见表 7-17。

3. 导向及推杆类零件加工

冲模的导向及推杆、顶杆类零件均属于圆柱或圆筒形体，主要采用车削及内外圆磨削加工。其加工工艺过程参见表 7-18。

4. 成形零件的加工

冲模的成形零件又称工作零件，主要包括凸模、凹模及凸凹模。

（1）加工方法的选择　冲模的成形零件加工方法较多。但在加工时，主要根据企业的自身设备条件及技术能力来选用不同的加工方法。表 7-19 列出了各种加工方法的特点及适用范围，供选择参考。

（2）加工工艺过程　凸、凹模典型结构加工工艺过程参见表 7-20。

表 7-17　冲模板类零件加工工艺过程

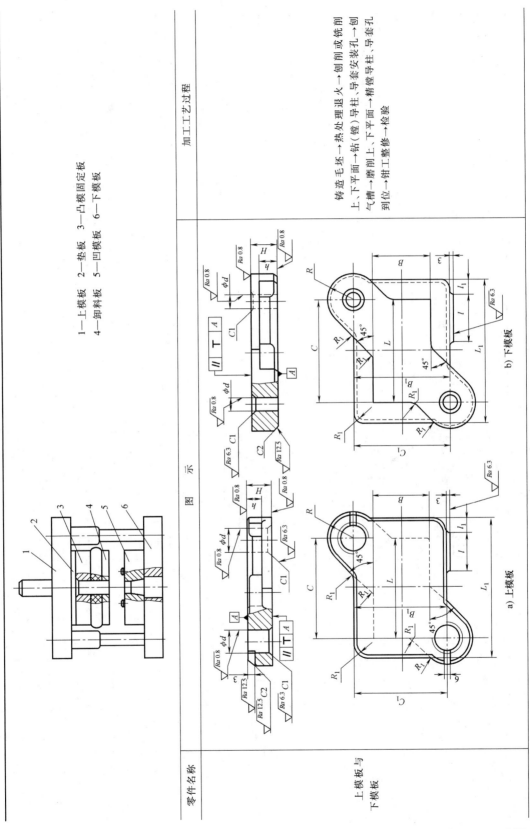

零件名称	图　示	加工工艺过程
上模板与下模板		铸造毛坯→热处理退火→刨(铣)上、下平面→钻(镗)导柱、导套安装孔→刨气槽→磨削上、下平面→精镗导柱、导套孔到位→钳工整修→检验

1—上模板　2—垫板　3—凸模固定板
4—卸料板　5—凹模板　6—下模板

a) 上模板　　b) 下模板

（续）

零件名称	图　示	加工工艺过程
圆形板类零件：垫板、凸模固定板、卸料板、凹模板	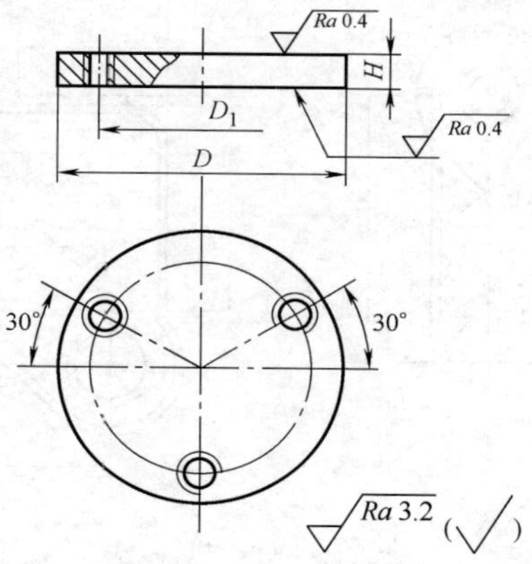 Ra 0.4　H　D_1　D　30°　30°　凸模固定板　$\sqrt{Ra\,3.2}$	粗车（IT11～IT12，$Ra=10\sim80\mu m$）→半精车（IT8～IT10，$Ra=2.5\sim10\mu m$）→精车（IT7～IT8，$Ra=0.63\sim2.5\mu m$）→精磨（IT5～IT6，$Ra=0.16\sim1.25\mu m$）
矩形板类零件：垫板、凸（凹）模固定板、凹模固定板、卸料板、凹模板、导料板	Ra 0.4　H　$\sqrt{Ra\,0.8}$　凸模固定板　$4\times d$（按凹模加工）　R2（四角）　$4\times Md_1$　A　C　E　B　D　$\sqrt{Ra\,3.2}$	精度要求不高的平板类零件：锻坯→粗刨（IT9～IT10，$Ra=10\sim20\mu m$）→粗磨（IT8～IT9，$Ra=1.25\sim2.5\mu m$） 精度要求较高的平板类零件：锻坯→粗刨（IT9～IT10，$Ra=10\sim20\mu m$）→半精刨（IT8～IT10，$Ra=2.5\sim10\mu m$）→精刨（IT6～IT7，$Ra=1.25\sim2.5\mu m$）→精磨（IT5～IT6，$Ra=0.16\sim1.25\mu m$）

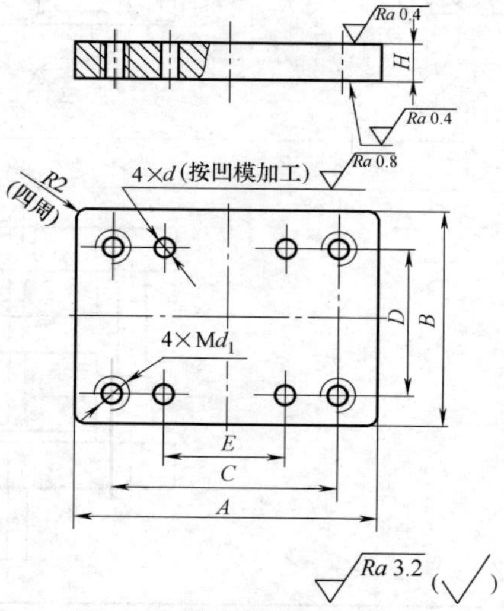

表 7-18　导向及推杆类零件加工工艺过程

零件名称		图　示	加工工艺过程	加工要求
导向零件	导柱	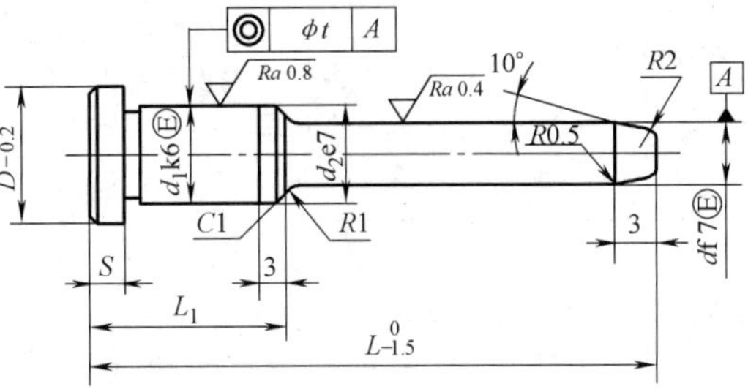	切断圆钢棒料（20钢）→车外圆及端面→钻、锪工艺孔→热处理渗碳处理→外圆磨削→研磨→钳工修整配对→检验	1. 工作部位圆度公差：直径 $d \leqslant 30mm$ 时为 0.003mm，$d \geqslant 30mm$ 时为 0.005mm 2. 安装部位对工作部位圆柱度公差不能超过工作部位公差的 1/2 3. 导向配合精度：IT5～IT6，$Ra = 0.8 \sim 0.4 \mu m$
	导套	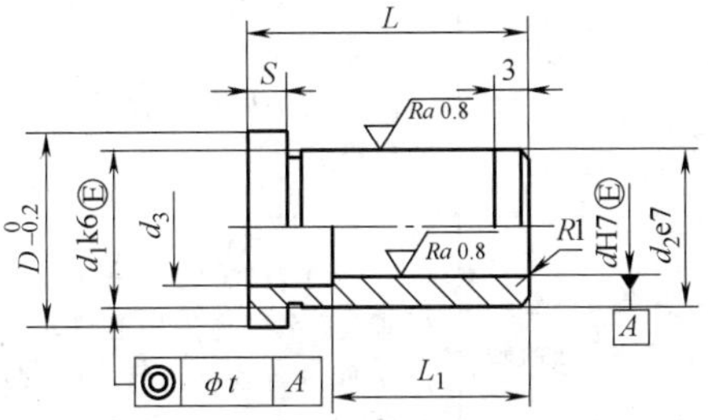	切断圆钢棒料（20钢）→车内、外圆→热处理淬硬、渗碳→磨削内孔及外圆→平行磨→钳工修整配对→检验	1. 工作部位圆柱度公差：直径 $d \leqslant 30mm$ 时为 0.003mm，$d > 30mm$ 时为 0.005mm 2. 导柱应与导套配合加工，其配合精度为 H6/h5 或 H7/h6，其配合面 $Ra < 0.8 \mu m$
推杆、顶件杆		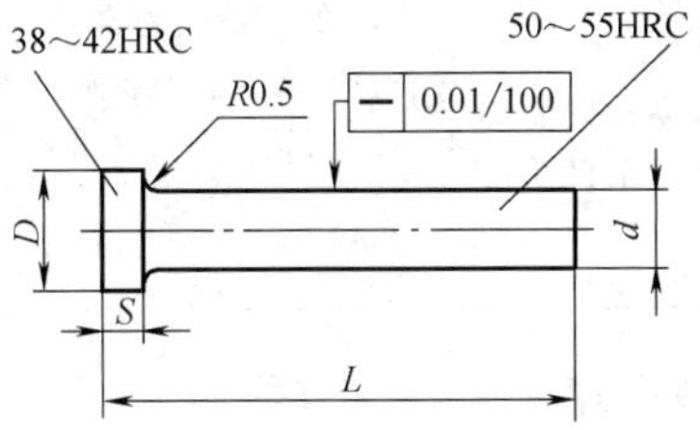	小批量生产或单件生产：车削→热处理淬硬 大批量生产时：拉削→精车→热处理淬硬→外圆磨	1. 加工后平面度要求应 <0.01∶100 2. 淬火硬度：安装部位：38～42HRC　工作部位：50～55HRC

表 7-19　模具成形零件加工工艺方法选择

加工工艺方法		加工工艺说明	加工特点及适用范围
钳工锉修成形加工	手工锉修压印成形	按零件图样形状及尺寸精度要求，经备料→机械加工后，用手工锉修凸模或凹模之一，使之成形。然后以其作为标准件，用压印锉修的方法，反压锉修另一件使之成形，边压边锉修，直到间隙及配合合适为止	1. 方法显陈旧、落后，费工费时，周期较长，劳动强度大 2. 钳工需有较高的钳加工技艺、技能，加工精度较低 3. 适用于设备比较缺乏的小型企业以及单件生产的冲模，特别适于冲裁模的维修
	手工修配加工成形	按图样经备料→车、铣、刨粗加工成形后，由钳工锉修成形	劳动强度大、加工精度低，适用于设备条件差的小型企业弯曲模、拉深模单件生产冲模

（续）

加工工艺方法	加工工艺说明	加工特点及适用范围
成形磨削加工	利用专用成形磨削机床,对经粗加工后淬硬的凸、凹模进行成形磨削	1. 加工精度高（IT6～IT5, $Ra = 0.4～0.6\mu m$） 2. 解决由于淬火变形的影响,但加工工艺计算复杂,需要高精度夹具及成形砂轮 3. 主要适用于形状复杂的凸模及凹模镶块制作
电火花机床加工	利用电火花放电,通过电极及电解液腐蚀金属坯料进行穿孔或不通孔加工,可加工淬硬后的凹模坯件	1. 加工精度可达 $0.01～0.05mm$, $Ra = 1.6～0.8\mu m$ 2. 解决由于淬火凹模孔的变形,但需要加工电极或用凸模作为电极 3. 适用于穿透各种形状的凹模孔
线切割机床加工	采用靠模、光电跟踪及数控技术对金属板料进行切割加工	1. 加工精度可高达 $\pm(0.01～0.05)mm$, $Ra = 0.2～0.8\mu m$ 2. 主要适用于各种形状凹模孔及复杂形状的凸模加工
数控机床加工（NC、CNC 加工中心）	采用 NC、CNC 机床加工,是由事先编制好的程序按工步进给的顺序,能自动变换,进而控制机床对零件进行自动加工	1. 工作效率高,能保证加工质量及精度,是目前最高效的先进加工设备 2. 能进行各种形状的凸、凹模加工,精度达 $0.03～0.10mm$, $Ra = 3.2～0.8\mu m$
CAD/CAM 计算机辅助设计与制模技术	采用 CAD/CAM 技术可使模具设计及模具制造一体化,即在 CNC 机床上进行成形零件加工,不仅能使进给工步的变换和顺序符合 CAD/CAM 软件要求,而且按成形零件成形要素和技术要求进行加工与检验并以全自动化完成	1. 加工精度高、质量好,是目前最先进的制模技术之一。但设备昂贵、技术含量较高 2. 可适用于各类冲模凸、凹模的精密加工

表 7-20　凸、凹模典型结构加工工艺过程

结构形式		图　　示	加工工艺过程
凸模	圆柱形凸模	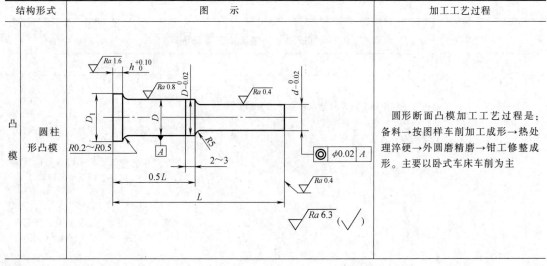	圆形断面凸模加工工艺过程是:备料→按图样车削加工成形→热处理淬硬→外圆磨精磨→钳工修整成形。主要以卧式车床车削为主

（续）

结构形式	图　　示	加工工艺过程
凸 模	非圆形断面直通式凸模	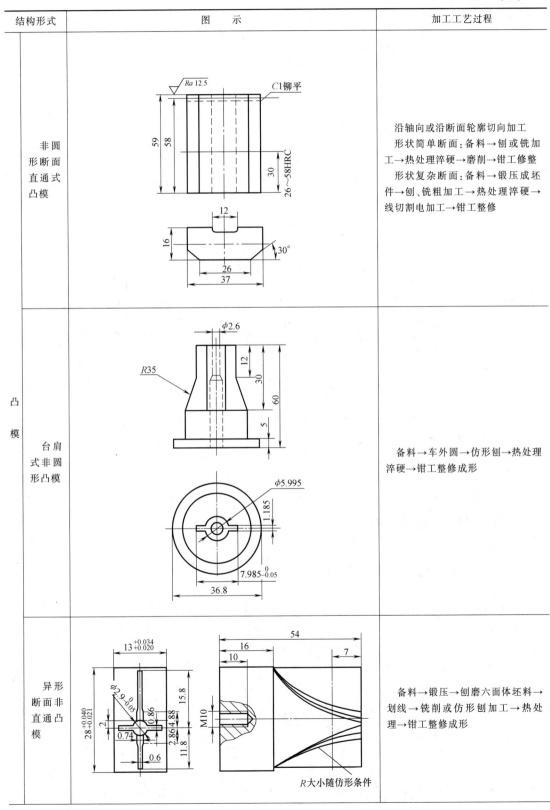沿轴向或沿断面轮廓切向加工 　形状简单断面：备料→刨或铣加工→热处理淬硬→磨削→钳工修整 　形状复杂断面：备料→锻压成坯件→刨、铣粗加工→热处理淬硬→线切割电加工→钳工整修
	台肩式非圆形凸模	备料→车外圆→仿形刨→热处理淬硬→钳工整修成形
	异形断面非直通凸模	备料→锻压→刨磨六面体坯料→划线→铣削或仿形刨加工→热处理→钳工整修成形

（续）

结构形式	图　　示	加工工艺过程
凹模　圆形刃口凹模	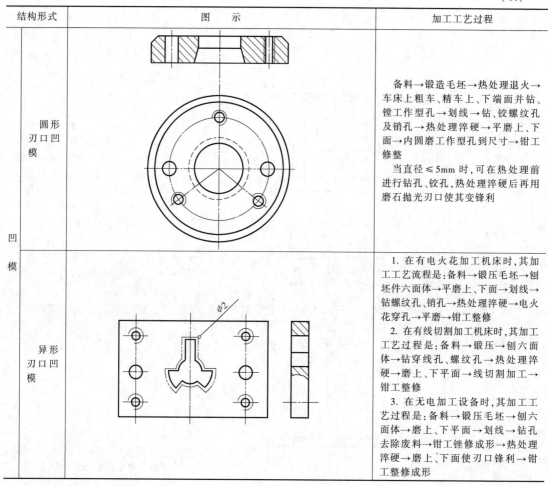	备料→锻造毛坯→热处理退火→车床上粗车、精车上、下端面并钻、镗工作型孔→划线→钻、铰螺纹孔及销孔→热处理淬硬→平磨上、下面→内圆磨工作型孔到尺寸→钳工修整 当直径≤5mm时，可在热处理前进行钻孔、铰孔，热处理淬硬后再用磨石抛光刃口使其变锋利
异形刃口凹模		1. 在有电火花加工机床时，其加工工艺流程是：备料→锻压毛坯→刨坯件六面体→平磨上、下面→划线→钻螺纹孔、销孔→热处理淬硬→电火花穿孔→平磨→钳工整修 2. 在有线切割加工机床时，其加工工艺过程是：备料→锻压→刨六面体→钻穿线孔、螺纹孔→热处理淬硬→磨上、下平面→线切割加工→钳工整修 3. 在无电加工设备时，其加工工艺过程是：备料→锻压毛坯→刨六面体→磨上、下平面→划线→钻孔去除废料→钳工锉修成形→热处理淬硬→磨上、下面使刃口锋利→钳工整修成形

7.4　冲模的装配与调试

7.4.1　冲模装配工艺过程及要求

冲模的装配是指将按图样要求加工合格的冲模零件，再按规定的装配工艺要求，把这些零件组装连接在一起成为整体模具的工艺过程。模具装配是在模具制造中最关键的主要工序之一。装配后的质量与精度直接影响到模具制造的成败。

1. 装配内容及工艺过程

冲模的装配大致包括两方面内容：一是将加工好的零件组装成部件；二是将组装好的部件按总装配图要求组装成模具整体。在组装过程中，要对经机电加工及热处理淬硬后的冲模零件逐个进行进一步的修整研配，使其满足装配要求。因此，模具装配技术是一项专业性较强的技术、技艺工作。

在一般中小工业企业中，冲模装配的组织大多数还是以模具钳工一人（或一组人员）从部件装配到总体装配独自负责的生产模式。因此，这就需要模具钳工应具有高超的技艺及经验积累，才能保质保量完成冲模装配工作。其装配的工艺过程大致是：熟悉冲模装配图样及冲模验收技术条件→清理检查冲模零件质量→准备好必要的装配工具并清理装配场地→按部件图组装各部件，如凸模及凹模在固定板上的固定，模柄在模架上模上的安装，以及组装导柱、导套在上、下模上，最后成为整体模架等→按总装配图将各组装后部件用内六角螺钉及销钉连接在一起并调好凸、凹模间隙及位置，使其成为整体→试模并进行调整，试制出合格制品零件后，固紧螺钉、圆柱销→验收交付使用。

2. 冲模装配要点

1）要合理地选择装配方法。冲模装配方法主要有直接装配（又称互换装配）法、修配装配法及分组装配法等多种。在冲模装配前，必须根据冲模结构特点、零件加工后的精度来选择装配方法，以确保冲模装配后的质量。如零件在加工中，若采用电加工或数控加工，其加工精度高又选用标准模架进行批量组装时，可选用按图样直接装配法；而对于单件生产，采用的零部件又不是专业机床精密加工的，模架又不是标准模架，则应采用修配法进行装配。

2）要正确选择基准件及安装顺序。如凸模与凹模、导向板等组件都可以作为基准件优先进行安装，再以其为基准安装其他部件。如对于冲裁模，一般先安装下模，并以凹模作为基准件，安装好后，再以其为基准安装卸料板、凸模固定板组合，并保证凸模与凹模配合间隙、凸模与卸料板配合间隙等。然后，再依次安装定位、卸料及其他机构。

3）要准确控制凸、凹模间隙。在安装过程中，合理控制凸、凹模间隙并使其各向均匀是冲模装配的关键。在装配时，如何控制凸、凹模间隙，要根据冲模结构特点、间隙大小、装配条件和操作者的经验来选择。如在装配冲裁模时，可以采用试切法或光照法来控制间隙；而在弯曲模、拉深模装配时，则可采用标准样件来控制间隙。

4）要进行必要的试件、调整和校正来验证装配的正确性。冲模在装配后，一般都要经过将冲模安装在指定公称压力的压力机上试冲，发现故障应及时进行修整，直到试件合格并能进行批量生产才算冲模装配合格，交付使用。

7.4.2　凸、凹模固定装配

凸、凹模在固定板上固定与安装方法参见表 7-21。

表 7-21　凸（凹）模固定与安装方法

固定方法	图　　示	操作步骤与安装要求
压入式固定法	 a) 1—等高垫铁　2—平台　3—凸模固定板　4—凸模	1. 适用范围 适用于冲裁或成形料厚 $t \leqslant 6mm$ 的冲裁模及成形模 2. 操作方法及顺序 1）将凸模压入端修整成有引导功能的小圆角，以使凸模引入固定板型孔，当凸模不允许修整时，可将板形修整成引入圆角 2）将凸模固定板放在平台上，并用等高垫铁垫起，将凸模放置在安装孔内，并施加压力穿入孔内（图 a）

（续）

固定方法	图　　示	操作步骤与安装要求
压入式固定法	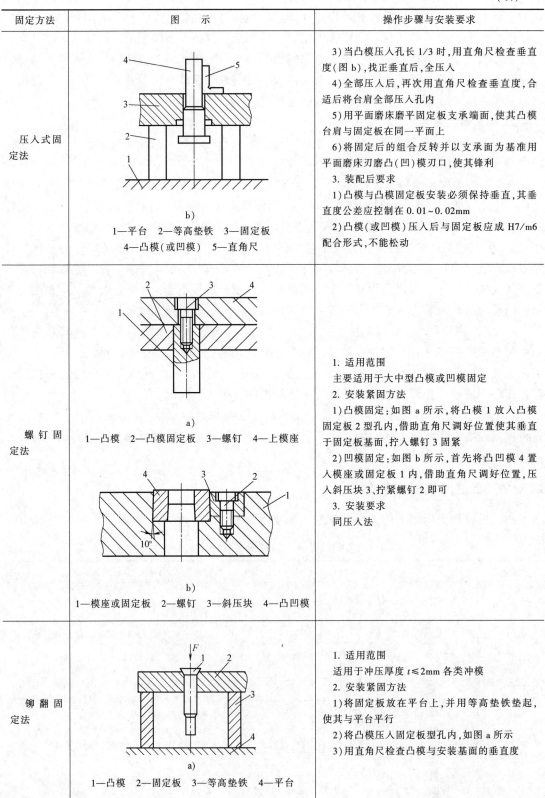b) 1—平台　2—等高垫铁　3—固定板 4—凸模（或凹模）　5—直角尺	3）当凸模压入孔长 1/3 时，用直角尺检查垂直度（图 b），找正垂直后，全压入 4）全部压入后，再次用直角尺检查垂直度，合适后将台肩全部压入孔内 5）用平面磨床磨平固定板支承端面，使其凸模台肩与固定板在同一平面上 6）将固定后的组合反转并以支承面为基准用平面磨床刃磨凸（凹）模刃口，使其锋利 3. 装配后要求 1）凸模与凸模固定板安装必须保持垂直，其垂直度公差应控制在 0.01～0.02mm 2）凸模（或凹模）压入后与固定板应成 H7/m6 配合形式，不能松动
螺钉固定法	a) 1—凸模　2—凸模固定板　3—螺钉　4—上模座 10° b) 1—模座或固定板　2—螺钉　3—斜压块　4—凸凹模	1. 适用范围 主要适用于大中型凸模或凹模固定 2. 安装紧固方法 1）凸模固定：如图 a 所示，将凸模 1 放入凸模固定板 2 型孔内，借助直角尺调好位置使其垂直于固定板基面，拧入螺钉 3 固紧 2）凹模固定：如图 b 所示，首先将凸凹模 4 置入模座或固定板 1 内，借助直角尺调好位置，压入斜压块 3、拧紧螺钉 2 即可 3. 安装要求 同压入法
铆翻固定法	F a) 1—凸模　2—固定板　3—等高垫铁　4—平台	1. 适用范围 适用于冲压厚度 $t \leqslant 2mm$ 各类冲模 2. 安装紧固方法 1）将固定板放在平台上，并用等高垫铁垫起，使其与平台平行 2）将凸模压入固定板型孔内，如图 a 所示 3）用直角尺检查凸模与安装基面的垂直度

（续）

固定方法	图　　示	操作步骤与安装要求
铆翻固定法	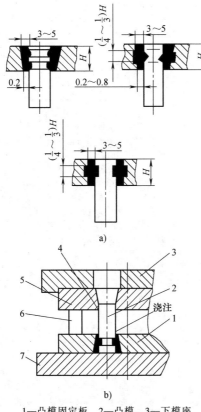 b) 1—骑缝螺钉　2—凸模固定板 3—平台　4—等高垫块　5—凸模	4）垂直度合适后,用锤子锤击扁錾,将凸模端面铆翻,并用骑缝螺钉固紧,如图 b 所示 5）将铆翻的支承面用平面磨床磨平,其 $Ra<1.6\mu m$ 6）再用直角尺检验垂直度,合适后可使用 3. 安装要求 同压入法
低熔点合金浇注固定法	a) 4 5 6 浇注 7 3 2 1 b) 1—凸模固定板　2—凸模　3—下模座 4—间隙垫片　5—凹模 6—等高垫铁　7—平台及垫板	1. 适用范围 适用于冲压力不大、材料厚度≤2mm 的冲模 2. 浇注前的准备 1）固定板型孔形式:固定板相应安装孔形式如图 a 所示,其表面越粗糙越好 2）合金的制备 ① 合金配方:合金配方见表 7-21-1

表 7-21-1　低熔点合金配方

序号	按质量百分比				合金熔点/℃	浇注温度/℃
	锑 Sb	铅 Pb	锌 Sn	铋 Bi		
Ⅰ	9	28.5	14.5	48	120	150~200
Ⅱ	5	32	15	48	100	120~150
元素熔点/℃	630.5	327	232	271	—	—

②按表中比例将合金配好并打击成 $10\sim15mm^2$ 小碎块
③将电炉炉温升到 630℃,然后将盛有锑元素的坩埚放入炉内,熔化后再分别置入铅、锌、铋,搅拌均匀即可使用,也可以冷却成锭后,下次加热使用
3. 浇注固定方法
1）将凸模固定板型孔及凸模浇注部位清洗干净,并将固定板放在平台上,用等高垫铁将下模凹模垫起(图 b),使凸模进入凹模,调好各自位置、间隙
2）将熔化的合金用勺浇注在凸模与固定板型孔间隙内,冷却24h后再用平面磨床磨平安装面即可使用
4. 浇注注意事项及要求
1）浇注时要保证合金在固定板凸模间隙间注满、牢固
2）浇注时要随时用直角尺测凸模与固定板基面的垂直度,边浇边调,使之垂直度公差不超过0.01~0.02mm
3）浇注前应将固定板型孔预热(100~150℃),浇注过程中,要保证凹模及固定板组合相对位置;并用垫片调好凸、凹模间隙,使之均匀;浇注冷却24h后方可使用

7.4.3 凸、凹模间隙控制

在装配冲模时，凸、凹模间隙调整方法参见表 7-22。

表 7-22 凸、凹模间隙调整方法

控制方法	图 示	控制调整方法	适用范围
透光调整控制法	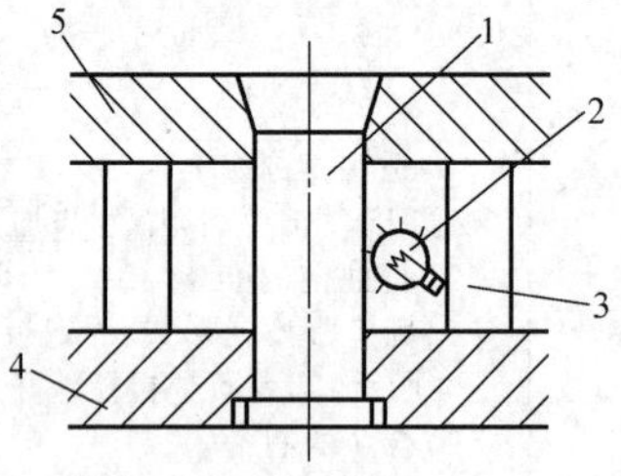 1—凸模 2—光源 3—垫铁 4—凸模固定板 5—凹模	1. 分别装配上模与下模，下模固紧，上模不要固紧 2. 将等高垫铁放在凸模固定板 4 和凹模 5 之间，其中凹模在上、反置，并用夹钳夹紧在平口钳上 3. 用手灯或手电筒照射凸、凹模之间，并在下模板漏料孔仔细观察，若其透光均匀一致，表示间隙合适；若光线在某一方向上透光偏多，则表明在此方向上间隙偏大，这时可用锤子锤击固定板对侧侧面，使之向偏大方向移动。再反复透光观察、调整，直到各向透光均匀为止 4. 调整透光均匀后，可将上模螺钉紧固穿入圆柱销	适用于薄板料冲裁模，其方法简便，便于操作，生产中应用普遍
塞尺测量法	一	1. 凹模装入下模并紧固，而凸模装入上模后不紧固 2. 使上、下模合模，其凸模进入凹模孔内 3. 用塞尺在凸、凹模间进行测量。根据测量结果，若各向尺寸一致，则表明间隙合适；若某方向尺寸较大，则应敲击凸模固定板侧面，使凸模向大的一方移动，直到调整合适后，再将上模紧固	适于厚板料间隙较大的冲裁模间隙调整以及拉深、弯曲模调整，但工艺繁杂且麻烦，但经测量后间隙均匀合理
垫片调整法	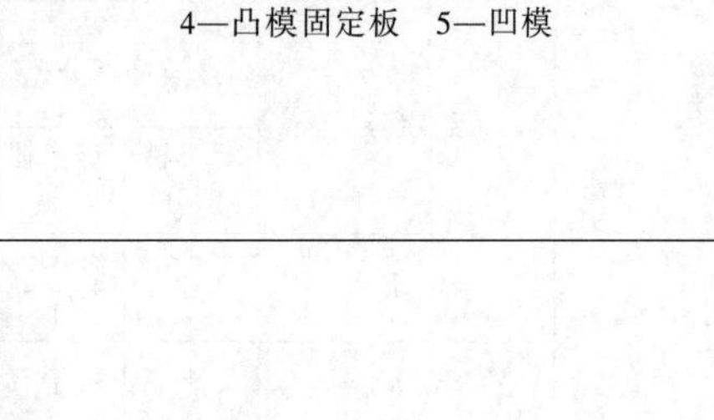 1—凹模 2—上模座 3—导套 4—导柱 5、6—凸模 7—垫块 8—垫片	1. 按图样分别组装上模及下模，并将下模固紧，上模不要紧固 2. 在凹模刃口周围垫入厚薄均匀、厚度等于间隙值的金属软片或纸片 3. 上、下模合模用垫块垫起如图示，并将凸模深入凹模，与垫片有良好的接触，若在某方向上与垫片松紧程度相差较大，表明间隙不均匀，这时可用锤子敲打固定板侧面，使其各方向松紧一致，凸模以易于进入凹模不受阻为止 4. 调整合适后，将上模紧固，打入圆柱销	适用于冲裁比较厚的大间隙冲裁模，也适于拉深模、弯曲模、成形模的间隙调整。其方法简便易行

（续）

控制方法	图　　示	控制调整方法	适用范围
垫标准样件法	—	装配前按制品图样先做一个样件,在装配调整时,将其放在凸、凹模之间进行凸、凹模位置调整,以不受各方向挤压标准样件为止	适用于拉深模、弯曲模、成形模,方法简便易行,间隙准确
试切纸片法	—	采用与制品厚度相同的硬纸片,在装配后的凸、凹模中试切。根据切后的纸片来验证间隙的均匀程度。若在某一方向上难以切下或产生飞边,表明此方向间隙过大或过小,应调整;如果各向切口一致,表明间隙已调整合适	适用于各类冲裁间隙调整或最后检验

7.4.4　冲模的总体装配

1. 冲模总体装配方法

冲模在装配时,应按冲模装配图样或工艺装配文件要求确保各零件间的相对位置及相互配合关系,如导柱或导套、凸模与凸模固定板、凸模与凹模、凸模与卸料板、圆柱销与模板间的配合,最后使之成为一个完整的模具整体,经试件、调整后冲出合格的制品零件来。

（1）无导向冲模的装配　无导向冲模装配比较简单。在装配时,可按图样要求将上、下模分别进行装配。其凸、凹模间隙是在使用时,冲模安装到压力机上时进行调整的。如图 7-27 所示的落料模,其装配可参照如下方法进行。

第一步　装配前的准备。

1）熟悉装配图及装配工艺规程文件,了解冲模的结构组成、特点及装配验收要求。

2）按总装配图标题检查组成模具的各零件并检查其质量,必要时可进行修整使其达到装配要求。同时,准备标准件,如内六角螺钉 3、8 及圆柱销 10、13 等。

3）确定装配方法及装配顺序,由于本模具属于无导向简单模,可以采用修配装配法,上、下模分别进行装配。

第二步　部件安装。

1）安装模柄。将模柄 1 安装到上模座 2 上时,可以采用手扳动压力机首先将模柄压入上模座相应安装孔中。在压入时,应随时借助直角尺找正模柄外圆柱面与模座基面的垂直度,如图 7-28a 所示。找正垂直后继续压入、压紧,并用骑缝螺钉将模柄固紧。

2）模柄压入经检查无误后,再以上模座 2、上平面为基准,用平面磨床平磨下平面及模柄端面,使其磨平在一个外平面上,如图 7-28b 所示。

3）安装凸模与凹模,将凸模 5 与凹模 11 采用前述的凸模与凹模压入式固定法（表 7-21 中图示 1）,分别压入凸模固定板 4 及凹模固定板 7（又称套板）中,并要固紧牢固。

第三步　安装上、下模。

1）将固定安装后的上模座与模柄组合与凸模与凸模固定板组合装配在一起,并用内六角螺钉 3 与圆柱销 13 紧固在一起构成上模。

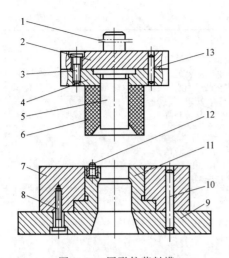

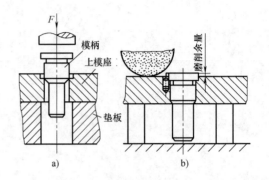

图 7-27　圆形件落料模

图 7-28　模柄固定压入法

1—模柄　2—上模座　3、8—内六角螺钉
4—凸模固定板　5—凸模　6—卸料橡胶
7—凹模固定板　9—下模座　10、13—圆柱销
11—凹模　12—定位销

2）用同样的方法将凹模 11 与凹模固定板组合与下模座 9 连在一起，并由内六角螺钉 8 和圆柱销 10 固紧，组成下模。同时，按图样要求，安装好定位销 12。

第四步　安装调试。

1）将安装后的上、下模分别安装到压力机滑块上及工作台上，但下模不要固紧。

2）用手扳动压力机飞轮，将凸模 5 深入凹模 11 孔中，为保证凸、凹模间隙及便于安装，可采用图 7-29 所示的定位器配合安装（定位器应保证上、下两圆柱同轴）。

3）凸模进入凹模后采用前述的透光或垫片法将间隙调试均匀，参见表 7-22 中图示 1、2。

4）间隙调整均匀后，固紧下模，套上卸料橡胶 6（图 7-27），并使其下平面高出凸模刃口面 2~3mm。

5）开机试冲，检查试品质量。若不合格，应进一步调整、整修，直到合格为止。

（2）导柱导向冲模装配　图 7-30 所示为带有导柱、导套导向的落料模结构。其装配方法与步骤是：

第一步　安装前的准备。

安装前的准备同前述无导向冲模装配，主要是熟悉图样及检测零件质量，以及准备标准件。

第二步　组件装配。

组件装配包括模架装配、模柄在上模座 2 上的装配、凸模 10 在凸模固定板 4 上的装配。其方法可按前述。

第三步　安装下模。

将凹模 7 放在下模座 8 上，找正位置后，将下模按凹模型孔划线，先加工出漏料孔，然后以其为基准件用内六角螺钉及销定固紧。

第四步　安装上模。

首先将凸模固定板与凸模组合放在安装好的下模凹模板上，并用等高垫铁垫起，再将凸模导入相应的凹模孔内，初步调整间隙使之均匀。然后将上模座与模柄组合，垫板 3 及凸模

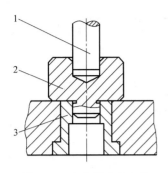

图 7-29　定位器配合安装
1—上模凸模　2—定位器　3—凹模

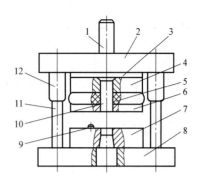

图 7-30　落料模
1—模柄　2—上模座　3—垫板　4—凸模固定板
5—卸料橡胶　6—卸料板　7—凹模　8—下模座
9—定位销　10—凸模　11—导柱　12—导套

10 与凸模固定板组合外围配好，并用夹钳取下，沿上模座同钻螺孔、销孔，并拧入螺钉，但不要固紧。

第五步　调整凸、凹模间隙。

将初装的上模与下模合模，查看凸模进入凹模是否自如进入相应孔内，并用透光法或垫片法调整间隙，使之合适。

第六步　固紧上模。

凸、凹模间隙调整合适后，将上模螺钉拧紧后卸下，沿销孔打入圆柱销后，再装配其他辅助零件，如定位销 9、卸料橡胶 5、卸料板 6 等。

第七步　试件与调整。

将装好的冲模安装到指定压力机上进行试冲、调试，直到试出合格制品、能满足批量生产条件为止。

2. 冲模装配零件间配合尺寸控制

冲模在装配过程中，为保证冲模装配质量及精度，要特别注重各零部件间相互关系。冲模零件间配合形式及要求参见表 7-23。

表 7-23　冲模零件间配合形式与要求

1—上模座　2—圆柱销　3—模柄　4—凸模　5—凸模固定板　6—导柱　7—导套　8—凹模　9—下模座

（续）

零件名称	配合类型与尺寸要求	零件名称	配合类型与尺寸要求
导柱与下模座	H7/r6	圆柱销、固定板、模座	H7/n6
导套与上模座	H7/n6		
导柱与导套	H6/h5 或 H7/h6	螺钉与螺孔	单边间隙 0.5～1mm
模柄与上模座	H7/r6 或 H7/n6	卸料板与凸模	H7/h6 或单边间隙 0.1mm
凸模与凸模固定板	H7/m6 或 H7/k6	顶件器与凹模	单边间隙 0.1～0.5mm
凹模与下模座	H6/n6	打料杆与模柄	单边间隙 0.5～1mm
固定挡料销与凹模	H7/m6 或 H7/n6	顶杆（推杆） 与凸模固定板	单边间隙 0.2～0.5mm
活动挡料销与卸料板	H9/h8 或 H9/h9		

7.4.5 冲模的试冲与调整

1. 冲模调试的目的

冲模在按装配工艺规程及装配图装配之后，必须要在生产条件下进行试冲与调整。其目的在于：

1）确定冲模的装配质量，并通过调试能冲压出合格的制品零件。

2）确定冲压制品的成形条件及工艺规程。

3）确定成形零件如拉深、成形工序的毛坯尺寸与形状。

4）验证冲模的制造质量及精度等级。

5）为模具设计、制造过程收集反馈信息和积累经验。

2. 冲模调试内容

冲模调试主要包括如下主要内容：

1）将冲模能顺利地安装到指定的压力机上。

2）用图样规定的冲压坯料在冲模上进行试冲。

3）根据试冲件的质量缺陷，调试后能使其解除，直到冲出合格制品。

4）调整冲模凸、凹模间隙，凸模进入凹模深度，定位系统及卸退料顶件机构等，使冲模能顺利工作，直到冲压出合格制品来。

5）经试模后验证制件生产工艺规程的合理性与正确性。

对于各类冲模调试方法及根据冲件缺陷调整冲模方法，可参见本书第5、6、9章有关内容，这里不再叙述。

第8章　冲压用压力设备的选用与生产自动化

由前述可知：在冲压生产中，为了适应不同的冲压工作，应采用不同类型的压力设备。其目前生产中常用的压力设备类型及应用范围及使用要求，在本书第1章已做了初步介绍。即压力机按传动方式不同，主要可分为机械压力机和液压压力机两大类型。其中，机械压力机在冲压生产中应用最为广泛。随着现代冲压技术的发展，各种高质量、高精度、高效率的自动及专用压力设备不断涌现并使用，为冷冲压生产加工提供了优越条件并做出了极大贡献。

8.1　压力机结构形式及技术参数

8.1.1　机械压力机结构组成

机械压力机主要包括单柱偏心压力机、开式曲柄压力机（图1-3）、闭式曲柄压力机（图1-4）、拉深压力机、摩擦压力机（图1-5）以及专用精冲压力机、冷挤压压力机等。

1. 曲柄压力机动作原理及结构形式

曲柄压力机是机械压力机的一种，是一般冲压生产车间常用的压力设备。尽管其种类、型号较多，但其动作原理基本相同，即采用曲柄滑块机构，将旋转运动转变为上、下往复直线运动，从而带动冲模进行板料的冲压成形。

图8-1所示为曲柄压力机动作原理示意图。其工作过程是：当曲柄1在电动机带动下旋转时，则带动连杆2摆动，连杆2推动滑块3做上、下往复直线运动。其中，当曲柄运动最高点时，滑块也运动到最高点 A，称为上死点；曲柄运动到最低点时，滑块也随即运动到最低点 B，称为下死点。其上死点 A 与下死点 B 之间的距离 l，称为行程，即 $l = 2R$（R 为曲轴的半径）。在冲压时，将模具的上模装在滑块3上，下模固定在压力机工作台上（图中未标注），则由于曲柄1的旋转运动，转变为滑块的上、下往复直线运动，从而带动上模接触下模，使凸模进入凹模对板料实施冲压加工。鉴于上述原理而制作成压力机，但由于其曲柄结构不同，则曲柄压力机主要分曲拐轴式偏心压力机及曲轴式压力机两种结构形式。

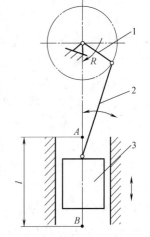

图8-1　曲柄压力机
动作原理示意图
1—曲柄　2—连杆
3—滑块

（1）曲拐轴式偏心压力机　曲拐轴式偏心压力机（图8-2）是在冲压生产中应用最为普遍的一种压力机。其结构示意图如图8-3所示。

压力机由床身1、主轴2、连杆7、滑块8等零件组成。在主轴右端上装有飞轮3，飞轮由电动机4通过传动带传动并通过脚踏板（操纵系统）5相连的离合器6操纵与主轴2脱离

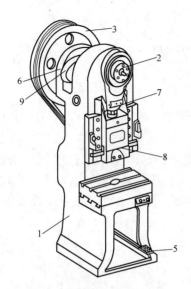

图 8-2　曲拐轴式偏心压力机

1—床身　2—主轴　3—飞轮　4—电动机（图
中未标出）　5—脚踏板（操纵系统）　6—离
合器　7—连杆　8—滑块　9—制动装置

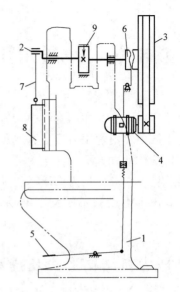

图 8-3　曲拐轴式偏心压力机结构示意图

1—床身　2—主轴　3—飞轮　4—电动机
5—脚踏板（操纵系统）　6—离合器
7—连杆　8—滑块　9—制动装置

或接合。当离合器接合时，主轴与飞轮一起旋转，位于主轴前端的连杆 7 也被带动，则驱使连杆下端的滑块 8 进行上、下往复运动；当离合器处于脱离状态时，主轴即停止运动并由制动装置 9 使之停止在上死点位置。

　　偏心压力机的滑块是由偏心轴（图 8-4）的回转带动做上、下往复运动的。在主轴上的一端具有一个偏心轴销 2，其轴销中心与主轴中心的距离（即偏心距）是固定的。主轴转动，轴销以主轴的中心为圆心，偏心距为半径做圆周运动。在轴销处有偏心套 3 并与轴销以花键啮合，而连杆 5 自由地箍在偏心套上。这样，轴销的圆周运动将通过偏心套而转变为连杆的上、下往复直线运动，其运动的距离（即行程）是偏心套中心与主轴间距离的两倍。由于偏心套的存在，其行程可以进行调整。故在标准压力机上，在偏心套或轴销端

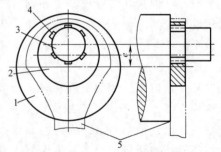

图 8-4　主轴-连杆机构

1—主轴　2—偏心轴销　3—偏心套
4—花键　5—连杆

面上都刻有刻度值，使用时可根据行程大小的不同要求，将偏心套从轴销拉出，然后再旋转一定的角度并在刻度线上找到相应刻度，对准后将偏心套重新套入轴销，啮合后即可使用。

　　这种偏心压力机尽管行程不大，但可以调整，很适于冲裁及浅拉深冲压。其生产率高、操作方便。一般手工送料可达 50~100 次/min，自动送料时可高达 700 次/min。

　　（2）曲轴式压力机　图 8-5 所示为曲轴式压力机结构示意图。其滑块 11 由曲轴 9（图 8-6）带动做上、下往复运动。即电动机 5 通过传动带带动飞轮 4 旋转，再经过传动轴

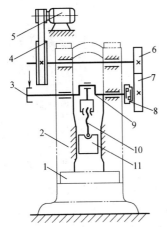

图 8-5　曲轴式压力机结构示意图
1—工作台　2—机身　3—制动器　4—飞轮
5—电动机　6—小齿轮　7—大齿轮
8—离合器　9—曲轴　10—连杆　11—滑块

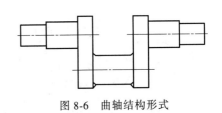

图 8-6　曲轴结构形式

带动小齿轮 6、大齿轮 7 和离合器 8 使曲轴 9 转动并通过连杆 10、滑块 11 做上下往复运动，如图 8-7 所示。在工作时，冲模的上模固定在滑块上，下模固定在工作台 1 上，电动机驱动曲轴使滑块运动带动上模，进而完成冲压工作。

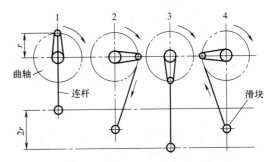

图 8-7　曲轴连杆机构运动示意图

这种曲轴压力机偏心距是固定的，其行程一般不能改变，但在床身内有很多轴承对称地支撑。机床受负载较均匀，故可作大行程、大压力冲压工序使用。但要使行程能调节，可将工作台做成升降或转动式结构，或将连杆装在偏心套筒上，而套筒装在曲轴的曲拐部位，调节偏心套相对曲轴角度位置，也可进行行程的调节。

2．曲柄压力机结构组成

冲压用的曲柄压力机的结构除曲柄形式不同（曲拐轴式与曲轴式）外，其余部分基本相同。如图 8-8 所示的开式双柱可倾式压力机，大致由以下几部分组成：

（1）工作机构　压力机的工作机构主要是连杆机构，由曲轴 1、连杆 4 和滑块 11 组成。其主要作用是把曲轴的旋转运动，通过连杆使滑块变成上、下往复运动，以完成冲压功能。其工作机构如图 8-9 所示。

（2）传动机构　传动机构包括带传动及齿轮传动两种结构。图 8-8 所示为带传动，其作用是将电动机的能量通过图 8-8 中的带轮 2 及传动轴 3 传递给曲柄滑块机构（工作机构），并且使滑块运动达到一定的行程次数。

压力机传动系统一般设在机身上部，但也有的将传动系统设在底座下部的。前者称上传动，后者称下传动或底传动压力机。下传动压力机优点在于重心低，运动平稳，能减少振动和噪声，但价格昂贵。

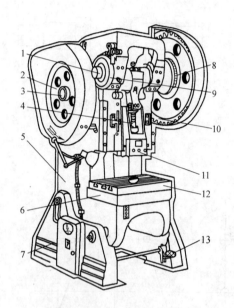

图 8-8 开式双柱可倾式压力机

1—曲轴 2—带轮 3—传动轴 4—连杆
5—床身 6—工作台 7—底座 8—离合器
9—制动器 10—大齿轮 11—滑块
12—垫板 13—脚踏板（操作机构）

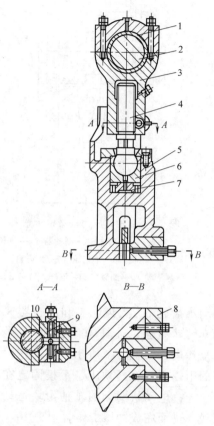

图 8-9 压力机工作机构

1—轴瓦 2—曲轴 3—连杆 4—调节螺钉
5—滑块 6—支承座 7—保险装置
8—模具夹持块 9—锁紧螺钉 10—锁紧块

（3）操作机构 操作机构由图8-8中的制动器9、离合器8及脚踏板13组成。曲柄压力机在工作时，带轮2（飞轮）不停地旋转，而作为工作机构的曲柄滑块机构，必须根据工艺操作需要时动时停，这就需要离合器8来控制传动系统和工作机构的接合和脱开。每当滑块需要运动时，离合器应接合，飞轮（带轮）通过离合器将运动传递给其后的从动工作机构，使滑块运动；当滑块需要停止在某一位置时，离合器脱开，工作机构滑块即停止运动，飞轮只空运转，但由于惯性作用，与飞轮脱离联系的从动部分会继续借惯性运动，则必须设制动器9来对从动部分的惯性运动给以制动，以防发生事故。

压力机的离合器8、制动器9（图8-8）必须密切配合，协调动作。一般压力机在不工作时，离合器处于脱开状态，而制动器总是处于制动状态。离合器与制动器不允许有同时接合的时刻存在，即压力机的离合器接合前，制动器必须松开；而制动器制动前，离合器必须要脱开。其离合器及制动器结构示意图分别如图8-10和图8-11所示。

（4）能源供给机构 压力机的能源供给机构主要包括电动机飞轮（图8-8中带轮2）。其飞轮起储存与释放能量的作用。冲压工作所需的能量由电动机供给飞轮，由飞轮储存，在

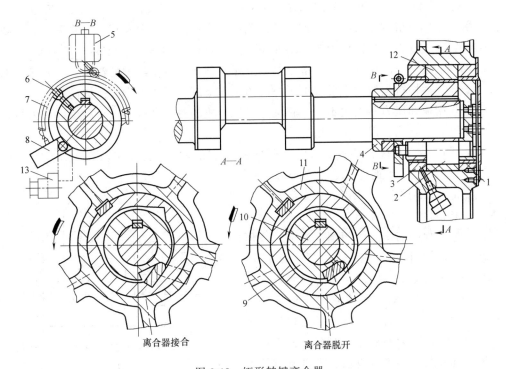

图 8-10 矩形转键离合器

1—外套 2—矩形转键 3—内套 4—轴销 5—行程开关 6—撞块 7—拉簧 8—键尾板

9—内轴套 10—曲柄 11—大齿轮 12—中套 13—凸轮挡块

冲压时再释放出来,以完成冲压工作。

(5)压力机机身支承机构 曲柄式压力机支承机构主要是床身 5(图 8-8),它是压力机骨架,承采压力机工作中的全部变形力。并且,压力机所有零件都与床身相连成为一整体。机身要保证压力机所要求的精度和刚度。机身下部工作台 6 用以安装冲模的下模,中间装有导轨供滑块做上、下运动,上部装有传动机构的支架,以安装飞轮、制动器及离合器等部件。

压力机机身形式与压力机类型密切相关,它主要决定工艺及使用要求,一般可分为开式压力机(图 8-8)和闭式压力机(图 1-4)两种结构形式。

8.1.2 机械压力机技术参数

(1)公称压力 F 曲柄压力机公称压力是指滑块离下死点前某一特定距离(称为公称压力行程)或曲柄旋转到离下死点前某一特定角度(称为公称压力角)时,压力机滑块的允许的最大工作压力。

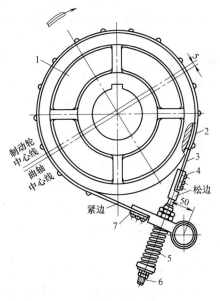

图 8-11 偏心轮带式制动器

1—制动轮 2—石棉铜摩擦带 3—钢带

4—拉杆板 5—制动弹簧 6—螺母 7—摇板

如 J31-315 型压力机的公称压力为 3150kN，公称压力行程为 10.5mm，公称压力角为 20°。

公称压力是压力机的主要技术参数。目前我国生产的压力机公称压力已系列化，主要有 160kN、200kN、250kN、315kN、500kN、630kN、800kN、1000kN、2500kN、6300kN 等。

（2）滑块行程 S 滑块行程 S 是指滑块从上死点到下死点所经过的距离，一般等于曲轴偏心量的 2 倍。滑块行程的大小反映出压力机的工作范围，行程大则能拉深高筒形件。行程的大小随工艺用途和压力不同而不同，它决定了压力机的封闭高度和开启高度。压力机行程一般都制成可调式结构，以方便使用。

（3）最大闭合（封闭）高度 H 压力机的最大封闭高度 H 是指滑块在下死点时，滑块底平面到工作台上平面的距离，如图 8-12 所示。当调整装置将滑块调整到上死点时，封闭高度达到最大值，此值为最大封闭高度。模具的闭合高度应小于压力机最大封闭高度。封闭高度调节装置所能调节的距离，称为封闭高度调节量，用 ΔH 表示。

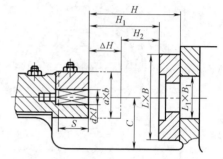

（4）最大装模高度 H_1 压力机最大装模高度 H_1 是指滑块在上死点时，滑块底面到垫板上平面的距离。当调到下死点时，滑块底平面到垫板上平面的距离 H_2 为最小装模高度，如图 8-12 所示。

图 8-12 曲柄压力机主要技术参数图示

装模高度和封闭高度均表示压力机所能使用的模具高度。装模高度及其调节量越大，对模具的适应性也就越大。

（5）滑块行程次数 n 滑块行程次数是指滑块每分钟上、下往返的次数。它决定了压力机生产率的高低。

（6）工作台垫板面积 L×B 和滑块底面积 a×b 压力机工作台垫板面积 A×B 和滑块底面积 a×b 是关系到冲模下模板及上模板尺寸的参数。

（7）工作台孔 $L_1 \times B_1$ 工作台孔 $L_1 \times B_1$ 的大小是用作废料漏料及决定安装卸料装置和气垫孔的大小空间尺寸，如图 8-12 所示。

（8）立柱间距和喉深 立柱间距是指双柱式压力机两立柱之间的距离。对于开式压力机，其值主要关系到后侧送料及出件结构的安装。对于闭式压力机，其值直接限制了模具和加工材料的宽度尺寸。

喉深（见图 8-12 中 C）是开式压力机特有的参数。它是指滑块中心线至机身后向的距离。喉深直接限制了加工件尺寸。

（9）模柄孔尺寸 d×l （图 8-12） 模柄孔尺寸 d×l 是决定模柄安装尺寸的参数，它应与冲模模柄外缘直径相匹配。大型压力机一般没有模柄孔，而开设 T 形槽，以 T 形槽螺钉紧固上模。

（10）活动横梁的浮动量 在冲压时，当利用滑块中活动横梁推件时，推杆行程应小于活动横梁在滑块槽中的浮动量。如图 8-13 所示，活动横梁浮动量大小应等于 H−h。

（11）气垫托杆尺寸 当利用压力机中的气垫从下模中推件时，气垫托杆的尺寸应与该模具的托杆孔相匹配。

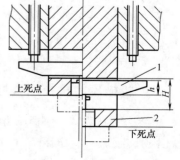

图 8-13 活动横梁浮动量
1—活动横梁 2—滑块

（12）电动机功率　电动机功率是指压力机功率的大小。

表 8-1 和表 8-2 分别列出了部分国产开式及闭式压力机主要技术参数，供参考选用。

表 8-1　部分国产开式压力机主要技术参数

主要技术参数		压力机型号						
		J23-6.3	J23-10	JH23-25	JC23-63	J11-100	JA11-250	JA21-400A
公称压力/kN		63	100	250	630	1000	2500	4000
滑块行程/mm		35	45	75	120	20~100	120	200
滑块行程次数/(次/min)		170	145	80	50	65	37	25
最大封闭高度/mm		150	180	260	360	420	450	550
封闭高度调节量/mm		35	35	55	80	85	80	150
立柱间距/mm		150	180	270	350	—	—	896
喉深/mm		110	130	200	260	340	325	480
垫板尺寸	厚度/mm	30	35	50	90	100	150	170
	孔径/mm	$\phi140$	$\phi170$	$\phi260$	$\phi250$	$\phi160$	—	$\phi300$
工作台尺寸	前后距离/mm	200	240	370	480	600	630	700
	左右距离/mm	310	370	560	710	800	1100	1400
模柄孔尺寸	直径/mm	$\phi30$	$\phi30$	$\phi40$	$\phi50$	$\phi60$	$\phi70$	$\phi120$
	深度/mm	55	55	60	80	80	90	120
最大倾斜角/(°)		45	35	30	30	—	—	—
电动机功率/kW		0.75	1.1	2.2	5.5	7	18.1	32.5

注：详细内容请查有关资料。

表 8-2　国产部分闭式压力机主要技术参数

主要技术参数		压力机型号						
		J31-100	J31-250	J31-400	JA31-630	J31-800	J31-1250	J36-630
公称压力/kN		1000	2500	4000	6300	8000	12500	6300
公称压力行程/mm		—	10.4	13.2	13	13	13	26
滑块行程/mm		165	315	400	400	500	500	500
滑块行程次数/(次/min)		35	20	16	12	10	10	9
最大装模高度/mm		445	490	710	700	700	830	810
装模高度调节量/mm		100	200	250	250	315	250	340
导轨间距/mm		405	900	850	1480	1650	1520	3270
混料杆导程/mm		—	150	150	250	—	—	—
工作台尺寸	前后距离/mm	620	950	1300	1500	1600	1900	1500
	左右距离/mm	620	1000	1200	1700	1900	1800	3450
滑块底面尺寸	前后距离/mm	300	850	1000	1400	1500	1560	1270
	左右距离/mm	300	980	1250	—	—	—	3200
模柄孔尺寸	直径/mm	$\phi65$	—	—	—	—	—	—
	深度/mm	120	—	—	—	—	—	—
工作台孔尺寸/mm		$\phi250$	—	630×630	—	—	—	—
垫板厚度/mm		125	140	140	160	200	—	190
备注		—	需压缩空气	备气垫				

注：详细内容请查有关资料。

8.1.3 双动及三动压力机工作过程

1. 双动压力机

在冲压生产中，对于大型复杂曲面零件的拉深与成形，常采用双动压力机，其工作过程及结构形式如图8-14所示。

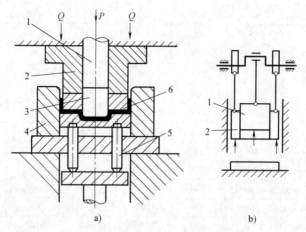

图 8-14　双动压力机工作过程及结构形式
1—内滑块　2—外滑块　3—凸模　4—凹模　5—卸料器　6—压边圈

双动压力机有两个滑块，一个是沿床身导轨滑动的外滑块（又称打料滑块），另一个则是在外滑块内沿外滑块导轨滑动的内滑块（又称拉深滑块）。

双动压力机的工作过程是：内滑块1由曲柄通过连杆带动，而外滑块2则由同一曲轴通过特种凸轮或曲壁杠杆机构带动。工作时，凸模固定在内滑块上，压边圈固定在外滑块上，而凹模4固定在压机工作台上。工作开始时，外滑块下降至凹模面首先将坯料压紧，并停留在此位置，直到凸模随内滑块完全下降至拉深工作结束为止。然后内滑块和凸模先向上升起，外滑块与压边圈才跟随升起，完成整个冲压拉深工作。

双动压力机的结构特点是：能拉深大型、形状复杂的曲面零件，并且在拉深过程中容易卸出制品；同时，坯件在拉深过程中，始终被压边圈压住，故不易起皱和被拉裂。

双动压力机主要技术参数参见表8-3。

表 8-3　双动压力机主要技术参数

技术参数	压力机型号			
	J44-55	J44-80	J45-100	J45-200
内滑块公称压力/kN	55×9.8	80×9.8	100×9.8	200×9.8
外滑块公称压力/kN	55×9.8	80×9.8	63×9.8	125×9.8
滑块行程次数/(次/min)	9	8	15	8
最大毛坯直径/mm	780	900	—	—
最大拉深直径/mm	550	700	—	—
最大拉深深度/mm	200	400	—	—
内滑块行程/mm	560	640	420	670
导轨间距离/mm	800	1120	780	—

（续）

技术参数	压力机型号			
	J44-55	J44-80	J45-100	J45-200
外滑块底面距台面距离/mm	400	900	—	—
工作台尺寸（前后距离×左右距离）/mm×mm	720×600	1100×1000	900×950	1400×1540
工作台孔径/mm	$\phi120$	$\phi160$	$\phi555$	—

2. 三动压力机

三动压力机设有三个滑块，即在上方设两个，在下方设一个。其工作过程及结构形式如图 8-15 所示。在工作时，上、下两方向的滑块做相反方向运动，可用以完成方向相反的正、反向拉深工作。故工作效率较高，适于大型覆盖件的加工成形，并且质量好、精度较高，故在大型汽车、飞机以及拖拉机行业中，得到了广泛的应用。

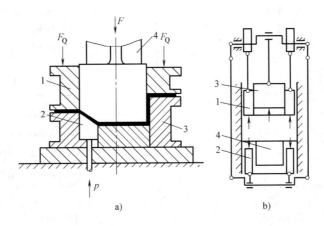

图 8-15　三动压力机工作过程及结构形式

1—外滑块　2—下滑块　3—凹模　4—内滑块

8.1.4　液压压力机

液压压力机简称液压机，它是利用乳化液或油的静压力传递的原理来进行工作的。即利用水或油的液体压力能，靠静压作用使板料分离或变形完成冲压工作。

1. 液压机结构类型及特点

液压机按动作方式可分为如下三种类型：

（1）上压式液压机　上压式液压机如图 1-6a 所示。其工作缸安装在机身上部，由活塞从上向下移动对板料施压，送料和取件均在固定工作台上进行。其操作方便，便于成形，工作平稳可靠。它适于压制大型或尺寸较大的制品零件。

（2）下压式液压机　下压式液压机如图 8-16 所示。其工作缸安装在机身下方，上横梁与固定在立柱上不动。当柱塞上升时，带动活动横梁 3 上升对坯件施压。卸压时，柱塞靠自动复位。下压式液压机重心位置较低，故稳定性较好，适用于拉深成形。

（3）双动液压机　双动液压机的上活动横梁分内、外滑块，分别由不同的液压缸驱动，可分别移动。其压力为内、外滑块压力的总和，常用于复杂曲面大型零件的拉深与成形。

2. 液压机的主要技术参数

（1）公称压力 F　与机械压力机一样，液压机的公称压力是指液压机名义上能产生的最大总压力。

（2）最大净空距 H　最大净空距又称开口高度。即当活动横梁停止在上死点（上限）位置时，从工作台上表面到活动横梁下表面的距离，如图 8-17 所示。最大净空距反映了液压机高度方向上工作空间的大小。

（3）最大行程 S　液压机最大行程 S 是指活动横梁能够移动的最大距离，如图 8-17 所示。

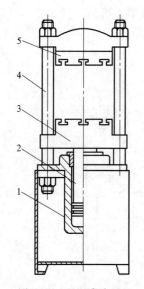

图 8-16　下压式液压机

1—工作缸　2—活塞杆　3—活动横梁

4—立柱　5—上横梁

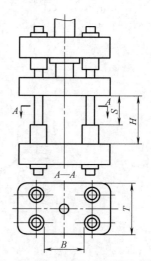

图 8-17　液压机技术参数示意图

（4）工作台尺寸 $T×B$　如图 8-17 所示，工作台尺寸指工作台面上可利用的有效尺寸，即图中的 T 和 B，它限制了模具安装尺寸。

（5）回程力　液压机活动横梁在回程时所需要的力。液压机最大回程力约为公称压力的 20%~50%。

（6）活动横梁运动速度　活动横梁运动速度分为工作行程速度、空程速度及回程速度。工作行程速度由工艺要求确定。空程速度及回程速度可以高一些，以提高生产率。

表 8-4 为常用拉深液压机技术参数，供选用时参考。

表 8-4　常用拉深液压机技术参数

技术参数	数　值				
公称压力/MN	3.0	4.0	5.0	6.5	12.0
液体工作压力/GPa	200	200	200	320	200
最大开口高度/mm	2000	2800	2700	1500	1700
最大行程/mm	1000	1600	1600	1000	900
回程力/kN	400	500	750	1000	2100

（续）

技术参数	数　　值				
工作速度/(mm/s)	300~350	250	300~350	300	300
空程速度/(mm/s)	400~450	400	400~450	400	400
回程速度/(mm/s)	400~450	400	400~450	400	400
顶料器行程/mm	50	800	1000	—	700
顶料力/kN	300	150	250	2000	2100
工作台尺寸(T×B)/(mm×mm)	800×1000	1000×1200	1000×1200	1150×4000	1200×1200
地面以上高度/mm	6479	7915	8131	7530	7745
地面以下深度/mm	1800	2860	3000	—	4000
质量/t	45	74	80.1	160	131
生产厂家	陕西锻压机床厂	太原重型机床厂	陕西锻压机床厂	太原重型机床厂	

注：表中数值仅供参考，详细内容请查有关资料。

8.2　压力机的使用与维护

在冷冲压生产中，冲压设备的选择是冲模设计及冲压工艺过程设计中的一项重要内容，它直接关系到设备的安全和合理使用，同时也关系到冲压工艺是否能顺利进行和模具使用寿命、产品的质量、生产率、成本的高低等一系列重要因素。因此，冲压设备的选择原则及方法，本书第 7 章已在冲模设计章节中做了详细介绍。在一般冷冲压生产企业的冲压工艺规程中以及在模具设计总图中，都详细地规定了所使用冲压设备型号或类型，这是经模具设计和工艺设计人员精心计算和设计选用的。故在生产时，一定按所选用的设备进行生产，一般不准代用或更换。若需要更换及代用，也必须经过设计及工艺人员的核定、批准，设备一旦投入生产，操作者必须按操作工艺规程精心使用与维护。

8.2.1　压力机的使用

1. 压力机使用前的检查

压力机在使用前应做如下检查：

1）检查压力机的规格型号是否符合图样及工艺文件中所指定的规格型号，以及公称压力是否合适。检查各部位有无破损现象。

2）检查压力机各摩擦部位及润滑部位有无磨损现象，润滑部位是否注满润滑油，各油杯有无润滑油。

3）检查轴瓦间隙和制动器松紧程度是否合适。

4）检查运转部位有无杂物夹入。

5）检查各电流开关是否完好无损，脚踏板是否灵敏、动作可靠。

6）接通电源使压力机空载运行；观察回转方向是否与端部的回转箭头方向一致。待方向一致时，方能接通离合器，若方向相反，则易损坏离合器及操纵机构。

7）空载运行中检查各传动机构及各部位运行是否正常，有无不正常的声响。

8）检查压力机周围环境，必须整洁、无杂物，否则会影响压力机正常工作。

2. 正确安装与调整冲模

压力机在开机使用前，要对所用冲模进行正确安装与调整。在安装冲模时必须根据压力机的使用说明书所叙述的内容及调试方法，按下述步骤进行：

1）将模具吊放在工作台上，先将模具的模柄引入压力机滑块的模柄孔内，并用压块及压紧螺钉将其固紧。在安装时，一定要使模具的上模板上平面与压力机滑块底平面紧密接触并保证平行。

2）将下模安装在压力机工作台垫板上，并使安装后的上模与下模对正，将凸模引入凹模孔内，调好间隙（有导柱导向冲模，直接将导柱进入导套，无须调整间隙），最后将下模用压板及螺钉紧固。

3）用手扳动飞轮，使滑块移动到最下位置（下死点），放松调节螺钉调紧螺套，转动调节螺杆（连杆），按冲模高度及上、下模刃口接触多少调节滑块至适当高度，然后固紧螺钉。

4）调节挡头螺钉，使推料动作在行程终了时进行。其挡头螺钉应调节合适，否则会损坏冲模，容易发生事故。

5）检查冲模是否安装合适，上、下模间隙是否均匀合理。检查无误后，开机进行几次空运转无误后可进行试冲。

3. 压力机使用操作要点

（1）开机前的检查与准备

1）开机前必须清理工作场地，在压力机工作台及附近的杂物必须清除干净，并将坯料及工件摆放合理。

2）检查压力机各部位有无异常现象，其各润滑部位油杯是否注满润滑油。

3）检查模具安装是否正确，有无松动，其工作部位如凸、凹模刃口有无破损。

4）在离合器脱开后，开启电源，试验制动器及操纵系统各部位有无失灵，动作是否平稳可靠，并多做几次空载试冲，检查各方面无误后，再送料试冲。

5）首次试冲后的制品经检查合格后方可进行批量生产。

（2）冲压过程中的操作

1）压力机在工作过程中，要定时用手转动各部位油杯，并随时注满润滑油，以防止润滑油缺乏而磨损机件。

2）冲压时绝不可叠料冲制。

3）工作时要随时清理工作台及模具中的杂物及废料。

4）在冲制工件时一定要按工艺规程进行操作，如在拉深工件时，要在坯料上加润滑并使坯料整洁。

5）压力机在工作时，要随时检查各机件运行状况。若发现动作异常或出现不正常噪声，要立即停机检查，检修合格后再进行工作。

（3）工作完毕后的保养

1）工作完毕停机后要切除电源，将离合器脱开。

2）清除工作台上的杂物。

3）擦净压力机及模具上的油污。若长期不再使用，最好涂上防锈油。

8.2.2 压力机的润滑

1. 压力机润滑目的

压力机在使用时，各种活动部位都需要及时添加润滑剂，以保持压力机良好的润滑，使其能正常运转及工作。

压力机润滑的主要目的是减少摩擦面之间的摩擦阻力和金属表面之间的磨损（如滑块与导轨之间）；同时，还起到冲洗摩擦面间固体杂质和冷却摩擦面的作用。正确的润滑对保持设备精度、延长压力机使用寿命起着极为关键的作用。

2. 润滑剂的类型及要求

压力机使用的润滑剂分稀油（润滑油）和浓油（干油、润滑脂）两大类。压力机常用的润滑油主要有 L-AN68、L-AN100；常用的润滑脂有 1 号、2 号、3 号钙基润滑脂及 2 号、3 号钠基润滑脂。

各类润滑剂应具有下列特性：

1）能形成具有一定强度而不破裂的油脂层，用以担负相当的压力。

2）不会损伤润滑表面。

3）能很均匀地附着在润滑表面。

4）容易清洗干净。

5）应具有较好的物理化学稳定性。

6）应无毒无味，不会造成人身伤害。

3. 润滑方式

压力机的润滑方式有两种：一种是集中润滑，另一种是分散润滑。小型压力机多采用分散润滑形式，即利用油枪、油杯或手揿式油泵给压力机各润滑点供油；大、中型压力机和高速成形压力机常采用集中润滑方式，即用手揿式或机动油泵供油。

各类压力机的润滑点、使用的润滑剂及润滑方式，在设备使用说明书中都有详细规定，即在使用压力机过程中，应按使用说明书中的规定进行周期性注油润滑。

8.2.3 压力机精度定期检查

在冲压生产作业中，冲模上、下模正确吻合是得到合格冲压制品的必要条件之一。但上、下模正确吻合，除了由模具自身精度保证外，压力机精度也是重要因素。这是由于压力机的长期使用受冲击力影响，使其精度降低而影响了冲压制品质量。故为了保证冲压精度，在生产过程中，必须定期对其精度进行检定，以使压力机处于完好状态，保证冲压生产的正常进行。

1. 压力机精度定期检定内容

压力机在出厂时，精度等级一般均按国标进行检定并在出厂说明书中有明确记录。故在使用一段时间后，其定期检定内容与标准也应按说明书的规定进行检验。其主要内容包括：

1）检查工作台面的平面度。

2）检查滑块底平面的平面度。

3）检查工作台面与滑块下平面的平行度。

4）检查滑块运动方向与工作台面的垂直度。

5）检查滑块导轨与床身导轨间隙。

2. 压力机精度检测方法

压力机精度检测方法见表 8-5。

表 8-5　压力机精度检测方法

检测项目	图　　示	检 测 方 法
工作台面及滑块底面的平面度	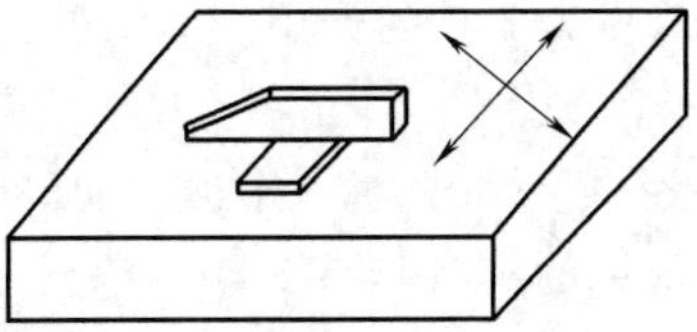	采用刀口形直尺在工作台面(滑块底面)按不同位置,即前后、左右、对角方向放置,用塞尺测刀口与平面之间的缝隙大小,若测出的间隙超出所规定的标准值,即表示平面度已超差,必须进行检修、修刮 测量时各方向必须测两个数值
滑块底面与工作台面的平行度	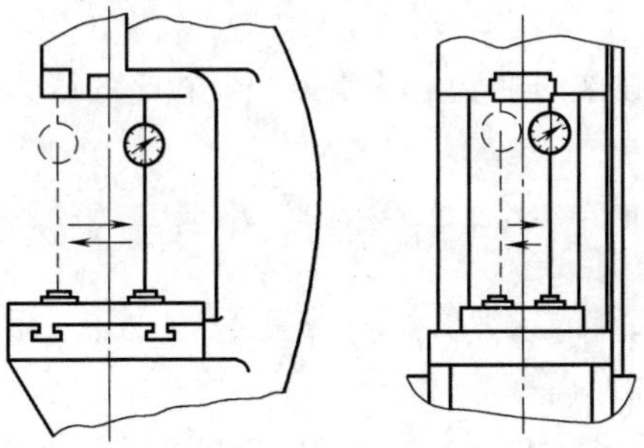 a)　　　　b)	采用千分表在滑块底面与压力机台面之间做纵向与横向移动(图示)。在移动过程中,随时观察千分表表针的摆动状况,其摆动越大,表示平行度越差。对于一般精度的压力机,其平行度公差在 300mm 长度内为 0.03～0.04mm,若表针跳动超过此范围,即为超差
滑块运动方向与台面的垂直度	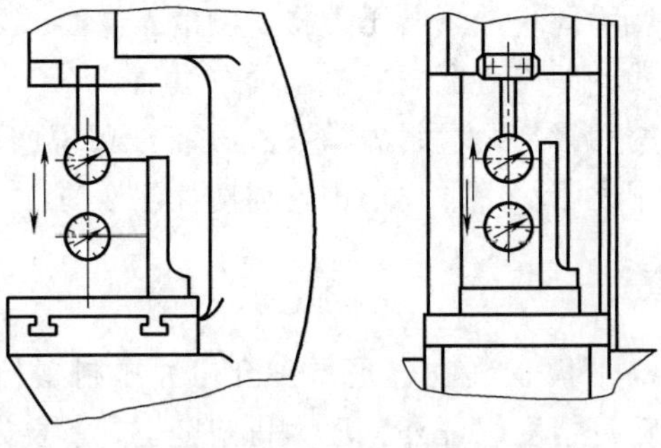 a)　　　　b)	采用千分表及直角尺配合检查。如图示,将千分表固定在滑块上,并随滑块一起上、下运动。直角尺固定在台面上。在检查时,可用手扳动压力机飞轮,使滑块带动千分表上、下运动,其表针与直角尺接触,观察千分表读数大小即为垂直度公差。一般精度的压力机,其垂直度公差在滑块距台面高度150mm 内不能超过 0.03～0.04mm
滑块中心线与滑块行程的平行度	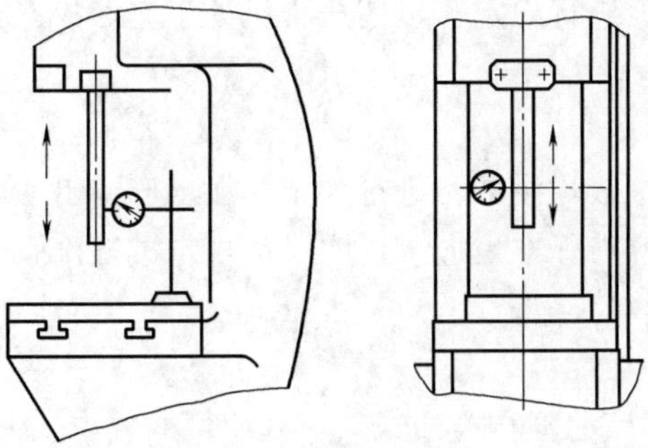 a)　　　　b)	检测时,首先做一个心棒固定在滑块孔中,如图示。然后把千分表放在工作台面上,并在横向、纵向不同位置上进行检测。即用手扳动飞轮,使心棒随滑块做上、下往复运动,千分表的顶针对准心棒同时上、下滑动,观察千分表,其读数即为平行度公差,该公差在 150mm 范围内应不超过 0.03mm

（续）

检测项目	图　　示	检测方法
飞轮转动时的跳动	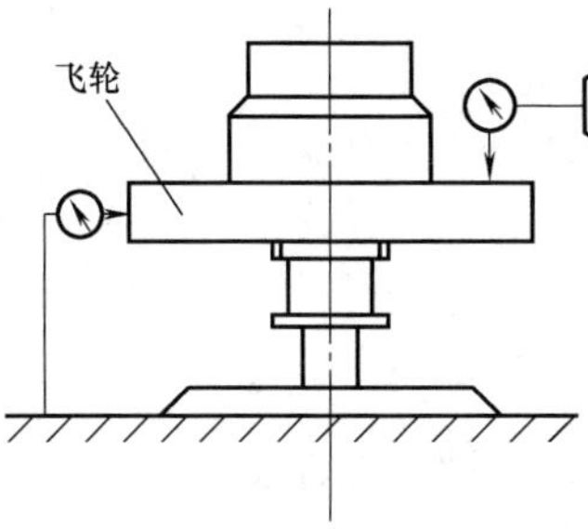	如图示，采用千分表对压力机飞轮的跳动进行检查。检查时将表针与飞轮接触（图示），并用手扳动飞轮，观察表针跳动大小，表针跳动越大，表示飞轮摆动越大。飞轮的摆动公差，对于直径在 1000mm 以下的飞轮应不超过 0.2～0.3mm；直径在 1000mm 及以上的飞轮应不超过 0.15～0.30mm
滑块导轨与床身导轨的间隙	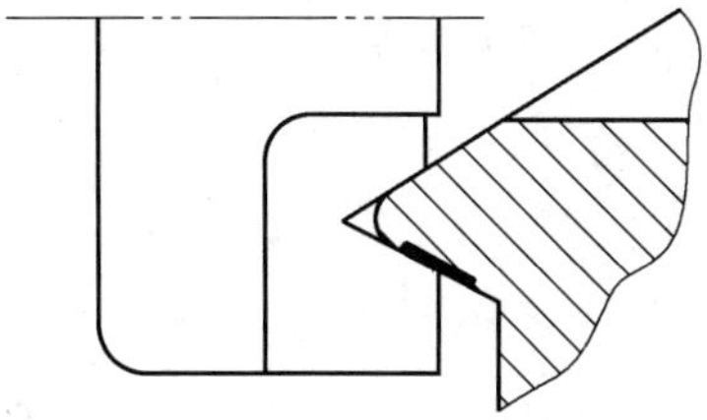	在检测时，一般可用塞尺进行直接测量。如图示为检测 V 形导轨示意图。在检测时应使滑块位于下死点，然后在导轨间用塞尺检测其间隙值大小。其间隙值公差一般与压力机两边导轨间距有关，如：间距≤260mm 时，间隙公差为 0.04～0.05mm；间距 > 260～360mm 时，间隙公差为 0.05～0.09mm；间距 >360～500mm 时，间隙公差为 0.05～0.12mm；间距 >500mm 时，公差为 0.08～0.16mm

3. 压力机精度变化的修复

压力机在定期检测时，若发现精度超出标准，要对其进行及时修复，尽量恢复到原有的精度，以保证压力机正常工作。压力机在修复时要根据不同的部位采用不同的修复办法。如对于压力机工作台上台面与滑块下平面的平行度、滑块运动方向与台面的垂直度、滑块中心线与滑块行程的平行度、飞轮转动时的跳动、滑块导轨与床身导致的间隙，若经检测后精度超差，多数是因压力机长期工作，受振动、冲击而使原装配质量下降引起的，这时可以通过调节各紧固螺钉进行校准，检查各部件是否有破损并进行适当的修复。而对于工作台面与滑块行程的垂直度及平行度，则需要用修刮有关配合的方法来进行修复。总之，当压力机精度出现下降时，必须要认真地分析其产生原因，订出切实可行的修复办法并修复，以保证冲压生产的正常进行。

8.3　压力机常见故障及检修

压力机在工作中，由于使用及维护不当，常会出现这样或那样的故障，影响冲压工作的正常进行。因此，在冲压过程中，若发现压力机工作不正常或出现噪声时，要立即停机进行检修，绝不能使其带故障运行，以免发生事故。

8.3.1　常见故障发生部位

压力机常见故障多发生在以下部位：
1）传动系统。
2）离合器、制动器及其控制装置。

3）连杆与滑块部分。

4）润滑系统。

5）气路系统。

6）床身导轨。

其中，尤以离合器、制动器及控制装置发生故障率为最多。

8.3.2 常见故障的检修

1. 传动系统装置

压力机的传动系统由电动机、带轮、传动带、曲轴、齿轮、传动链组成。除了某些高速压力机外，一般都是减速传动。其低速的传动轴以及曲轴的支承都采用滑动轴承及滚动轴承。在压力机使用过程中，轴承承受着较大的负荷，由于长期摩擦或润滑不良，会使轴承表面加剧磨损、发热损坏而咬死（俗称抱轴），影响压力机正常工作。故必须要进行拆卸，进行维修或更换。但在传动系统拆装中，对于双动或三动压力机特别要注重滑块与工作台的平行度，即在拆卸时，应在两个连杆处于同相位时调节两杆长度。

压力机传动系统常见故障、产生原因及解决方法参见表8-6。

表 8-6 压力机传动系统常见故障、产生原因及解决方法

序号	故障现象	产生原因	解决方法
1	按下起动按钮，飞轮不转	1. 电源按钮开关损坏 2. 电气线路损坏 3. V 带太紧或太松	1. 检查电源按钮触点是否良好 2. 检查电路有无接触不良或断线 3. 重新调整 V 带松紧程度
2	曲轴轴承发热或出现抱轴	1. 轴与轴瓦相互咬住，出现抱轴现象 2. 轴承或轴瓦套损坏 3. 润滑油耗尽	1. 重磨轴颈或刮研、孔、轴承套，使其接触合适 2. 更换新的轴承或轴瓦套 3. 增添润滑油
3	曲轴端渗出的润滑油带有铜末	1. 油路或油槽堵塞 2. 轴瓦磨损严重	1. 清洗油路或油槽使油路畅通 2. 刮研轴瓦或更换新的轴瓦套
4	润滑油不能供到润滑点出现摩擦声响	1. 没有按时向润滑点供油或油杯缺油 2. 油杯孔或油路堵塞	1. 及时向各油杯注入润滑油 2. 清理油杯孔或油路的污物及杂质，使油路畅通，保证润滑

2. 离合器、制动器及其控制装置

压力机的离合器目前主要有转键离合器和摩擦离合器两种结构形式。转键离合器（图 8-10）常与带式制动器联用。它的易损件主要是转键及转键拉簧，主要用于小型压力机。而摩擦离合器主要用于高速及大中型压力机，它一般也与制动器联用；以压缩空气为控制动力，气路控制又常与电气控制相配合。

离合器通常与制动器装在同一轴上。飞轮也装在离合器上。离合器轴上的轴承一般全是滚动轴承。

摩擦离合器、制动器及其控制装置的易损件主要是摩擦片（块）、密封元件（橡胶密封垫圈）、电磁配气阀的复位弹簧、电磁线圈等。在检修中，除了对易损件进行检查、清洗、更换外，还应经常检查和调整滚动轴承，使其永远处于正常工作状态。

各类离合器、制动器及其控制装置常见故障、产生原因及解决方法参见表 8-7。

表 8-7　各类离合器、制动器及其控制装置常见故障、产生原因及解决方法

部件名称	故障现象	产生原因	解决方法
转键离合器	脚踏开关后离合器不起作用	1. 打棒与齿条的接合台肩棱角被磨成圆角或两者横向活动空间变大 2. 打棒一侧的顶销弹簧断裂或弹力不足 3. 转键折断 4. 转键弹簧拉力太弱或折断	1. 重新更换打棒或齿条并调节横向活动空间使其合适 2. 更换弹簧 3. 更换转键 4. 更换转键弹簧
	单冲时发生逆转现象	1. 齿条弹簧弹力太弱或断裂 2. 转键被折断 3. 飞轮滑动轴承磨损 4. 关闭器弹簧弹力太大或被折断 5. 关闭器转轴不返原位、齿条过紧	1. 更换齿条弹簧 2. 更换转键 3. 更换飞轮轴承 4. 更换弹簧或关闭器 5. 调整齿条或增加润滑力度
	飞轮空转时离合器发出有节奏声响	1. 转键没有完全卧进曲轴凹槽内或转键曲面高于曲轴面 2. 制动带过紧或过松 3. 飞轮滑动轴承磨损严重 4. 导轨配合太紧	1. 修整转键,使之处于合适位置 2. 调整制动带,使之松紧合适 3. 更换飞轮滑动轴承 4. 重新调整导轨,使之配合合适
	制动不起作用	制动带断裂或太松	更换制动带或重新进行调整,使之松紧合适
摩擦离合器	开机后滑块不动作或动作太迟缓	1. 摩擦片被磨损或间隙过大 2. 气压太小或密封不严 3. 气阀失灵 4. 摩擦片有油污	1. 更换新摩擦片并将间隙调整合理 2. 调整或更换密封机构 3. 更换气阀 4. 清理摩擦片油污,使之整洁无油污
	单冲时发生连冲现象	1. 用弹簧制动的制动器弹簧损坏或弹力不够 2. 气阀失灵 3. 制动摩擦片磨损严重,或调整间隙太大	1. 更换弹簧,使其弹力加大 2. 更换气阀 3. 更换摩擦片或重新调整间隙
	滑块自动下滑	1. 制动器失效 2. 平衡缸气压太低或漏气	1. 修整制动器使其发挥作用 2. 调整平衡缸气压使之加大
操纵机构	离合器不起作用	拉杆长度未调整好	调整拉杆长度使之合适
	操纵杆头部不能自由活动	压力弹簧弹力不够或损坏	更换弹簧
制动器	制动器发热	制动钢带太紧	调节制动带使松紧合适
	曲轴停止时连杆超上死点位置	制动带磨损或太松	调整制动带松紧程度使之合适

3. 连杆与滑块

压力机的连杆与滑块是压力机由曲轴或偏心齿轮的旋转运动转变为上、下往复直线运动的主要传力部件。其中,连杆大端与曲轴连接的滑动轴承,小端与滑块连接的销轴或球头,滑块与连杆连接的压盖球面以及调节螺杆,在长期使用后都会被磨损或损坏。故在检修中均应给以注意。压力机连杆与滑块常见故障、产生原因及解决方法参见表 8-8。

表 8-8　压力机连杆与滑块常见故障、产生原因及解决方法

部件名称	故障现象	产生原因	解决方法
滑块	制动器松开后滑块不下降或调节闭合高度时,滑块调节不动	1. 调节螺杆弯曲或连杆被咬死 2. 蜗杆与滑块被咬死 3. 连杆球头与滑块球窝被咬死 4. 导轨间隙太小 5. 蜗轮滚动轴承碎裂 6. 液压机平衡气缸气压过高或过低 7. 电气发生故障 8. 导轨内缺少润滑油	1. 调直螺杆或更换新的螺杆 2. 重新调整蜗杆与滑块间距离 3. 重新调整球头与球窝间隙 4. 放松导轨重新调整间隙使之变大 5. 更换轴承 6. 重新调整气压 7. 检修电气线路 8. 进行合理润滑
连杆	连杆与螺杆自动松开	锁紧机构松动	用扳手将锁紧机构锁紧
	球面部位有响声	球头部位被夹紧或被松开	拧紧球形盖板螺钉并用手扳动螺杆测其松紧程度,并调整合适
	工作时闭合高度自动发生变化	1. 调节机构无锁紧机构时,蜗轮自锁能力不可靠 2. 带有调节机构的锁紧不严	1. 修整蜗轮使其自锁可靠 2. 拧紧锁紧机构
打料装置	打料装置的顶杆弯曲打不下料来	打料顶杆或卸料螺钉弯曲	更换打料杆或卸料螺钉,并调节好打料装置

8.4　冲压生产自动化

在冲压生产中,采用各种机械及电气装置代替人工手工作业完成冲压加工过程,称为冲压生产的自动化。

8.4.1　实现冲压自动化的意义与途径

1. 实现冲压自动化的意义

冲压生产实现自动化的意义在于:

1) 改善劳动条件,减轻操作者的体力劳动。

2) 提高劳动效率,降低材料消耗以及冲压制品的生产成本。

3) 保证安全生产。由于用机械代替手工操作可减少人身伤残事故。

4) 保障压力机及冲模的稳定工作,延长其使用寿命。

2. 实现冲压自动化的主要途径

冲压生产可否实现机械化与自动化,主要应根据生产批量、规模与生产形式及应用自动化与机械化的经济合理性而定,即主要适于规模较大而且为批量生产的条件下。其实现机械化与自动化冲压的途径是:

(1) 实现单机生产自动化　单机生产自动化主要包括两种形式。一种是在压力机上安装自动送料及出件装置,使其在冲压生产过程中,采用自动送料及自动出件。另一种是使用自动冲模,即在模具中设计自动送料及自动出件机构,以便在单机上实现自动冲压。

(2) 设计冲压自动生产线　冲压自动生产线即是将各种冲压设备通过机械手、自动传送机构等装置连接起来,利用电气控制自动完成某一种冲压制品生产的若干道工序的整个加

工过程。冲压自动生产线特别适用于大批量生产形状复杂的冲压制品零件。

（3）采用数控自动冲压机床　随着现代工业科学技术的发展，以电子计算机控制的全自动冲压加工系统得到了迅速发展。如冲压加工中心、全自动落料压力机、数控转塔式自动压力机、数控多工位压力机等具有高新技术的冲压自动化生产设备，使传统的冲压设备发生了巨大的转变，这为冲压生产自动化开辟了新的发展途径。

8.4.2　单机生产自动化

1. 条料（卷料）自动送料机构

为实现单机生产自动化，目前各生产企业，结合各自的生产需要，将原材料送入模具的过程，设计制造出了各类不同的自动送料装置，并收到了较理想的效果。常见的送料装置主要有钩式、夹辊式、夹刃式、辊式等。

（1）钩式自动送料装置　钩式自动送料装置一般安装在模具上模板或压力机滑块上，待模具上行时，带动钩式自动送料机构的拉杆上行，通过杠杆机构，使送料钩向前转动条料，完成送料工作。模具或压力机滑块下行时，带动拉杆下行，因此使送料钩向后退到下一个废料孔内，为下一次送料做好准备。

如图 8-18 所示，钩式自动送料装置装在模具的上模板上。冲模在工作时，需先用人工送料。待条料或卷料上被冲出第一个孔送到料钩 4 的下面时，即开始自动送料。该送料机构在工作时主要依靠上模的升降来驱动。当上模随滑块向下运动时，斜楔 1 推动活动滑块 6 向左移动，则条料或卷料在料钩 4 的带动下向左移进，直到斜楔 1 完全进入滑块后（如图 8-18 中位置），条料或卷料送进完毕。此时，凸、凹模进行冲裁。当上模回程时（上行），活动滑块 6 及料钩 4 在拉力弹簧 5 的拉力下，向右复位，料钩 4 滑起进入下一个料孔内，而条料或卷料在弹簧压片 3 的作用下不往后退。当上模再次下降时，又重复第一次动作，将条料又向左送进一个步距。这样依此连续，即实现了自动送料的连续冲压。

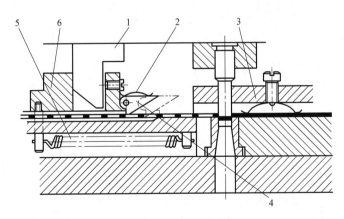

图 8-18　钩式自动送料装置（一）

1—斜楔　2、3—弹簧压片　4—料钩　5—拉力弹簧　6—活动滑块

图 8-19 所示的两种钩式送料机构，是由压力机滑块带动下工作的。即压力机滑块上、下运动时，通过连杆 3 带动料钩 2 按前述规律，完成条料（卷料）的向前送进。

上述几种钩式送料装置结构简单，容易制作及调试，但送料精度较差。故只适于精度要

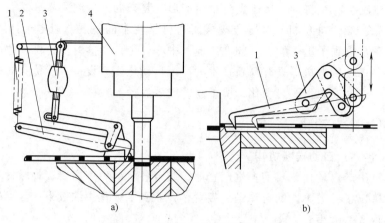

图 8-19　钩式自动送料装置（二）

1—拉力弹簧　2—料钩　3—连杆　4—压力机滑块

求不高且料厚大于 0.5mm、搭边宽度大于 1.5mm、送进距离不超过 40mm 的卷料或条料的冲压。

（2）夹辊式自动送料装置　夹辊式自动送料装置是直接采用两个滚柱来夹持条料的，如图 8-20 所示。其右边的夹辊为送料用的活动夹辊，左边位置用的是固定夹辊。当装在压力机滑块或冲模上的斜楔 10 随压力机滑块下降并与滚轮 11 接触后推动活动夹辊向左运动。此时，活动夹辊中的滚柱 7 松开，而左边的固定夹辊中滚柱 5 则将条料夹紧使条料不能向左移动。由于条料对送料活动滚柱 7 的摩擦力方向与活动滚柱座口的方向恰好相反，因此滚柱 7 对条料放松，失去夹持作用。当滑块回升时，斜楔 10 也随之回升。此时，活动夹辊在调节弹簧 1 的作用下，又回复到原位置，但由于滚柱 7 对条料的摩擦力与活动滚柱座方向相同，故夹紧条料使之向右送进一个距离，而左边固定夹辊中的滚柱 5 因受条料对其摩擦力作用而放松条料。故压力机每一次往复运动，就使条料被送进一个步距，从而完成自动送料工作。

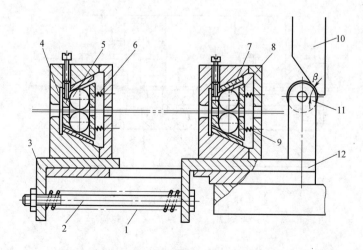

图 8-20　夹辊式自动送料装置

1、6、9—调节弹簧　2—螺杆　3—固定滚柱座　4、8—保持架

5、7—滚柱　10—斜楔　11—滚轮　12—活动滚柱座

在运行过程中，调节弹簧 6 和 9 的松紧，可调节对条料的夹紧力大小。调节螺杆 2 的长短，可以对不同步距的条料进行冲压，而不必更换斜楔。斜楔的斜角 β 一般不能小于 60°。

夹辊式自动送料机构结构比较简单，通用性较强，可用于条料与带料的送进，特别适于卷料的送进。

（3）夹刃式送料装置　图 8-21 所示为夹刃式送料装置。这种送料装置主要由止退夹刃 3 和送料夹刃座 2 等组成。其送料过程是：当滑块随压力机下行时，斜楔 1 推动送料夹刃座 2 向右移动（与送料方向相反），送料夹刃座上的夹刃在材料摩擦力作用下绕转轴 5 顺时针方向转动松开条料，而止退夹刃 3 在材料表面摩擦力作用下，绕转轴逆时针方向转动，则对条料夹住以防止条料的后退，从而保证冲压时条料不会移动。当滑块上升时，送料夹刃座 2 在拉簧 4 的作用下向左移动，恢复原位。此时，送料夹刃座上的夹刃沿逆时针方向转动并夹住板料（止时止退夹刃已松开板料），即向左推进一个送料距离。

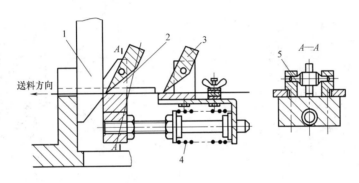

图 8-21　夹刃式送料装置

1—斜楔　2—送料夹刃座　3—止退夹刃　4—拉簧　5—转轴

夹刃式送料装置结构简单，易于推广。

（4）辊式送料装置　辊式送料装置是各种送料装置中使用最为广泛的一种。它主要应用于卷料与条料的各种自动送料。

辊式送料装置按其辊子安装形式分为立辊或卧辊两种形式。图 8-22 所示为单边推式卧辊送料装置。其工作过程是：安装在曲轴端部的可调偏心盘 1 通过拉杆 3 带动棘爪做来回摆动，并间歇推动棘轮 4 旋转，棘轮 4 与辊子 6 又装在同一轴上，故棘轮 4 每作用一次，则通

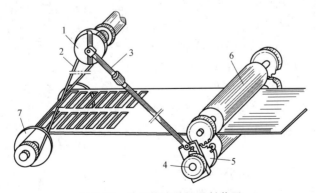

图 8-22　单边推式卧辊送料装置

1—偏心盘　2—传动带　3—拉杆　4—棘轮　5—齿轮　6—辊子　7—卷筒

过齿轮 5 使上辊转动，实现条料送进。冲压完毕后，废料则由卷筒卷起。

2. 坯件自动送料装置

在冲压生产中，将坯件自动送到下一道工序的送料装置，称为坯件自动送料装置。由于坯件形状不同，其采用的送料装置形式也多种多样。

（1）推板式坯件送料装置　图 8-23 所示为推板式坯件送料装置，借助于连杆机构推动推板，即随压力机滑块的上、下往复运动，使推板 1 周期性地左右运动，将坯件推入冲模中进行自动冲压。

图 8-24 所示为齿轮传动送料机构，它依靠齿轮组合 5 传动，即齿条 1 固定在压力机滑块 4 上，推板 2 与齿条 3 固紧。当压力机滑块上行时，通过齿条 1 和齿轮组合 5 及齿条 3 的作用，由推板将坯料向前推进而完成坯件自动送料。

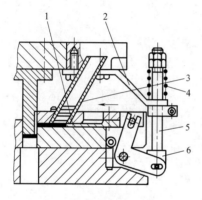

图 8-23　推板式坯件送料装置

1—推板　2—支臂　3—料槽
4—压簧　5—连杆　6—拉杆

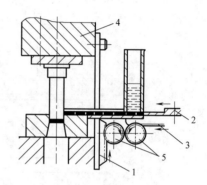

图 8-24　齿轮传动送料机构

1、3—齿条　2—推板
4—压力机滑块　5—齿轮组合

（2）料斗式（斗槽式）坯件送料装置　料斗式（斗槽式）坯件送料装置是指用料斗或斗槽将坯件贮存起来，并通过某种外力作用，对其在散乱的状态下进行整理排列，使其按一定方向逐个有节奏地进入模具工作区内实现自动冲压的送料装置。

料斗式自动送料装置主要根冲压性质及坯料形状大小不同而设计，其类型较多，是实现冲压生产自动化重要组成部分。如图 8-25 所示的电磁式振动料斗送料装置，其通用性很强，它主要适用于料厚大于 1mm 的小型坯件的自动送料，被生产中广泛地采用。其主要工作原理及过程是：放入料斗 1 中的杂乱坯件，通过电磁铁 4 和料斗 1 的共振作用，使坯料进行定向排列，然后进入料道，把坯件依次送入模具工作压内进行冲压加工。

图 8-26 所示为旋转钩式料斗送料装置。当转盘 1 沿驱动轴 3 旋转时，料钩 5 就把坯形坯件 4 钩起进入料道 6 内而实现自动送料。而

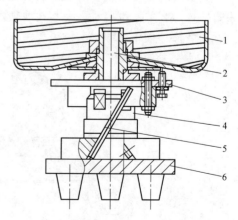

图 8-25　电磁式振动料斗送料装置

1—料斗　2—心轴　3—托盘
4—电磁铁　5—弹性支架　6—底座

图 8-27 所示为离心式料斗送料装置。当凸状的转盘 1 回转时,利用离心力将坯件送入料道 3 中,从而实现自动送料。

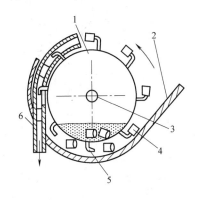

图 8-26　旋转钩式料斗送料装置
1—转盘　2—料斗　3—驱动轴
4—坯件　5—料钩　6—料道

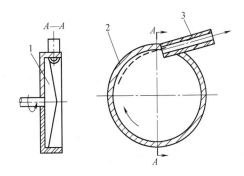

图 8-27　离心式料斗送料装置
1—转盘　2—料斗　3—料道

此外,生产中常用的自动送料料斗还有磁力转盘式料斗、顶杆式料斗、径向钩式料斗、磁铁传送带料斗、转盘式料斗等多种形式,可根据要求进行选用,以便于自动化生产的需求。

3. 自动退料及出件机构

在冲压生产过程中,实现废料及制品零件自动排出,也是实现单机生产自动化及减轻劳动强度、实现安全生产的一项重要工作之一。目前,常用的出件机构主要有以下几种类型:

(1) 推板式卸料机构　图 8-28 所示为推板式推件机构,它是以推板 1 推出制件 3 的自动卸件机构。其动作机理是:当模具的上模随滑块下行进行冲压工作时,则推板 1 在制件外缘作用下向右移动,使压簧 2 处于受压状态,当制品被冲完之后,上模开始回升,制品即在压簧复位力的作用下推动推板 1 将制品推出模外,实现自动推件。

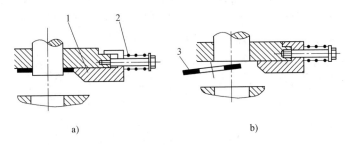

a) 　　　　　　　　　　b)

图 8-28　推板式推件机构
1—推板　2—压簧　3—制件

(2) 杠杆式推件机构　图 8-29 为杠杆式推件机构。其中,图 8-29a 所示为推件杠杆 1 被制品顶开时,则弹簧 2 受力。在上模回升时,推杆杠杆在弹簧作用下,将制品推出模外,实现自动出件。

(3) 拉杆式接料机构　图 8-30 所示为拉杆式接料机构。该机构由上拉杆 3、接料盘 4 和下摆杆 6 等部件组合而成。上拉杆 3 与上模板连在一起,接料盘 4 和下摆杆 6 焊成一体,上拉杆 3 另一端采用铰接。其动作过程是:当上模随压力机滑块回升时,则接料盘 4 在上拉杆和下摆杆的作用下向左移进模内,恰好接住被卸下的制品零件,如图 8-30a 所示。当上模下降时,则接料盘又在上拉杆和下摆杆的作用下向右回到模外,并将制品推出,如图 8-30b 所示,从而实现自动推件。

图 8-31 所示为拉杆式接料机构,其动作机理与图 8-30 相似,只是接料机构设计时带有一定的斜角,其接收的制品可自动滑落在机外的盛料箱中,使用时更加方便、可靠。

(4) 气动出件机构 图 8-32 为气动出件装置示意图。凸轮 1 装在压力机曲轴的一端,用于控制压缩空气吸管开关。工作时,压缩空气从气孔进入气筒 2 内。当制品零件从冲模落下时,压缩空气即从喷嘴内喷出,将制品吹出模外。

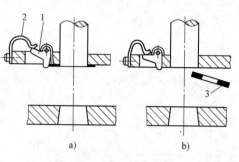

图 8-29 杠杆式推件机构

1—推件杠杆 2—弹簧 3—制件

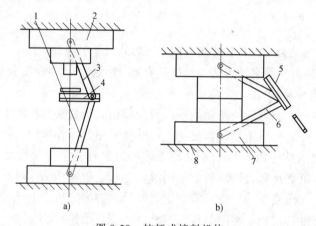

a) b)

图 8-30 拉杆式接料机构

1—压力机滑块 2—上模 3—上拉杆 4—接料盘 5—制品 6—下摆杆 7—下模 8—工作台

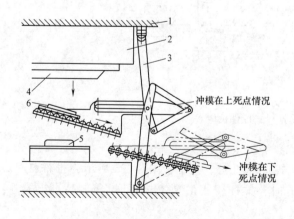

冲模在上死点情况

冲模在下死点情况

图 8-31 拉杆式接料机构

1—压力机滑块 2—上模板 3—接料盘
4—凹模 5—凸模 6—制品零件

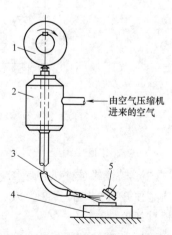

由空气压缩机进来的空气

图 8-32 气动出件装置示意图

1—凸轮 2—气筒 3—喷嘴
4—下模 5—制品零件

采用气动出件装置方便、可靠，对于有压缩空气的企业，对于中、小型薄板零件，通常都采用此方法。

4. 自动冲模的使用

在冲压生产中，为实现单机生产自动化，各企业根据制品零件的批量、形状特点以及冲压性质，都设计制造了多种形式与结构的自动冲模，大大提高了生产率，保障了冲压安全生产，减轻了劳动强度。所谓自动冲模，即是将前述的自动送料、自动退件机构设计在冲模上，与冲模工作机构组成一体而成为一个完整的冲模。如前述的图 8-18、图 8-28、图 8-30 等，都可称为自动冲模的一种结构形式。

自动冲模一般应用于一次送料的冲裁连续冲压或二次送料的坯件冲孔、弯曲、拉深等工序。其特点是：模具尽管复杂，但生产率高、安全可靠、使用方便，是目前大批量生产条件下，实现冲压单机自动化的主要途径之一。

图 8-33 所示为推板式自动冲模。它是将滑板式送料机构直接安装在冲模上并由其带动而实现自动冲压的。即将斜楔 1 固定在上模板 7 上。在冲压时，斜楔 1 在上模板带动下在向下滑动时靠自身斜面推动推板 6 向右移动，并将拉簧 5 拉紧。当上模回升时，斜楔也随之回升，而推板 6 在拉簧 5 的弹力回复作用下，将料槽 4 中最底下一个坯件推出。当第二次冲压开始时，上模下行则又在斜楔作用下推料板从出料槽中退出。此时，料槽中的坯件靠自重落下。这样，冲模的连续冲压、推板 6 在斜楔作用下，就自动地往复运动。每次行程都从料槽中推出一个坯件，并促使其

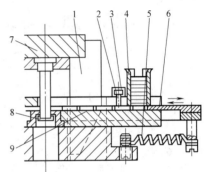

图 8-33 推板式自动冲模
1—斜楔 2—制动箱 3—弹簧片 4—料槽
5—拉簧 6—推板 7—上模板
8—制品零件 9—坯件

按次序送到模具指定的冲压位置，实现自动送料进行冲压成形的单机生产自动化。

8.4.3 自动冲压设备的选用

在现代工业生产中，随着冷冲压生产技术的不断发展，各类新型的冲压生产设备如自动压力机、多工位自动压力机、数控自动压力机等不断涌现，这为实现冲压生产机械化与自动化创造了极其有利条件。根据需要，生产中选用这类压力设备进行冲压制品零件，不仅质量好、精度高，而且还大大提高了工作效率、降低了制件的成本、实现了冲压的安全生产。

图 8-34 所示为常用的小型自动压力机。图 8-35 所示为其传动示意图。该压力机主要由冲压、自动送料两部分组成。在使用时，首先将冲模安装在压力机上。其工作过程是（图 8-35）：由双速电动机 6 发出的动力，通过带传动系统 5 驱动偏心轴 4 旋转，使滑块 1 产生上、下往复运动，以完成冲压工作。

在工作台的两侧装有辊式自动送料装置。它们由偏心轴驱动：下辊轮 10 通过超越离合器 9 与齿轮 8 相连。装在偏心轴上的齿轮 2 通过齿轮 3 带动偏心齿轮 16 使其产生往复摆动，并经扇形齿轮 14 驱动齿条 7 做往复直线运动。在齿条两端分别与两台辊式自动送料装置上的齿轮 8 相啮合，从而实现自动送料。送料进距的大小可通过偏心齿轮进行调整。

工作时，将卷料从前辊式送料装置送到冲模指定位置，废料则沿后辊式送料装置送出。生

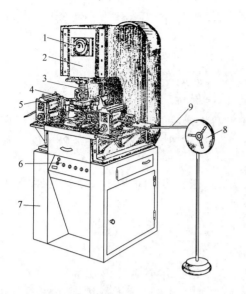

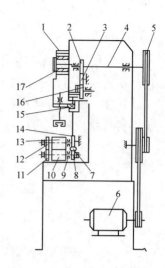

图 8-34　小型自动压力机（150kN）

1—曲轴　2—滑块　3—调节螺钉　4—冲模

5—后辊式送料机构　6—操纵板

7—底座　8—卷料盘　9—卷料

10—前辊式送料装置

图 8-35　小型自动压力机传动示意图

1—滑块　2、3、8、11、12—齿轮　4—偏心轴　5—带传动系统

6—双速电动机　7—齿条　9—超越离合器

10—下辊轮　13—上辊轮　14—扇形齿轮

15—弹簧　16—偏心齿轮　17—偏心套

产中可根据不同的加工制品零件更换不同的冲模。在安装冲模时，可通过调节螺杆调整其闭合高度，通过偏心套 17 来调整压力机的滑块行程，使用起来既方便又快捷，实现了自动化。

1. 多工位自动压力机

多工位自动压力机是指在同一工作台上，制品零件按顺序自动完成落料、冲孔、弯曲、拉深、成形等多道工序，使每个行程可产生一个完整零件的压力机。其结构与闭式压力机基本相似，如图 8-36 所示。

多工位压力机的特点：

1）多工位自动压力机一般都装有自动送料机构和工位间自动传送坯件的装置。因此，便于实现冲压机械化及自动化。

2）采用了摩擦式离合器，故工作稳定、可靠。

3）主滑块上装有单独调节闭合高度的小滑块，一个小滑块作用于一个工位，每个工位都设有顶出装置，可自动顶出废料及坯件。

4）多工位自动压力机都设有液压保护装置，故可以预防每个工位的超载运行。

5）多工位自动压力机传送机构与主轴及主滑块采用机械连接。因此，在任何速度下

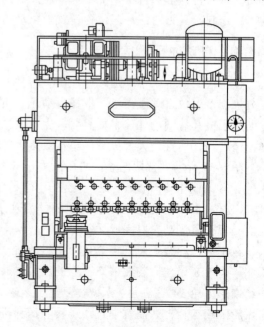

图 8-36　多工位自动压力机

264

都能使各工位同步操作。

部分国产高速自动压力机技术参数参见表 8-9，供选用。

表 8-9　部分国产高速自动压力机技术参数

技术参数名称	压力机型号				
	J75G-30	J75G-60	JG95-30	SA95-125	SA95-200
公称压力/kN	300	600	300	1250	2000
滑块行程次数/(次/min)	150~350	120~400	150~500	70~700	60~560
滑块行程 S/mm	10~40	10~50	10~40	25	25
最大封闭高度 H/mm	260	350	300	375	400
封闭高度调节量 ΔH/mm	50	50	50	60	80
送料长度 L/mm	0~80	5~150	80	220	230
送料宽度 H/mm	5~80	5~150	80	250	250
送料厚度 t/mm	0.1~2	0.2~2.5	2	1	1
主电机功率 P/kW	7.5	7.5	7.5	43	54
生产厂家	上海第二锻压机床厂	通江锻压机床厂	齐齐哈尔第二机床厂		

2. 数控压力机

数控压力机是一种用电子数字控制的高效全自动单机压力设备，也是目前冲压加工最先进的压力机。它主要由现代最先进的电子数字控制系统、液压驱动系统及机械冲压机构等部件组成。在工作时，可以实现电子计算机操控实现自动连续冲压或单次冲压及多种操作功能。图 8-37 所示为 300kN 数控冲模回转头压力机，在工作时，坯料用液压夹钳夹紧实现纵横方向送进至上、下转盘间。然后，转动上、下转盘所需的模具，在计算机数字电控下，压力机滑块下降，带动冲模即可完成所需的冲压工作。

机床的回转头中可装有多个冲模，根据需要进行选取，以冲压不同形状和不同尺寸的各种型孔及其他冲压工作，实现全

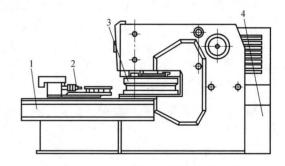

图 8-37　300kN 数控冲模回转头压力机
1—工作台　2—夹钳　3—回转头　4—液压系统

方位自动控制，只要输入所需程序，即可按指令完成自动冲压各种工序。其生产率及精度较高、生产周期短，很适于多品种、中小型批量的冲压件生产。

表 8-10 列出了各种规格的数控回转头压力机技术参数，供生产时选用。

8.4.4　冲压自动生产线

冲压自动生产线是指，在冲压生产中，对于大批量生产条件下的单一品种零件，在单机只能生产某一工序的基础上，将其所有的工序及附属加工设备按工序顺序排列，并用传送装置或机械手把它们连接起来，使坯件能自动在生产线上由一台压力机转移至下一工序的压力机上，逐步完成乃至最后完成全部工序，以进行连续不断的生产的冲压过程。

表 8-10　数控回转头压力机技术参数

公称压力/kN		160	300	600	1000	1500
滑块行程次数/(次/min)		—	25	30	40	50
安装模具数量(个)		120	100	100	50	60
滑块中心到床身距离/mm		18	20	32	30	32
冲压板料尺寸	冲孔最大尺寸/mm	750	620	950	1300	1520
	材料最大厚度/mm	4	3	4	6.4	8
孔距间定位精度/mm		±0.1				
能加工的板料尺寸(前后距离×左右距离)/mm×mm		—	600×1200	900×1500	1300×2000	1500×2500

1. 冲压自动生产线的意义

在现代冲压生产中，采用冲压自动生产线大批量生产零件制品，是实现冲压生产机械化与自动化的高级形式。它主要是通过机械传动、电子数字控制、液压及气压等传动装置来实现自动传递、自动送进、自动冲压、自动码料、自动取件的全自动生产过程。其意义主要在于：

1）大大节约了劳动力，并把操作者从繁重的体力劳动中解放出来，变成生产中的指挥者，从而减轻了劳动强度。

2）自动生产线属于全程自动化，其加工速度快，故大大提高了劳动生产率，缩短了零件生产周期，降低了企业成本，增加了经济效益。

3）生产线全程由数字程序控制，故加工精度高，产品质量好，互换性强，并且质量稳定、性能优良。

4）生产线改变了冲压操作条件，安全可靠，故大大减少了伤残事故，保障了冲压的安全生产。

2. 冲压自动生产线的生产过程

冲压生产自动线的生产过程，主要是根据所要冲压的零件形状和尺寸来设计确定的。不同的冲压制品零件，所设计的冲压自动生产线形式和结构不同，故生产过程也有所差异。如图 8-38 所示的某厂所生产的汽车前灯罩，以前采用单机生产，需要 9 台单动压力机及 23 人操作。当采用图 8-39 所示的自动生产线后只采用 3 台设备及 2 人操作即可。

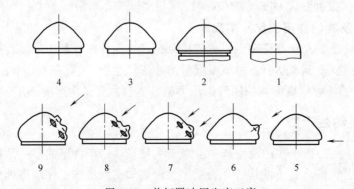

图 8-38　前灯罩冲压生产工序

1—坯件　2—切边　3—滚边　4—板口　5—冲耳孔　6—冲凸起　7—冲铆钉孔　8—冲电线过孔　9—电线孔翻边

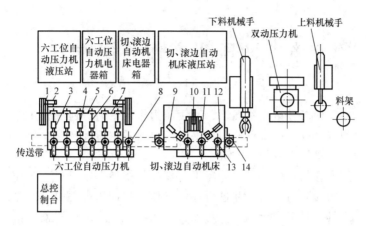

图 8-39　灯罩冲压自动生产线

1—压力机飞轮　2、14—电动机　3—模具　4—滑块　5—制动器　6—连杆　7—曲轴　8、13—机械手
9—滚刀前进液压缸　10—顶杆前进液压缸　11—顶尖　12—切刀前进液压缸

自动生产线（图 8-39）主要由 400kN 的双动压力机一台，切、滚边自动机床一台，六工位自动压力机一台；而辅助装置主要由下料机械手、传递带和各工序间的机械手等组成。其生产工艺过程是：冲压开始时，上料机械手将坯料从料架内取出，放在双动压力机模具上，开始第一道工序的拉深后，由机械手将拉深后的坯件夹持到传送带上，并由传送带再送往切滚边、自动机床上，由机床的第一机械手吸住并切边，第二机械手再将切边后的坯件送往滚边机上滚边，第三机械手再将滚边后的坯件送到下一工位后回到原位，准备下一次送料。这时，顶尖开始前进到坯件上面并压住坯件，对坯件进行冲压成形。坯件在机械手作用下再经过六工位自动压力机的七个机械手，同时由第一工位把坯件传送到后一个工位实现连续冲压。待最后一个工位冲压成形后，冲压件即由传送带传到成品箱内，实现及完成了整个灯罩的冲压全过程。

自动生产线上的六工位自动压力机及切、滚边自动机床均为液压传动。该生产线结构紧凑，易于操作，可缩短生产周期达 90%、节约用电达 65%，占地面积比单机操作减少 25%，大大提高了生产率。

第9章　冲压生产作业操作方法

由前述可知：冲压加工是指在常温下，利用压力机的压力，通过装在压力机上的冲模对各种不同规格尺寸的板材或型材进行冲制加工，使材料发生塑性变形或分离而制成所需形状或尺寸制品零件的一种机械作业加工方法。

冲压生产加工的内容是：操作者在冲压工艺规程的指导下进行材料准备、设备选用，在冲压设备上进行冲模的安装与调试，并进行冲压操作。在冲压过程中对出现的临时性故障及时处理，对设备、模具、材料进行润滑，对加工中的辅助工序加以调整，以及修整冲制后的制品等。因此，从事冲压工作的业内人员，必须熟练掌握上述工作内容的操作方法，才能冲压出合格的制品零件，圆满地完成生产任务。

9.1　冲压工艺规程的编制

冲压工艺规程是指在冲压制品正式批量投产前所编制的指导整个生产过程的工艺性技术文件。它记载了冲压件生产过程，是指导冲压生产不可或缺的重要工艺性技术文件。其内容主要包括冲压过程卡片、工序卡片和检验卡片等。典型的工艺过程包括材料的准备、冲压所需工序和其他必要的辅助工序（如酸洗、退火表面处理、切削加工和焊接等工序），即从原材料的准备到冲压件成品的全部过程。

9.1.1　冲压工艺规程的主要内容

冲压工艺规程是指导冲压件加工制造过程中的主要工艺文件，是冲压件正式批量生产的主要依据，是生产准备的基础，是生产操作的指令。其中的生产工艺过程、工序卡片、检验卡片均反映出从原材料的准备到最后生产出完整冲压件制品的全过程。其主要应确定如下生产内容：

1）确定冲压毛坯的尺寸、形状及排样方法。
2）确定零件加工各工序性质、数量、加工顺序、质量要求及工艺尺寸、精度。
3）确定各生产工序的需用模具结构和要求。
4）确定各工序所需设备及型号。
5）确定各工序的工、夹、量具。
6）确定冲压所需辅助工序（如酸洗、退火及表面处理）的加工方法及程序。
7）确定各工序的工时定额及材料消耗定额。
8）确定各工序所需操作人员技术等级及数量。
9）确定各工序产品质量检验方法及要求。
10）确定冲压制品的单件成本。

9.1.2　冲压工艺规程的编制原则和方法

1. 冲压工艺规程的编制原则

编制冲压工艺规程的基本原则是：在一定的生产条件下，以最少的劳动量、简单的模具结构和最低的费用，按生产计划规定的进度，可靠地加工出符合图样规定的各项技术要求的零件。此外，还应在保证达到加工质量的基础之上，争取获得较高的生产率和经济效益；尽量使编制的工艺规程能符合技术先进、工艺可靠、经济合理、制造周期短、劳动强度低、操作简单、工作条件安全等要求。

2. 冲压工艺规程的编制方法

编制冲压工艺规程必须要以冲压制品零件图为依据，按其形状结构、尺寸大小、技术要求、加工数量及毛坯材料性质，再结合加工企业设备条件、技术能力等综合考虑进行编制。其编制的方法及程序是：分析和审查冲压制品工艺性→确定工序性质、数量及加工顺序→计算工序尺寸，确定定位方式、坯料尺寸及排样方式→选择模具类型→选用冲压设备规格型号→填写工艺文件。

冲压工艺规程的编制，既要保证冲压件能达到产品图样的形状尺寸精度，同时又要符合经济合理的要求。其具体编制方法是：

第一步　分析和审查冲压制品的工艺性。

编制时，首先要根据冲压件生产任务书，查看其产品图样或样件，仔细分析其结构形状、尺寸精度、各项技术要求、材料性质及生产批量，是否适合冲压加工条件，是否需要增添辅助工序，如酸洗、热处理退火、表面处理及焊接、切削加工等。经分析审查后，若不符合冲压工艺条件，可向产品设计部门或用户提出修改建议，以改善零件的冲压工艺性，达到节约原材料、简化模具结构和降低设备使用费用的目的。

第二步　确定工序性质、数量和顺序。

零件所需的冲压加工工序性质及工序顺序一般可以从冲压件产品图中直观确定。但有时，对于同一种冲压件，可以采用多种冲压工序完成。这就需要对多个工艺方案分别进行分析和比较，最终找出一个既经济合理又简单易行的方案，并确定出其加工工序数量、顺序以及工序的集中与组合形式。在选择时，应注意以下几点：

1）工序的数量和工序的集中与组合形式，应按生产批量多少来确定，并遵循经济合理、方便加工与安全使用的原则。

2）首次拉深、弯曲或成形的半成品形状应不能影响后续工序的使用与定位。

3）零件的最后成形不能引起前道工序已成形部位的变形。

4）在确定工序顺序时，主要应考虑到零件尺寸精度和几何精度的要求。

第三步　计算工序尺寸，确定定位方式及坯件形状尺寸、排样方式。

零件加工工序顺序确定之后，首先应选择定位基准及计算必要的工艺、工序尺寸以及坯料形式、排样方式等。即在设计、定位和测量基准统一的原则下，在工艺过程卡片中需要注明每个工序加工后的尺寸及公差，其各工序尺寸公差由工序所采用的加工方法的经济精度来决定。当定位基准与设计基准不重合时，则需要必要的工艺尺寸核算，重新分配各工序的精度指标。

第四步　选择模具类型。

工序性质、工序数量及工序间集中与组合，以及各工序尺寸公差、定位基准确定之后，可根据制件的批量大小、企业模具加工能力及技术水平选择各工序所需模具结构与类型。这里应该指出：冲压模具是冲压生产的必备及关键专用工艺装备，它将直接影响到制件的质量、成本和生产率。因此，在选择时，应按不同的工序要求，合理地确定其结构类型。

第五步 选用冲压设备规格型号。

冲压设备的种类、规格型号很多，其选择是否合理，对工艺过程的经济性影响很大。当冲压精度要求较高的零件时，应选用精度较高的压力机；对于一般精度的冲压件，应选用普通压力机冲压成形。对于某些批量较大、形状复杂的拉深件，最好采用双动压力机以提高生产率及生产的稳定性。故在选用冲压设备时，既要考虑生产的经济性，又要考虑范围及合理性，在选用时，一定要按本书前述的选用方法进行合理选用。即压力机的公称压力一定要大于模具所需的冲压力，压力机的台面尺寸一定要与模具尺寸相适应；压力机的封闭高度一定要与模具闭合高度相匹配；压力机的行程、功率大小、精度等一定要满足使用要求。同时，在选用时，一定要与本企业现有压力设备条件相适应。

第六步 填写工艺文件。

冲压制品零件加工工艺路线及规程确定之后，各工序的任务应以表格形式记录下来，作为指导工人技术操作及生产、工艺、质检等管理部门指挥、管理的技术文件。工艺文件主要包括以下三种：

（1）工艺过程卡片 工艺过程卡片是以工序为单位，简要说明产品零件加工过程的工艺性文件。它主要是按加工顺序列出整个冲压件加工所经过的工艺路线（包括坯料准备、冲压加工、辅助加工），还列有工序内容、工时定额、使用设备等。它是生产准备、编制生产计划和组织生产以及劳动力分配的依据。它一般掌握在生产管理、调度及技术、工艺及车间等部门中，成为指挥和经营管理的法规性文件。其形式可参见本书第2章表2-9所示的内容。

（2）工序卡片 工序卡片是按零件的工艺过程卡片中的某单一工序所编制的一种工艺性文件，是为某一工序单独制订的。它是主要用于具体指导工人进行生产操作的工艺性文件。在工序卡片中列有工序图、技术要求、工时定额及加工要点，一般发放到车间及操作者本人，以便于按此操作加工。其具体形式请参照本书第2章表2-10～表2-12。

（3）检验卡片 检验卡片主要记录了产品检验项目和技术要求，检验手段及检验所用的量具，检验方式方法及操作要求。它主要发放到质检人员手中，以便于检验产品质量。

冲压规程中的各类文件格式、内容和填写规则可参照JB/T 9165.2—1998等指导性文件，也可根据本企业实际自行设计，但要求内容明确且好用。

9.1.3 冲压生产现场工艺管理

在批量生产冲压制品的企业中，技术上先进、经济上合理的工艺规程一经制订、批准发行，即成为企业指导冲压生产的法规性文件。这就表明：企业的生产活动均按照所规定的加工工艺路线和加工工序，按部就班地进行。一种合理的工艺规程，可使整个生产活动做到有条不紊、稳定而高效率，达到确保产品质量、降低成本、提高本企业经济效益的目的。实践表明：经工艺验证后确定的冲压工艺规程在整个生产活动中若实施正确的管理，是现代企业文明有序生产活动的重要保证。为了达到这一目的，在企业生产中，必须强化工艺纪律，保证工艺规程的有效实施。其具体做法应该是：

1）制品零件在正式批量投产前，必须按时发放到有关部门及从业人员手中，以便有关人员事先熟悉和了解规程的各项要求，并做好开机生产前的各项准备工作。

2）工艺规程在生产过程中，要妥善保管，防止污损、丢失或随意涂改，以免给生产带来不必要的麻烦及损失。

3）在生产过程中，各工艺文件不得随意更改。若需要变更，需提出具体改进意见，经工艺部门或主管人员验证、同意后，由具体工艺人员负责签字更改。

4）工艺规程一经下发使用，即成为生产中的法规性档案，在分析产品质量、质量事故以及生产中出现故障时，都要以此为重要依据。工艺规程在使用后，要与质量记录同时存档保存。

9.2 冲模在压力机上的安装与拆卸

在冲压生产加工过程中，将冲模正确安装到压力机上，是保证冲模正常工作、完成制件冲压成形的前提。其安装质量的好坏，将直接影响到冲压制品的质量精度和冲模自身的使用寿命。因此，在批量投产前，应对模具进行精心安装和仔细调试，以确保冲压生产正常进行。

9.2.1 模具安装的组织形式

在冲压生产中，模具调试前的安装主要有两种形式：其一是新模装配后试冲检验；其二是在正常冲压生产中，每批次生产前的安装与调试。

新模装配后试冲时，模具安装可以由模具装配钳工负责安装调试，或者有模具钳工参与时，由冲压操作工（或调整工）负责安装。

正常冲压时从模具库领取的冲模，对于大批量生产的冲压车间，一般都有专职冲压调整工负责安装调试，交检合格后移交生产操作工进行批量冲压；而一般中小企业则由冲压操作工自身负责安装调整，检验合格后正式批量生产。

冲模在安装使用时，无论采用上述何种安装组织形式，参与冲模安装的操作者都应在冲模安装前做好充分的技术准备：

1）要熟悉冲模的结构及冲压成形动作过程。即通过阅读冲压工艺规程及模具装配图样，了解本工序所冲制零件的形状、尺寸和技术要求；冲压材料的性能、厚度和提供状态；冲制零件的冲压工艺流程、工序间关系及各工序加工要点；冲模结构特点及冲压成形动作原理及过程；坯料及工序间的定位方法；压边、卸料及退件的方式。据此可初步想象出冲模的安装及安装后的操作方法。

2）要熟知压力机的结构、工作过程及使用操作方法。即通读压力机使用说明书，了解压力机的结构组成、动作过程、使用操作方法及使用注意事项。通过对安装条件的分析，可确定模具的安装和固定方法。

9.2.2 冲模安装前的检查

模具在压力机上安装正确与否，是确保模具正常冲压的先决条件。因此，为正确安装模具，在安装前，操作者应对所使用的压力机及模具做如下检查：

1. 检查压力机安装条件

1）根据冲压工艺规程，检查所用压力机的公称压力、行程、装模高度是否满足工序要求。

2）检查冲模安装固定方式与压力机的结构形式是否相适应。

3）将压力机开启空转 3~5min，检查操作机构、离合器、制动器是否能正常运转，有无连冲及不正常声响。

4）检查压力机工作台面及滑块底面尺寸是否能满足冲模的正确安装，一般要大于上、下模座 50~70mm 比较合适。

5）检查压力机气垫压力是否符合要求，一般应达到 0.5~0.6MPa。

6）检查压力机上的安全保护装置工作是否正常可靠；安装模具用的压板、螺钉是否齐备。

7）检查压力机上滑块打料机构能否正常工作，并使其调整到合适的工作位置。

2. 检查所使用模具质量

1）检查带导向装置的冲模，其导向部位的动作应灵活、无卡滞现象，并有正确润滑。

2）检查无导向冲模，用于安装定位的样件或工具应齐备。

3）检查模具外廓上、下平面，应擦拭干净，无任何油污及杂物。

4）检查模具外观及内部，应无损坏及裂损缺陷，各活动部位应正常。

5）检查模具的模柄尺寸，模座上用于螺钉固定的孔槽尺寸和位置，下模座用于安装顶杆用孔径和孔位以及漏料孔孔位大小，应与压力机相应尺寸匹配。

9.2.3　模具与压力机的连接和固定

1. 冲模与单动压力机的连接

冲模与单动压力机的连接方式是：上模采用模具的模柄连接和压板螺栓连接（或螺栓直接固定）两种方式；而下模采用压板螺栓连接或螺栓直接固定方式连接。

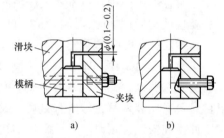

图 9-1　模柄直接连接法

a）模柄直接连接　b）压紧斜面固定

（1）上模连接固定方法　上模固定主要有两种方法：

1）采用模柄直接连接法。如图 9-1 所示，采用螺母直接压紧压力机滑块上的夹块将模柄固定于压力机滑块内。当模柄直径小于压力机滑块内孔直径时，可加半圆形开口衬套（图 1-7），先将模柄夹住，再将其伸入滑块装模孔中，用螺母将夹块压紧，使其上模固定。对于大中型模具或冲压厚板料的冲模，可在模柄上铣削出斜面用螺钉压紧斜面（图 9-1b）以增加紧固的可靠性。

2）采用螺栓、螺母紧固法。如图 9-2 所示，在模具上模板开有 T 形槽孔，用螺栓、螺母将其直接紧固在压力机滑块上。这种方法主要用于大型的压力机、摩擦压力机及液压机等。这时在压力机上工作台面上设置有用于安装模具的 T 形槽。在采用螺栓、螺母直接固定时可节省安装空间，模具安装固紧后相对稳定、可靠。采用这种方法，对大型模具上模与压力机滑块连接时其工作稳定性要比模柄连接稳定得多。

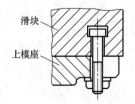

图 9-2　螺母、螺栓紧固法

（2）下模连接固定方法　将冲模下模安装连接在压力机台面上主要有三种方法：

1）采用螺钉紧固方法，如图 9-3a 所示，这种固定方法多用于较

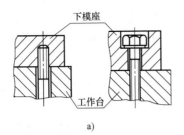

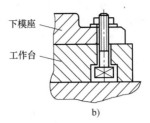

图 9-3　螺钉、螺栓紧固法

a）螺钉紧固　b）螺栓紧固

大型冲模。

　　2）采用螺栓固定法，如图 9-3b 所示，这种方法主要是通过下模上的槽孔（T 形槽）压固模具，多用于大、中型模具，其方法简便、牢固可靠。

　　3）采用压板固定法，如图 9-4 和图 9-5 所示。采用压板固定法比采用螺钉、螺栓固定可靠性差，但适用性较强，应用最为普遍，一般适用于中小型冲模的连接固定。

　　图 9-4b 所采用的阶梯形垫铁，可适用于不同厚度的模座。而图 9-5 采用的压板形式，其紧固用的螺栓拧入螺孔中的长度应大于螺栓直径的 1.5~2 倍，并且压块的位置要摆放正确，如图 9-5b 所示压块的摆放位置即是错误的。

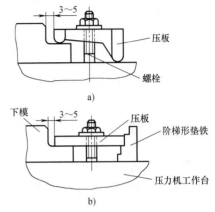

图 9-4　压板固定法（一）

a）普通压板　b）阶梯形压板

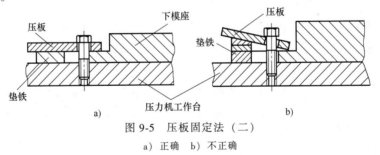

图 9-5　压板固定法（二）

a）正确　b）不正确

2. 冲模与双动压力机的连接

　　冲模与双动压力机的连接方法，基本上与单动压力机的螺栓、螺母固紧方法相同。即外滑块部分，上、下模都采用螺栓直接固定或用压板、螺栓固定；而内滑块部分，上模采用螺栓直接固定，如图 9-6 所示。但在连接时应增设辅助垫板后再进行螺栓连接；而下模采用螺栓直接固定或压板、螺栓连接的方法。

9.2.4　冲模在压力机上的安装方法

1. 在单动压力机上安装冲模

在单动压力机上安装冲模可参照下述方法进行：

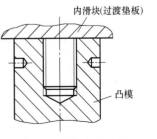

图 9-6　螺栓直接固定

273

1）开动压力机，使之空转 3~5min，检查压力机运转是否正常。

2）压力机运转无误后，用手扳动飞轮（大中型压力机用微动按钮起动），将压力机滑块上升到上死点位置。

3）将压力机滑块底面、下工作台或垫板上平面擦拭干净，并将压力机滑块前压板取下。

4）将冲模上、下模座与压力机接触面擦拭干净，并放在压力机工作台面中间或规定的位置上。若模具下部有弹顶机构或使用气垫顶杆时，应将弹顶机构或顶杆按图样要求位置放进工作台面孔内，并将冲模摆正。

5）用压力机行程尺检查滑块底面至冲模上平面间距离是否大于压力机行程。若距离较小，可调节压力机丝杠，保证该距离大于压力机行程。

6）用手扳动飞轮，将滑块降至下死点位置，再次调节丝杠，使滑块底面与冲模上模座上平面接触，并使滑块中心孔对准模柄，使模柄深入压力机模柄孔中。

7）用螺钉将模柄及前压板固紧，再调节压力机丝杠，使滑块同冲模上、下运动 2 次或 3 次，运动距离为 10~20mm，此时，下模可以自由、无阻滞地落在压力机台面上后，将下模用压板、螺钉连接，但不要固紧。

8）再次调节丝杠，使滑块带动上模做上、下运动（手扳飞轮或按钮）2 次或 3 次，观察冲模导柱、导套导向是否灵活，有无阻滞或上、下模卡死现象后，再对称、交错地固紧压板螺钉，将下模固紧在压力机工作台上。

9）开动压力机，再使压力机空行运转数次，确认模具上、下模（包括导向零件）运动状况。

10）冲模确认安装无误后，调节压力机滑块中的打料横梁，使其达到适当高度，并使打料杆能正常工作。

11）上模打料机构调整好后，再调节下模弹顶机构的压力，使顶出零件（如顶件器、顶杆、压料圈等）处于正常工作位置。有气垫的压力机，应使压缩空气达到正常压力，并使模具相关零件处于正常工作状态。

12）清理模具工作部位和导柱、导套的油污及异物，并将导柱涂润滑油。

13）再一次检查压力机与模具间连接紧固状况，即有无松动。若确定无误后，可用指定的板料或坯件，按工艺规程规定的方法进行送料和首次冲压。

14）首次冲压的冲压件，经检查合格后，方可由操作者按工艺规程规定的内容进行正式批量生产。

2. 在双动压力机上安装冲模

双动压力机主要适用于双动拉深模及大型曲面零件及覆盖件拉深成形模。其模具在压力机上的安装方法是：

1）安装前应根据模具的闭合高度，确定双动压力机内、外滑块是否需要过渡垫板及过渡垫板的结构形式。这是因为过渡垫板的采用可用来调节内、外滑块不同的装模高度。

2）将压边圈、凸模和过渡垫板分别用螺栓紧固组合在一起。

3）安装上模凸模：

① 操纵压力机内滑块，使其降到最下位置。

② 操纵内滑块的连杆机构，使内滑块上升到一定位置并使其下平面比凸、凹模闭合时

的凸模过渡垫板的上平面高出 10~15mm。

③ 操纵内、外滑块，使它们上升到最上位置。

④ 将模具安放到压力机工作台上，使凸、凹模处于闭合状态。

⑤ 再使内滑块下降到最下位置。

⑥ 操纵内滑块连杆长度调节机构，使内滑块继续下降到与凸模过渡垫板的上平面相接触。

⑦ 用螺栓将凸模及过渡垫板紧固在内滑块上。

4）安装压边圈。压边圈安装在外滑块上，安装程序与安装凸模类似，最后将压边圈及过渡垫板用螺栓紧固在外滑块上。

5）安装下模。操纵内、外滑块使其下降，并使凸模、压边圈与下模相互闭合，由导向件决定下模正确位置。然后用紧固零件将下模及过渡垫板固紧在压力机工作台上。

6）上、下模及压边圈安装固定后，开启压力机，进行空车检查。通过内、外滑块连续的几次行程，检查其模具安装是否正确。

7）经空车检查无误后，方可开始试冲，并检查首件试冲质量。

8）首件检查合格，可进行批量生产。

9.2.5　冲模从压力机上的卸下方法

（1）方法　冲模在工作之后，要从压力机上卸下，其方法如下：

1）用手或撬杠转动压力机飞轮（大型压力机用微动按钮起动），使滑块下降，使上、下模处于完全闭合状态。

2）松开夹紧压力机上的螺母，使模柄与滑块松开。

3）将滑块上升至上死点位置并离开上模部位。

4）卸开下模压紧螺栓及压块，将冲模移开。

（2）注意事项　卸下冲模尽管操作简单，但拆卸时应注意以下几点：

1）冲模从压力机上卸下时，在其上、下模之间最好要垫以木块，使卸料弹簧处于不受力的自由状态。

2）在滑块上升前，应用锤子轻轻敲打一下模板，以避免上模随滑块上升后又重新落下，损坏模具工作部位刃口。

3）在冲模拆卸的整个过程中，应注意操作安全，轻拆轻卸，并应尽量停止电动机转动，以防发生安全事故。

9.3　冲模在压力机上安装时的调试

在冲压生产过程中，每批次冲压前从模具库中领用的模具安装在压力机上后，都需进行调整与试冲，简称调试。其目的是检定模具的运行状态及能冲出合格制品零件。以便投入批量生产。

9.3.1　冲模调试的内容及要求

1. 调试的主要内容

1）按工艺规程要求，将从模具库中领出的冲模安装到指定的压力机上。

2）用工艺文件指定的材料或坯料送进冲模指定的位置，定位后按工艺操作规程进行开机试冲。

3）将试冲出的制品，依据产品图样进行形状、尺寸精度的逐项检测。若冲出的试件按图样检测后符合设计要求，可以交付操作者开机批量生产。若有缺陷，应分析其产生原因，并对其进行修正，直到能试冲出合格制件，再交付使用。

4）在调试过程中，应排除影响生产、安全、质量和操作的各种不良影响，使模具能稳定地批量生产。

2. 调试要求

1）调试所用的模具外观要完好无损，导向、卸退料零件要动作灵敏、无卡滞，其工作部位要清理干净，无油污及杂质。

2）试用的材料材质及坯料形状、尺寸要符合本工序的工艺要求，不能代用。

3）冲压设备的主要技术参数（如公称压力、行程及装模高度）要与所用模具工艺要求匹配，并且动作稳定，运行正常、可靠。

4）调试零件的数量可根据要求选定。中小型冲模可在 30~100 次，大型冲模可适当减少，但自动送料冲模或高速冲压，连续时间应不小于 3min。

5）调试出的制品零件形状、尺寸精度及表面质量要符合图样所规定的各项指标要求。

6）调试后的冲模，一定要稳定地冲出合格零件，并且要保证操作安全，方可交付批量生产使用。

9.3.2 冲裁模的试冲与调整

1. 冲裁模安装调试前的检查

1）检查凸、凹模间隙相应于冲压材料性质与厚度是否合理，以及沿刃口周边间隙是否均匀一致。

2）检查刃口是否锋利，有无裂损；表面粗糙度是否符合图样要求，即一般 Ra 应小于 1.6μm，而对料厚小于 0.2mm 或精冲模 Ra 应小于 0.8μm。

3）检查上出料用顶料机构的顶杆、顶板动作是否一致有效，顶出动作是否均衡；下出料漏料口是否大于凹模洞口，有无堵塞及倒锥现象。尤其是对窄槽，小孔应稍加 10′~15′的锥度，以使废料或制品排出顺畅。

4）检查各紧固零件（如内六角螺钉、销钉）有无松动现象，要逐个检查、紧固。

2. 冲裁模调整要点

冲裁模安装到压力机上以后，其调整的主要内容包括：凸、凹模配合深度的调整，凸、凹模间隙的调整，定位装置调整，卸料及退料装置的调整，以及导向装置的调整等。

（1）凸模进入凹模深度的调整　冲裁模的上、下模要有良好的配合，即要保证上、下模的工作零件凸、凹模相互咬合深度要适中，不能太深或太浅，太深容易使凹模刃口损坏，太浅又不容易冲下制件来。凸模进入凹模的深度应以冲下制品零件为准。当冲裁板料厚度 $t \leq 2mm$ 时，凸模进入凹模孔深度不应小于 0.5mm；$t > 2mm$ 时，可适当加深一些，但不能太深。

在调整时，凸模进入凹模的深度主要靠调节压力机连杆长度来实现，并以能冲下合格的制件为准。在调节曲柄式压力机时，对连杆要慢慢调节，不要速度太快，边调边试，否则会损伤凸、凹模刃口。而对于装在摩擦压力机或液压机上的冲模以及难以控制行程的压力机，在调整时要在模具上、下模之间或在导柱、导套间设置限位装置，如图 9-7 所示。限位装置应对应设置，其高度随刃口刃磨而改变。

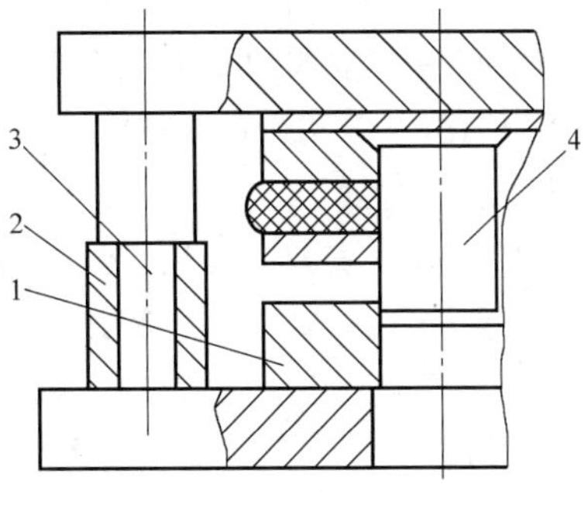

（2）凸、凹模间隙的调整　由前述可知：冲裁模凸、凹模之间的间隙，对冲裁件的质量及冲模的寿命影响较大。这是因为间隙过大、过小或不均匀，都会使冲裁件产生飞边，进而影响产品质量。故在安装模具时，必须调整好凸、凹模之间的间隙。

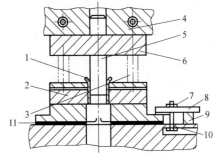

图 9-7　限位装置

1—凹模　2—限位套　3—导柱　4—导套

在安装冲裁模时，其间隙的调整方法可按下述进行：

1）无导向冲裁模间隙的调整。无导向冲裁模凸、凹模之间的间隙靠在压力机上安装时保证。为保证冲模安装后的间隙均匀性及冲压工作的稳定性，其安装与调整的方法是：

① 将冲模放在压力机中心处，并用等高垫铁 3 将上模垫起，如图 9-8 所示。

② 将压力机滑块 4 上的螺母松开，用手或撬杠转动飞轮，使压力机滑块下降到与上模板 6 上平面接触为止，并使冲模模柄进入滑块模柄安装孔内。为防止冲压时下模的窜动而影响间隙均匀性，最好在下模座与压力机工作台面间垫以纱布。

③ 调整压力机上的连杆螺杆，使滑块底平面与上模板上平面紧密接触无缝隙后，用螺栓和夹紧块将模柄紧固在滑块上。在紧固时应注意，两边的螺栓应交替进行旋紧。

图 9-8　无导向冲裁模间隙调整

1—垫片　2—凹模　3、9—等高垫铁
4—压力机滑块　5—凸模　6—上模板
7—螺母　8—压板　10—螺栓　11—纱布

④ 在凹模刃口上垫以相当于凸、凹模单面间隙的硬纸板或铜片，并使凸模进入凹模后，取出垫片，用透光法或塞尺法检验各向间隙的均匀性。不合适时，用锤子轻轻敲打下模板，使之向间隙过小的一方移动，最终使各方向间隙保持一致。

⑤ 间隙调好后，紧固压板 8 使下模固紧在压力机工作台上，便可进行试冲。

⑥ 试冲后的首件进行检查，若发现在某边缘方向上产生飞边，则应将螺母 7 稍微松开，再用锤子根据冲模间隙分布情况敲打下模板侧面，使下模沿所需方向移动，直到合适为止，再将螺母固紧，开始冲压。

2）有导向冲裁模间隙的调整。冲裁模凸、凹模的间隙，在冲模设计及制造时其间隙大小和均匀性均已保证，故在安装冲模时，按前述冲模安装方法操作，只要保障导向件运动顺畅自如无发涩现象，对于新冲模要保证冲模间隙的均匀性。而对长期使用的冲模，由于在使用过程中，模内各零件磨损，间隙有可能发生变化，故在安装调试时，应给以严重关切。其安装调整要点是：

① 模具在安装前应检查各导向零件（如导柱、导套或导板）的导向精度，以确保上、

下模沿导向件运动时灵活、无阻滞现象。

② 模具在安装时应在闭合状态下进行。采用固定卸料板的冲模，其上、下模之间应垫以等高垫铁，以防止凸模进入凹模太深而使模具损坏。在上模固紧后应立即将凹模取出，但下模先不要固紧。

③ 在上模安装固紧后，调节连杆上的丝杠，使上模连同滑块上、下运动时，不可使导柱、导套或导板与相关零件脱开。

④ 轻轻调节压力机上的丝杠，将凸模放入凹模洞口内，用透光法或塞尺法检查一下各向间隙的均匀性。若认为间隙均匀，再将下模固紧在压力机台面上。但滑块调整位置应使其在上死点时导套下降距离不应超过导柱长度的 1/3 为止。

⑤ 上、下模紧固后可开机试冲。其试冲首件应进行检查并进行必要的修整：若间隙大小基本合理但分布不均匀，即零件局部产生过大飞边，首先要调整凸、凹模相对位置，然后重新安装定位的圆柱销；对于局部间隙过小时，应重新研修。将间隙放大，小圆孔可用研磨棒进行研磨，一般部位可用磨石研磨。但在修磨时一定要注意：冲孔时要修整凹模，保留凸模尺寸；落料时，要修整凸模，保留凹模尺寸；若发现某处局部间隙过大，可将凸、凹模中的一件（落料时卸下凸模，冲孔时卸下凹模）进行退火处理后，采用镦压或碾压的方法，使之断面加大，修磨调整合适后再重新淬火后安装使用。

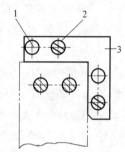

图 9-9　定位装置的调整
1—圆柱销　2—螺钉
3—定位板

（3）定位装置的调整　冲模在安装固紧之后，应及时检查冲模的各定位零件（如定位销、定位板、定位块）是否符合定位要求，定位是否可靠，各定位零件的紧固螺钉有无松动。如果发现位置移动或损坏，应进行调整及修复，必要时要更换新的定位零件。如图 9-9 所示的定位板，若只有螺钉紧固，在冲模长期使用，螺钉受冲击后，常会发生松动，易引起定位不准。在调整时，应将各螺钉紧固一遍，必要时可增加圆柱销，以保持定位的准确及稳定性。

（4）卸、退料装置的调整　冲模的卸、退料装置调整主要包括卸料板或顶件器是否动作灵活；卸料螺钉及卸料橡胶弹性是否足够；卸料器的运动行程是否合理；漏料孔是否通畅；打料杆、推进杆是否能推出制品或废料。在试冲时，若发现卸、退料出现故障，应给以调整或调换。如图 9-10a 所示，顶出器弹簧 1 若弹力不足很难使制品脱出，必须进行更换；如图 9-10b 所示，顶杆 7 若弯曲变形或折断，制件难以被推出；如图 9-10c 所示，顶料销 10 若弯曲或顶出力不平衡，也将给脱件带来困难，故必须给予更换和调整。

（5）导向装置的调整　冲模的导柱、导套在安装到压力机上后，应保持良好的配合精度（H7/h6、H8/h7）。上、下往复运动时，不能发生卡紧、涩滞现象。对于采用标准模架的冲模，一般不会发生如此现象。但对于用低熔点合金浇注固紧的导柱、导套，若冲模长期使用，合金容易受振动而失效，使导向零件发生位置变化。故在调整冲模时，必须给以严格检查。必要时，要进行重新浇注与装配，调整合适后再继续使用。

3. 冲裁模调整方法

冲裁模经安装固定和试冲后，可从两方面进行调整。一是检查首冲的制品零件，若质量完全符合图样标准，则认为模具基本合适。如果质量检查后出现与图样不符的缺陷，可按本

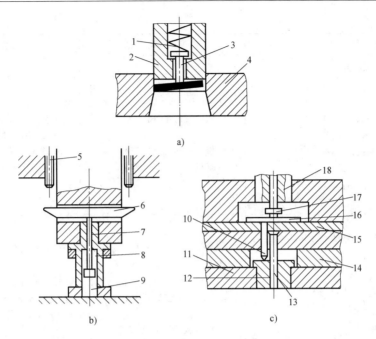

图 9-10　卸、退料装置的调整

1—弹簧　2、9、13—凸模　3、7—顶杆　4、8、11—凹模　5—制动螺钉　6—推板

10—顶料销　12—顶出器　14—凸模固定板　15—上垫板　16—打料板　17—打料杆　18—模柄

书第 5 章表 5-9 所示的内容及解决办法调整。二是观察模具使用状态，若在试冲时发现模具在工作中出现不正常现象及缺陷，可参照表 9-1 所示的内容进行调整解决，直到冲模能冲制出质量合格又能正常生产，方能交付操作者进行批量生产。

表 9-1　冲裁模试冲时出现的故障现象、产生原因与调整方法

故障现象	产生原因	调整方法
废料或制品排出不畅,漏料孔堆满制件,漏不下制件 凹模 下模板	1. 凹模漏料孔太小或成倒锥形 2. 凹模漏料孔与压力机工作台底座漏料孔偏移	1. 检查漏料孔使之变大 2. 重新调整冲模位置,使冲模漏料孔与压力机工作台漏料孔对中
制品只有压印而冲不下来	1. 凸、凹模刃口处不锋利 2. 凸模进入凹模太浅 3. 凸模垫板硬度太低使之垫出凹坑	1. 重修刃口使之变锋利,或在平面磨床上进行平磨刃口 2. 调整凸模进入凹模深度,直到冲下工件为止 3. 将垫板淬硬或重新更换硬度较高的垫板

（续）

故障现象	产生原因	调整方法
制品与废料随凸模回升 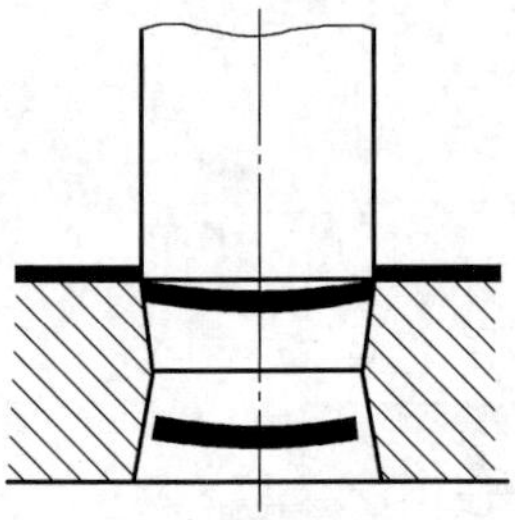 	1. 凸、凹模间隙过大使制品随凸模回升 2. 凹模洞孔有倒锥 3. 带固定卸料板的卸料孔与凸模间隙过大,使制品卡在固定板孔中	1. 修整凸、凹模,使间隙适当减小 2. 修整凹模洞口,使之形成上小下大的 $10'\sim15'$ 的锥口形式 3. 修整凸模与卸料板间隙,使之成为 H7/n6 配合形式
复合模顶出器顶不出料(图 9-10) 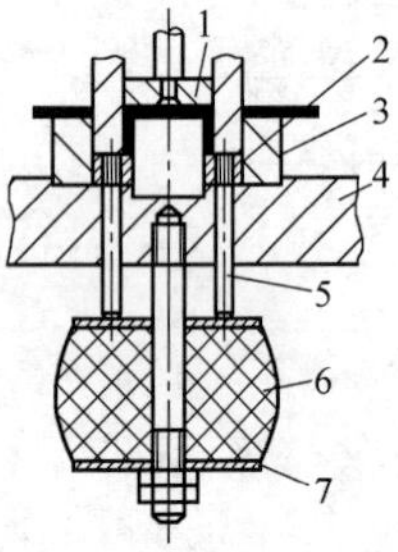 1—冲压件　2—顶板　3—凹模　4—下模板　5—顶杆　6—橡胶　7—夹板	1. 冲模的顶杆弯曲或被折断(左图示) 2. 压力机中的打料杆被卡住或制动螺钉位置上移(图 9-10b) 3. 打料板或顶出器发生变形,被卡在某位置(图 9-10c) 4. 顶料销 10 弯曲(图 9-10c) 5. 弹簧顶料器的弹簧力不足或橡胶顶力不够大(图 9-10a)	1. 更换新的顶杆 2. 修整压力机打料杆或制动螺钉位置,使之处于正常工作状态(图 9-10b) 3. 修复打料板 16 及顶出器 12,使之正常工作(图 9-10c) 4. 更换新的顶料销 5. 更换弹簧或橡胶,使之有足够的顶件力
连续模送料不畅或被卡死 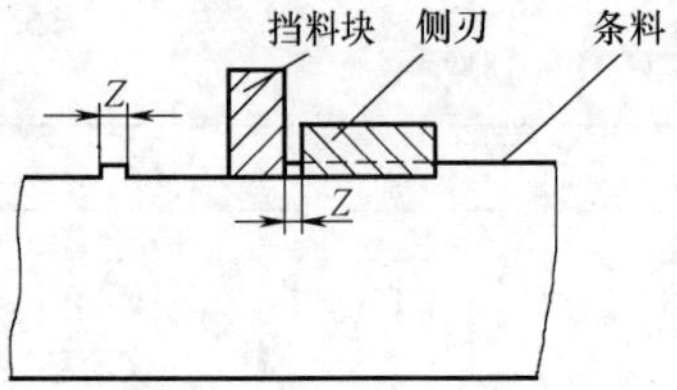 	1. 导料板位置变化,双导料板之间不平行 2. 导料板工作面与侧刃口歪斜 3. 侧刃与挡料块松动,之间产生间隙 Z 4. 凸模与卸料板孔间隙太大,使条料卡在卸料孔中	1. 重新装配导料板,使两者平行 2. 重新装配导料板或侧刃凸模 3. 调整侧刃与挡料块,使之紧密贴合,消除间隙 Z 4. 修整卸料孔与凸模配合间隙,不能太大
凸模弯曲或断裂,凹模被挤裂 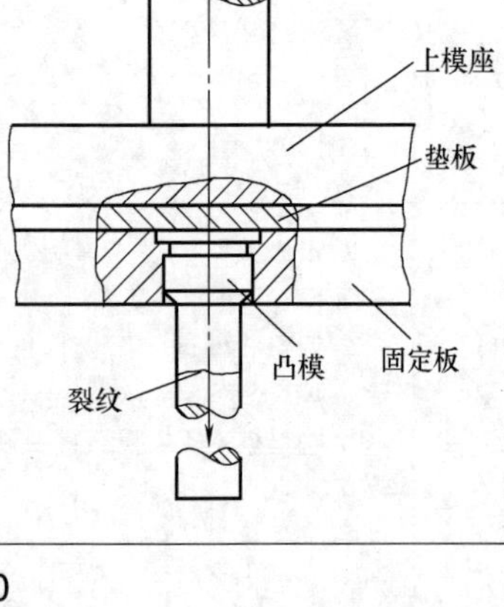 	1. 凸模淬火硬度不合理,太低会弯曲,太高会折断 2. 卸料装置中的顶杆弯曲,使活动顶料板顶料时偏斜,将细小凸模折断 3. 上、下模工作平面与压力机工作台面不平行,使凸模弯曲或折断 4. 凹模孔被堵,使凸模断裂或凹模被挤裂 5. 凸模安装不牢,在试冲时受振动而折断	1. 更换淬硬合适的凸模 2. 修整卸料机构,使之卸料平稳 3. 重新安装冲模 4. 检查漏料孔,使之排件通畅 5. 重新安装凸模

（续）

故障现象	产生原因	调整方法
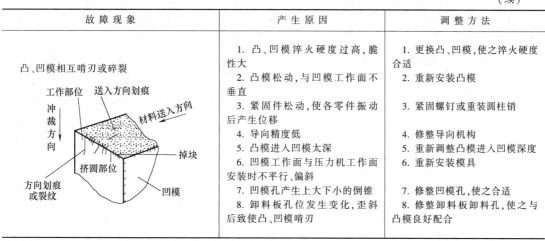 凸、凹模相互啃刃或碎裂	1. 凸、凹模淬火硬度过高，脆性大 2. 凸模松动，与凹模工作面不垂直 3. 紧固件松动，使各零件振动后产生位移 4. 导向精度低 5. 凸模进入凹模太深 6. 凹模工作面与压力机工作面安装时不平行、偏斜 7. 凹模孔产生上大下小的倒锥 8. 卸料板孔位发生变化，歪斜后致使凸、凹模啃刃	1. 更换凸、凹模，使之淬火硬度合适 2. 重新安装凸模 3. 紧固螺钉或重装圆柱销 4. 修整导向机构 5. 重新调整凸模进入凹模深度 6. 重新安装模具 7. 修整凹模孔，使之合适 8. 修整卸料板卸料孔，使之与凸模良好配合

9.3.3　弯曲模的试冲与调整

1. 弯曲模安装调试前的检查

弯曲模在安装调试前应做如下检查：

1）检查弯曲模凸、凹模间隙是否均匀合适。

2）检查凸、凹模圆角半径是否符合工艺要求，其圆角是否圆滑，有无明显的棱角，凹模两侧的圆角半径是否相等。

3）检查弯曲件进入凹模深度是否合适，一般进入深度应取弯曲高度的 $1/3 \sim 1/2$，如图 9-11 所示，$h = (1/3 \sim 1/2) H$。

4）检查模具零件的相对位置尺寸，应符合产品设计工艺要求，如图 9-12 所示，其中，$h_2 = h_1$。

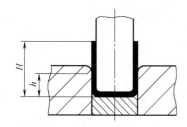

图 9-11　弯曲件进入凹模深度 h

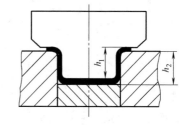

图 9-12　四角同时弯曲模零件相对位置尺寸

5）检查冲件的坯件定位是否正确可靠，坚决杜绝坯料开始弯曲时自由窜动。

6）检查模具结构上是否采取防止回弹措施，以及冲制后的制品从模具中顶出或取出是否方便。

2. 弯曲模安装调整方法

弯曲模安装调整的内容主要包括：调整上、下模的相对位置，调整凸、凹模的间隙，调整定位及卸退料装置。这些内容及调整要点，在本书第 6 章已做了初步介绍。现就调整中的有关问题，再做一次补充说明。

（1）上、下模相对位置及间隙的调整　前述可知：有导向的弯曲模，其上、下模相对位置全由导向装置来控制其位置精度。而对于无导向装置的弯曲模，其在压力机上安装位置一般要靠调节压力机连杆长度的方法来调整。在调整时，应使上模随滑块下降到下死点位置时，能压实制件但又不能发生顶撞或"咬死"顶住不动现象。

在对间隙进行调整时，要用测量法或垫硬纸片调试，但最好还是将事先按产品图样制好的试件放在凸、凹模之间进行调整最为准确。即对无导向冲模，先安装上模，其位置粗略调整后，再在凸模下平面及凹模之间垫一块比坯件略厚的垫片或试件，用调节压力机连杆长度的方法，多次用手扳动飞轮（或按钮），直到使滑块能正常通过下死点而无阻滞或扳不动飞轮（顶住或咬死）现象为止。如此反复扳动数次后，即可将下模固定，开机试冲。其试冲过程中若发现产品质量缺陷及故障，可参见本书第6章表6-7所示内容进行调整。

（2）控制材料回弹的措施　在弯曲工作中，材料的回弹是弯曲工艺中存在的主要问题。尽管在模具设计与制造时，采用了一些必要的方法来减少回弹，但它不可能完全消失，故在调试时，应设法采取一些必要的措施来减少回弹对弯曲件质量的影响。

1）在不影响产品性能的情况下，尽量选用弹性模量较大、下屈服强度值小、力学性能较稳定的材料进行弯曲。

2）对经过冷作硬化的材料，在坯件弯曲前应进行退火、酸洗等软化处理，以降低其硬度和减少回弹。

3）在凸模及凹模中增加补偿回弹角或减小凸、凹模间隙，使之间隙减少到等于最小料厚，如图9-13a、b所示。对于U形弯曲件，也可将凸模顶块修整成弧形，使制件底部凹入，出模后底部伸直，促使两侧直边向内以抵消两边向外的回弹，如图9-13c所示。

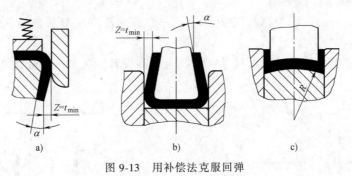

图9-13　用补偿法克服回弹
a）单角弯曲　b）、c）双角弯曲

4）将凸模修整成局部凸起形状，使校正力集中在弯曲的弯角处，对弯曲件的变形区进行整形来减少回弹，如图9-14所示。

若弯曲件经上述措施仍未能消除，只好在弯曲后增加一道校正工序，以使制品零件符合图样要求。

9.3.4　拉深模的试冲与调整

1. 拉深模安装调试前的检查

1）检查凸、凹模间隙大小及均匀程度是否合适。特别是对筒形旋转体零件，各向间隙、大小必须均匀一致；而对于矩形、方盒形零件，其角部圆弧部分的间隙应比直壁部位大10%左右。

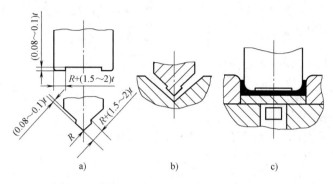

图 9-14　用校正法克服回弹

a) 凸台尺寸　b) 单角弯曲　c) 双角弯曲

2) 检查凸、凹模拉深工作部位的表面粗糙度 Ra，凸模的 Ra 要小于 $1.6\mu m$；凹模工作面的 Ra 要小于 $0.8\mu m$；并且圆角过渡要圆滑，表面应无棱角。

3) 检查压边圈及凹模与材料的接触面，应不允许有孔、凹坑等现象。

4) 检查压边圈所用的各顶杆长度应一致，以确保拉深时压边力的均衡性，并在拉深开始就应有压边效果。

5) 检查坯件定位要可靠，拉深后便于从模内取出制件。

6) 检查凸模通气孔，应畅通无阻塞。

2. 拉深模安装调整方法

拉深模的安装调整主要包括进料阻力的调整、拉深间隙及深度的调整、凸模进入凹模深度的调整、拉深压边力的调整等多方面内容。这些内容的调整要点在本书第 6 章已初步做了介绍，可供调整时参考。但在调整过程中，应注意以下几方面内容：

1) 拉深模在压力机上安装时，有导向装置的拉深模，其上、下模在压力机工作台面上的相对位置由导向零件决定；无导向装置的拉深模，需采用控制间隙的方法来决定上、下模位置。

2) 拉深模凸、凹模间隙控制可采用标准样件、合格试件或垫金属片的方法。垫片可采用铜、铝等软金属片，其调整方法基本与弯曲模调整相同。

3) 安装时，凸模进入凹模的深度可选用模具的闭合位置，也可按模具结构来确定。对无导向装置的拉深模，可用控制间隙的方法控制进入深度。

4) 模具安装完成后，调节压力机丝杠，使压力机滑块在下死点时，凸模进入凹模的深度为凸模圆角半径和凹模圆角半径之和加 5~10mm，开始开机试冲。

5) 冲模试冲后的首件要按图样进行仔细的检查。在检查过程中若发现制件出现质量缺陷，应根据缺陷的特征认真分析其产生原因及提出调整解决方法，并进行修整使制件合格后再投入使用。拉深制件的缺陷及调整解决办法可参照本书第 6 章表 6-16 所示的内容进行修整与调试。

9.4　冲压生产作业操作要点

冲压生产作业属高效而有序的机械加工方法，同时也是安全事故频发的极危险工种。因此，这就要求从业人员必须要经过岗位技术培训并取得操作合格证书后方能上岗操作，以生产出质量合格的冲压制品来。

9.4.1 冲压上岗前的准备工作

操作者在上岗冲压前，为做到有序高效、安全生产，必须做好如下准备工作：

1. 做好必要的技术准备

1）熟读冲压产品零件图，对所要冲制的制品零件形状、尺寸大小及精度、技术要求等做到心中有数，以便于检查所冲零件首件及在冲压过程中进行定期检查。

2）参看本工序的冲压工序规程卡片、工序卡片，掌握其使用设备的规格型号、操作方法以及所用冲模的结构特点、动作成形机理，以便于加工操作。

3）学习本企业所制定的各种操作规章制度，如冲压工工作守则、安全生产条例等，并要严格遵守、尽职尽责，争取做到安全生产无事故、保质保量完成生产任务。

2. 准备好操作工具及用具

1）操作者在正式上岗前必须按安全生产操作规程及条例，穿好工作服、防护鞋，戴好安全帽及手套。

2）准备好生产用的工、夹、量具。

3）清理工作场地，将盛件箱、废料箱以及生产用的条料及坯件安放在一定位置。

4）将工作台及模具与压力机上的杂物清理干净。

3. 检查冲模安装状况

1）检查冲模在压力机上的安装质量，特别是各紧固部位一定要紧固牢固，不能松动，必要时要用扳手全部紧固一遍。

2）检查模具工作刃口，绝不能有任何损裂现象。

3）按交接班的交接记录，查看上班质量记录和模具，压力机存在的缺陷是否修复，做到心中有数，引起工作时的注意。

4）按工艺规程规定，对压力机及设备注入润滑油，进行合理的润滑。

5）将压力机及模具开启空转几下，仔细观察设备及模具的动作有无异常现象。如果在空转过程中，发现异常，应与专职维修及调试人员联系，修复处理后再开机工作。

4. 条料或坯料的检查

1）检查条料（坯料）形状尺寸及厚度，是否符合本工序要求。

2）检查条料或坯料表面是否光洁、平整，有无裂纹、裂痕及飞边过大等现象。若有问题，影响送进或冲制，应给以更换。

3）按工艺规程要求规定，冲压前若需要在条料或坯料上涂润滑油时，应在冲制前涂好，并要涂抹均匀。

9.4.2 冲压加工过程中操作要点

冷冲压生产是一项繁重、细致的体力劳动。因此，要求操作人员必须专心操作，否则会由于一时的疏忽给生产及自身安全带来不必要的损失及伤害。

1. 要正确使用冲模

在冲压生产过程中，正确地使用模具是保证冲压制品零件质量和模具寿命的重要前提之一。故在使用冲模时，应注意：

1）冲模在使用过程中，操作者应随时观察模具在工作过程中有无异常现象。如在冲裁时，若发现废品或冲件随凸模回升、废料或制品堵塞或难以顶出、退出模外，送料时有难送进或被卡住等现象时，一定要立即停机并进行检修，以免出现事故，将冲模损坏。

2）冲模在使用过程中，要定时停机进行润滑。在润滑时一般采用全损耗系统用油 L-AN32 润滑工作表面，如凸、凹模刃口、导向零件及各种滑动配合表面。

3）冲模在工作时，其条料及坯料表面应擦拭干净或以少许润滑油进行润滑。

4）冲模在工作时要严格防止进行叠片或叠件冲压。

5）冲模在使用中，要定期用磨石修磨凸、凹模刃口，使其在运行过程中始终保持锋利，以保证冲裁工件时质量稳定、无飞边。对于成形零件的弯曲、拉深，要对凸、凹模工作部位定时抛光、打磨，使其保持光洁。

6）模具在使用一段时间后，要随时停机清理工作台面及模具上存在的杂物、残渣，以防掉进刃口及工作区将冲模损坏。

2. 要预防压力机及模具的损坏

1）在冲压过程中，操作者一定要按工艺规程正确地使用压力机及冲模，做到正确操作及正常润滑，并坚决杜绝违规操作及叠片冲压。

2）在冲压时，每当完成一次行程时，都要仔细检查模具的表面有无杂物或残渣存在，并要及时清理，以防继续冲压时，使残渣进入凸、凹模，造成压力机过载连冲，使冲模和压力机损坏及发生人身伤害事故。

3）在冲压过程中，操作者要随时观察压力机工作状态及模具的运转状况。若发现有异常声响，或制件、废料难以排出模外，要及时停机检查，随同有关维修人员检查维修，处理合适后再继续冲压，以防造成模具凸、凹模崩刃、凸模折断以及压力机的损坏。

3. 要正确选用冲压加工速度

在冲压生产加工中，一般会认为压力机加工速度越快，则生产率越高，摩擦阻力也越低，但实际上，冲压速度应根据冲压加工种类和制品形状及尺寸大小来适当进行选择。

由试验得知：加工速度对材料变形抗力有很大影响，冲压速度越高，则材料的变形抗力就越大；而冲压速度越低，材料的变形抗力反而变小。故在选用冲压速度时应从材料变形抗力角度出发，速度快对冲压有利，但也不能太快，这是因为过快的速度反而使材料容易破裂。因此，在生产中，必须选用适当的加工速度。如在拉深工艺中，尽管速度快对拉深有利，但不同材料拉深应选用不同的加工速度。即在快速拉深厚度、形状相同的工件时，有色金属（如黄铜材料）要比钢铁材料的质量好；在冲裁时，小间隙的高速加工能提高剪断面的质量精度。

4. 要杜绝由于操作不慎而产生废品

在进行冲压操作时，操作者要认真执行工艺规程规定的各项内容，以避免因一时的疏忽而产生废品，造成浪费。

1）在冲压过程中，操作者要注意送料及排样的正确性。如在采用条料冲裁或坯件弯曲、拉深时，若操作者手工送料没有按指定方式定位或定位不准将使制品冲裁时缺边少角，或在弯曲、拉深时产生位移而出现废品。如图 9-15 所示，

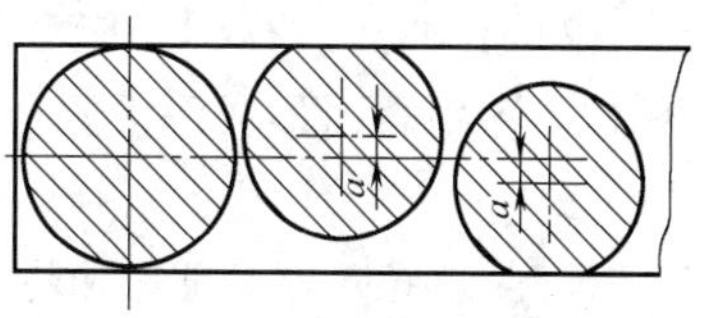

图 9-15　制品缺边

制品缺边是由于在送料时条料摆放位置不正或超过条料尺寸而产生的。

2）在使用连续模时，若操作者在送料时没有保持规定的进距，送料不到位（没有到挡料块位置）或在送料时歪斜，则冲出的冲件制品就会造成内孔与外形位置偏移而产生废品，如图 9-16 所示。

3）零件在弯曲或拉深成形时，若没有按规定将坯料定位，则会使制件弯曲及拉深位置偏移而产生废品。

4）零件在弯曲时，操作还应注意板料的弯曲方向必须要与材料的轧制方向垂直，切勿与轧制方向平行，否则容易使制品弯裂而产生废品。如图 9-17a 所示的弯曲线是正确的，而图 9-17b 所示则是错误的。当制品有不同的弯曲方向时，最好在落料坯件排样时，使变曲线

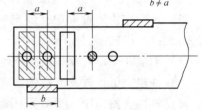

图 9-16　制品孔对外形产生位置偏移

与板料轧制方向的夹角保持一定的角度 α，其 α 值一般不应小于 30°，如图 9-18 所示，其坯件两个弯曲线都与轧制方向保持夹角 α，便于冲压。

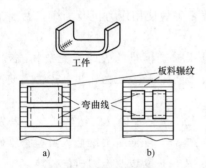

图 9-17　弯曲线与板料轧制方向的关系
a）合理　b）不合理

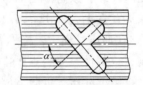

图 9-18　弯曲线与板料
轧制方向的夹角

5）操作者在冲压过程中，应注意材料或坯件的润滑及中间软化处理，以减少冲压废品的产生。如在拉深时，必须按工艺规程规定对坯料涂抹润滑油。对硬质材料，为便于拉深成形，应进行中间热处理退火软化，以避免制品拉裂或起皱。

5. 尽量减少凸、凹模的磨损，以延长模具的使用寿命

在冲压加工过程中，凸、凹模的表面磨损是难以避免的，这对于冲模的使用寿命极为不利。故操作者在操作时，应设法采取必要的措施，尽可能减少凸、凹模间磨损，以提高冲模的使用寿命。

1）在冲压操作中，要严格检查和控制板材的质量，使其材质均匀、厚薄一致、表面平整，不应有明显的凸起或凹陷。材料及坯件表面在冲压前要清理干净，不应有明显飞边或残留物及氧化皮。

2）在冲压过程中，应定时在模具工作部位及坯件表面按工艺规程涂以润滑油，使其在模具或坯件表面形成润滑膜，以减少凸、凹模的直接摩擦。

3）冲模在使用过程中，对冲裁类模具应经常用磨石刃磨刃口，使其保持刃口锋利。而对于弯曲、拉深、成形类模具，其凸、凹模应经常抛光、打磨，以始终保持良好的表面质量，减少因摩擦而造成的磨损。

4）在冲压过程中，要随时清理模具工作部位的残渣、废屑，做到凸、凹模始终保持清洁，以减少磨损。

5）在有条件的情况下，最好选用精度较高的压力机进行冲压，以减少由于压力机精度不良而造成冲模凸、凹模受冲击带来的单面磨损。

6. 要做到文明生产、合理操作

在冲压操作过程中，操作者一定要精神集中，细心操作，手、脚动作协调一致。在每冲下一个制品后，脚一定立刻离开压力机脚踏板，绝不能用脚连续踏脚踏板或把手伸进危险区域取放坯件、制品零件，一定要用手工工具，避免发生人身伤害事故。

9.4.3　冲压加工过程中产品质量检查

冲压生产的主要目的是通过压力机带动模具，生产出合格的制品零件。故在冲压过程中，必须强化产品质量检查，以控制产品质量合乎所要求的标准，防止出现废品，造成不必要的浪费。

1. 冲压件质量检查的模式

冲压生产中冲压件质量检查方式方法与冲压件生产批量、冲压件尺寸大小和模具有关。常用的检查方式是首检、巡检、末检及抽检。

（1）首检　首检是指在正常冲压生产开始时，一般取 3~10 个制件，由操作者或专职检查员单独或共同按图样检测，合格后方可进行批量生产。

（2）巡检　巡检是指在批量生产过程中，操作者或专职检验员可随时抽取检查冲件，以便检验冲压过程正常，发现质量问题后及时解决、及时处理，以免出现废品，造成损失浪费。

（3）末检　末检是指在批量生产完成之后，由操作者及专职检查人员共同对末件产品检查，供填写交接记录和确定下批加工前是否需要对模具进行修整。

（4）抽检　抽检是指冲压工件批量完成后，从所冲压的制品中任意抽取部分进行全面检验，以确认此批制品的质量及合格率，以便于交付用户使用。抽检多以专职检查员检验为主。

2. 冲压件检查内容及方法

在冲压生产过程中，操作者在自检产品质量时，主要依据冲压产品的零件图样和冷冲压工艺规程的工序卡片或检验卡片。其主要检查内容及方法是：

（1）尺寸精度检查　冲压件尺寸精度检查主要包括线性尺寸和形状位置尺寸的精度。其检查主要使用盒尺、游标卡尺、游标高度卡尺、直角尺及万能角度尺等。而对于精度要求较高的零件，在巡检或抽检时，可采用工具显微镜、三坐标测量机，对于形状比较复杂的零件，应采用平面样板及立体检验样架等专用测量工具。

在检测时，可根据制品图样或工艺卡片规定的内容，逐项进行测量，按图样及工艺规程提出的尺寸精度要求进行比较，以确定产品合格与否。各类零件的检查方法可参照本书第 5 章、第 6 章所述的检测方法进行。

（2）表面质量检查　表面质量检查主要包括制品的外形、外表面及断面质量。其检查方法主要以目测为主，必要时辅以量具，如用外径百分尺测量飞边高度、用工具显微镜检测断面质量及外形等。操作者在加工过程的检查主要还是以目测、自感为主。

9.5 冲压润滑剂的使用

9.5.1 冲压生产中润滑的目的

在冲压生产中，润滑是指将润滑剂涂抹在模具和所冲压坯件、条料上的一定部位，其目的是为了减少摩擦面之间的摩擦阻力和磨损，延长模具使用寿命和提高制品零件质量。特别是在拉深工序中，不但材料的塑性变形强烈，而且材料和模具工作表面之间又存在很大的摩擦及相对运动，这对制品的拉深极为不利。实践证明，如果在拉深时涂以润滑剂，不仅可大大降低拉深力30%左右，而且可以相对地提高变形程度，还能在拉深时减少摩擦力，保护模具凸、凹模工作表面和冲压件表面不受摩擦损伤，提高了制品表面质量。对于厚板料冲裁，若在凸、凹模刃口上涂以适当的润滑剂，不仅可以起润滑作用，而且可以同时起冷却作用，使模具的使用寿命大大提高。如采用雾化润滑冷却剂，即使润滑剂变成雾状，被压缩空气吹到模具上以后，通过物理、化学的作用，也会产生较好的润滑作用及冷却效果，在冲压低碳钢时，其模具寿命可提高30%以上，冲压不锈钢时，可提高模具使用寿命近一倍。因此，从事冲压生产的人员，在工艺操作中，一定要按工艺规程规定的润滑方法，对模具或材料进行良好的润滑，以使冲压生产能顺利进行，并冲制出合格的制品。

9.5.2 冲压生产中润滑剂的类型

在冲压生产中，常用的润滑剂种类很多，这要根据冲压性质而选用。在冲裁、弯曲等冲压工序中，对模具工作零件（如凸、凹模）、导向零件（如导柱、导套、导板）及毛坯表面，可以涂刷全损耗系统用油 L-AN32 或 L-AN46 即可起到良好的润滑作用。而在拉深工序中，润滑剂有着特别的重要作用，一般都是根据所拉深材料不同而自行配制的。拉深低碳钢零件所用润滑剂见表 9-2；拉深有色金属及不锈钢零件所用润滑剂见表 9-3。

表 9-2　拉深低碳钢零件所用润滑剂

序号	润滑剂成分及含量（质量分数，%）	使用配制说明
1	锭子油 43%；鱼肝油 8%；石墨 15%；油酸 8%；硫黄 5%；钾皂 6%；水 15%	1. 硫黄以粉末状加入 2. 使用效果较好
2	锭子油 33%；硫化蓖麻油 1.6%；鱼肝油 1.2%；白垩粉 45%；油酸 5.5%；氢氧化钠 0.7%；水 13%	该润滑剂在冲压后容易去除，主要用于单位压力较大的拉深
3	钾皂 20%；水 80%	将钾皂溶于 60~70℃ 水中，主要用于球形工件及抛物线形工件的拉深

表 9-3　拉深有色金属及不锈钢零件所用润滑剂

拉深材料	润滑剂成分	使用配置说明
铜	用浓度较高的脂肪酸乳浊液并用肥皂作为乳化剂	乳化液内含游离脂肪应不少于2%（质量分数）
不锈钢	含高浓度填料的乳浊液,粉状石墨悬浮剂或氯化石蜡、白漆、氯化乙烯漆	粉状石墨悬浮剂涂后应经干燥后再用

(续)

拉深材料	润滑剂成分	使用配置说明
铝及铝合金	1. 植物油(豆油)或凡士林油	—
	2. 黄油加石蜡或脂肪油混合物	—
硬铝	植物油(豆油)乳化液	—
铜合金	菜籽油或肥皂与油的乳化液	将菜籽油与浓肥皂水混合起来使用
镍及镍合金	肥皂与油的乳化液	—

9.5.3　润滑剂的使用方法

在冲压生产中，润滑剂的涂抹一般是采用特种工具或软抹布、棉纱、毛刷等用手工涂刷在条料或坯料变形较大的部位，冲模的凸、凹模工作成形部位，以及导柱、导套配合部位。但在拉深工序中，应该涂抹在凹模圆角处和压边面处以及与它们相接触的毛坯表面上，在冲压时，最好将润滑剂涂在凹模表面，凸模不要涂。同时，涂抹要均匀，并保证润滑部位干净无脏物，切忌在凸模表面或同它接触的毛坯表面上涂润滑油，以防材料沿凸模表面滑动并使材料变薄。对于较薄的毛坯第一次拉深时，除凹模圆角及压边部位外，不必在毛坯上涂润滑剂，以免形成折皱。

在零件冲压成形后，应用以下方法去除零件上的润滑剂：

1) 在汽油中清洗除油。
2) 在碱性溶液中进行电解除油。
3) 在特种溶液中加热除油。
4) 对于大型零件用软抹布或棉纱将油污擦拭干净。

9.6　冲压辅助工序工艺操作

在冲压加工过程中，为加快坯料的变形程度和确保制品冲件的质量，常采用一些辅助工序。辅助工序主要有坯件的热处理、坯件的酸洗、坯件的表面处理及冲件的最后修整及去除飞边等工作，配合冲压生产正常进行。实践表明，这些辅助工序尽管增加了零件加工工艺的复杂性，但对整个冲压工作的顺利进行、模具使用寿命的延长、制品零件的尺寸精度及表面质量的提高，都起到了极大的作用。如在弯曲、拉深、冷挤压过程中，这些辅助工序的采用已成为制品能否冲压成形的重要因素，是其不可缺少的工艺之一。

9.6.1　坯件的中间热处理

由前述可知：制品零件在冲压成形弯曲、拉深过程中，其材料本身在塑性变形时产生的加工硬化，使材料本身的力学性能发生了极大变化，其强度与硬度有明显提高，而塑性却会降低。这就使金属继续冲压时，产品会出现裂纹。为了再次弯曲、拉深成形，就需要将这些半成品坯件采用热处理退火的方法来恢复其塑性，消除由冷作造成的内应力，使其软化，方便后续工序的进一步成形，减少冲件破裂。

1. 坯件热处理方法

常用的坯件中间热处理方法主要有两种：

（1）坯件的低温退火　低温退火又称再结晶退火。其方法是把金属坯料加热至再结晶温度，使其晶格再次按顺序排列以消除硬化，恢复其原来的塑性。表9-4列出了目前企业常用的各种拉深材料低温退火规范，供生产中选用参考。

表9-4　拉深坯件低温退火规范

拉深材料	加热温度/℃	冷却方式
钢：08、10、15、20	600~650	在空气中冷却
纯铜：T1、T2	400~450	在空气中冷却
黄铜：H62、H68	500~540	在空气中冷却
铝	220~250	保温40~45min

（2）坯件的高温退火　坯件的高温退火是指把坯件加热至上临界点温度 Ac_3 以上 $30~40℃$ 后，经保温一段时间冷却，使金属坯件完全产生再结晶状态，起到软化的作用。各种拉深材料高温退火规范可参见表9-5。

2. 坯件热处理注意事项

拉深坯件中间热处理应注意以下几点：

1）坯件加热退火温度一定要按工艺规范进行（表9-4和表9-5）。若退火后仍不能满足要求，可适当提高温度，但不能太高。若温度太高或时间太长，又易使强度、塑性、韧性降低反而会使变形工艺性变差。

表9-5　拉深坯件高温退火规范

拉深材料	加热温度/℃	保温时间/min	冷却方式
钢：08、10、15	700~780	20~40	空气中冷却
钢：Q195、Q215	900~920	20~40	空气中冷却
钢：20、25、30、Q235	700~720	60	炉内冷却
合金钢：25CrMnSi、30CrMnSiA	650~700	12~18	空气中冷却
不锈钢：06Cr18Ni11Ti	1050~1100	5~15	空气中冷却或水冷
纯铜：T1、T2	600~650	30	空气中冷却
黄铜：H62、H68	650~700	15~30	空气中冷却
镍	750~850	20	空气中冷却
铝合金：3A21	300~350	30	250℃以后空冷
硬铝：1070A、1060	350~400	30	250℃以后空冷

2）凡需去除残余应力需退火的坯件，应在拉深工序后立即执行。

3）退火后的坯件一定要进行酸洗处理。

4）对于大中型拉深件，应在冷作硬化比较严重的部位进行局部退火，但工艺比较复杂。

9.6.2　坯件的酸洗

坯件经中间热处理后必须酸洗。酸洗的目的是：去除退火时坯件表面存在的氧化皮及其他杂物、脏物，以便于继续变形成形。

酸洗的工艺过程为：坯件退火冷却后→稀酸中侵蚀→冷水中清洗→弱碱中中和→清水冲洗→烘干。

酸洗液的配制见表 9-6。

表 9-6 酸洗液的配制

坯件材料	化学成分	含量	配制操作说明
低碳钢	硫酸(H_2SO_4)或盐酸(HCl) 水(H_2O)	15%~22%(体积分数) 其余	侵蚀
高碳钢	硫酸(H_2SO_4) 水	10%~15%(体积分数) 其余	预浸
	氢氧化钠($NaOH$)或氢氧化钾(KOH)	50~100g/L	最后酸洗
不锈钢	硝酸(HNO_3) 盐酸(HCl) 硫化胶 水	10%(体积分数) 1%~2%(体积分数) 0.1%(体积分数) 其余	光亮表面
铜及铜合金	硝酸(HNO_3) 硫酸(H_2SO_4) 盐酸(HCl)	75 份 100 份 1 份	光亮酸洗
铝及铝合金	氢氧化钾(KOH)或氢氧化钠($NaOH$) 氯化钠($NaCl$) 盐酸(HCl)	100~200g/L 13g/L 50~100g/L	闪光酸洗
镍	硫酸(H_2SO_4)	20%(体积分数)	60~80℃

9.6.3　冷挤压坯料的表面处理

零件在冷挤压时,由于单位挤压力比较高 (2000MPa 以上),故在挤压前,必须对坯料进行表面处理。一般是先对坯料进行热处理软化,再在表面进行润滑涂以性能较好的润滑剂或对不同的挤压材料坯件表面进行不同的表面处理,以确保挤压生产的正常进行。其主要方法是:

(1) 钢制坯件的磷化处理　对于钢制坯件可以首先进行磷化处理,即使其表面经磷酸盐处理后,在金属表面形成不溶性的金属磷酸盐层,该磷化层呈片状并且多孔,能牢固地附着在钢坯件上而不易脱落。磷化膜有良好的塑性,并能与金属一起进行塑性流动,挤压时起润滑作用。当磷化后的表面再涂以润滑剂,其附着力强,能使润滑剂附着在这些小孔内。因此开始挤压时,即使单位挤压力较大,润滑剂也不会被刮掉。在冷挤压过程中,始终保持润滑作用。磷化层的耐热能力可达 600℃ 左右,厚度一般可达 7~15μm,是一种比较好的表面处理方法,极有利于进行冷挤压。

(2) 铝制坯件的表面处理　在挤压铝制坯件时,一般不需要进行磷化处理,只是在冷挤压时,以硬脂酸锌、硬脂酸、肥皂粉润滑即可。用这些方法润滑,其挤压力最小,表面粗糙度 $Ra \leqslant 1.6\mu m$。这类润滑剂呈粉状,在使用时不要用得过多,若过多会使金属流动不均匀,反而会产生废品。

(3) 铜制坯件的表面处理　纯铜、黄铜及青铜在冷挤压前应先经钝化处理,然后再涂润滑剂。

(4) 不锈钢坯件的表面处理　在挤压不锈钢 (06Cr18Ni11Ti) 时,由于化学成分影响,也不能进行磷化处理,可以采用草酸盐处理后在挤压时再进行表面润滑。

上述冷挤压坯料的表面处理方法一般在工艺规程中都有所表述，操作者一定要按工艺规程的规定内容进行认真的操作。

9.6.4 冲压后制品零件的修整

在冲压生产作业过程中，每批制件冲压完成后，都应对其进行检测及修整，使其保质保量地交付用户使用。其主要后续工作是去除冲压过程中不可避免的飞边。在生产中，去除制品飞边主要可以采用如下几种方法：

（1）手工去飞边　对于批量小或形状复杂的大中型薄板零件，可以通过手工用平板锉或砂纸将飞边去除。尽管这种原始的去飞边方法工作效率低，劳动强度大，但工作起来方便、飞边去除干净，仍是小批量生产常用的一种方法。

（2）滚光去飞边　滚光去飞边是目前企业使用最多的一种去飞边方法。它是将冲件（厚度大于 1mm 的小型制品零件）装入专用滚光机的滚筒内，并随工件装入皮革碎片、锯末等填充物，滚筒以 60~80r/min 的速度旋转，利用制件与制件之间的相互碰撞和填充物的摩擦，将高于制件平面的飞边去除。同时，该方法也是制件自行抛光的好方法。但厚度低于0.8mm 或大中型零件不宜使用该方法。

（3）机械法去飞边　对于一些厚度较薄的大中型平板类零件，如电动机转子片，可采用磨飞边机来去除飞边。这种磨飞边机的砂轮转速不宜太高，一般由 80~100r/min，其传送带高度（传送带与砂轮间隙）应能上、下调节以磨削不同厚度的制品。这种去飞边的方法效率高，适于批量较大的生产。

（4）电解法去飞边　电解法去飞边是近年来发展的新型去飞边方法。其方法机理与电解抛光相似。

此外，在生产中还常采用超声波或通过腐蚀的方法去除飞边，这要根据具体情况进行选择。

第10章　冲压过程中的故障检修

10.1　压力机运行过程中常见故障的修复

10.1.1　手按电气开关，压力机飞轮不转

在开始冲压工作时，手按电气开关，压力机飞轮不转，无法进行冲压工作，应从以下几方面进行检查及处理。

1. 检查压力机电气装置

手按电气开关，若压力机飞轮不转，首先应检查一下开关是否损坏或线路中断，若接线盒中的熔丝由于超载而熔断，应更换新的熔丝进行供电。如果熔丝接好后，手按开关，飞轮仍不转，再检查一下开关是否失灵或线路接触不良，若开关中的某个触点接触不实，发现打火火花，这时可找电工更换新的开关，并检查压力机机床各线路，使之接通，保证电动机能正常工作。

2. 调整压力机传动装置中的 V 带

经电工检查电气线路及电动机能正常工作的状态下，若飞轮仍不转，这时应检查一下压力机传动装置中 V 带的松紧程度。若 V 带太松或太紧，都会使飞轮不能正常转动。这时可请设备维修工更换或调整 V 带，使之松紧合适，以使飞轮能正常运转进行冲压工作。

10.1.2　脚踏开关，压力机滑块不动作

在冲压过程中，若脚踏开关使压力机制动器松开，但滑块却不下降，或调节闭合高度时，滑块根本调不动而无法正确安装及使用模具进行冲压。这时应检查或修整压力机以下部位：

1）检查压力机调节螺杆有无弯曲或连杆被咬住现象。若调节螺杆弯曲或连杆被咬死以及螺杆螺纹局部损坏甚至整圈齿脱落，应请维修部门进行更换，直到合适为止。

2）检查连杆球头与滑块上的压盖球面相互接触的间隙是否合适，有无咬死、卡滞现象。若经检查发现间隙偏大或过小，都应卸下由维修工进行重新刮研和修整，使之保证良好的接触，之间有一定的合理间隙，不能咬死，使滑块动作正常。

3）检查蜗轮与滑块间接合状况，不能有咬死或卡滞状况。其检查与修整的主要部位是：蜗轮的轮齿有无损坏；蜗轮的滚动轴承工作是否正常，有无裂损；若蜗轮轮齿损坏，则蜗杆与连杆不能很好地连接而被咬死或卡住；若轴承裂损或碎裂则不能正常工作。这时，必须要对其进行修复或更换新的蜗轮、连杆或轴承后，使其正常工作。

4）检查机床的床身与滑块导轨面之间的间隙，其间隙不能太大或太小。若导轨面有发热或拉毛现象，应进行刮研，将有拉毛的部位进行刮平并挑花，以确保润滑油的贮存并进行正常润滑。在检修时，一定要保证床身与滑块导板的间隙，通用压力机两边间隙之和一般应

控制在 0.04~0.25mm，不能过大或过小。

5）检查连杆的球头销，是否由于在长期使用的情况下被振动而引起松动，若松动应将其拧紧固定，不能卡在滑块上。

6）检查平衡气缸的气压，其气压不能过大或过小，否则会引起蜗杆超载而使蜗轮轮齿损坏。在压力机工作前，应按说明书将气压调整合适。

7）检查压力机的润滑状况。若导轨内缺少润滑油，则容易使滑块调节困难。故在压力机使用过程中，必须供给充分的润滑油，保障其良好的润滑。

8）检查电气线路是否发生故障并及时修复。

10.1.3　滑块在下死点突然被咬住不动

在冲压正常运行中，滑块有时在下死点时突然被咬死或顶住不动，进退困难，此时应从以下几方面进行检查及处理：

1）检查制动带破损及工作状况。若制动带断裂、太松或太紧，应更换新的制动带，并将其松紧程度调整合适。

2）检查模具闭合高度的调整是否合适。当模具上、下模吻合时有硬性顶撞的功能时，如带柱镦的弯曲模，如果压力机的最小装模闭合高度小于模具发生顶撞的闭合高度，就会在顶撞的一瞬间发生严重的超载，其结果就会发生模具的损坏或使滑块连杆产生严重的"咬住"或"顶死"现象。排除此故障的方法是重新调整压力机的闭模高度，使之大于模具发生顶撞的闭合高度。

3）检查坯料厚度或有无叠片冲压。在冲压过程中，若发生叠片冲压或冲压材料超厚，则很容易使压力机滑块在下死点被"咬死"或"顶住"，使滑块进退困难。这时，应首先检查机床的传动系统是否存在其他故障。经排查后，将离合器脱开，开动主电动机反转，当飞轮起动达到正常转动后，立刻停止主电机使飞轮做惯性转动，再操纵控制气阀使离合器接合，将滑块从卡紧部位退出。若一次退不出，可进行多次。若实在不能奏效时，应割断模具或调节螺钉，使滑块越过死点，以防损坏压力机或模具。

10.1.4　压力机闭合高度发生变化

在冲压过程中，压力机闭合高度逐渐发生变化而影响冲压工作正常进行，甚至会使模具损坏。其排除方法是：

1）检查压力机的调节机构运行状况，即检查压力机的调节机构，若无锁紧装置时，应检查蜗杆副自锁的可靠性，当发现自锁不可靠或有损坏时，必须进行修整或更换，以避免闭合高度由于锁紧不严密而自动发生变化；对于有锁紧机构的压力机，应将其锁紧后再继续使用。

2）检查压力机的连杆和螺杆，若压力机的螺杆与连杆在长期使用后由于受振动而自动松开使锁紧机构发生松动，应在工作过程中经常用扳手紧锁，以防止由于锁紧机构松动而发生闭合高度的变化。

10.1.5　脚踏开关、离合器不起作用

在冲压过程中，若脚踏开关后离合器不起作用，主要发生于使用转键式离合器的中小型

压力机。其产生原因及排除方法是：

1）检查离合器的转键是否被折断，若折断，应更换新的转键。

2）检查离合器的打棒与齿条的接合台阶的棱角处，是否被磨损成圆弧状或两者横向活动空间太大。若发现上述情况，应更换齿条或打棒，并使两者活动空间调大。

3）检查操纵机构的拉杆长度是否调整合适，并观察操纵杆的挡头能否自由活动。若不合适，应重新对拉杆长度进行调整或更换新的压力弹簧。

10.1.6　单冲时发生连冲现象

在采用压力机进行单冲时，有时会发生连冲现象，此时很容易发生事故。产生连冲主要是由于离合器失灵而引起的。对此应根据所使用的压力机结构分别采取不同的方法进行排除或检修。其检修方法可参见本书第 8 章表 8-7 所示的内容进行。但这里要强调的是：压力机的离合器及离合器轴是压力机的关键部件。在离合器轴上一般安装有制动器、飞轮等部件，因此在拆卸这些零件进行修检时，一定要注意安全，不要损坏相邻的其他部件，如在检修采用摩擦离合器的压力机时，若需更换摩擦片，其方法应该是：首先将滑块调整到下死点位置，然后将离合器轴的轴承座紧固螺栓松开，并将整个离合器轴系统一起吊装后再拆卸其他零件。拆卸轴承时，如果配合较紧，可用喷灯加热后再拆卸。拆卸修理完成后在安装轴承时，在轴承上应事先加润滑油，其润滑油应占轴承空间的 $1/2 \sim 2/3$ 为宜。轴承在轴上的重新装配，必须保证正确的轴向间隙和径向间隙。间隙要均匀合理，不能过大或过小。间隙过大将影响装配精度，间隙过小则在运转时会发生过热加剧磨损。

为保障修复后的质量，在装配后应将电动机起动运转一段时间后再关闭，以观察飞轮靠惯性能自转多少时间，一般应要求为 $6 \sim 10$min。如果在运转时出现噪声或轴承发热以及飞轮停止不转，都应马上停机进行检修。

10.2　冲压操作中出现故障的排除

10.2.1　条料送进困难或被卡住

在冲压过程中，条料送进困难甚至被卡死难以推进，无法进行下一行程的冲压，多数出现在用双面侧导板为条料导向并带有侧刃、挡料块、导正销定位的连续冲模中。其故障的主要原因及排除方法是：

（1）检查条料首尾宽窄状况　在冲压过程中，若条料的首尾宽度相差较大，并在双面侧导板导向采用侧刃、挡料块加导正销定位方式的连续模冲压，若其条料宽度大于两个导料板之间的距离，条料就很难向前推进。这时，必须修正所用条料的宽度尺寸，使其宽度稍小于两导料板之间的距离。正常情况下，单面间隙为 $0.5 \sim 1$mm 比较合适。同时，所备的条料在整个长度方向上应宽窄一致，以便于条料的正常送进。

（2）检查导料板位置是否发生变化　冲模在长期使用过程中，由于受长期强力振动影响，很容易使固定导料板的销钉及螺钉松动，致使导料板位置发生相对变化，使两导板之间间距变小，造成即使条料宽度合适也很难向前推进，或被卡死在模具中。这时，必须停机，重新调整导料板位置，合适后再用螺钉紧固并穿入圆柱销定位。

（3）检查冲压后条料废料的边缘状况　在使用侧刃及挡料块定位的连续模或带料拉深的拉深模时，若条料边缘出现锯齿形（图10-1），则表明导料板的导料面与刃口已不平行，应及时调整使其相互平行后才能使其送料正常，不至于将条料卡住。

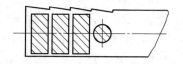

图10-1　条料边缘呈锯齿状

若检查条料废料边缘出现凸起状（图10-2）或有明显飞边时，则表明挡料块1在长期使用后被磨损，横向尺寸变小或本身位置发生变化，而使侧刃及侧刃挡料块不密合，故在冲裁过程中出现飞边或凸起而影响后续条料的向前推进。这时，应设法排除侧刃与挡料块之间的间隙，使紧密贴合，如更换新挡料块或重新调整其位置，使间隙 Z 消除，即可解决送料推进困难的问题。

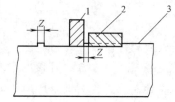

图10-2　条料边缘呈凸起状
1—挡料块　2—侧刃　3—条料

（4）检查凸模与固定卸料板的间隙　冲模在工作过程中，由于自然磨损会使凸模与卸料板（又称刮料板）相应孔之间间隙加大，致使卸料时条料侧搭边翻转上翘而随凸模回升时被带入卸料孔间隙内，使条料卡死，不能向前推进。这时，必须更换凸模或卸料板中的一个，或卸下卸料板，将相应卸料孔缩小（采用低熔点合金浇注法）重新调整卸料孔与凸模间隙（一般单面间隙为 0.1~0.5mm，或采用 H7/h6 间隙配合形式），即可解决送料困难问题。

（5）检查条料表面状况　在开始冲压送料时，条料表面一定要整洁、干净，并且平整、无明显凸起。若条料在冲压后上翘弯曲而无法解决送料困难，可将原固定卸料板改成用弹簧或橡胶弹压的弹性卸料板，使之在冲压时，始终对条料处于弹压状态，不至于发生翘曲、变形而影响条料的送进。

10.2.2　冲压后制品或废料难以退出模外

在冲压过程中，模具工作一段时间后若发现冲件或废料难以退出模外，主要发生在以下几种情况。

1. 下出件堵塞

下出件堵塞主要发生在倒装式复合模、正装式落料模、冲孔模以及连续冲模中。其产生原因及排除方法是：

1）检查下模板漏料孔与凹模孔相对位置是否发生偏移。冲模在长期使用过程中，由于受强烈冲击及振动的影响，致使模内定位圆柱销或紧固螺钉松动，很容易使下模板及凹模位置产生偏移而将制品零件或废料堵死，难以漏下排出模外，如图10-3所示。这时，应及时停机进行修整。其方法是：卸下下模，将其重新装配，使凹模孔对准下模板3的漏料孔，拧紧螺钉，打入圆柱销后，重新装在压力机工作台上时与压力机中心孔重合，再与上模重新调整配合后，即可继续冲压。一般情况下，下模板与工作台中心漏料孔应比凹模孔稍大些。

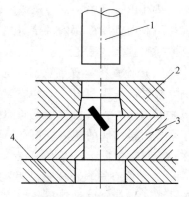

图10-3　漏料孔的调整
1—凸模　2—凹模
3—下模板　4—工作台

2）检查漏料孔内有无油污将制品零件或废料黏结在一起，从而将漏料孔堵住，使制件或废料难以漏下。若发现有这种情况，应及时清除，使其排件退料正常。

3）检查利用压缩空气将制品或废料吹出模外的卸、推件装置的气体压力。若气压太小，可加大气压使之能顺利将制品或废料吹出模外。

2. 上出件顶不出去

上出件卸件卸料装置主要应用于倒装式落料冲裁模及弯曲模、拉深模和复合模。如图 10-4 所示的复合冲裁模，其所冲裁后的制品零件及废料，分别由上模的打料杆 2、推板 3、推件杆 22 组成的打料机构和下模的顶杆 15、卸件器 19 及下模座以下的橡胶缓冲机构（图中未画出）组成的下模顶出机构构成。若在冲压过程中，制品与废料难以推出模外，则应从以下几方面寻找原因及设法排除。

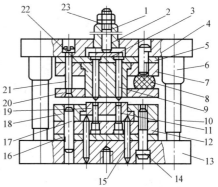

图 10-4　复合冲裁模

1—模柄　2—打料杆　3—推板　4—上模板
5—上垫板　6—导套　7—凸凹模固定板
8—缓冲橡胶　9—凸凹模　10—导柱　11—冲孔凸模
12—凸模固定板　13—下模板　14—内六角螺钉
15—顶杆　16—下垫板　17—圆柱销
18—凹模　19—卸件器　20—卸料板
21—卸料螺钉　22—推件杆　23—螺母

1）检查推料杆及推件杆工作状况。在检查时，首先检查上模打料机构中推件杆 22 和下模顶件机构的顶杆 15 是否折断及弯曲。若其中某个顶杆或推杆弯曲，则会使顶料、推件失去平衡，致使工件及废料难以推出模外。这时，应更换折断及弯曲的推杆及顶杆。在更换时，要注意调整顶杆与安装孔的双面配合间隙，不能过大或过小，一般应控制在 0.2mm 左右。过大的间隙会使顶杆、推杆歪斜，造成各顶杆、推杆长度不一，失去顶、推件的平衡，制件或废料难以推出模外。过小的间隙又会使顶杆、推杆折断，更易使制件及废料在模内卡死，造成事故。

2）检查、调整推件杆 22 与卸件器 19 的工作端面。使其与冲裁刃口平面凸出 0.2 ~ 0.5mm，否则制件与废品难以推出，如图 10-5 所示。

3）检查压力机横梁两侧的打料制动螺钉 1 的位置是否合适，打料杆 3 有无弯曲及折断现象，如图 10-6 所示。若有上述问题，则在冲模回程时，打料杆接触不上推板而打不下料来。因此，必须要更新调整打料制动螺钉 1 的位置，使之工作处于正常状态。

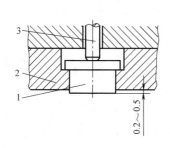

图 10-5　顶件器伸出凹模高度

1—顶件器　2—凹模　3—顶杆

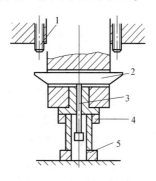

图 10-6　上顶出器机构

1—打料制动螺钉　2—横梁推板　3—打料杆　4—凹模　5—凸模

4）检查顶料板及顶出器在使用过程中是否发生变形。如图 10-7 中的顶料板 3 和顶出器 7 若发生变形或被卡死在某一位置上或顶料销 9 弯曲，则使制件及废料难以脱出，故必须对这类零件逐一检查及修复，以保证制件及废料顺利推出模外。

同时，还要检查顶出器中的细小凸模 6 有无弯曲或折断，致使卡在某一部位，使制品或废料难以推出模外。若发生这种情况，必须修复，使其正常工作。

5）检查下模板下的弹顶缓冲器的弹力是否足够，如图 10-8 中的弹顶缓冲器 4，若弹力不足，则必须更换弹力大的橡胶或压簧，否则由于弹顶力不足而影响卸、退件效果。如果冲模采用图 10-9 所示的弹性顶出器时，若弹簧或

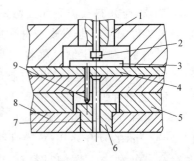

图 10-7　复合模顶出器

1—模柄　2—打料杆　3—顶料板
4—上垫板　5—衬套　6—凸模
7—顶出器　8—凹模　9—顶料销

橡胶由于长期使用失去弹力或被卡死在某一部位，也使制件难以推出。这时，必须给予修复或更新。

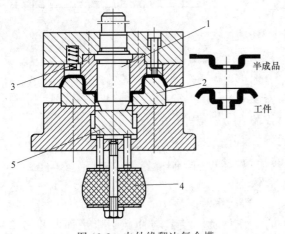

图 10-8　内外缘翻边复合模

1—凸模　2—凹模　3—凸凹模　4—弹顶缓冲器　5—顶件块

半成品

工件

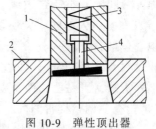

图 10-9　弹性顶出器

1—凸模　2—凹模　3—弹簧　4—顶杆

10.2.3　废料或制品随凸模回升

制品在冲裁时，对于一些材质较软或厚度较薄且形状又较复杂的带有长切口冲件，常会发生在冲裁之后，待凸模随压力机回升时，制件也随凸模一起回升的现象，如果不及时清理及修复，很容易产生叠冲，导致刃口啃刃而使冲模损坏，甚至发生事故。故此时，必须给予清除或检修，方法是：

1）检查及调整凸、凹模间隙。在冲裁时，若间隙合理，则冲裁后的制品与废料因其自身弹性会卡在凹模刃口内，并能在推件器的作用下推出模外而自由落下。若间隙由于冲模长期使用变大，则制品或废料卡在凹模洞口内的概率较低，在上模回升时，就很容易随凸模一起回升。这时，应修整凸、凹模间隙，使之变小，并控制在合理间隙范围之内。如果回带现象出现较少，可加大凸模进入凹模的深度，即可基本得到解决。若出现概率较大，且调整间隙作用不大时，可在凸模上使用橡胶或弹簧，增设弹顶装置，即可防止回升。

2）检查修整凹模刃口，若在冲裁过程中，回带现象较多，应检查凹模刃口，并用磨石修整，使其变成上小下大的喇叭口形，但不能影响冲裁精度。其修整斜度一般为 10′左右，这样也可使回带现象出现的概率降低。

3）检查带固定卸料板的冲裁模，看其凸模与卸料孔之间的配合情况。在设计与制造冲模时，其凸模与卸料孔一般保持为 H7/h6 配合形式。若冲模长期使用，由于磨损使间隙加大，则废料或冲件易使凸模带入间隙内，不但影响正常送料，而且易损坏模具。故在检修时，一定要使间隙控制在合理范围之内，不能太大，以防止回升现象的发生。

4）检查模具润滑状况。若在冲压时，润滑油涂抹不当或在朝向凸模一侧涂上润滑油，则冲压后极易使制品或废料黏附在凸模上，随凸模一起回升。因此，在冲裁薄板料时，应在凹模刃口上涂润滑油，不宜在条料或凸模上涂抹，否则会发生回带现象。

此外，若加工速度过快，顶料销不在中心位置或凹模内壁反锥及过于光滑，都会引起冲裁后回带现象。在修整时，应根据不同情况，进行适当处理或检修。

10.2.4　冲压过程中凸、凹模发生啃刃

零件在冲裁过程中，由于冲模长期受冲击载荷及振动的影响，使其凸、凹模相互位置发生变化，因而造成相互啃刃。轻者使制品在啃刃部位产生较大的飞边，并在飞边的根部产生圆角，影响制品质量；重者会导致凸、凹模损坏。因此，在冲压过程中，必须要预防这种啃刃现象的发生，以延长模具的使用寿命及保证产品的合格率。其方法是：

（1）检查凸模的安装状况　冲模在使用一段时间后，应经常检查凸模是否松动，并用直角尺测量凸模是否歪斜。若发现凸模松动或不垂直于凸模固定板基面，则必须重新安装及调整。在重新安装后要保证：凸模固定部位与安装孔的配合应为 H7/m6 或 H7/n6 配合形式；凸模的轴线与固定板的安装基面（支承面）要相互垂直，其垂直度公差不能大于 0.02mm，用于薄板料的凸模不应大于 0.01mm。同时，凸模的安装端面与固定板的支承面一起用平面磨床磨平后应在同一平面上，绝不能凸出固定板支承表面。

（2）检查冲模的导向精度或压力机的运动精度　冲模在使用前，模架的导向精度及压力机精度都已经过认真的调试和筛选并得到了基本保证，基本符合冲压要求，但由于长期使用受冲击与振动的影响，模具中的导向零件（导柱、导套）受到磨损，其导向精度明显降低，致使凸、凹模由于导向精度的变化而产生相互位移，故在冲压时会产生互啃，使刃口破坏。特别是对于无导向冲模，由于受压力机滑块与导轨间间隙变化影响更容易造成互啃现象。因此，在冲压过程中，要时刻观察模具导向机构的导向及压力机运动状况，一旦发现不正常现象，要立即停机检查，并及时进行调整和修复。必要时要更换新的导向精度高的模架和选用高精度压力机，以免造成啃刃而使冲模损坏。

（3）及时研修　对局部啃刃部位要及时进行研修，不能带故障继续使用模具。在冲压过程中，若发现零件冲裁后局部飞边加大或飞边底部有圆角，而落料件的飞边（图 10-10a）朝落料凸模一侧，冲孔件的飞边（图 10-10b）朝向冲孔凹模一侧，则表明此部位已发了明显的凸、凹模互啃（啃刃）现象，此时可以用目测或放大镜对此进行观察。若此部位凸、凹模刃口在光照下有反光，则应对该部位进行修整。在修整时，对于大尺寸的凸、凹模，可采用风动砂轮研修刃口；而对于小尺寸凸、凹模，应采用金刚锉研修；小尺寸圆孔采用研磨棒配合研磨膏进行研磨修整，如图 10-11 所示。对于研磨后的刃口面应采用平面磨床进行平

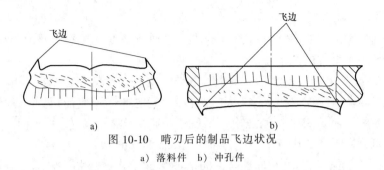

图 10-10　啃刃后的制品飞边状况

a) 落料件　b) 冲孔件

磨，使之刃口变锋利后恢复到原有状态，方可继续使用。

（4）检查固紧定位零件紧固状况　在冲模使用的过程中，操作者在冲压的同时，应经常检查所使用的模具各紧固用的内六角螺钉、圆柱销的松紧程度。若这类紧固零件由于受冲击振动而发生松动，则会使凸、凹模产生位移后发生啃刃。因此，必须使其固紧，防止松动，若有损坏，应及时更换。但更换修复后需重新调试冲模，合适后再继续使用。

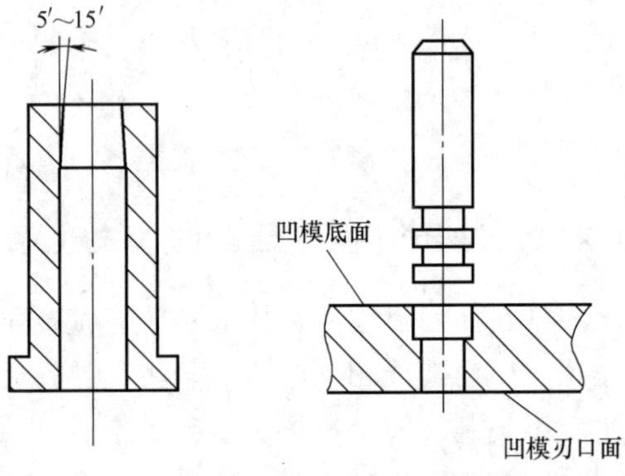

图 10-11　采用研磨棒研磨圆形刃口

a) 凹模形式　b) 研磨棒研磨

10.2.5　冲压过程中细小凸模易折断

在冲裁过程中，一些细小的凸模特别是冲孔凸模常会被折断，影响了冲压正常的进行。其产生原因及排除方法是：

（1）检查凸模结构形式及强度　对于冲裁模的细小冲孔凸模，一般都采用阶梯式结构形式，以增加其使用强度及刚性。但其过渡部位应光滑，不能出现明显的尖角，以防由于在冲压时应力过于集中而使其断裂。同时，要选择强度较高的材料如铬钢，并在热处理淬硬时，要严格按热处理规范操作，并保证硬度适中，以防使用时产生裂纹或折断。

（2）检查冲模的导向精度是否发生变化　首先检查导柱、导套的配合精度，是否由于长期的使用磨损后发生变化。若导向精度发生改变，则使凸、凹模位置变化而很容易造成啃刃使细小凸模折断。这时，应重新调整导柱、导套配合间隙，使之导向精度提高，以减少细小凸模断裂的概率；其次是检查细小凸模自身导向保护装置的工作状态。如图 10-12 所示的冲模结构，在设计与制造时，为保护这类细小凸模不至于折断和运行平稳可靠，常以导向套或者卸料板孔对其进行导向。如图 10-12 中的凸模 2 是由嵌镶在卸料板 4 中的导向套 3 进行导向兼起保护作用的。若导向套 3 和凸模 2 的配合孔被长期使用磨损后而加大，即起不到导向、保护作用，则细小凸模 2 很容易被折断。因此，必须重新更换导向套 3，使其恢复与凸模的配合精度（H7/h6），以防折断凸模。

（3）检查条料与废料的质量状况　条料或冲压后的废料表面质量状况，对细小凸模折断概率影响很大。若条料或冲

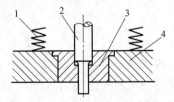

图 10-12　凸模导向套保护结构

1—弹簧　2—凸模

3—导向套　4—卸料板

压后的废料变形较大或不规则，则在冲压时就使得凸模所受侧压力不均衡，很容易使细小凸模被折断。这时，一是要加宽条料的宽度，加大零件搭边值以减小由条料、废料变形而引起的凸模折断的概率；二是要加大卸料板的弹压力（图 10-12），使弹簧 1 的压力加大，减少废料变形以防止细小凸模的变形或折断。

（4）检查制品零件与废料排出状况　若在冲压过程中，制品或废料难以排出或产生堆积，则也很容易使细小凸模被折断或弯曲。这时，必须在冲压过程中随时清理制品及废料，及时排出模外。

（5）检查凸、凹模间隙　在冲裁过程中，要随时检查凸、凹模间隙的变化。若间隙变大，则细小凸模会受到侧压力影响而容易被折断；因此，若发现间隙变化，要及时将其调整到合理范围之内，以减少凸模的弯曲与折断。

（6）检查凸、凹模刃口锋利状况　当凸、凹模长期使用刃口变钝时，应及时用平面磨床平磨刃口，使之变得锋利，表面光洁，减少细小凸模折断的概率。特别是对于硬质合金凸模，其表面刃口最好要进行抛光，以减少凸模被折断的危险。

10.2.6　凸模容易脱落

在冲压过程中，冲模在受到压力机强力冲击振动下，使嵌镶在固定板上的凸模或凹模容易松动或脱落而造成冲压事故，影响冲压生产正常进行。其解决方法是：

（1）检查凸模的装配质量　冲模在使用过程中，操作者应随时注意或检查凸模在凸模固定板上的安装质量。一般情况下，凸模安装后凸模的轴线应与凸模固定板的安装基面（安装表面）垂直。但经长期使用后，会受压力机冲击及振动影响，使凸模松动而偏斜，致使凸模容易脱出。故在检查过程中，应用直角尺随时检查，发现偏斜应及时停机修整，以防凸模过度使用脱出，从而造成事故。

（2）检查凸模的固定状况　冲模在装配时，凸模的固定方法大致有三种。一是检查用铆翻法固定的凸模，如图 10-13 所示。在检查时，若铆翻四周松动或骑缝螺钉松动，应及时拧紧螺钉使其固紧，以防凸模再次受力后脱出。二是对带有凸缘的凸模，若采用图 10-14 所示的固定方法，应检查凸缘的强度是否足够，有无损坏或变形致使凸模易脱出。三是检查用低熔点合金浇注法固定的凸模（图 10-15）或用环氧树脂粘接的凸模在使用一段时间后，是否受振动后而损坏，不起紧固作用，使凸模脱出。若发生损坏，应重新进行浇注及黏结。

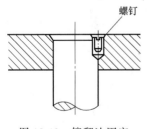

图 10-13　铆翻法固定

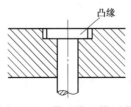

图 10-14　带凸缘凸模固定

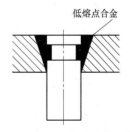

图 10-15　用低熔点合金
浇注固定的凸模

（3）减少卸料力和凸模拉力　在冲压过程中，在保证制件质量的前提下，为避免凸模容易脱出，可适当加大凸、凹模间隙，保证凸模与卸料板配合精度（H7/h6），适当提高卸料板及凸模强度及刚性，以减少卸料力和凸模拉力，以防止凸模脱出。

10.2.7 凸、凹模易于崩刃，产生圆角或粘接

在冲压过程中，凸、凹模有时会崩刃剥落，出现较大圆角（冲裁模）或粘接，严重影响冲压生产正常进行。其产生原因及解决办法是：

1. 刃口产生局部崩刃及剥落

在冲压过程中，造成凸、凹模刃口局部崩刃、剥落的主要原因是凸、凹模淬火硬度太高或未经回火就使用或管理不善造成的。其解决处理办法是要更换凸、凹模，并严格按热处理规范进行淬、回火，使其达到一定硬度。同时，要选用高强度、韧性好的材料，如 T10A、Cr12、CrWMn、Cr4W2MoV 或硬质合金 K40、G40 作为凸、凹模材料。

2. 冲裁模被磨出圆角

冲裁模刃口应为锋利刃口，但若在冲压过程中被磨出圆角，其主要原因是凸、凹模热处理后硬度太低或选用的凸、凹模材料强度及韧性太低、质量较差所造成的。若因刃口被磨出圆角而使制品质量降低的缺陷，建议更换材料强度高、韧性好的凸、凹模，并严格按热处理规范进行淬火、回火，使其硬度提高或者将原来的凸、凹模经再次退火修整后，重新淬硬后再继续使用。

3. 凸、凹模刃口产生粘接

刃口的粘接多发生在凹模刃口与冲裁件之间的部位。这是由于在冲裁过程中，两者产生强力挤压和摩擦后发热而引起的，致使在凹模刃口处产生金属堆积影响冲裁。其解办法是：①保证凸、凹模间隙合理并均匀一致；②适当减小刃口及侧面的表面粗糙度 Ra 值，即使表面光洁；③使用优质的润滑剂进行合理的润滑，以减少粘接现象。

在拉深不锈钢筒形或盒形零件时，其粘接现象更为严重，有时会使本来比较光滑的不锈钢表面由于粘接现象的出现而产生划伤，影响制品表面质量。其解决办法是：除要检查拉深凹模圆角半径是否光洁、间隙是否合理外，还应采取一些特殊方法进行解除。即在不锈钢拉深时，应选用铜基合金作为凹模材料，凸模仍使用工具钢，即可缓解粘接现象的产生。对于小尺寸的不锈钢拉深件，可选用硬质合金作为凹模材料，凸模材料选用 W18Cr4V。同时，在拉深时采用聚乙烯涂膜、乳化液、水基润滑剂等润滑，都可以减轻不锈钢拉深时因粘接而产生的划伤，提高产品质量。

4. 冷挤压凸、凹模被挤裂

零件在冷挤压过程中，由于挤压力过大，则凸、凹模很容易被挤裂。其主要解决办法是：

1）检查坯件形状及质量。冷挤压用的坯料，应先经预成形，表面要平整、厚薄一致，同时要按工艺要求经表面处理及涂润滑剂。

2）检查凸、凹模表面质量。在冷挤压前，一般应对凸、凹模进行抛光，使凸、凹模表面保持光洁，去除表面划痕及切削纹。

3）凸模在使用一段时间后，可采用去应力退火处理，重新进行热处理淬硬后再使用，以减小挤裂风险。

4）检查凸、凹模各圆角部位，合理确定工作圆角尺寸。对于采用组合凹模的冲模，要设法加大组合凹模的预应力，即加大各预应力圈直径及组合过盈量，选用强度较大的材料制

作预应力圈，按热处理规范合理进行淬火、回火，以提高预应力圈的硬度，减少凹模的裂损。

10.2.8　制品只有压印而剪切不下来

在冲压加工中，制品只有压印而剪切不下来，主要发生在冲裁工序中。这是由于在冲裁模工作一段时间后，冲裁凸模与凹模由于长期使用被磨损，使刃口变钝或者凸模与固定板产生松动，在受力时使凸模脱出或由于凸模上垫板淬火硬度低，而使凸模顶部将垫板顶出窝凹，在冲压时凸模上移，导致凸模进入凹模深度太浅而难以将制品与条料分离，造成只有压印而冲不下来。若发现这种情况，应从以下几方面进行修复：

（1）检查凸、凹模刃口锋利程度　对于凸、凹模刃口锋利程度的检查，可以借助放大镜观察或用手指盖轻轻刮一下工作刃口，若观察刃口有圆角或手感无锋利感觉，则表明刃口已被磨损变钝，很难将工件剪切下来。这时，应将下模从压力机上卸下，利用平面磨床磨削凹模刃口平面，使刃口变得锋利。对于中小型凸模可不必将其从压力机上卸下，用手动砂轮或磨石刃磨刃口使之保持在锋利状态下工作。凸、凹模刃口修磨锋利后，即可消除只有压印而冲不下来制品零件的现象。

（2）检查凸模与固定板的配合稳固状态　冲模在长期使用后，由于受冲击、振动的影响，会使凸模在凸模固定板内产生松动，故在冲压时易脱出而起不到冲压作用，致使工件冲不下来。这时，必须将冲模重新安装固定，经与凹模调整间隙后再继续使用。

（3）检查固定板与上模板之间垫板的压损情况　在冲模中，垫板是介于凸模固定板与上模板之间的板类淬硬零件，如图 10-16 所示。在冲压时，垫板承受着来自凸模 4 的反向压力，以减轻上模板 1 所承受的单位压应力。因此，垫板 2 必须要有一定的硬度。如果淬火后硬度不高，则经长期使用冲击后，由于凸模的反顶力，很容易使垫板顶出相应的凹坑，导致凸模受力时易于上窜，则进入凹模深度减小，使得冲压时只有压印而难以将制品冲下来。故在检查时，若发现垫板 2 有顶窝或凹坑，则必须将原垫板重新淬硬后再用平面磨床磨去凹坑再进行继续使用，或重新更换硬度更高的新垫板。垫板一般由 T7、T8 钢制成，其淬火硬度要求为 54~58HRC。

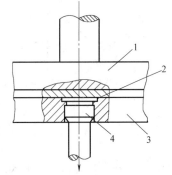

图 10-16　垫板的压损
1—上模板　2—垫板
3—凸模固定板　4—凸模

（4）检查调整压力机的闭模高度　在经上述检查及调整后，若制品仍冲不下来，则表明压力机长期使用后，其闭模高度发生变化，即凸模进入凹模深度太浅，应适当调节压力机的闭模高度。在调节时，主要依靠调节压力机连杆长度来实现。但调节时，凸模进入凹模深度不能调得过深或过浅，以能冲下件为准。在一般情况下，当冲裁材料厚度小于 2mm 时，其深度不能超过 0.8mm；硬质合金冲模或硅钢片使用的冲模不能超过 0.5mm。

10.2.9　切边模切刀切不开废料边

在使用切边模时（图 10-17），常出现废料边有时难以切开，致使废料边产生堆积而无法继续冲压。其解决办法是：检查废料切刀的安装是否发生位移变化。一般情况下，废料切刀与切边凸模的接触面 *A* 应密切贴合，不允许有缝隙存在。若冲模长期使用受冲击振动的影响，很容易使废料切刀发生松动而与凸模接触产生一定缝隙，使产生的废料难以切断，故应及时调整及修复，使之能正常进行冲压切边工作。

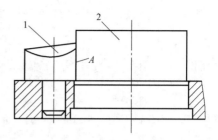

图 10-17　废料切刀安装
1—废料切刀　2—切边凸模

10.2.10　零件切口后，切口取不下来

在使用切口模对零件进行切口时，切口后凸模回升时，切口部位取出困难或根本难以取下来，这时要根据模具结构按不同情况进行处理。如图 10-18a 所示的切口形式，在模具设有顶出装置时，这时可将切开的一端，在不影响制品使用的前提下，其尺寸比弯曲一端尺寸适当减少 0.5～1mm，即可方便地取出工件。若属于图 10-18b 所示的切口形式，可增大下模的弹顶力，即可将切口部分取出。加大弹顶力的方法是将模下的缓冲器弹顶橡胶或弹簧弹力增加，即可使切口零件取出。

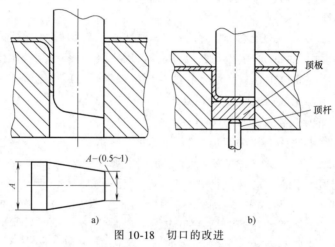

顶板

顶杆

$A-(0.5\sim1)$

A

a)　　　　　　　　　　　b)

图 10-18　切口的改进

10.3　冲压制品发生质量缺陷的处理

在冲压生产过程中，经安装调试后的冲模在开始批量生产时，制品质量比较稳定，无论形状、尺寸及表面质量，都符合图样规定要求。但工作一段时间后，冲模或压力机受到长期的冲击或振动，使得制品质量发生变化，严重时会超出尺寸精度范围，甚至造成废品。若不及时检查发现及修整，会给生产造成极大的浪费及损失。为避免这种现象的发生，操作者应在操作过程中随时抽检所冲制零件的质量，一旦发现废品，除按本书表 5-9、表 5-16 及表 6-16、表 6-19～表 6-22 所示的补救方法补救处理外，还应注意以下几项内容。

10.3.1　冲裁件形状尺寸发生变化

在冲裁过程中，经抽检其制品零件形状出现缺陷或尺寸超差，严重影响了产品质量稳定性，甚至产生批量废品。其处理办法是：

（1）检查凸模与凹模工作部位尺寸　凸、凹模工作部位尺寸是决定冲裁件尺寸精度的重要因素。尽管模具在设计与制造时，其尺寸精度都经过科学的计算和精确的加工制造，试模和安装调整后能冲制出合格的冲压制品零件来，但模具经过长期使用后，会由于振动与磨损的原因而严重超出使用范围，其尺寸会发生很大变化，致使所冲工件形状、尺寸不稳定，甚至超出所规定的公差，影响了制品质量。故在冲压过程中，操作者应时常检查制品零件质量，若有超差则必须检测凸、凹模工作刃口尺寸，并进行及时修正，使之恢复到原有要求的尺寸范围内，以冲制合格的产品。其方法是对凸、凹模进行修整。但在修整时，要本着下述修复原则：

落料尺寸是由凹模刃口尺寸决定的。因此，对于落料尺寸误差的变化，应在测量凹模实际尺寸后，以修整凹模为主。冲孔件孔的尺寸是由凸模决定的，因此对冲孔尺寸误差的变化，应首先测量凸模工作部位尺寸后，以修整凸模为主。但无论先修整谁，都应与另一件配合修整，以保持合理的间隙值。但要注意，合理的冲模间隙是保证冲件质量和提高模具使用寿命的前提，绝不能用扩大冲裁间隙的方法来修整冲裁件误差。在修整时，可采用检修、镦压、嵌镶等方法进行，否则应更换新的备件，并通过线切割、成形磨削、钳工手工修磨等方法，按实际磨损程度采用不同的修整方案，直到制件质量合格且能稳定生产为止。

（2）检查定位零件的可靠性　冲裁加工时，各工序间的毛坯定位是保证制件尺寸精度的基础。如落料、冲孔、冲槽、切口时，若采用单工序冲模，多采用定位板、定位销定位。例如，图 10-19 所示为采用相邻面定位板定位，而图 10-20 所示为采用三面定位板定位。尽管这类定位板定位，在设计与制造模具时都确保了定位精度，但由于冲模的长期使用，受冲击与振动的影响，其螺钉 2、圆柱销 1 会产生松动致使定位板 3 发生位移，其定位板本身，由于在坯料或条料的长期磨损下，也会产生形变，若继续使用，将使定位不准而造成制件尺寸发生变化、尺寸精度不稳定。若发生这种情况，一定要重新调整定位板，并将圆柱销及螺钉紧固；定位板磨损较大，使定位板槽形（图 10-20）变宽的，最好更换新的定位板。一般情况下，定位板槽形尺寸与坯料实际宽度尺寸的间隙值应控制在 0.1～0.2mm 之间。

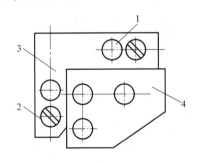

图 10-19　采用相邻面定位板定位
1—圆柱销　2—螺钉　3—定位板　4—坯件

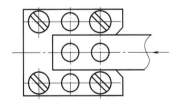

图 10-20　采用三面定位板定位

在使用连续冲模进行冲压时，应经检查挡料块的位置与侧刃凸模的贴合程度是否存在缝隙过大，若在条料废料中发现图 10-1 和图 10-2 所示的情况，应及时调整，以免造成尺寸偏差越来越大，产生废品。

（3）检查及修正条料尺寸精度　在冲裁过程中，若条料宽度尺寸精度较低，也会使冲压后的制品零件内外形尺寸变化、孔位超差。如条料过窄、冲压时搭边不足，会使制品形状缺边。特别是在使用连续模时，条料的宽度精度尤为重要。若条料过窄，则在送料时，条料会在导板内前后移动，会使制品冲出的内孔与外形尺寸前后发生位置变化；若条料过宽，则又会使条料送进困难，很难送到准确位置，会使制品孔与外形发生左右之间的位置变化。

（4）检查操作过程中的自身责任　在冲压过程中，若操作一时疏忽，也会使制品零件尺寸产生较大偏差，甚至出现废品。若操作时没有将条料送到指定定位位置，则会出现图 10-21 所示的缺边少角废品。因此，操作者在工作中，一定要增强事业心和责任感，加强职业道德修养，做好本职工作。

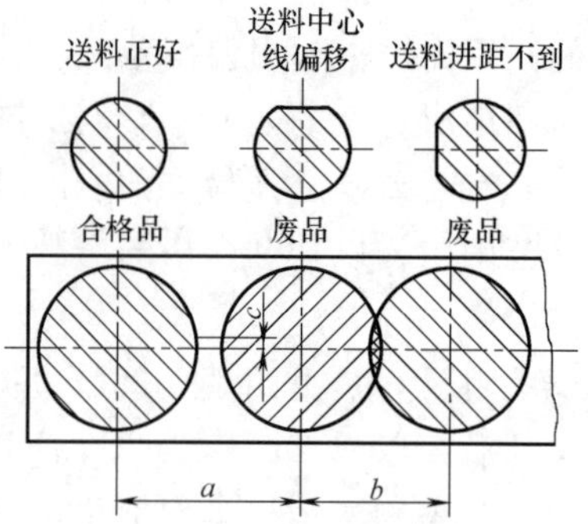

图 10-21　条料送进不到位而产生的废品

10.3.2　冲裁件产生较大飞边

在冲裁的过程中，在制品零件断面产生不同程度的飞边是不可避免的。但在正常生产条件下，飞边的高度一般不应超过材料厚度的 $1\% \sim 3\%$。若超过这个数值，表明飞边已偏高，影响了制品表面质量，必须要采取必要的措施，以防飞边越来越大，导致废品的产生。

在冲裁过程中，操作者要随时观察制品断面飞边的变化状况，并根据飞边的不同形式，采用不同的方法进行修整，如图 10-22 所示。

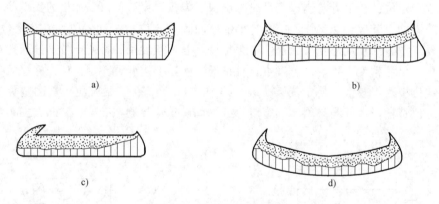

图 10-22　间隙对飞边的影响

在观察制品零件出现较大飞边时，若发现飞边在工件断面上方为圆锥形齿状时，则表明凸、凹模间隙变小，使凸、凹模两侧产生的裂缝不重合，使得坯料两端产生两次断裂后分离，故在制品上部产生图 10-22a 所示的倒锥形齿状飞边。这时应调整凸、凹模间隙，即修磨凸、凹模刃口，使间隙变大；若发现在制品上有较厚的拉断飞边（图 10-22b），并且断面粗糙又有凹进现象时，表明间隙太大，这时应更换凸、凹模中的一个，使之间隙调整合理后再继续使用；若发现在制品一边产生较大带斜度的飞边（图 10-22c）时，则表明间隙已经不均匀，凸、凹模相互位置在长期使用及冲击和振动下，其某个零件已经发生位移，其凸、凹模中心线已经歪斜，不重合。这时，应卸下模具重新安装凸、凹模，调好间隙使之各向均匀一致，以消除大飞边的产生。

（2）检查冲模的导向与装配精度　冲模长期使用受冲击、振动及磨损的影响，其导向精度及各紧固零件的松动而使冲模的装配精度均有下降的可能，故使凸、凹模发生位置变化，间隙各向不均而产生较大的飞边。故在冲模使用过程中，操作者应随时检查或拧紧紧固零件，以防由于冲模装配精度变化而产生较大的飞边。

（3）检查凸、凹模刃口锋利程度　在冲模使用过程中，若凸、凹模刃口由于长期被磨损而变钝，则会在制件表面上产生图 10-22d 所示带有中等厚度的飞边并且制件本身稍带有弯曲且圆角较大。发生这种现象，若落料、冲孔均产生飞边，应对凸、凹模同时进行修磨；若只有孔有飞边，则只修磨凸模刃口；若落料边缘产生较大飞边，则只刃磨凹模刃口，使之锋利后，即可将飞边消除。

实践证明：为消除制品零件上的较大飞边，刃磨凸、凹模刃口使其保持在锋利状态下工作，是解决出现较大飞边的最佳办法之一。但在刃磨前，应对模具零件进行相应的调整，消除由于位移而产生的啃刃现象。同时，对于前述由于间隙不均匀而产生的飞边，也应先调整均匀后再对其凸、凹模进行平面磨削，使刃口锋利后再继续使用。在修整间隙时，对于过小的间隙，可采用研磨或成形磨削使间隙加大；对于过大间隙除采用更换凸、凹模外，也可以采用镶拼件方法修复凹模与凸模局部尺寸，使其达到合理的间隙值，以杜绝较大飞边的产生。若采用上述修整后，仍有较大飞边产生，则应在冲压后采用锉削法来去除飞边。对于小而厚的冲件，可采用滚筒滚光的方法去除飞边，以确保制件的使用质量。

10.3.3　弯曲件弯曲部位产生偏移

弯曲件在弯曲后，弯曲部位发生位置偏移而使弯曲件形状及尺寸发生变化，质量不稳定。其主要原因是在弯曲时，坯件产生滑移、定位不稳造成的。其解决办法是：

（1）检查 V 形弯曲模两边角度是否相等　V 形弯曲模在长期使用过程中，若两边角度由于磨损而变化致使不相等时（图 10-23），其角度变小的一侧凹模边缘在冲压时离凸模顶端的距离较近，作用在

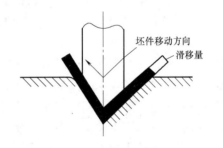

图 10-23　V 形弯曲模两边角度变化

凹模边缘的正压力较大，摩擦阻力也较大；反之，角度变大的另一面摩擦阻力显得较小，故使坯料向弯曲角度小的一方移动，故在弯曲后的制品零件尺寸及弯曲角尺寸精度变化，使弯曲部位偏移。这时，应对凹模或凸模角度进行修整，保持两边弯曲角大小一致，或者调整两侧的凹模圆角半径来抵消因角度不等而产生的弯曲件弯曲部位的偏移。

（2）检查坯件定位的可靠性　在单动压力机上进行弯曲时，一般都采用定位板定位。但单纯依靠定位板定位，坯件在弯曲时易产生滑移。因此，对于精度要求较高的零件弯曲，多采用弹压板装置，使弯曲开始前，坯件就被压紧，减少滑动的可能性。若在零件上有孔或工艺孔时，可采用图 10-24 所示的内孔定位销定位，可预防坯料的滑移和确保尺寸的稳定性。但这类定位销与定位板，在

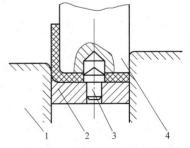

图 10-24　采用内孔定位销定位
1—凹模　2—压板　3—定位销　4—凸模

弯曲过程中，要时刻检查其固定的紧固性，绝不能由于紧固件松动而使其位置发生变化，进而影响其定位的可靠性。

（3）检查修整凹模两边的圆角半径　在弯曲U形件时，若凹模两侧圆角半径因磨损后发生变化，两侧不相等，致使弯曲时坯料易向半径较小的一方滑动，引起弯曲部位偏移，使质量精度不稳，发生变化。这时，应将圆角小的一侧进行研修，使两侧圆角半径相等，即可消除弯曲部位偏移现象，如图10-25所示。

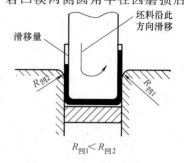

图10-25　U形件凹模圆角半径不等引起弯曲偏移

（4）检查与调整凸、凹模两侧间隙及表面质量的均匀性　在检查时，若凸、凹模两面间隙表面质量相差较大，则坯料会向间隙小、表面质量差的一方滑移，使弯曲后的零件制品弯曲部位偏移。这时，应将表面粗糙度差的一方进行抛光，研磨，以使两侧间隙相等，表面质量一致，减少弯曲偏移的现象。

10.3.4　弯曲件弯曲后外形尺寸及形位变化

弯曲件在弯曲后，其外形尺寸及形位发生自然变化，如图10-26所示。其主要原因是由于材料本身的回弹或定位零件磨损变形，起不到定位作用而引起的。其主要处理方法是：

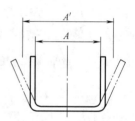

图10-26　弯曲件外形尺寸及形位发生变化
A—实际要求尺寸　A′—冲压后尺寸

1. 修正凸、凹模，减少材料回弹影响

在制品零件弯曲时，材料的回弹现象是不可避免的。如图10-26所示，零件在弯曲以后，其口部的要求尺寸是A，而实际弯曲后，尺寸A却增大，变成尺寸A′，且形状变成喇叭口状，造成质量不合格，尺寸超出图样要求。这种回弹现象尽管在模具设计与制造时，已经采取了必要的防控措施，控制了回弹，但由于冲模的长期使用，受冲击振动及磨损的影响，回弹时有发生，严重影响了产品质量的稳定性。故在弯曲的过程中，为减少材料的回弹对产品质量的影响，应采取如下措施：

1）选用弹性模量大、屈服强度小、力学性能较稳定的材料进行弯曲成形。

2）弯曲的坯件一般要进行退火，以使冷作硬化坯料预先软化，减少回弹。

3）修整凸、凹模工作部位斜度，并调整凸、凹模间隙，使之等于最小料厚，以减少回弹，如图10-27所示。

4）增大凹模与坯件的接触面积，减少凸模与坯料的接触面。如图10-28a所示，凸模宽度小于凹模的槽口宽度，弯曲件的弯曲角

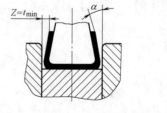

图10-27　凸、凹模修整成斜度形状

度小于90°；如图10-28b所示，凸模宽度大于凹模槽口宽度，弯曲件的弯曲角稍大于90°；如图10-28c所示，凸模宽度与凹模槽口宽度相等，弯曲件角度基本等于90°。

在修整时，也可以将凸模制成图10-29所示的结构形式，以减少弯曲件的回弹。

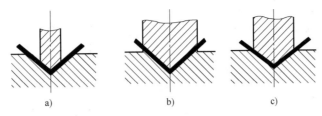

图 10-28　凸模形状对弯曲角度的影响

5）采取"矫枉过正"的办法减少回弹的影响。如 V 形件要求弯曲 90°时，则凸模可修整成比 90°略小的适当角度，使弯曲回弹后基本上等于 90°，如图 10-30 所示的凸、凹模结构，即在凸、凹模上修整成补偿回弹的凸、凹模结构，当制品弯曲后，由于曲面部位回弹后伸直，而使两侧产生向内的变形，基本补偿了由于回弹向外（直壁部位）扩张的影响。

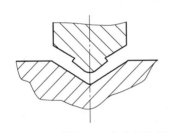

图 10-29　凸模校正回弹的结构形式

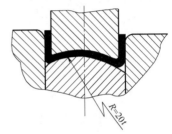

图 10-30　凸、凹模的补偿回弹影响方法

2. 检查坯件定位装置的可靠性

弯曲模在使用过程中，其坯件定位装置很容易受磨损及振动的影响，发生位置的偏移及变形，为确保制品质量尺寸精度，必须经常给予调修，使之能准确定位，必要时予以更换。

3. 调整压力机滑块

在采用无导向弯曲模弯曲时，必须要对压力机随时进行调整。这是因为压力机滑块由于长期受振动及冲击影响，使其本以调整好在下死点位置容易发生变化，弯曲时起不到镦压作用，而使制品形状尺寸变化，故应在使用一段时间后，检查或重新调整，使其能恢复正常工作状态。

4. 调整冲模压料装置

在弯曲过程中，要随时检查及调整冲模压料装置，以防止动作失灵或根本不起压料作用而导致的弯曲制品尺寸精度变化。必要时，应予以更换。

10.3.5　拉深件壁部厚度不均

零件在拉深过程中，由于受各种因素的影响，会使壁部厚度不均，出现厚度误差而影响制品的质量。图 10-31 所示为筒形、盒形拉深件各部分厚度误差示意图。

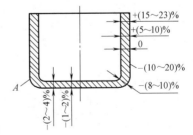

图 10-31　筒形、盒形拉深件壁厚变化
+—厚度增加　－—厚度减少

由图可知：制品拉深后，在凸模 $R_凸$ 部位稍向上一点的 A 部位最薄；$R_凸$ 部位及底部稍稍变薄；而 A 部位以上逐渐变厚；最厚的部位是在拉深结束的部位，即在拉深口端。这种现象的产生，不但影响了零件制品的外观质量，而且还易

使拉深时产生破裂。其方法解决是：

1. 修整凸、凹模圆角半径

凸、凹模圆角半径 $R_凸$、$R_凹$（图 10-32），对制品壁厚影响很大。这是因为，拉深板料在凸模作用下通过 $R_凹$ 时，最先被弯曲部位的壁厚变得最薄而胀形拉深部位稍有变薄，其上部圆周方向的压缩变形大，壁部随之逐渐变厚。其拉力小的部位（零件口部）最厚，故形成壁厚误差变化较大。同时，$R_凸$、$R_凹$ 若过小，使壁部变薄又易使制品撕裂；而 $R_凹$、$R_凸$ 过大，则又使壁部变厚，产生折皱。因此，拉深模的 $R_凸$、$R_凹$ 不能过小或过大，应修整合适，使得拉深后壁部厚薄要均匀。$R_凸$、$R_凹$ 的大小，一般取板厚的 5～20 倍最为合适。

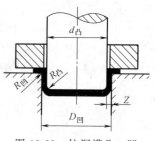

图 10-32 拉深模凸、凹模圆角半径 $R_凸$、$R_凹$

2. 合理控制凸、凹模间隙

在拉深时，为防止壁厚变化，在选用凸、凹模间隙时应尽可能小些。间隙如果过大，则壁厚的误差就越大。特别是对于需两次以上拉深的多工序拉深更会加大壁厚的误差。因此，为预防壁厚变化，应尽量减小拉深时的间隙值，特别是首次拉深工序的间隙更要减小。

3. 选用方向性小、板厚误差小的材料

实践表明：在拉深时，若材料的方向性大，壁厚相应误差也越大；若板厚的误差大或者其各轧制方向上不均，在冲压拉深后，壁部厚度误差也越大。为此，为减小拉深后的壁厚误差，必须选用拉深方向性较小、厚度误差也较小的板料。

10.3.6 拉深件掉底而形成筒形

在拉深时，若制品被拉掉而形成筒形，造成废品，应从下述两方面寻找原因及处理：

1）如果制品在开始拉深时质量较好，既无明显折皱又无破裂现象，但随拉深深度加大虽不出明显折皱但底部被拉裂而形成筒形。其主要原因是压边力变化而造成的。如图 10-33 所示，模具下部由橡胶提供压边力的弹性，压边装置随拉深深度的逐渐加大，材料所承受的拉深应力也逐渐加大，这对抗拉强度较低的有色金属板材如铝、纯铜等，由于拉深力变化更容易发生这种现象。为减少这种掉底现象的发生，一是要加大选用橡胶（或压簧）的高度，使其在整个拉深行程中（压缩）压力变化降到最小；二是在模具结构上采用限制距离的装置，如图 10-34 所示，可使压边力在整个拉深行程中保持均衡，以防压边圈由于压力边的加

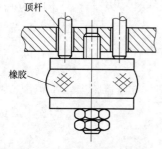

图 10-33 橡胶弹性压边装置

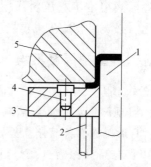

图 10-34 限制行程装置

1—凸模 2—顶杆 3—边带圈 4—支柱 5—凹模

大而夹得过紧而使底部拉裂。必要时，可采用双层橡胶或双层弹簧机构的弹顶器压边装置拉深，即可消除拉深深度加大时，底部被拉裂掉底的现象。当然，若改用带有压缩空气垫的压力机更为理想。

2）制品零件需多次拉深时，首次拉深底部未破裂，而以后拉深时，在首次拉深底部圆角处上方的相应位置破裂而掉底。其主要原因是在首次拉深时，坯件侧壁下部相应于凸模圆角处材料变薄量较大，受单向拉伸应力作用，与侧壁相切的部位最容易出现拉裂，俗称"危险断面"。当拉深力增大时，"危险断面"在首次拉深时并未破裂，但由于材料变薄量很大，在坯件的外侧表面很容易出现凹进（缩颈）现象，如图 10-35 所示。因此，在后续拉深时，此处极容易破裂而被拉掉底。为减少这种现象，其处理方法是：首先检查拉深模的模具状况，对其进行修整，使首次坯件尽量减少缩颈产生，以确保以后各次拉深不至于产生掉底现象。

图 10-35　首次拉深
坯件的缩颈现象

10.4　冲模故障的随机临时性检修

冲模在使用过程中，由于受冲击、振动及磨损等因素的影响，常会出现各种故障而影响冲压生产的正常进行，使产品质量下降。若出现这种情况，先不必将冲模从压力机中卸下，应在压力机上对其认真检查，找出故障的部位及产生原因，确定修复方法。若属于影响不大的小故障，应尽可能在压力机上进行临时性随机检修：如利用事先储备的易损零件，对冲模损坏的部位进行更换；用磨石研修变钝的凸、凹模刃口；紧固松动的螺钉及圆柱销；更换位置发生变化或损坏的定位零件、卸退料零件与顶件零件；调整凸、凹模间隙等。能在压力机上修复的就在压力机上修复，不可将模具大拆大卸，以免浪费工时，影响生产。若在压力机上不能修复的，再将冲模卸下，进行专门的检修。下面介绍几种随机临时性检修方法，供参考选用。

10.4.1　冲模易损零件的随机更换

冲模在使用过程中，常需要更换的易损零件主要包括：冲模的主要工作零件（如凸、凹模）、定位零件，卸退料机构的推件杆、推件板、卸料橡胶、弹簧以及顶件杆、顶件板等。这类零件，一般对大批量生产条件下，都已预先制备，并在模具结构设计上也提供了快捷更换的条件。如在大批量生产中使用的多工位连续模中，多采用图 10-36 所示的可换式凸、凹模结构。只要凸、凹模在工作过程中因故损坏，即可马上停机并用很短时间进行更换。对于易损的定位板、定位钉及卸退料机构的顶推杆以及卸料弹簧、卸料橡胶、螺料螺钉、圆柱销等，若有损坏或变形，也无须将冲模全部从压力机上卸下，只是哪坏拆哪，将备件快速更换后，稍经调试即可尽快投产使用。

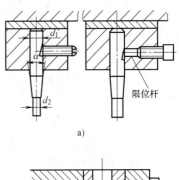

a)

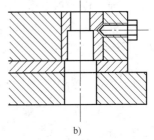

b)

图 10-36　可换式凸、凹模结构
a) 可换式凸模　b) 可换式凹模

10.4.2 刃口变钝的凸、凹模修复

由前述可知：冲裁模在使用过程中，由于凸模与凹模的正常磨损，使其失去了原来的锋利刃口而变钝，致使制品零件在剪切面上产生较大的飞边甚至撕裂，严重影响了产品质量。由此，冲模在使用一段时间后，操作者必须经常检查刃口的锋利程度，特别是制品出现飞边过大部位更应引起高度重视。其检查方法是：

1）用手指在凸、凹模刃口处轻轻摸一摸，看刃口有无锋利的感觉。如果手感有打滑或不刺手并感到刃口高低不平时，表明刃口已明显变钝，则必须进行修磨。

2）用手指甲在刃口上轻轻擦划一下，如果指甲没有被刮削的感觉，表明刃口已变钝，应进行刃磨，使其变锋利。

3）在垂直于刃口尖端的方向上，采用放大镜查看刃口是否有发亮的部位。如果有反光发亮部位出现，则表明刃口的该部位已被磨损变钝，应进行刃磨；若在放大镜上看到一条又细又长的黑色线条，表明刃口仍然锋利，即可继续使用。

4）检查冲裁件的表面断层，若发现断面上有光点或飞边，表明刃口已变钝，应修整刃口使其变锋利。如果飞边出现在零件的外缘，则凸模刃口变钝，需刃磨凸模；若飞边出现在冲孔部位内缘，则凹模刃口变钝，应刃磨凹模刃口使之锋利；若制品内孔及外缘同时出现飞边，则应同时对凸、凹模刃口进行刃磨，使其保持刃口锋利。

在利用上述方法检查后，确定凸、凹模刃口变钝需要进行刃磨时，可采用下述两种方法进行临时性随机修检：

一是对于局部变钝的凸、凹模刃口或者尺寸较小的凸、凹模，可用本章前述所提到的方法采用不同尺寸规格型号的磨石蘸取煤油对变钝部位的刃口进行研磨。在研磨时，应按同一方向来回往复研磨，绝不能随意改变方向研磨，否则会降低研磨效果。在左边研磨时，边用手指轻轻检测，直到手感认为锋利时为止。

二是当凸、凹模刃口需全方位研磨时，可将凹模或凸模单独从冲模中卸下，用平面磨床对刃口面进行平磨，使刃口变锋利后，再重新安装，调整好凸、凹模间隙，即可使用。但在用平面磨床上刃磨时，应注意以下几点：

1）在压力机上拆卸凸、凹模零件时，一定要特别小心，不能损伤凸、凹模刃口及工作表面，更不能损伤圆柱销或圆柱销孔，以便于在刃磨后在压力机上重新安装。

2）刃磨时的刃磨量不要太大，否则会使凸、凹模刃口崩裂。

3）为延长冲模的使用寿命，在能确保刃口锋利的前提下，磨削掉的金属层每次不要超过 0.15mm，以增加可刃磨次数。

4）刃磨后的凸、凹模在重新安装到压力机上后，应进行再次调整，使凸模进入凹模深度及间隙合理后再继续正常使用。

10.4.3 裂损的冲裁凸、凹模修复

在冲裁过程中，冲裁凸、凹模刃口的崩刃、剥落和裂纹是在冲压加工中常见的故障。如果这类故障并不是很严重，受损部位比较轻微，而且对制品质量并无影响或影响不是很大时，可不必将模具从压力机卸下，在压力机上可用磨石或风动砂轮对刃口进行稍加修磨后，即可继续使用。

零件在修磨时，可根据其裂损情况而定。若裂损或损伤范围较大或深度较深，可先采用风动砂轮将崩刃或裂损部位不规则断面修磨成圆滑过渡的断面形式，如图 10-37 所示。然后，再用磨石蘸煤油后仔细在其坏损部位进行研磨，特别是刃口的直壁部位一定要在上、下方向磨光，使其刃口锋利后，即可继续使用。这样不至于使裂损及崩刃越来越大，进而使冲模损坏。

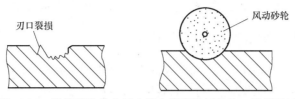

图 10-37　用风动砂轮在压力机上修磨损坏的凸、凹模刃口

在压力机上修磨损坏的凸、凹模时，要使风动砂轮磨削压力轻微，移动速度要缓慢，并要随时观察修磨部位的状况，绝不能用力过猛、速度过快，否则会损伤其他部位或使被磨零件由于温度过高发生局部退火而影响使用硬度。

用风动砂轮在压力机上修磨凸、凹模刃口，实质上在刃口平面上会产生波浪形（相当于局部产生斜刃）。对于落料件，如果修磨部位是凹模，则对落料制品质量不会产生较大影响；如果修磨部位是在凸模部位，当修磨刃口比较窄小且冲裁件精度要求又不高时，也不会对制品质量影响较大，可在修磨后继续使用。

在利用磨石研磨刃口时，可根据刃口崩裂损坏状况，采用不同规格型号的磨石蘸取煤油后在刃口面上顺着一个方向对刃口轻轻刃磨，直到刃口光洁、锋利为止。采用这种方法修磨损裂的凸、凹模，主要适用于刃口局部出现的轻微擦伤、挤痕、拉毛等刃口表面粗糙度值增大的情况，也适用于刃口局部变钝。但在研磨时，一定要用磨石仔细研磨，通过研磨使刃口恢复到原来的状态及锋利程度，以便继续使用。

用风动砂轮及磨石随机修磨凸、凹模损裂部位，既可节省更换凸、凹模的费用，又可节省修复时间、不误生产，尤其是对于大中型凸、凹模的局部损裂、崩刃还要求有紧迫任务需及时完成，更显示出了优越性，是目前应用比较普遍的一种检修方法。

10.4.4　成形类凸、凹模表面磨修与抛光

在冲压过程中，对于拉深、弯曲等成形类凸、凹模，常常因其表面磨损而有金属微粒的黏附或出现划痕，结果使制品被拉深、弯曲后出现细小印痕，影响了制品表面质量和精度。故模具经过一段时间使用后，操作者应在压力机上不必拆卸模具的情况下，对其进行表面修磨或抛光。其方法是：先将电源切断，然后可用磨石或细砂纸在凸、凹模工作表面轻轻打光，然后再用氧化铬进行抛光，直到消除表面划痕，其表面质量达到原要求为止，便可以继续开机使用。其抛光的过程是：

1）对于划痕较大的凸、凹模表面，用细金刚锉进行交叉锉削或用刮刀刮平，锉削后表面不应有明显的刀纹及加工划痕。

2）用磨石或细砂布进行表面磨光。

3）用金刚砂抛光并用毡布或呢子布蘸取煤油或机油混合物在被抛光表面进行研磨。

4）在用金刚砂（Cr_2O_3）研磨时，先用粒度比较大的金刚砂，再依次选用中号、细号

粒度金刚砂细磨。

5）经用金刚砂研磨的表面，用呢子布蘸取细号粒度的金刚砂干粉再进行一次抛磨，以获得较光洁的表面。干抛光后的表面，再用丝绸布擦净即可使用。

对于拉深、弯曲、冷挤压用的回转体凸模，可单独将凸模卸下在抛光机上用布轮抛光，再重新安装到冲模上，调试好凸模进入凹模深度及间隙合理后，即可使用。

但经多次抛光的凸、凹模，尺寸会变化，这时可采用表面镀硬铬的方法进行补救。

10.4.5　卸料及推件机构在压力机上的调整

冲模在使用过程中，要随时观察模具的卸料及顶推件机构的动作状况。若顶杆、推杆弯曲或断裂，卸退料弹簧及橡胶弹力不足或损坏，难以将制件顶出及退料困难时，应及时在压力机上修复，不必将模具全拆卸，只卸下卸料及推件机构，检查出现故障的部位，分析原因，哪坏修哪，对损坏的顶杆、推杆、推板等则应进行更换。同时，在凸、凹模刃磨后，其卸推件机构应在压力机上进行重新调整。如图 10-38 所示的复合模，凹模 2、冲孔凸模 1、凸凹模 3 刃口变钝经刃磨后，会使冲模的闭合高度降低，致使顶出块 6、卸料板 5 与凸、凹模不在同一平面上，即凸凹模 3 低于卸料板 5，假如继续冲压，上模要压下卸料板一定距离后才能冲下制品零件。这样更会使冲模损坏。为此，凸、凹模经过一定次数的修磨后，必须在凸凹模 3 底部加垫片 8 后才能保证正常使用。

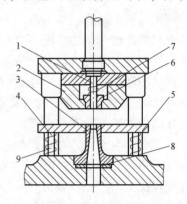

图 10-38　复合模的随机修复

1—冲孔凸模　2—凹模　3—凸凹模

4、7—弹簧　5—卸料板　6—顶出块

8—垫片　9—卸料螺钉

10.4.6　变形、破损零件在压力机上的检修

冲模在使用过程中，在冲击或振动的影响下，有些零件会发生变形及破损。如拉深模的压边圈的压边面，在工作时由于材料的长期挤压会使压料板面损伤；模具的定位零件如定位板、定位块磨损后定位精度降低；紧固零件如内六角螺钉、圆柱销受振动而松动，致使凸、凹模位移变化，使间隙不均匀，甚至造成啃刃等。这都会使冲压件质量精度降低，影响冲压生产的正常进行。在生产中若遇到这类故障，应立即停机检查，查找故障的原因并进行修复。但在修复时，不必将冲模从机上卸下，而是要根据零件的损伤部位及状况，哪里出现故障，就单独拆卸哪个部位，不要碰损其他部位。并修整或更换损坏的零件。例如，对折断或磨损的定位板、定位销进行更换；对被刮伤的拉深模压边圈压边面进行平面磨削，使之光洁；紧固松动的内六角螺钉或定位圆柱销，并调整凸、凹模间隙合适后固定凸、凹模，再继续用。对于连续模，若导料板由于长期使用而磨损，很容易影响送料精度。这时可以单独将导料板从模中卸下；若其挡料块损坏或位置发生变化，不与侧刃凸模贴合，应重新安装或更换，若两导料板互不平行影响送料，可用平面磨床磨平接触料的端面，然后再安装到压力机上的冲模中，调整好两导料板距离后固定即可继续使用。如果修整后的导料板由于磨削后安装尺寸变化，这时可以将螺孔及销孔扩大，调好位置，使之合适。

模具零件的随机修复是一项比较繁杂又细致的工作，在修复过程中，一定要注意以下几点事宜：

1）在机上修复冲模上，一定要先切断压力机电源，绝不能带电检修，以免发生触电或伤害事故。

2）在修整时要本着"哪坏修哪"的原则，没损坏的部位尽量不拆卸。同时，在拆卸或更换零件，以及重新安装修好的零件时，要细心操作，决不能碰磕其他相邻的零件。

3）破损零件经修整或更换重新安装到原模具后要进行调试，经试冲合格后方能开机继续使用，如图 10-38 所示的复合模。

10.5　冲模破损零件的手工修配方法

冲模零部件损坏以后，应根据其破损程度及生产批量的大小，本着"修旧利废"的原则，能修复后继续使用的应尽量进行修复，使其恢复到原来的工作状态。这是因为，模具零件的原材料一般都比较昂贵，并且从加工到最后淬火使用，工序繁杂，技术含量较高。为降低成本，节约费用，提高经济效益，能修复的要进行修复，实在不能修复的，可对其进行更换新的备件。现介绍几种常用的手工修复破损零件的方法，供修配时参考。

10.5.1　凸、凹模破损部位的修复

1. 捻修法修复变大的凹模刃口

捻修法主要是修复长期使用后的凸、凹模，经磨损或刃磨后，凹模刃口变大，致使间隙发生变化，制品产生较大飞边。其修复的方法可参见图 10-39。

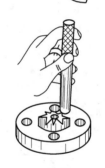

图 10-39　捻修法修复凸、凹模刃口

在修整时，可先将被修理的凹模刃口局部加热，使其硬度降低（38~42HRC），然后沿着刃口边缘用锤子敲击特制的錾棒，沿刃口边缘均匀而细小地依次将刃口边缘的金属向内捻挤使凹模刃口变小之后，再用磨石进行修磨使之锋利，并与原凸模相配，调好间隙使之合理后即可在淬硬后安装使用。但在捻挤时，锤子锤击錾刃方向最好呈 45°~60°角。

2. 镦压法修复变小的凸模刃口

如图 10-40 所示，若复合模的凸、凹模刃口部位损坏可将其刃口部位加热到适于锻打的红热状态，然后放在压力机上施加一定的压力使其受镦压力而变粗，冷却后再修配刃口到原有的尺寸，再经淬硬后即可重新使用。但在镦粗后，高度随之变小，在重新装配时可采用在其底部加垫的方法予以补救。

在采用这种镦压法时，用力不要过频，应缓缓用力施压，最后采用液压机进行。对于小型凸模，也可以采用锤子轻轻敲击使之变粗的方法。

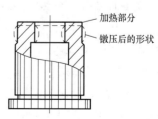

图 10-40　镦压法修复凸模

3. 锻打法修复凸、凹模刃口

对于尺寸较大的大中型凸、凹模，若间隙变大，可以采用局部锻打的方法来使其间隙缩小。其方法是：先利用乙炔气焊枪沿刃口边缘慢慢移动加热，等到基体发红后即用锤子敲击刃口，以改变刃口径向尺寸（将凹模口尺寸缩小或将凸模刃口尺寸加大），待刃口各部位的延展尺寸敲击均匀后（一般为 0.1~0.3mm），停止敲击并继续加温加热，保持几分钟后冷却，再修磨刃口使之恢复到原来的尺寸精度，调好凸、凹模间隙后即可使用。为方便起见，最好采用凸、凹模压印锉修法，对其边修整边调间隙。

刃口修复合适后，采用火焰表面淬火法使其淬硬，修整后即可继续使用。

4. 修磨法修整凸、凹模刃口

（1）冲裁凸、凹模刃口的修磨　在用修磨法修磨冲裁凸、凹模刃口时，可采用几种粗细不同的磨石，在其刃口面上边蘸取煤油边细心地来回刃磨，使刃口在刃磨后变得锋利，并去除微小裂损，如图 10-41 所示。刃磨时可不将凸、凹模从机床模具上卸下，直接在压力机上刃磨后即可使用。

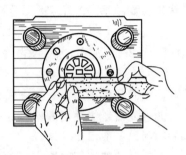

图 10-41　用磨后刃磨冲裁凸、凹模刃口

（2）成形类凸、凹模修磨　对于成形类凸、凹模，如弯曲、拉深等模具的凸、凹模，在经常使用后，损伤的主要形式是工作表面拉伤、裂纹等。在修复时，可采用修磨的方法。如图 10-42a 所示，当凸、凹模圆角半径处损伤较大时，可先用平面磨床在其工作端面磨去一层，磨去量应大于圆角处的磨损量。然后用砂轮修磨成所需要的圆角，并用磨石蘸煤油研磨抛光后，即可安装继续使用。

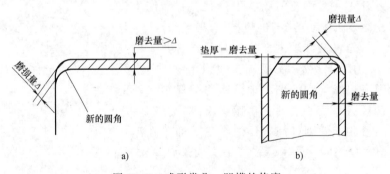

a)　　　　　　　　　　　　b)

图 10-42　成形类凸、凹模的修磨

当凸、凹模外形或型孔表面有较大损伤时，则不宜采用修磨法修复刃口，应更换新的备件。如果凹模侧面产生裂痕或拉毛，也可以采用磨削侧面的方法将沟痕磨平，但磨去量不要太大。若侧面磨削后尺寸变小，可采用背面加垫（垫厚等于磨去量）的方法，以不影响继续使用，如图 10-42b 所示。

5. 嵌镶法修整凸、凹模

如图 10-43 所示，凸、凹模刃口损伤后，可用与原凸、凹模相同的材料镶块来镶补损坏的部位后，再修整成原来的工作状态后即可继续使用。其方法是：

1）将损坏的凸、凹模进行退火，并将其损坏用线切割或手工修锉的方法修整成工字形

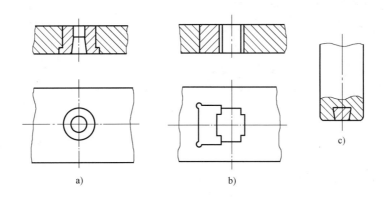

图 10-43　嵌镶法修整凸、凹模

或燕尾形槽，如图 10-43b 所示。对于圆形可直接将孔扩大，如图 10-43a 所示。

2）用制成相应尺寸形状的镶块配装在装好的槽中，使其密合，不允许有明显的缝隙存在，如图 10-43c 所示。

3）对于大中型镶块，要用螺钉或销钉固紧；小孔凹模（图 10-43a）可用螺纹或直接挤压固定后，再重新钻孔，使其修整成形。

4）将镶配好的凸、凹模研磨，修整加工成形并研配间隙合格，经淬硬、修整后，即可继续使用。

6. 电焊堆焊法修整凸、凹模

电焊堆焊法修整凸、凹模如图 10-44 所示。即在电焊堆焊前，首先将凸、凹模被啃刃的损坏部位用手动砂轮修磨成与刃口平面呈 30°～45°的斜角面，如图 10-44a、b 所示。其斜面宽度视损坏程度而定，一般为 4～6mm；若刃口是裂纹，可用砂轮磨成坡口；如果损伤是内口崩刃，应按内孔直径大小装配一根黄铜棒于凹模内孔中，如图 10-44c 所示。然后，将零件按回火温度在炉内加热后，用直流电焊机将预热后的工件采用电焊条堆焊或焊补镶块（损坏部位较大的采用镶块），保温一定时间后用磨床磨平，钳工再修整到尺寸，调整好间隙，即可继续使用。

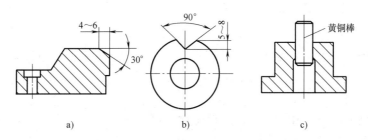

图 10-44　电焊堆焊法修整凸、凹模

在焊补时，应选用与凸、凹模基体材料相同材料的电焊条进行堆焊。补焊时，焊条应干燥。在焊后，应立即用锤敲打焊缝，以释放表面应力。同时，焊后的零件应立即入炉保温，保温时间为 30～60min，然后随炉冷却到 100℃ 以下出炉空冷。零件在补焊前，若零件材料为 T10A，模块可不预热；若为 Cr12MoV、9SiCr，应按回火温度预热，加热速度为 0.8~1.0mm/min，预热时间不小于 45min。

7. 红热嵌镶法及套箍法修整凸、凹模

（1）红热嵌镶法　如图 10-45 所示，若凸、凹模刃口部位损坏而无法修整时，为节约贵重模具钢，在批量又不大时，可将损坏的凸、凹模退火后车削成外套，再按所车成的外套内孔制作一件镶件，然后将外套加热到 300~400℃，把镶块嵌入，冷却后将组合体修整成原凸、凹模所要求的形状和尺寸精度，使其恢复到原始工作状态，淬火后即可继续使用，大大节约了原材料及工时费用。

（2）套箍箍紧法　如图 10-46 所示，若凹模的裂纹不大，可先制成一个钢带套箍，其内径尺寸应比凹模外径尺寸稍小。在检修时，将套箍加热发红后，把损坏的零件套入圈内，待冷却后，凹模即被紧紧套箍在夹圈内，从而使裂纹在使用时不至于再扩展而影响使用效果。

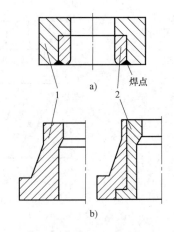

图 10-45　红热嵌镶法
修整凸、凹模
1—原件母体　2—嵌镶件

若损坏裂纹的零件是矩形或其他形状，可采用图 10-47 所示的链板箍紧法进行修整补救，也能收到较好的检修效果。

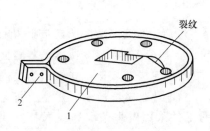

图 10-46　套箍箍紧法修整凸、凹模
1—凹模　2—套箍

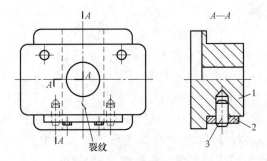

图 10-47　链板箍紧法修整凹模
1—底座　2—链板　3—拉紧轴销

8. 拉深凹模镀硬铬修整法

拉深凸、凹模工作表面正常磨损后，其制品表面质量及尺寸精度降低。采用修磨后，会使尺寸改变，间隙加大后，更影响制品质量精度。这时，可采用电镀镀硬铬的方法进行修整。其镀铬层一般不应太厚，应根据损伤程度而定。镀铬后，重新修整凸、凹模尺寸及间隙后，即可继续使用。

采用镀硬铬方法修整凸、凹模，适用于侧面磨损较大的凸、凹模，而对于需修圆角的凸、凹模，其圆角处应设法镀厚一些，以便于修整。

10.5.2　破损凸、凹模的更新修配

冲模经使用一段时间后，若间隙由于磨损过大或冲击、振动及操作不慎等各种因素影响造成损坏而难以修复继续使用时，必须重新制作或更换新的零件。其新制零件应以配作的方

法加工成形。这是因为，所加工的零件不仅要保证能在原修理的冲模上顺利地安装，而且能同相应的零件与原件一样有恰当的配合，使其完全能代替原来已磨损报废的零件。这就要求所加工的新零件，在尺寸精度、几何形状和力学性能等诸方面在尽可能情况下同原报废零件完全一样，达到原来的设计要求和工作状态；否则，在安装以后很难冲压出合格的制品而失去冲模检修的意义。

在检修中，新制零件的手工配作方法大致有如下几种：

1. 凸、凹模压印配作法

压印配作法，即利用冲模上的原有凸模（或凹模）去压印经半加工初步成形的凹模（或凸模）坯料，使其在凹模（或凸模）坯料上留下一个刃口的真实压刃。然后，即可按这个压印进行反复地修整加工、研配，直到得到间隙合理，以及尺寸形状与原件相符的零件为止。如冲裁凸模压印配作的方法大致是：

（1）坯件的准备　将与原件材料、形状尺寸相同的新件坯料的上、下面磨平并与原凹模四周对齐后，用卡钳夹紧，以原凹模作为钻模，在坯料上钻定位销（圆柱销）及内六角螺钉孔。

（2）粗加工凹模形孔　把钻孔后的坯件紧固在原冲模凹模位置上，上面垫一层复写纸。然后，将原凸模垂直下压，并用铜锤（大中型冲模用手扳动压力机或专用压印机）在凸模端部轻轻敲击，即在坯料表面留下凸模刃口印迹后，再拆下凹模坯件，按印痕的轮廓进行凹模孔的粗加工，并要留有 0.2~0.3mm 的后续压印加工余量。

（3）形孔压印锉修成形　待形孔粗加工后再将其安装在原冲模中，并将凸模涂以硫酸铜溶液，用上述同样的方法，将凸模垂直引入凹模粗制孔中，再进行压印，待凸模进入凹模孔 0.5~1mm 以后，取出凸模，则凸模孔壁多余的部位就被挤成光亮的表面。这时，可用细组锉锉削被挤压的光面。锉后，再用同样的方法压印，再锉修。经反复多次压印、锉修，直到认为合适为止。最后，将新制凹模经淬硬处理及平面磨削后，即可得到与原凹模形状、尺寸基本相同的新凹模，装配调整后，即可继续使用，如图 10-48 所示。

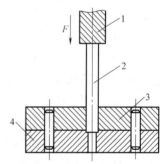

图 10-48　凹模压印检修
1—原凸模固定板　2—原凸模
3—原卸料板　4—新凹模坯料

对于损坏的凸模，可以用原凹模对其反压印成形，如图 10-49 所示。但在备料时，其坯料备件的外形尺寸基本应与原凸模相当但应留有 0.5mm 以上的压印余量。在压印时，以原凹模孔为基准，进行反复压印、锉修后即可得到与原凸模一样尺寸精度与形状的新凸模，经淬火安装调试后，即可使用。

凸、凹模的压印锉修配作法是目前在缺少维修精密机床如电火花、线切割、成形磨、程控机床等条件的中小企业最常用检修模具方法之一。其特点是维修迅速简捷，并能确保原模具的质量精度。

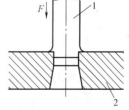

图 10-49　凸模压印检修
1—凸模坯料　2—原凹模

2. 划印配作法

划印配作法是将备好的损坏零件坯料，经平面磨床磨平上、下平面后，反放在原件的下面，并以原件作为钻模，在备件坯料上首先钻圆柱销及内六角螺钉孔，再用划针沿着原内孔（如凹模刃口）边缘在坯料面上划线，再按划线粗加工（留有0.2～0.3mm余量）后用前述压印修锉的方法加工配作的一种方法。在划印时，也可以用冲压合格的零件放在坯料相应部位进行仿形划印配作。

在采用划印配作时，在钻定位圆柱销孔时，若原凹模作为钻模引钻坯料销孔时，第一个销孔钻完后，应马上用铰刀铰孔，穿入销钉，然后钻铰第二个销孔，以确保准确的定位。

3. 芯轴定位法

在修配带有圆孔的冲模零件如凹模或凸凹模时，为了使修配制出的零件同原来的零件在尺寸、形状以及刃口和定位销孔间相对位置完全一致，以保证装配质量，可以在修配时采用芯轴定位。其方法是：在原件和新制坯件孔中插入一根芯轴，使两件能保持同轴，再利用原件作为钻模在新制坯件上复钻铰定位圆柱销孔和固定螺孔，如图 10-50 所示。

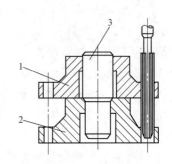

图 10-50　用芯轴定位
加工定位圆柱销孔
1—原件　2—新制坯件　3—芯轴

在图 10-50 中，为避免因加工时的振动而引起的加工偏差，芯轴 3 和坯件的型孔是在精车后压入配制的。在加工时，其坯孔应留有加工余量，并用阶梯式芯轴定位。坯件上的刃口加工余量，可以在淬硬后再按用芯轴定位时的内孔找正后磨削到所要求的尺寸，这样可使刃口的圆度及表面粗糙度能得到充分保证。

4. 直接插入定位法

在制备加工内孔较大的凸、凹模时，可将已备好的坯件直接插入凹模孔或套入冲孔凸模，以使上、下刃口准确地啮合后再钻铰定位销孔。如在配作凸、凹模时，可以用原凹模定位，即首先把坯件外圆的上端精车到能与凹模孔作成压配合尺寸，其长度一般为 1～2mm，如图 10-51 所示。为压入方便，在车削时可使其稍带锥度，待把坯件压入凹模后，即可用冲模原模板上的原定位圆柱销孔作为钻模配钻坯件上的定位圆柱销孔和螺孔。

采用这种方法，可以配制各种不同间隙值的冲模零件，并且能保证间隙均匀以及圆柱销与原模具的精确定位。

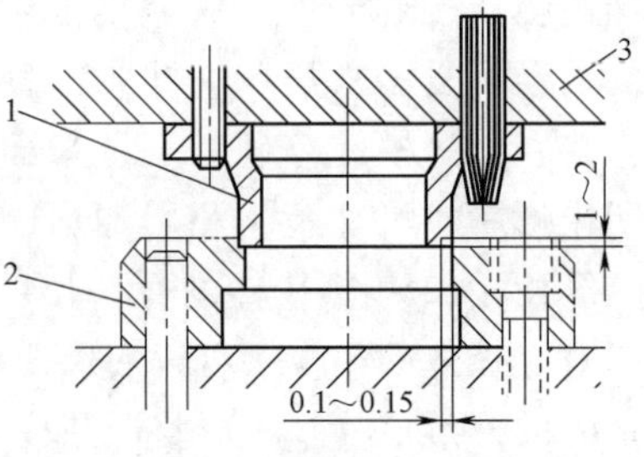

5. 采用制品定位配制法

在检修拉深、弯曲、成形模时，可选用已冲出的合格制品进行定位。即首先将新制坯件的形孔粗加工后装入原模上，然后在其上、下模工作部位（凸、凹模之间）放入制品零件，经调整合适后，即可按原底座的销孔复钻新制坯件的圆柱销孔或螺孔，如图 10-52 所示。待钻孔后将坯件卸下，经淬硬后进行修整、抛光，再安装到原冲模上即可继续使用。

图 10-51　直接插入定位法
1—原下模座　2—新制坯件　3—原凹模

上述介绍的模具零件检修配制方法都是缺少线切割、电火花及精密数控机床的中小企业采用的手工修模方法。尽管这些方法比较原始，但仍能发挥一定的应急检修作用。

10.5.3　定位零件的修复

在冲压过程中，定位零件直接与材料接触，故很容易被磨损或损坏，从而失去定位作用。在修复时，一般定位销、导正销、小型定位板等零件损坏后，可更换新件，在更换后保持原有定位尺寸不变即可。而对于连续模的导料板、挡料块磨损或损坏后，应按下述方法修复：

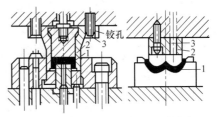

图 10-52　采用制品定位配钻销孔

1—合格制品零件　2—坯料　3—钻铰刀

如图 10-53 所示的导料板，在检修时可将其从冲模中卸下。若发现挡料块 2 松动，可采用检修挤压法或重新把圆柱销 3 固紧在导料板 1 上，并用平面磨床磨平上、下平面，还应磨削挡料块的 B 面和导料板的 A 面，并使 A、B 两面相互垂直，同时 B 面必须要和侧刃凸模侧面贴紧无缝隙。导料板及挡料块组合在安装时还应重新调整其位置。安装后要经试冲合适后方能交付使用。

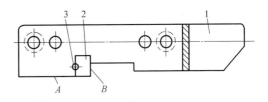

图 10-53　导料板的修复

1—导料板　2—挡料块　3—圆柱销

用于弯曲、拉深半成品坯件的定位零件，在修复时可以采用捻修、补焊、修磨或更换新件的方法进行。

10.5.4　卸料与顶件装置的修复

冲模的卸料及顶件装置主要包括刚性固定卸料板（又称刮料板）、底座或凹模漏料孔以及复合模中的活动卸料板、顶件板、卸料及顶件螺钉、卸料橡胶、卸料弹簧等零件。这些零件若损坏，除了卸料板应检修修复外，其余如顶杆、顶板均以更换新零件为主。

在单工序冲裁模及连续模中，其固定卸料板不仅起刮下凸模周围的废料作用外，且卸料孔还兼起对凸模的导向作用，在修复时首先应磨平被条料刮伤的卸料表面，同时要检查卸料孔与凸模间的间隙，其间隙一般为 H7/h6 配合，若磨损后间隙过大，又产生条料随凸模回升现象，使条料卡在间隙内，难以向前送料，影响冲压的正常进行。其修理方法是：将卸料板从冲模中卸下，采用捻修的方法（图 10-39）使卸料孔缩小。若间隙过大，应采用嵌镶法（图 10-43）以及浇注低熔点合金或环氧树脂，以保证冲压正常进行，如图 10-54 所示。对于下底板及凹模漏料孔，若制品或废料难以下漏，应使其扩大，使漏料畅通。

对于复合模中的弹性卸料机构，若卸料螺钉、顶推杆损坏或压簧及橡胶弹力不足，应更换。

10.5.5　导向零件的修复

冲模的导向零件主要是指导柱、导套及导板等。这类零件经常使用磨损后，会使冲模导向精度降低，致使凸、凹模啃刃、崩裂，甚至使凸、凹模损坏。故在冲模

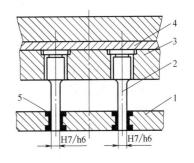

图 10-54　用浇注法修复卸料板内孔

1—卸料板　2—凸模　3—固定板

4—上模板　5—合金

工作一段时间后，应对其进行检查。其方法是：用撬杠将上模撬起，双手撑住上模左右晃动，若发现上模在导柱中摆动，表明导柱、导套间间隙偏大，失去导向作用，应进行修复。

导柱、导套、导板等导向零件现已标准化，在市场上已能购置，故若损坏后可以购置新件，采用低熔点合金浇注固定在原上、下模板上即可继续使用，如图 10-55 所示。但对于磨损不大的导向零件，为节省开支，可采用下述方法进行修复：

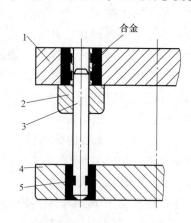

1）卸下被磨损的导柱、导套，用内外圆磨床磨光导柱外表面及导套内孔。

2）对导柱进行镀硬铬。

3）将镀铬抛光后的导柱与研磨内孔后的导套相配，再次进行研磨，使之恢复到原来的配合精度，并将导套压入上模板。

4）将导柱压入下模板，在压入时需将上、下模板合在一起，使导柱通过上模导套孔再压入下模板中，并用直角尺边压入边测量与安装基面的垂直度。

图 10-55　浇注低熔点合金模架
1—原上模板　2—新导套　3—新导柱
4—原下模板　5—低熔点合金

5）将上、下模合模，用手扳动上模来回晃动，自感无明显摆动又不发涩滞，表明装配间隙合适，即可继续使用。

10.5.6　紧固零件的修复

冲模的紧固零件主要是指连接固定上、下模的紧固内六角螺钉及圆柱销。圆柱销不仅起紧固作用，而且兼起各板类零件定位作用。这类零件由于长期受冲压冲击、振动的影响发生松动而失去紧固及定位作用，使主要工作零件发生位移，会引起破损及损坏。故在冲压过程中，应随时进行检查，若发现有松动现象，应及时拧紧、紧固，以确保冲模正常使用。

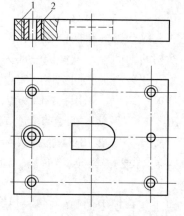

在修复各损坏零件时，若发现螺孔及销孔磨损过大或损裂，应采取下述方法修复：

1）扩孔使之变大，采用新的直径大的螺钉或销钉加以固紧。

2）用塞柱镶嵌后，重新铰孔或攻螺纹，采用原螺钉或圆柱销，如图 10-56 所示。塞柱最好采用螺纹塞柱。若采用非螺纹塞柱，应将塞柱固紧后，用焊接的方法焊牢，再钻铰孔或攻螺纹，以防松动，影响修复质量。

图 10-56　螺孔及销孔的修复
1—模体　2—螺纹塞柱

第11章　冲压企业生产经营管理及职级考核培训

在工业生产中，工业企业是从事工业生产和流通等经济活动有营利性质的生产经营组织。在国家政策统一指导下，遵纪守法，实现独立自主经营，独立进行核算，具有独立经济利益和法人地位的经济实体，是企业的基本特征。作为一个生产型企业，不但要为社会和广大消费者提供优质实用的产品，还要为国家增加税收、为企业增加效益，提高企业职工的生活水平和福利，这是一个企业的主要目的和中心任务。因此，一个生产企业的核心是设法提高企业经济效益，即以尽量少的物质及人力资源消耗，生产出品种多、质量高、符合社会需求的产品。但要提高效益，一是靠先进的生产技术，即努力培训企业生产一线的技术型人才，提高使用先进设备技术能力，发挥更大的创造性。二是靠完善的经营管理，即通过科学有效的管理，合理调配劳动力，提高工时利用率和设备的开工率，提高产品质量、降低废品率及原材料消耗，以获得较高的经济效益。因此，作为一个生产型冲压加工企业，加强对一线工人的技术培训和晋级考核，提高技术能力，保持企业技术的先进性，并通过科学的经营管理，合理的组织冲压生产工艺过程，确保产品质量，对企业的生存与发展有着极其重要的意义。

11.1　冲压企业生产经营管理

11.1.1　冲压生产经营管理内容

冲压生产经营管理主要包括生产技术管理及产品营销管理两方面内容。

1. 生产技术管理

生产技术管理是指以生产活动为中心的企业内部的生产加工、技术及质量管理。其内容主要包括：

1）生产计划及生产过程管理。

2）生产设备与工艺装备管理。

3）劳动力分配、调度及劳动工时定额管理。

4）生产过程中技术质量管理。

5）生产经营分析及产品成本管理。

2. 产品营销管理

冲压产品的营销管理是指以生产用原材料供应及产品销售为中心的企业外部活动。其内容主要包括：

1）原材料的采购及物资供应。

2）产品订货及销售。

3）市场的调查与预测。

4）与用户的关系及售后服务。

5）设备、劳动力的调整与补充。

11.1.2　冲压生产计划与调度管理

1. 生产计划管理

计划管理是企业管理的首要职能。这是因为，企业实现计划管理是现代化大生产的客观要求，也是合理利用企业的人力、物力和财力及提高技术经济效益的重要手段。

工业企业计划按计划长短，可分为企业长远发展规划、年度计划和生产作业计划等类型；按计划的内容又可分为生产计划、劳动工资计划、物资供应计划、成本计划和人才培训及考核计划等多种；按计划的范围又可分为企业计划、车间计划、工段计划、班组计划等。

制订各种计划的依据是考核指标。其中主要包括产品产量、产品质量、产品成本利润及产品销售合同执行情况等。在冷冲压生产中，首先应根据制品零件的订货数量与合同，按计划安排生产，并根据使用设备、模具及人员劳动力、工时等状况，计算出产品的利润和经济效益。

工业企业计划主要是生产计划。企业生产计划又称企业的生产大纲（纲领）。它是企业计划的主体和基础。而生产作业计划则是企业生产计划的具体执行计划。企业生产计划是规定各个生产单位如车间在年、季度、月份生产产品的品种、数量和交货日期等总的要求；生产作业计划则是将产品分解为单个零件、工序分配到车间、工段、生产班组、机台和个人。其生产任务也细分到月、旬、日乃至小时，它通常是指月度以下的包括旬、周、日等较短的生产安排，并由车间、工段、班组三级负责，共同监督完成。同时，生产作业计划也是连接供、产、销及技术、经营等活动的纽带。企业可按生产作业计划的要求，组织、管理、指导和指挥生产，使车间、班组按部就班、保质保量地完成企业下达的各项生产任务。

2. 生产调度管理

生产调度即生产指挥。它是按生产作业计划来组织、协调冲压生产过程的正常进行。

（1）生产调度的工作内容

1）检查和协调企业生产产品的设备和生产进度。

2）检查设备的利用率、开工率及运行情况。

3）检查原材料、半成品坯件的供应状况。

4）检查生产中的服务性工作，如模具的供应、动力及运输等工作。

5）检查及协调指挥对材料及坯件中间热处理、表面软化等冲压辅助工序的进度情况。

6）检查工艺规程执行情况及计划的进度和完成情况。

7）负责召开生产调度会及生产统计，做好经济及进度分析工作。

8）根据生产计划进度，负责劳动力及设备的临时调配与安排，以确保生产进度的正常进行以及生产任务的按时完成。

（2）生产调度的管理体制　企业的调度工作应与生产作业计划体制相适应，一般分三级管理体制，即企业、车间和工段三级调度管理。

企业总调度可按"条"（分管一种或几种产品）"块"（分管一个或几个生产车间）或"条块结合"（既分管几个产品又分管几个车间）三种分工方式进行调度、协调和指挥全企业的生产。

车间调度主要负责本车间各制品零件生产过程中的协调、指挥，如设备及劳动力的分配，生产中出现的问题处理，以及整个生产车间的生产作业计划的进度和完成情况。

工段或班组调度主要按生产作业计划的任务，组织协调操作人员，按生产工艺操作规程进行操作生产，并督促、检查劳动工时定额执行情况，并按时保质保量地完成生产任务。

（3）调度工作的方法　调度工作的方法：定期或临时召开生产调度会；检查生产进度情况及工艺路线的执行状况，及时解决生产过程中出现的问题以及处理生产各部门之间的关系。通过调度的有效工作可把生产准备、生产加工等有机地联系起来，使生产有条不紊地进行。

11.1.3　冲压生产的劳动工时定额管理

在工业生产中，劳动工时定额是指完成某项生产作业所需的时间。劳动工时定额是生产经营管理的主要基础工作之一。正确地制订和执行劳动工时定额对于组织冲压生产具有重要的作用。这是因为，劳动工时定额是调度掌握生产进度、编制生产作业计划、考核操作者劳动成果及对其报酬分配以及企业的各种经营活动分析的主要依据及标志。因此，在冲压生产中，制订和执行劳动工时定额有着十分重要的意义。

1. 劳动工时定额的制订要求

在冲压生产中，制订冲压作业劳动工时定额是一项极其复杂的工作。在制订的过程中，需要对冲压件的结构形状特征及质量精度要求、冲压工艺、冲模、材料及使用压力设备状况、操作者的技术级别和企业管理水平等诸方面有较深入的了解，只有经过反复的实践和测定，才能制订出比较合理的冲压作业劳动工时定额。

合理的劳动工时定额应该具备现实性及先进性，能代表本生产部门在正常的生产条件下平均生产能力的水平。实施合理的劳动工时定额，不但能提高企业的劳动生产率，而且还能大大提高操作者的劳动积极性，为企业创造更大的效益。为此，在制订工时定额时要做好以下组织工作及要求：

1）组织专门机构共同商议。即在制订工时定额时，除主管及专职定额人员外，还应吸收有一定经验的老工人及生产技术骨干参加，以使定额具有一定的理论及实践基础。

2）确定劳动工时定额必须要实事求是，要有科学的依据和计算方法，力求做到先进、合理。

3）劳动工时定额的制订须结合企业实际生产条件及技术能力，不断总结和推广先进经验，根据现有生产的潜力定期修正，以提高劳动工时定额的制订水平。

4）劳动工时定额的制订必须要有利于调动劳动者的积极性，起到鼓励先进、激励后进的积极作用。

2. 劳动工时定额的制订方法

由前述可知：先进合理的劳动工时定额就是指在正常的生产技术条件下，经过一定时间的努力，大多数操作者都可以达到、部分操作者可以超过、少数操作者可以接近的水平。在判定时，既要考虑到现有技术条件，又要推广先进经验和操作方法，充分调动操作者的劳动积极性，并从企业的实际出发，应适于多数操作者的技术水平，根据生产技术组织及各项管理水平，把定额建立在积极可靠、切实可行的基础上。

生产中，制订劳动工时定额的方法很多。其中主要有经验评估法、统计分析法、比较类推法和技术测定法。而在冲压生产中，多采用经验评估法来进行工时定额的判定。

经验评估法一般是由定额管理人员，根据制品零件产品图样、使用的模具及冲压设备状况、本企业的工艺及生产实际条件进行充分分析、计算后，再召集有关工程技术、工艺管理人员以及有实践经验的员工，组织在一起，集思广益、集体评估、修订后最终确定的定额方案。

（1）工时定额的估算方法　理论上，各种工时的计算的可按下式进行：

$$T_1 = AT_单 + T_准$$

式中　T_1——一批冲压件完成一道工序的时间，即工时定额；

A——冲压件的生产批量；

$T_单$——单件冲压件所需的时间；

$T_准$——准备和结束时间。

而冲压单件所需时间（$T_单$）为

$$T_单 = T_基 + T_辅 + T_服 + T_自$$

式中　$T_基$——基本时间，又称机动时间；

$T_辅$——辅助作业时间；

$T_服$——工作地服务时间；

$T_自$——休息和自然需要时间。

其中，基本时间（$T_基$）又称机动时间。它是指在压力机连续作业时的基本作业时间，即压力机一次行程时间；而在单冲时的基本时间是压力机一次行程时间和离合器接合时间的总和。

辅助作业时间（$T_辅$）是冲压作业中用于送料、取出工序成品、清除废料等时间的总和。

工作地服务时间（$T_服$）包括工作场地、设备、模具、工具的清洁时间，给设备、模具、坯件加润滑油时间，以及为工地补充毛坯或材料及运走工序成品及废料时间，有时还包括设备少量调整及模具的整修时间。

休息和自然需要时间（$T_自$）包括休息、喝水和去厕所等的时间。

准备和结束时间（$T_准$）包括交接班时间、阅读图样和工艺文件时间、模具的安装与调试时间、拆卸时间及设备的调整等时间。

在进行工时定额估算时，还应参考平日积累的资料及统计数字报表来进行测算，以使所估算的劳动工时定额更加准确。

（2）工时定额的评估　劳动工时定额的评估是指定额管理或工艺人员经对定额初步估算后，召集工程技术人员、有实践经验的老工人在一起，对所估算定额广泛征求意见，最后进行评审、修订，以制订出合理的劳动工时定额。

在评估过程中，一定要注意以下几点：

1）参加评估的人员一定要了解和掌握本企业压力设备及模具的类型、精度及效率情况。这是因为即使是同类型的压力设备、模具，由于使用的时间长短不一，其精度也有所差异，即使生产冲压同一个零件，其效率也不一定相同。因此，在评估时要充分分析这种情况，并给以区别对待，以使制订出的劳动工时定额更加完善合理。

2）要掌握加工方法、材料的供应状况，并结合操作者的实际技术水平的高低、劳动组织和工作环境、服务等实际状况，合理地进行评估。

3）评估时要全面细致地分析和研究影响工时消耗的各种不利因素，如模具的复杂程度、模具的工艺性质，模具的大小及有无导向机构、压力机形式、公称压力大小及滑块每分钟行程次数、模具的定位方式、毛坯状况等，因为这些均是确定准备和作业时间的依据。其分析越仔细，制订出的工时定额就越准确、合理。

4）参加评估的人员　要不断积累经验，注意收集和积累有关制品定额和实耗工时的资料，为下次评估时积累实践经验。

在生产中，制订工时定额是一项比较复杂、困难的工作。在制订及评估时，一定要深入生产一线，掌握第一手资料，方能制订出先进合理的工时定额标准，以提高劳动生产率和充分调动生产一线人员的积极性，为企业创造更高的效益。

3. 劳动工时定额的管理办法

1）劳动工时定额一旦确定下发实施，要由定额管理人员专门负责定额的标准审查、平衡，并要定期分析及考察定额执行情况及定额工时水平。

2）劳动工时定额执行后，根据生产实际，经一段时间后要进行修订。经修订后的工时定额水平必须先进合理，即在正常情况下，大部分操作者经努力能达到、部分操作者可以超过、少数操作者能接近新定额的标准。

3）劳动工时定额一般不能擅自修改，如果由于工艺设计、模具结构等因素，发现定额定得过高或不合理，可由操作者本人向有关部门提出，由定额管理人员协同有关部门共同处理。

4）劳动工时定额在执行实施过程中，生产车间要定期分析定额执行情况，并积累定额执行资料，为修改定额时做参考。

5）劳动工时定额是生产施工单的主要项目，故在填写时一定要严格按工艺认真填写清楚。

这里要说明的是，劳动工时定额是衡量操作者的劳动量和贡献大小的标准，它反映了劳动者在一定时间内的劳动成果和为企业、国家创造的价值。因此，在评定工人晋级、工资等级、奖励标准时，可把一贯完成定额的程度作为考核条件之一；特别是在实行计件工资形式时，更需要以工时定额作为计算的依据。因此，搞好生产定额管理与贯彻按劳分配的原则有着密切的关系，也是提高企业劳动生产率的有效途径。

11.1.4　冲压生产的技术与质量管理

1. 技术管理的主要内容

冲压生产技术管理是生产管理的组成部分，主要包括以下内容：

1）技术文件资料的存储与发放。

2）工艺文件的编制。

3）模具图样的存放及模具备件图的编制。

4）材料消耗定额的制订。

5）压力设备及辅助设备技术档案的存档。

6）模具使用技术档案及技术合同协议的编制。

7）各种技术、质量标准资料的编制。

8）企业职业教育、培训考核标准的制定。

对于上述技术资料的管理要求：①各种技术资料必须齐全，图、物相符；②清晰准确，便于使用；③不能随意更改，若需要更改，一定要按图样管理规定和更改程序及时准确地更改，以备再用。

2. 质量管理的主要内容

在冲压生产过程中，质量管理工作是非常重要的。这是因为，冷冲压生产制件，一般批量较大，若一时由于质量失控或检验不到位，会造成成批制件由于不合格而成为废品，会造成极大的损失浪费，因此，为杜绝冲压废品的产生、减少冲压过程中的损失浪费、提高产品质量，在企业内部应实施全面质量管理措施，加强产前、产中、产后的管理与检查，以使冲压生产全面实现优质、高产、低耗的目的。

冲压生产全面质量管理的内容如下：

1）组织质量监控体系，对冲压生产的全过程进行监控和检查。即在企业中建立质量监控及检查组织，并在车间、工段、班组都要设置质量管理小组及专职检验人员，实现从上到下的全面质量管理。

2）制定相应的质量检验及质量管控制度，建立对冲压生产中实施首验、巡检、末检及抽检等检查方式，并制定实施准则，监督执行。

3）制定检查、检验内容及标准，即对每一个冲压制品零件在加工过程都要对使用的原材料、冲模、冲压工艺过程及制品按工艺规程的规定，进行详细检查，做到不漏检。

4）企业质量管理组织应定时组织有技术人员及操作者参加的质量分析会，共同分析产品质量存在的不足，并提出提高产品质量的措施与方案，督导实施。

5）企业应对操作者进行全面质量管理教育，以提高其技术操作水平及责任感。

6）认真维护和保养好检测用具及检测仪器，并做定期检验、标定。

7）建立健全质量奖惩制度，奖优罚劣，以提高操作者的积极性。

8）严格办理制品验收、返修及报废手续。

11.1.5 冲压材料消耗定额及成本管理

1. 材料消耗定额及材料利用率计算

在冲压生产中，产品材料的消耗费用在冲压件成本中占有相当大的比例。如在电动机制造中，冲压材料的费用占冲压件成本的 60% ~ 75%，而且生产率越大，材料费用占成本的比例也越大。因此，在冲压生产作业中，应设法节约材料，降低材料的消耗，提高材料利用率，而提高材料利用率的主要途径即是在生产中设法降低材料消耗定额。

（1）材料消耗定额计算方法 冲压件的材料消耗定额是指单件冲压产品所需某种规格型号的材料质量，材料消耗定额可按下式计算：

$$Q_0 = Q_1 + Q_2$$

式中　Q_0——单件产品冲压件材料消耗定额（kg）；

　　　Q_1——单件产品冲压件质量（kg）；

　　　Q_2——单件产品冲压件落料工序废料的质量（kg），包括生产单位不能再利用的废料、冲压过程中产生的冲压件废品、试模消耗的材料和管理上的损耗。

在实际计算时，冲压材料的废料可指定为冲压件下料工序所产生的工艺废料，即冲压件下料工序平面图形外轮廓以外的边角料。

材料的消耗定额 Q_0 是企业材料管理部门为冲压件生产部门提供材料数量的依据，也是冲压件成本核算主要依据之一。

（2）材料利用率　冲压产品的材料利用率是指材料能成为制品零件的利用程度。其计算方法：

$$\eta = \frac{Q_1}{Q_0} \times 100\%$$

式中　η——材料利用率（%）；

　　　Q_1——冲压件单件产品质量（kg）；

　　　Q_0——冲压件材料消耗定额（kg）。

材料利用率也可以按面积大小来计算，即

$$\eta = \frac{A_0}{A_1} \times 100\%$$

式中　η——材料利用率（%）；

　　　A_0——冲压件展开图形面积（mm^2）；

　　　A_1——生产中所消耗材料面积（mm^2）。

在冲压生产中，材料利用率是材料消耗的重要标志，即材料利用率越高，表明废料所占的比例越小，用料越经济合理。

（3）冲压生产提高材料利用率的途径　在冲压生产中，降低材料消耗定额及提高利用率的主要方法与措施如下：

1）选用合理的排样和采用最小的搭边尺寸。在不影响产品质量的情况下，尽量采用无废料及少废料排样。

2）在冲模结构允许的情况下，尽量选用多行排样。

3）利用落料后的废料冲压其他相同材料和厚度的小型零件。

4）在采用条料冲裁时，尽量使条料长度与提供的板料长度相适应，以减少边废余料。

5）在下料时，应尽量提高裁切条料的质量和尺寸精度。

6）在冲压过程中，应加强检查力度，尽量减少废品的出现及调试过程中的材料消耗。

2. 冲压产品的成本管理

冲压件的成本是指冲压件制成以后所消耗费用的大小。其成本的高低直接影响到企业经济效益的好坏。在冲压件成本中，主要包括产品材料及生产用辅助材料的消耗、设备的折旧、使用模具的成本、动力消耗、人员工资及管理费用等。因此，在冲压生产中，应设法降低上述影响成本的费用，努力降低成本，以提高企业经济效益。其主要管理办法及降低成本的途径是：

1）建立健全成本管理机构和制度，加强培训，使企业员工人人增加降低成本意识。

2）设法降低材料消耗、提高材料利用率和减少废品的发生。

3）设法降低模具成本和费用，要根据冲件批量大小，选择模具设计结构和确定模具的繁杂及加工难易程度。

4）在冲压生产中，合理调配及减少劳动力的消耗。

5）努力提高设备及工装模具的利用率及使用效率，增加开工率，杜绝设备及模具工装的损坏。

6）加强劳动工时定额的管理和执行。

7）合理使用压力设备，节约用电，减少动力消耗。

8）在生产中，加强质量管理，使其少出废品或不出废品。

9）加强企业工资及费用的管理，设法降低企业各项管理费用及各项开支。

10）定期召开成本分析会，分析成本升降原因，不断总结经验，提出降低成本措施并贯彻执行，以使成本降到最低标准。

11.1.6 冲模的维护与管理

冲模是冲压加工专用工艺装备之一，故在生产中，必须进行妥善的维护与管理，以使其保持完好的技术状态，更好地为冲压生产服务。

1. 冲模维护与管理的内容

冲模的日常维护与管理主要包括以下内容：

1）冲模技术状态鉴定。

2）冲模维护性修理。

3）冲模的保养。

4）冲模技术文件的管理。

5）冲模的入库与发放。

6）冲模的保管方法。

7）冲模的报废处理。

8）冲模易损零件的制备。

冲模日常的维护与管理工作，对改善冲模的技术状态、保证冲模正常使用与冲压生产的正常进行以及冲压件的质量至关重要。目前，冲压专业生产厂家都对上述管理内容制定了详细的规章制度，实行了强有力的维护与管理措施，为冲模正常使用及生产正常进行提供了方便条件。各从业人员，必须严格遵守，互相监督实施。

2. 冲模技术状态鉴定

（1）冲模技术状态鉴定的必要性　由前述可知：冲模在使用过程中，由于其零件的自然磨损或在安装使用中操作不当以及设备发生故障等，都会使冲模的主要零部件失去原有的使用性能及精度，故冲模的技术状态必然日趋恶化，影响生产的正常进行和效率以及制品的质量。因此，在冲模使用前后或使用过程中，必须认真观察技术状态变化情况，并予以鉴定并及时处理，使其能始终保持在良好的技术状态下工作。同时，根据对冲模技术状态的鉴定结果，连同制品的缺陷、冲模的磨损程度、冲模的损坏原因，可制订出冲模的维修方法，这对延长冲模的使用寿命、保证冲压制品质量、减少废品产生、降低生产成本、提高企业经济效益都是十分必要的。

（2）冲模技术状态鉴定的方法　冲模技术状态鉴定的方法：对于新设计制造的冲模，主要靠试模进行；而对于正在使用的冲模主要是通过制品的质量状况和冲模的运行状态检查来实现的。前者通过试模来检查冲模的技术状态，在本书前面章节里已做过论述，现仅就在冲模运行过程中的技术状态鉴定方法加以说明，供鉴定时参考。其方法如下：

1）检查冲模的工作性能。即在冲模工作中或使用后，应对冲模进行仔细的观察，看其是否工作正常。若发现有凸、凹模啃刃，卸料、送料或退件困难，以及制品出现明显质量事故应立即停机检查。其检查的内容主要如下：

① 冲模工作成形零件的检查。结合制件的质量状况，检查凸、凹模是否发生崩刃、裂纹破损或产生磨损，凸、凹模间隙是否均匀，间隙大小是否合适，冲裁模的刃口是否锋利，拉深、弯曲等成形类冲模凸、凹模圆角半径是否一致。若发现这类情况，必须给予修复，使冲模恢复到原有工作状态，再继续使用或保存。

② 导向机构的检查。检查导向零件，如导柱、导套以及导向板，是否有严重磨损，其配合间隙是否过大而失去导向作用，其在上、下模座的固定部位是否松动。

③ 卸料装置的检查。检查冲模的推件及卸料装置动作是否灵活可靠，有无由于顶杆、推杆损坏而造成的弯曲、折断；卸料用的橡胶、弹簧是否因弹力不足或损坏而起不到推件作用；弹顶装置是否工作平稳、有无产生磨损变形。

④ 定位装置的检查。检查模具的定位装置是否定位准确可靠，定位板及定位销有无松动或磨损严重。结合制件检查时，若发现制品外形或孔位发生变化、质量不合格时，应先检查定位装置。

⑤ 安全防护装置的检查。在某些冲模中，为使冲模工作时安全可靠，一般设有安全防护装置（如防护板等设施），在检查时，应首先检查其动作的可靠性，即是否动作灵敏安全。

⑥ 自动装置的检查。某些装有自动选料及自动退件的冲模，应检查其动作的灵敏性，各部位动作是否协调一致，有无损坏现象。

2）检查制品零件的质量。冲模技术状态的好坏直接表现在制品质量的好坏及精度高低上。因此，在冲模使用过程中或在使用后，加强制品质量检查是冲模技术状态鉴定的重要手段之一。其检查方法如下：

① 检查制品零件的形状和表面质量，有无明显的缺陷及不足；各部分尺寸精度是否超出规定的要求；冲裁件有无明显的飞边，拉深件侧壁有无拉裂、折皱，弯曲件角度有无明显的变化。

② 在对冲模技术状态进行鉴定时，应在下述三个阶段对制件进行检查：

a. 制件的首件检查。制件的首件检查应在冲模安装到压力机上及经调整后试冲时进行。即将首次冲压出的几个制品中，按图样对其形状、尺寸精度并与前一次冲模使用时所检定的项次相比较，以检查冲模的安装及使用是否正确。

b. 制件加工过程中的检查。制件在成批加工过程中，应随时对其按图样检查，以便及时了解和掌握冲模在使用过程中的技术状态。其主要检查方法是测量尺寸、孔位、形位精度，观察制件表面形状、质量及飞边大小情况。通过对制件的质量检测，可以随时掌握模具的磨损和使用性能状况。

c. 制件批量加工后的末件检查。在制件批量加工完成后，应检查最后几个制件的质量状况及合格率。在检查时，应根据工序性质，如冲裁件主要检查外形尺寸、孔位及飞边变化，拉深件主要检查拉深形状、表面质量及尺寸变化状况，弯曲件主要检查弯曲圆角及形位变化状况。通过对末件的检查来判断冲模的磨损状况以及确定有无进行检修的必要，以防止在下次使用时引起故障而中断生产。

在冲模使用中或在使用后对制品零件进行检查，主要目的是确保冲模精度，使其在良好的工作状态下正常使用，最大限度地延长冲模使用寿命和预防制品出现缺陷而产生废品。

依据前述，冲模通过使用前后、使用中的性能检验以及制品质量检查结果，通过分析可基本上确定出冲模技术状态的良好程度，并以其为主要依据来确定冲模修复方案或报废意见。

在做冲模技术状态鉴定时，管理者对每件模具均应建立技术鉴定档案，把鉴定结果及修废意见记录存档，以便于今后对其做到正确合理使用。这是冲模维护管理的首要工作之一。

3. 冲模维护与保养方法

众所周知：冲模是一种结构比较复杂精密且又比较昂贵的一种工艺装备。这是因为，冲模制造周期较长，成本较高，生产中又具有成套性，所以为了保证冲压生产的正常进行，确保冲压制品的质量和精度，降低冲压件的成本，延长冲模使用寿命，应使冲模能保持在良好的技术状态下正常工作。故在生产中，必须对冲模进行精心的维护和保养，这也是冲压从业人员必备的工作职责。其维护与保养方法如下：

（1）冲模使用前的检查

1）冲模在使用前，操作者要仔细通读本工序的工艺文件、工序卡，熟悉所要冲制的制品零件的技术要求，并对照工艺卡，查看所用冲模是否正确，其规格型号是否与工艺文件相符。

2）在开机冲压前，必须了解冲模的使用性能、结构特点及动作原理，以及掌握其使用操作方法。同时，要仔细检查其完好性。

3）按工艺规程卡，检查所使用的材料性质、厚度是否与工艺文件相符，使用的冲压设备是否与模具相匹配。

4）检查冲模在压力机上的安装是否正确，其上、下模板是否固紧。必要时，要空车运转几次，检查其导向精度是否良好，凹、凸模有无啃刃现象。待一切认为正常无误后，方可开机批量冲压。

（2）冲模使用过程中的维护

1）冲模在调整开机前，一定要仔细清除冲模内外杂物，所使用的条料或坯料要擦拭干净。工作场地要整洁，条料、坯件要摆放整齐，并备好盛件箱及废料箱。

2）冲模在安装调整后的首件应按图样进行检查，合格后方可开机批量生产，以防冲模一开始就带故障工作。

3）冲模在服役过程中，操作者要按工艺规程仔细操作，防止叠片冲压，以防损坏冲模。

4）冲模在工作时，要随时观察冲模运转情况，发现异常要立刻停机检修。

5）冲模在运行过程中，对冲模需要涂润滑油的表面要定时润滑，以防过度磨损。

4. 冲模使用后的保养

1）冲模使用后要按操作工艺规程，正确细心地将冲模从压力机卸下，绝不可乱拆、乱卸，一定要按一定程序拆卸，以免损坏冲模。

2）拆卸后的冲模一定要擦拭干净并涂防锈油。

3）冲模的吊运要稳妥，并慢起慢放。

4）选取在冲模停止使用前最后几个零件，按图样进行技术状态检查。并请专职维修人员，对冲模性能及各部位进行检查，以对冲模技术状态进行鉴定，确定维护修理方案。

5）经鉴定后需检修的冲模，要找专人修理。在检修后必须经试模能冲出合格零件后，方能交回库中保管，以备下次再用。

6）模具经检查、修理和技术状态鉴定后，应认真填写技术档案，要做到物、账、卡相符，并对其进行分类保管。

11.2　冲压工技术职级考核与培训

在冲压生产加工企业中，加强企业技术工人的职业道德与素质教育，提高技术理论水平及实际操作能力，建立一支过硬的专业技术团队，是企业生产经营管理的一项重要内容，也是提高产品质量、增加产品产量、降低产品成本、增加企业经济效益、促进企业发展的重要举措。为此，各企业都将对职工的教育培训工作放在首位。现就某冲压加工企业对技术工人的级别考核及培训内容做以介绍，供交流参考。

11.2.1　冲压工级别类型及考核方法

冲压工属于技能工种，其技术级别主要分学徒工、初级工、中级工、高级工、技师等技术级别。按规定，这些级别必须通过国家的注册考核。

冲压工职级考核的方式，一般分为基础理论知识考试及专业操作技能考核两种方式。其中，基础理论知识考试一般采用闭卷考试，考试内容为职业道德修养（占总分的5%，后同），基础理论（30%）；专业技术操作能力考核以实际操作为主，主要内容包括冲压工艺准备（15%），冲压加工实际操作（30%），冲压故障处理及改革创新（10%），以及质量检验与设备、冲模维修（10%）等。这些内容和考核分数的比例，可根据本企业实际与考核级别不同而由企业自行规定。

11.2.2　职业道德与素质教育提要

职业道德是指从事一定职业的人，在工作和劳动过程中，所应遵循的、与其职业活动紧密联系的道德原则和规范。其职业道德规范了本行业从业人员在职业活动中的行为要求和对社会所担负的道德责任义务，主要包括职业道德意识、职业道德原则、职业道德行为等内容，它是社会主义精神文明建设和物质文明建设的具体体现。其基本原则就是要使劳动者自觉树立社会主义劳动态度，要热爱本职工作、忠于职守、积极工作。在企业中，加强对职工的职业道德教育，就是要提高职工的个人道德素质，遵循社会主义职业道德，建立一支具有良好职业道德修养的职工队伍，促进本行业的发展，使企业兴旺发达，为社会多做贡献。

在冲压企业中，为加强职工队伍的职业道德教育，应从以下方面下功夫：

1. 加强职业道德修养的教育

职业道德修养是指从业人员在职业道德意识和职业道德行为方面，自觉按照职业道德的基本原则和规范，自我约束、自我教育、自我改造、自我磨炼和自我提高，使自身形成高尚的职业道德情操，达到较高职业道德境界的过程。故企业应在职业道德修养方面，经常对本企业职工进行教育和培训。其教育与培训的主要内容如下：

1）教育职工爱岗敬业，提倡"干一行、爱一行"和对自身工作尽职尽责的精神。

2）教育职工诚实守信，树立自信自强、值得他人尊敬和依赖的道德形象。

3）教育职工办事公道、不牟私利、维护国家及集体利益，树立无私奉献的精神。

4）教育职工益于他人、奉献社会、忘我劳动，树立全心全意为人民服务、造福民族与国家的高尚品质。

2. 努力培养职工的良好职业道德

企业在加强对职工的职业道德修养和自我教育的同时，还应努力培养职工在工作中能严格要求自己，努力培养其具有良好的职业道德，要求从事冲压生产的从业人员，应从以下几方面自身培养和做起：

1）培养职工树立主人翁的劳动与工作态度，热爱本职工作，对工作要认真负责、一丝不苟。

2）培养职工要遵守劳动纪律，自觉地维护生产秩序、听从指挥、服从劳动调度和分配。在工作期间内，认真遵守劳动时间，把全部精力用于劳动生产，严格按生产工艺规程和安全操作规范以及技术要求进行生产操作，把好产品质量关，按时、按质、按量完成生产任务。

3）培养职工要钻研技术、精通业务。这是因为，高尚的职业道德品质必须要与良好的、过硬的专业业务能力相配合，两者只有完美地结合才能充分发挥一个人的智慧和才能，为企业创造更大的效益。特别是现代科学技术的高速发展，现代化管理思想及管理方法的广泛采用，更需要企业从业人员努力学习钻研技术、不断创新，提高本专业业务水平，为企业的自身建设和发展，做出应有的贡献。

4）培养职工要顾全大局、团结协作。在冲压生产过程，其产品的生产需要分工协作才能完成，这就要求企业管理者要协调、管理好车间、工段、班组及各工种之间的关系。因此，每一个从业人员要以企业集体利益为重，顾全大局，团结协作，在完成好自己本职工作的同时，要为相关工种、相关工序创造有利的条件和良好的环境，更好地完成产品的加工与制造，这也是体验一个人道德修养的具体表现。

5）培养职工要增收节支，为努力提高企业经济效益而多做贡献。这就要求企业中的每一位人员，要树立高度的责任感，把企业看成自己的事业，充分发挥主观能动性，在各自的工作岗位上做到充分挖掘自身潜力、努力降低原材料消耗、提高设备的利用率，不断吸收采用新技术、新工艺，降低生产成本，缩短生产周期，加工出高质量的产品，为企业提高经济效益。

6）培养职工要发扬企业团队精神，相互尊重，团结合作，为企业的发展和进步做出贡献。这就要求，人人要以主人翁的精神，使老工人的"传、帮、带"，与新工人的"尽、用、改"相结合，互相尊重，相互学习，团结协作。

3. 监督遵守职业道德守则

职业道德守则的内容包括：

1）遵守国家法律、法规及有关政策。

2）爱岗敬业，对工作要有高度责任心。

3）严格执行工作程序、工作规范、工艺文件及操作规程。

4）工作认真负责，团结合作。

5）爱护设备、工装模具及量具、夹具。

6）着装整洁、符合规定，并保持工作环境的整洁有序，做到文明生产。

11.2.3　冲压初级工技术考核培训要点

1. 必备的基础理论知识

（1）冲压加工基础知识

1）冲压加工的生产方式。

2）冲压加工的优点。

3）冲压加工的类型。

（2）常用压力机的安全使用常识

1）单动压力机（曲柄、螺旋、液压机）的规格型号。

2）单动压力机的总体结构。

3）单动压力机的各部件及其作用。

4）单动压力机的工作原理。

5）压力机的润滑方法。

6）压力机的安全操作规程与操作方法。

7）压力机的维护与保养。

8）压力机运行过程中的常见故障。

（3）常用冲压材料知识

1）常用冲压材料的类型。

2）金属材料的力学性能。

3）常用钢铁板材的牌号及用途

4）铜及铜合金板材的牌号及用途。

5）铝及铝合金板材的牌号及用途。

6）冲压用板材目测检验方法。

（4）冲压工艺常识与变形过程

1）冲裁工艺常识及变形过程。

2）弯曲工艺常识及变形过程。

3）拉深工艺常识及变形过程。

4）冷挤压工艺常识及变形过程。

（5）冲压用冲模的基础知识

1）单工序冲裁模基本结构及各部件作用。

2）单工序弯曲模结构及各部件作用。

3）单工序拉深模结构及各部件作用。

4）连续模结构组成及工作过程。

5）复合模结构组成及工作过程。

（6）冲压常用工具、量具及夹具

1）常用工具的使用与保养方法。

2）常用夹具的使用。

3）常用量具的使用与保养。

（7）冲压作业润滑知识

1）冲压常用润滑剂的种类及用途。

2）冲压润滑方法。

（8）识图基本知识

1）基本视图的表示方法。

2）读懂简单的产品零件图。

3）通读工艺文件图。

（9）质量标准与公差基本知识

1）质量标准要求。

2）读懂板料公差及测量方法。

3）读懂冲压件公差及检测方法。

（10）冲压用电基本知识

1）冲压设备常用电器的用途。

2）安全用电的基本常识。

（11）钳工基本知识

1）划线基本方法。

2）锯削基本方法。

3）錾削基本方法。

4）锉削基本方法。

5）钻孔、攻螺纹方法。

6）抛光基本方法。

（12）常用数学计算方法

1）计算器的使用。

2）常用加、减、乘、除、分数计算。

3）三角函数计算。

4）常用弧形计算。

（13）冲压安全知识

1）冲压安全设施使用方法。

2）冲压安全技术规程。

（14）冲模安装与调整基础知识

1）冲模安装与调试前准备工作。

2）冲模与压力机的连接方式。

3）冲模安装方法。

4）冲模调试内容。

5）冲模安装调试注意事项。

2．必会的操作技能

（1）冲模在压力机上的安装与调试

1）安装冲模时对压力机的调整方法。

2）冲裁模的安装与调整方法。

3）弯曲模的安装与调整方法。

4）拉深模的安装与调整方法。

5）连续模的安装与调整方法。

6）复合模的安装与调整方法。

（2）冲压加工操作实践

1）压力机的使用。

2）坯料或条料的送进。

3）废料及制件从模内取出。

4）压力机、冲模使用过程中的维护与保养。

5）冲模使用后从压力机上卸下。

（3）冲压用材料表面质量的鉴定

（4）桥式起重机的使用、模具的捆缚与起重搬运

（5）钳工划线、锯切、锉削、钻孔与攻螺纹的实际操作

（6）参照产品零件图对冲压制品的检测

11.2.4　冲压中级工技术考核培训要点

在掌握初级工的基础理论知识及操作技能的基础上，冲压中级工还应具备下述知识及技能：

1. 必备的基础理论知识

（1）曲柄压力机的结构组成及性能

1）常用离合器的结构原理及性能。

2）常用制动器的结构原理及性能。

3）压力机滑块动作方式及控制方法。

4）压力机气路系统结构形式。

（2）各类冲模的典型结构及特点

1）冲模工作零件结构形式及作用。

2）冲模定位零件结构形式及作用。

3）冲模卸料零件结构形式及作用。

4）冲模导向零件结构形式及作用。

5）冲模标准模架结构形式及用途。

（3）冲压常用金属材料

1）各类冲压金属材料的冲压特点。

2）冲压常用金属材料的质量要求。

（4）冲压常用量具的使用与保养

1）千分尺的使用与保养。

2）百分表、千分表的使用与保养。

3）游标万能角度尺的使用。

（5）冲模力的计算

1）冲裁力的计算。

2）压弯力的计算。

3）卸料力与顶件力的计算。

4）压力机公称压力的选择。

5）斜刃冲裁方法。

（6）面积和体积的计算

1）简单图形的面积计算。

2）简单物体的体积计算。

3）简单物体的表面积计算。

（7）零件加工精度与表面加工质量

1）加工精度与误差的概念。

2）零件的极限尺寸与公差等级标准。

3）零件的配合类型及应用。

4）零件几何公差的类型。

5）零件的表面质量与表面粗糙度表示方法。

（8）冲模间隙与冲压件质量的关系

1）冲模间隙的意义。

2）间隙对冲裁件质量的影响。

3）间隙对弯曲件质量的影响。

4）间隙对拉深件质量的影响。

5）冲模合理间隙的选用方法。

（9）凸、凹模工作部位尺寸计算

1）确定冲裁模凸、凹模刃口尺寸的依据。

2）冲裁模凸、凹模刃口尺寸的确定原则。

3）冲裁模凸、凹模刃口尺寸的确定方法。

4）弯曲模凸、凹模工作尺寸的确定方法。

5）拉深模凸、凹模工作尺寸的确定方法。

（10）薄板料与厚板料冲裁知识

1）材料厚度对间隙的影响。

2）材料厚度与冲压关系。

3）材料厚度对冲压件工艺过程的影响。

4）薄板料及厚板料冲模的结构特点。

5）小孔冲模的结构特点。

（11）拉深与弯曲基本知识

1）拉深与弯曲变形过程与特点。

2）拉深系数的概念。

3）拉深次数的确定方法。

4）影响拉深、弯曲成形的主要因素。

5）消除拉深破裂与起皱的措施。

6）消除弯曲回弹的主要方法。

（12）冲模零件材料的选用及热处理知识

1）冲模工作零件常用材料及要求。

2）冲模辅助零件常用材料及要求。

3）零件热处理、淬火、回火、退火的目的。

4）拉深坯件中间退火的目的与方法

2. 必会的操作技能

（1）合理的利用材料

1）冲裁工序的废料套裁使用。

2）合理选用搭边、间距及排样。

3）火花鉴别钢材的性能。

（2）分析冲压废品产生原因和改进措施

1）凸、凹模刃口啃刃。

2）退料卸件困难。

3）冲裁制件飞边过大。

4）冲裁件产生挠曲或形状尺寸不合格。

5）弯曲件弯曲形状尺寸不合格。

6）弯曲件产生裂纹。

（3）简单弯曲件展开计算

（4）用磨石和风动砂轮修磨刃口

（5）对拉深模、弯曲模圆角半径进行修整、抛光和打磨

（6）更换冲模易损零件

11.2.5　冲压高级工技术考核培训要点

在具备冲压中级工技能基础上，冲压高级工应具备如下专业基础知识及操作技能：

1. 必备的基础理论知识

（1）双动压力机知识

1）双动压力机的结构特征及应用。

2）在双动压力机上安装与调试冲模的方法。

（2）压力机的选用知识

1）掌握压力机技术参数与冲模关系。

2）压力机选用原则。

3）压力机选用方法。

（3）小型压力机维修方法

1）压力机精度检测。

2）压力机常见故障维修。

（4）冷冲模设计知识

1）冲模设计原始资料的收集。

2）熟悉冲模设计程序。

3）冲模结构类型选择。

4）冲模设计的要求。

5）冲模总装及零件图绘制。

（5）冲模制造及修理工艺知识

1）冲模零件的加工工艺过程。

2）电火花与线切割加工常识。

3）成形磨与数控机床加工常识。

4）低熔点合金在冲模制造与修理中的应用。

5）冲模易损零件修配。

6）冲模压印加工修配方法。

（6）冲模装配与调试基础知识

1）冲模装配与调试内容及要求。

2）冲模零部件安装固定。

3）冲模间隙控制方法。

4）简单单工序冲模的装配与调试。

（7）拉深力的计算

1）拉深力的计算方法。

2）压边装置与压边力的确定。

3）拉深用压力机的选择。

（8）编制冲压工艺规程的基本知识

1）掌握冲压件的工艺性要求。

2）冲压工艺规程编制方法与步骤。

3）工艺过程、工序卡片的编制。

（9）特种冲压工艺常识

1）精密冲裁技术。

2）冷挤压冲压技术。

3）大型覆盖件冲压技术。

4）非金属板料冲压技术。

（10）冲压机械化与自动化知识

1）冲压实现机械化与自动化的意义。

2）条料、卷料自动选料装置。

3）坯件自动送料及取件装置。

4）冲压自动化生产线与冲压机械手使用。

（11）冲压企业管理常识

1）企业管理内容与组织形式。

2）企业生产技术与质量管理。

3）企业营销与成本管理。

4）企业职级技术考核与培训管理。

2．必会的操作技能

（1）熟悉双动压力机的使用与操作

1）在双动压力机上安装模具。

2）双动模具调试方法。

3）操纵双动压力机冲出合格零件。

（2）压力机常见故障检修

1）传动系统及气动系统检修。

2）离合器、制动器及控制装置检修。

3）连杆、滑块及润滑部位检修。

4）压力机精度的检测与调整。

（3）设计一套简单的冲模

（4）编制一种拉深件工艺文件

（5）简单拉深件的展开计算

（6）拉深件、精密冲裁件及冷挤压件废品分析及提出解决补救办法并进行修复

（7）冲压件材料消耗定额制订

（8）冲压件劳动工时定额制订与评估

（9）具有独立设计工、夹具能力

（10）具有解决冲压生产中的故障及难点的能力

11.2.6　冲压技师应具备的技术能力

在具备冲压高级工技能的基础上，作为冲压技师还应具备下述技术能力：

1）冲压产品冲压过程设计能力。

2）改进冲压产品及模具设计能力。

3）利用计算机进行机械制图能力。

4）冲压模具设计及制造能力。

5）指导冲压操作，维修冲压设备及模具的能力。

6）改进产品加工工艺及创新能力。

7）对冲压从业人员进行技术培训能力。

8）企业生产经营协调管理能力。

前述各职级应知应会的基础理论知识及技能操作要点内容，在本书前 10 章都分别做了详细介绍，各位读者在工作学习中可从前述内容根据各自的需要进行查找并做以参考或阅读其他现已出版的专业书籍，以尽快提高自身的技能与技巧，为企业和社会做出更大的贡献。

参 考 文 献

[1] 翁其金．冷冲压技术［M］．2版．北京：机械工业出版社，2011.

[2] 彭建声．冷冲压技术问答：上册［M］．3版．北京：机械工业出版社，2006.

[3] 彭建声．冷冲压技术问答：下册［M］．3版．北京：机械工业出版社，2006.

[4] 天津市第一机械工业局．冲压工必读［M］．天津：天津科学技术出版社，1981.

[5] 薛启翔，等．冲模制造实用技能［M］．北京：机械工业出版社，2005.

[6] 郑家贤．冲压工艺与模具设计实用技术［M］．北京：机械工业出版社，2005.

[7] 彭建声．简明模具工实用技术手册［M］．3版．北京：机械工业出版社，2011.